高职高专规划教材

中文 AutoCAD 2007 操作教程

耿静如　编

西北工業大學出版社

【内容提要】本书为高职高专计算机规划教材。书中主要介绍了中文 AutoCAD 2007 的基础知识、辅助绘图工具、基本二维图形的绘制与编辑、控制图形显示、绘制与编辑复杂二维图形、面域与图案填充、块与外部参照、文字标注与表格、尺寸标注、绘制与编辑三维对象等，并配有大量生动典型的实例及实训，对每章所讲内容进行上机操作练习，使读者在学习使用中文 AutoCAD 2007 时更加得心应手，做到学以致用。

本书可作为高职高专院校相关专业的教材，也可供广大平面设计爱好者学习参考。

图书在版编目（CIP）数据

中文 AutoCAD 2007 操作教程/耿静如编. —西安：西北工业大学出版社，2007.2（2018.2 重印）

ISBN 978-7-5612-2035-1

Ⅰ. 中…　Ⅱ. 耿…　Ⅲ. 计算机辅助设计—应用软件，AutoCAD 2007—高等学校：技术学校—教材　Ⅳ. TP391.72

中国版本图书馆 CIP 数据核字（2007）第 010209 号

出版发行：西北工业大学出版社
通信地址：西安市友谊西路 127 号　邮编：710072
电　　话：(029) 88493844　88491757
网　　址：www.nwpup.com
电子邮箱：computer@nwpup.com
印 刷 者：兴平市博闻印务有限公司
开　　本：787 mm×1 092 mm　1/16
印　　张：16.5
字　　数：433 千字
版　　次：2007 年 2 月第 1 版　2018 年 2 月第 8 次印刷
定　　价：33.00 元

前　言

只有培养出大量高素质的劳动者，才能把我国的人数优势转化为人力优势，提高全民族的竞争力。因此，我国近年来十分重视高等职业教育，把高等职业教育作为高等教育的重要组成部分，并以法律的形式加以约束与保证。高等职业教育从此进入了蓬勃发展时期，驶入了高速发展的快车道。

高等职业教育有其自身的特点。正如教育部“面向21世纪教育振兴行动计划”所指出的那样：“高等职业教育必须面向地区经济建设和社会发展，适应就业市场的实际需要，培养生产、管理、服务第一线需要的实用人才，真正办出特色。”因此，不能以本科压缩和变形的形式组织高等职业教育，必须按照高等职业教育的自身规律组织教学体系。为此，我们根据高等职业教育的特点及社会对教材的普遍需求，组织高等职业院校有丰富教学经验的老师，编写了这套“高职高专规划教材”。

本套教材充分考虑了高等职业教育的培养目标、教学现状和发展方向，在编写中突出了实用性。本套教材重点讲述目前在信息技术行业实践中不可缺少的知识，并结合具体实践加以讲述。详细的操作步骤、众多实践应用技巧与接近实际的实训材料保证了本套教材的实用性。

在本套教材编写大纲的制定过程中，我们广泛收集了高等职业院校的教学计划，对多个省、市高等职业教育的实际情况进行了调研，经过反复讨论和修改，使编写大纲能最大限度地符合我国高等职业教育的要求，切合高等职业教育的实际情况。

在选择作者时，我们特意挑选了工作在高等职业教育一线的优秀骨干教师。他们熟悉高等职业教育的教学实际，并有多年的教学经验，其中许多是“双师型”教师，既是教授、副教授，同时又是高级工程师、认证高级设计师。他们既有坚实的理论知识、很强的实践能力，又有较多的写作经验及较好的文字水平。

目前我国许多行业开始实行劳动准入制度和职业资格制度，为此，本套教材也兼顾了一些证书考试（如计算机等级考试等），并提供了一些针对性较强的训练题目。

本套教材是高等职业院校、高等技术院校、高等专科院校的计算机教材，适用于信息技术的相关专业，如计算机应用、计算机网络、信息管理、电子商务、计算机科学技术、会计电算化等。对于那些要提高自己应用技能或参加一些证书考试的读者，本套教材也不失为一套较好的参考书。

由于编者水平有限，不足之处在所难免，恳请广大读者将本套教材的使用情况及各种意见、建议及时反馈给我们，以便我们在今后的工作中不断地改进和完善。

编　者

目 录

第一章　AutoCAD 2007 基础知识

AutoCAD 2007 是当今流行的计算机辅助绘图软件之一。本章主要介绍 AutoCAD 的基本功能、AutoCAD 2007 经典界面、图形文件操作以及绘图环境的设置。

本章主要内容:

- AutoCAD 的基本功能
- AutoCAD 2007 经典界面
- 图形文件操作
- 设置绘图环境

第一节　AutoCAD 的基本功能

AutoCAD 自 1982 年问世以来，已经经历了 10 余次升级，其功能日趋完善，已经成为工程设计领域应用最为广泛的计算机辅助绘图与设计软件之一。

一、绘制与编辑图形

在 AutoCAD 中，系统提供了多种绘制与编辑图形的工具，利用“绘图”与“修改”工具可以在 AutoCAD 中绘制二维图形、三维图形和轴测图。

1．绘制二维图形

二维图形由点、线、圆、弧等基本二维图形组成，AutoCAD 的“绘图”菜单中提供了绘制各种基本二维图形的工具，利用这些工具可以绘制直线、构造线、多段线、圆、矩形、多边形、椭圆等基本图形，也可以将绘制的图形转换成面域，然后利用“修改”工具对这些绘制的图形进行移动、旋转、缩放、修剪、倒角、圆角、镜像、阵列等操作，从而绘制出各种各样的二维图形，图 1.1.1 所示的为使用 AutoCAD 绘制的二维图形。

2．绘制三维图形

使用 AutoCAD 还可以绘制三维图形，用户可以通过拉伸、扫掠、放样、设置标高和厚度等方式将一些平面图形转换为三维图形，还可以选择 绘图(D) → 建模(M) 菜单的子命令绘制多段体、长方体、圆柱体、球体、楔体、圆锥体、圆环体、棱锥面、平面曲面和网格等基本三维图形，然后利用“修改”工具对绘制的实体对象进行编辑，从而创建出各种各样的三维图形，图 1.1.2 所示的为使用 AutoCAD 绘制的三维图形。

3．绘制轴测图

轴测图是一种采用二维绘图技术模拟的三维图形对象沿特定视点产生的三维平行投影图，即看似三维图形，其实是平面图形。在 AutoCAD 中，用户可以利用等轴测的方法，将直线绘制成与坐标轴成

30°、90°、150°等的直线，将圆绘制成椭圆，图 1.1.3 所示的为使用 AutoCAD 绘制的轴测图。

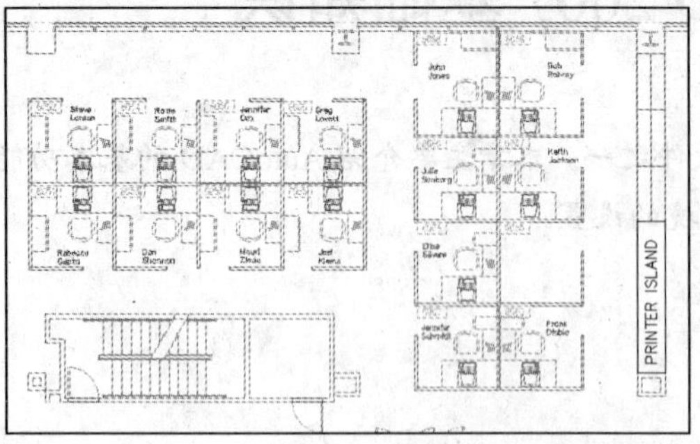

图 1.1.1　使用 AutoCAD 绘制的二维图形

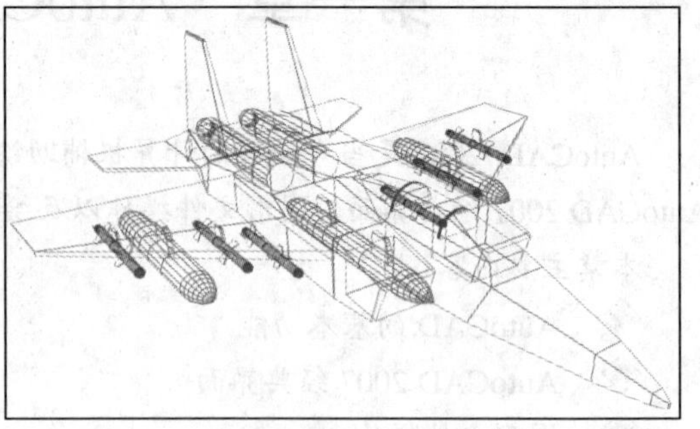

图 1.1.2　使用 AutoCAD 绘制的三维图形

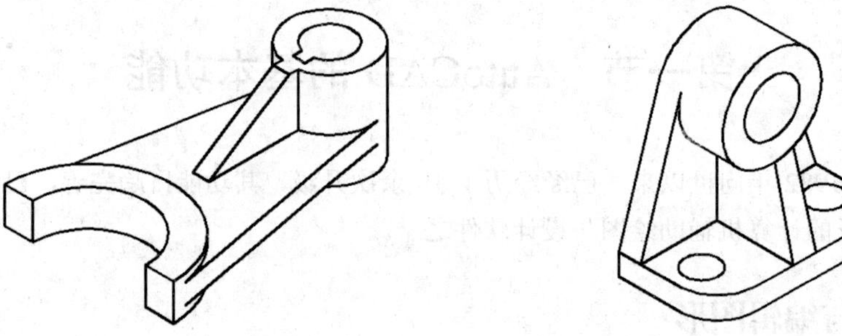

图 1.1.3　使用 AutoCAD 绘制的轴测图

二、标注图形尺寸

标注图形尺寸就是标注图形对象的长度、半径、直径、夹角大小以及对象之间的相互位置，是最终定义图形对象的形状、位置的要素。AutoCAD 提供了一套完整的尺寸标注系统，使用 AutoCAD，用户可以对图形进行水平、垂直、对齐、旋转、半径、直径、弧长、坐标、基线和连续等标注，利用编辑尺寸标注命令还可以对这些标注进行修改，标注的图形可以是平面图形或三维图形，也可以是轴测图，效果如图 1.1.4 所示。

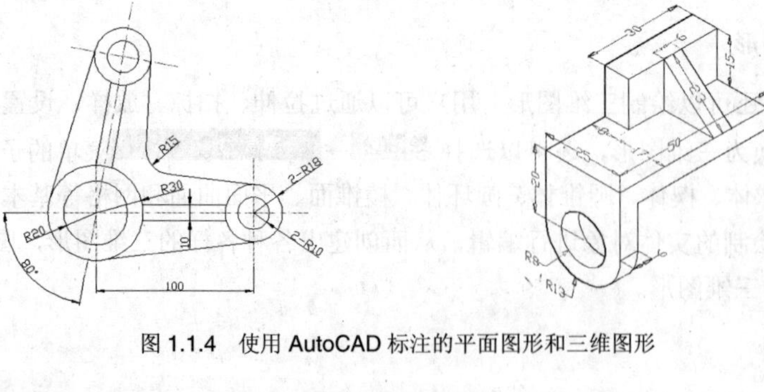

图 1.1.4　使用 AutoCAD 标注的平面图形和三维图形

三、渲染三维图形

AutoCAD 经过多次升级后，在三维图形的绘制方面有了更精彩的表现。利用其强大的三维绘图功能可以创建各种各样的三维实体模型，对实体模型进行渲染，可以得到更逼真、更清晰的图像效果。渲染后的实体模型可以清晰地显示出模型的轮廓、材质、光照、投影以及背景等效果，对图形进行渲染后的效果如图 1.1.5 所示。

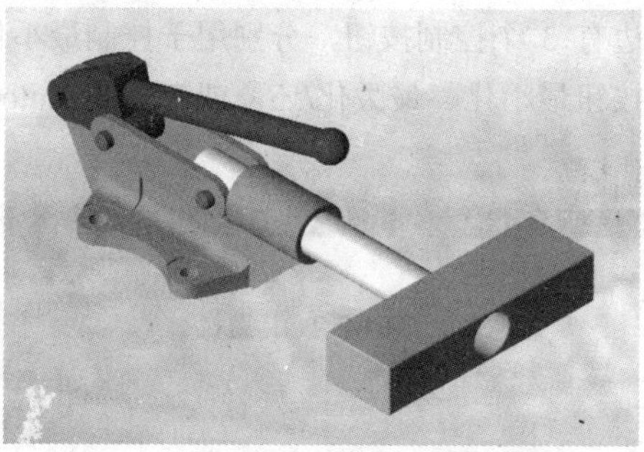

图 1.1.5　使用 AutoCAD 渲染后的效果

四、输出与打印图形

AutoCAD 不仅可以将所绘图形以不同的样式通过绘图仪或打印机输出，还能够将不同格式的图形导入并输出为其他格式，以供其他应用程序使用。

第二节　中文版 AutoCAD 2007 经典界面

中文版 AutoCAD 2007 为用户提供了两种工作空间：“AutoCAD 经典”和“三维建模”。启动中文版 AutoCAD 2007 后，系统即要求用户选择工作空间，习惯 AutoCAD 传统界面的用户可以选择“AutoCAD 经典”工作空间，此时的工作界面如图 1.2.1 所示。

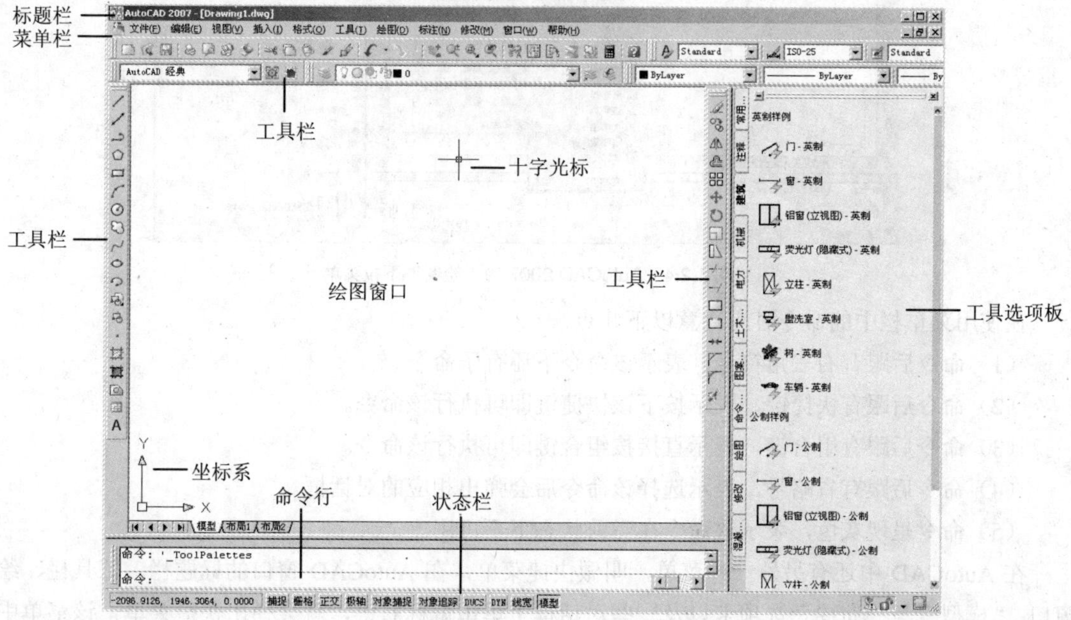

图 1.2.1　AutoCAD 2007 的经典工作界面

一、标题栏

标题栏位于工作界面的最上边，主要用于显示 AutoCAD 的程序图标、软件名称以及当前打开的文件名等信息。在标题栏的右边有 3 个控制按钮，分别用于控制最小化、最大化/还原和关闭应用程序窗口，用户可以单击相应的按钮最小化、最大化/还原或者关闭 AutoCAD 窗口，如图 1.2.2 所示。

图 1.2.2　标题栏

二、菜单栏

中文 AutoCAD 2007 的菜单栏由“文件”、“编辑”、“视图”等菜单组成，如图 1.2.3 所示。

图 1.2.3　菜单栏

这些菜单项几乎包含了 AutoCAD 中的所有功能和命令。单击某个菜单项，就会弹出相应的下拉菜单，部分下拉菜单还包含有子菜单，图 1.2.4 所示的为 AutoCAD 2007 的“绘图”下拉菜单。

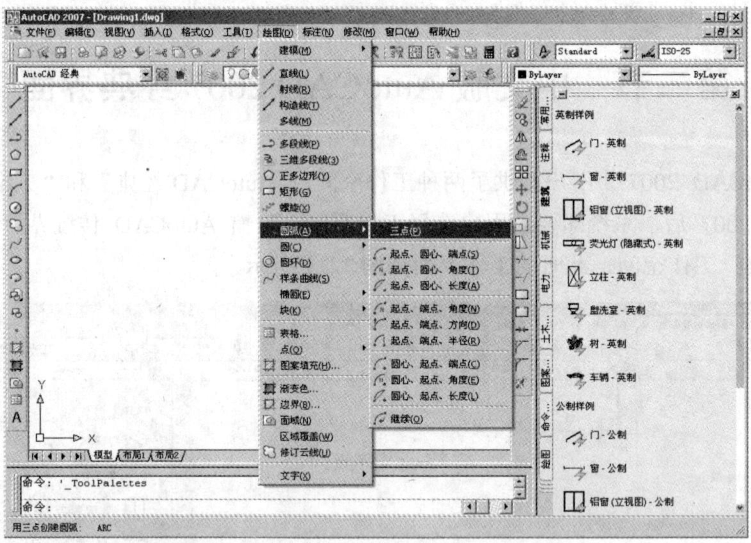

图 1.2.4　AutoCAD 2007 的“绘图”下拉菜单

在使用菜单栏中的命令时应注意以下几点：

（1）命令后跟有右三角符号，表示该命令下还有子命令。

（2）命令后跟有快捷键，表示按下该快捷键即可执行该命令。

（3）命令后跟有组合键，表示直接按组合键即可执行该命令。

（4）命令后跟有省略号，表示选择该命令后会弹出相应的对话框。

（5）命令呈现灰色，表示该命令在当前状态下不可用。

在 AutoCAD 中还有另外一种菜单，叫做快捷菜单，在 AutoCAD 窗口的标题栏、工具栏、绘图窗口、“模型”与“布局”选项卡以及一些对话框上单击鼠标右键，就会弹出快捷菜单，该菜单中的命令与 AutoCAD 的当前状态有关，如图 1.2.5 所示。使用快捷菜单可以在不必启动菜单栏的情况下快速、高效地完成某些操作。

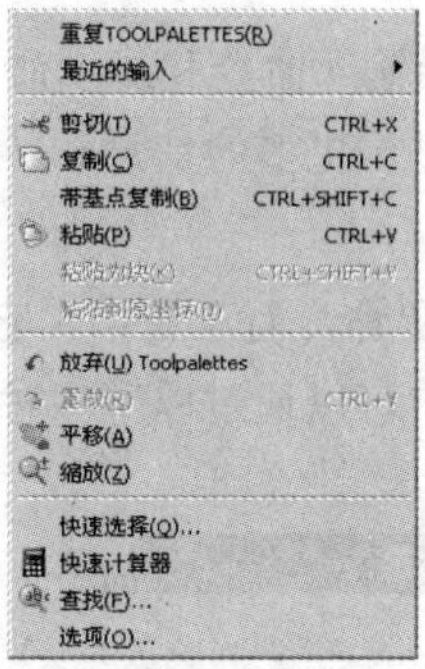

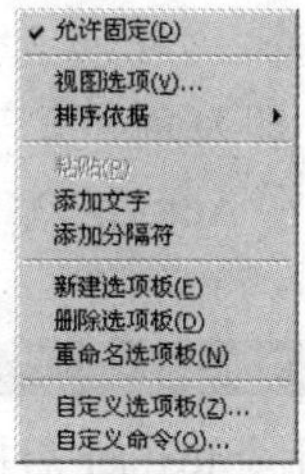

绘图窗口中的快捷菜单　　工具选项板中的快捷菜单

图 1.2.5　快捷菜单

三、工具栏

工具栏是由命令按钮组成的，移动鼠标指针到这些按钮上，稍停片刻即可显示该按钮相应的提示，单击这些按钮即可执行相应的命令。在 AutoCAD 2007 中，系统提供了 30 多种工具栏。默认情况下，系统打开“标准”、“属性”、“绘图”和“修改”等工具栏，并且将其固定在绘图窗口周围，用户可以用鼠标拖动这些工具栏，使其处于浮动状态，如图 1.2.6 所示。

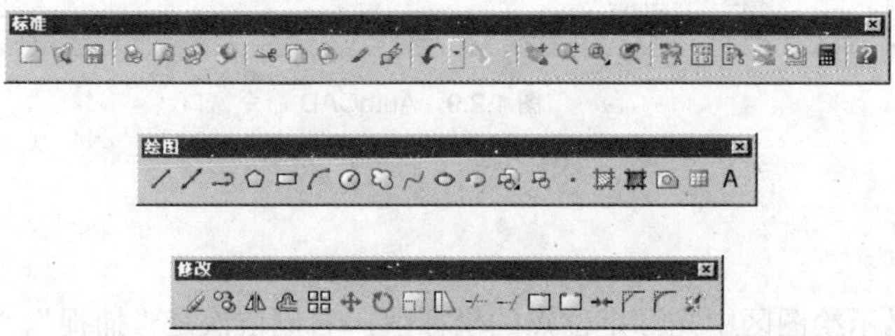

图 1.2.6　“标准”、“绘图”和“修改”工具栏

要显示隐藏的工具栏，可以在任意工具栏上单击鼠标右键，在弹出的快捷菜单中选择需要的命令即可显示或关闭相应的工具栏，如图 1.2.7 所示。

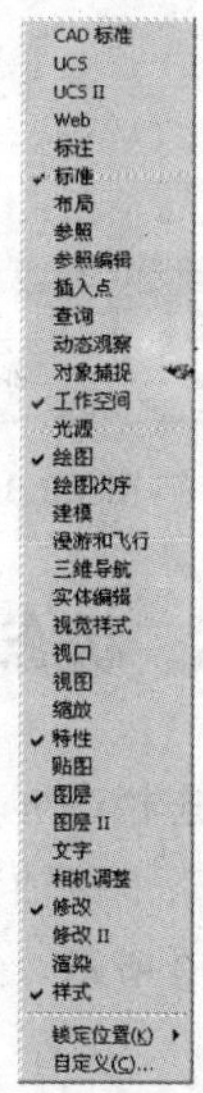

图 1.2.7　工具栏快捷菜单

四、绘图窗口

绘图窗口是用户绘制图形的主要区域，所有的绘图结果都反映在这个窗口中。用户可以根据需要隐藏或关闭绘图窗口周围的选项板和工具栏，以扩大绘图区域。

在绘图窗口中有一个类似光标的十字线，称为十字光标，其交点反映了光标在当前坐标系中的位置，十字光标的方向与当前用户坐标系的 X 轴、Y 轴方向平行。绘图窗口的左下角显示了当前使用的坐标系类型以及坐标原点、X 轴、Y 轴、Z 轴的方向等。默认情况下，坐标系为世界坐标系（WCS）。在窗口的下方还有“模型”和“布局”选项卡，单击相应的选项卡可以在模型空间和布局空间之间进行切换。

五、命令行与命令窗口

默认情况下，命令行固定于绘图窗口的底部，用于输入命令和显示命令提示。用户可以根据需要用鼠标拖动命令栏的边框来改变命令行的大小，使其显示更多的信息。另外，用户还可以拖动命令行的标题栏，使其处于浮动状态，如图 1.2.8 所示。

“AutoCAD 文本窗口”即为命令窗口，是放大的“命令行”窗口，它记录了用户已执行的命令，也可以用来输入新的命令。在 AutoCAD 2007 中，用户可以通过以下 3 种方式打开命令窗口。

（1）按“F2”键。

（2）选择 视图(V) → 显示(L) → 文本窗口(T)　F2 命令。

（3）在命令行中输入命令 textscr 后按回车键。

打开的命令窗口如图 1.2.9 所示。

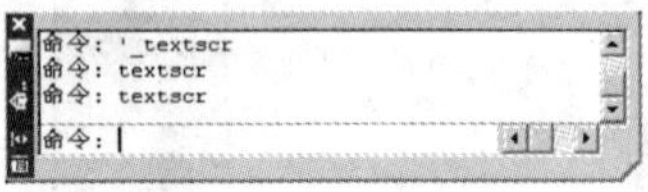

图 1.2.8　浮动的命令行

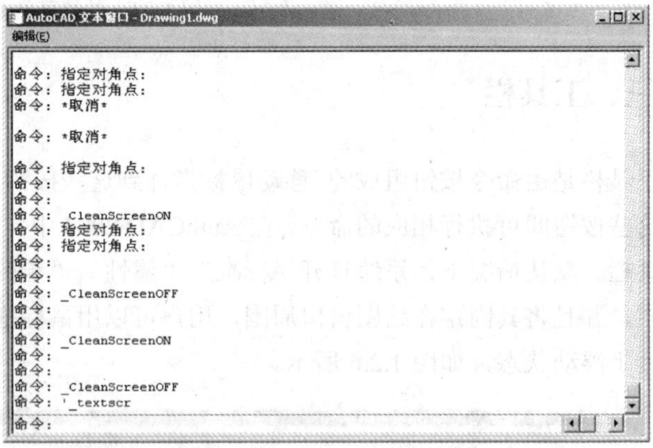

图 1.2.9　AutoCAD 命令窗口

六、状态栏

状态栏在屏幕的底部，左端显示绘图区中光标定位点的坐标值，右侧依次是“捕捉”、“栅格”、“正交”、“极轴”、“对象捕捉”、“对象追踪”、“DUCS”、“DYN”、“线宽”和“模型”开关按钮，如图 1.2.10 所示，这些按钮的功能将在后面的章节中进行介绍。

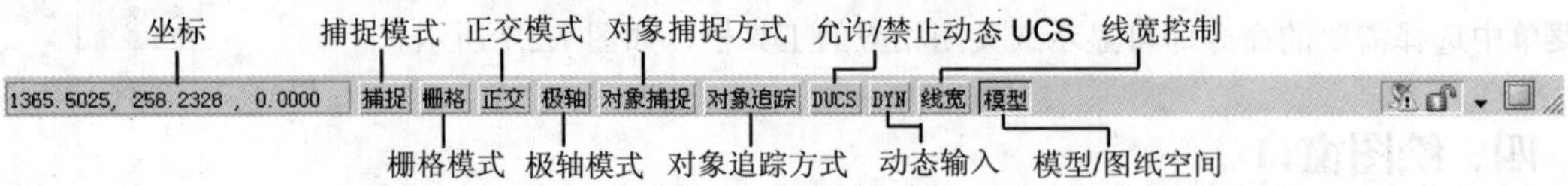

图 1.2.10　状态栏

七、AutoCAD 2007 三维界面组成

在 AutoCAD 2007 中，系统提供了两种工作空间，以上介绍的是“AutoCAD 经典”工作界面，选择 工具(T) → 工作空间 → 三维建模 命令，或在“工作空间”工具栏的下拉列表中选择 三维建模 选项，即可切换工作空间到“三维建模”界面，如图 1.2.11 所示。

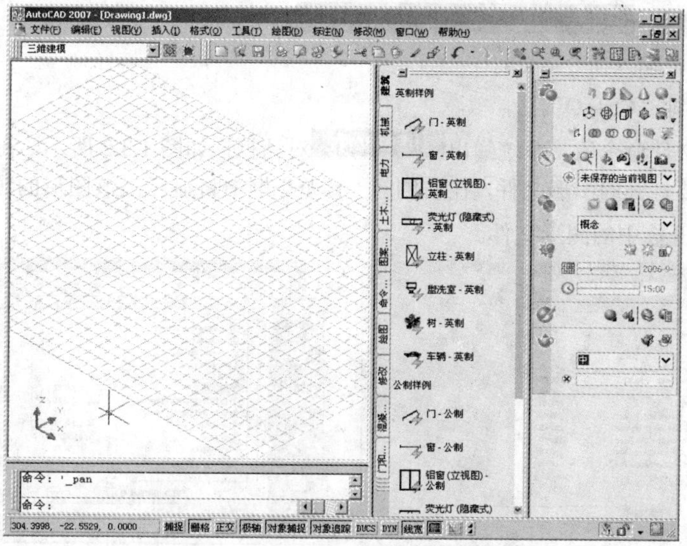

图 1.2.11　AutoCAD 2007 的三维建模界面

在“三维建模”界面中，系统默认栅格以网格的形式显示，同时光标也变成了由 3 条相互垂直的直线组成的三维光标。另外，在“面板”选项板中集成了“三维制作控制台”、“三维导航控制台”、“光源控制台”、“视觉控制台”、“材质控制台”和“渲染控制台”等选项区域，从而为创建与编辑三维对象和动画提供了非常方便的环境。

第三节　图形文件操作

在 AutoCAD 中，图形文件操作主要包括新建图形文件、打开图形文件、保存图形文件、关闭图形文件和加密图形文件等，本节将详细进行介绍。

一、新建图形文件

在 AutoCAD 2007 中新建图形文件的方法有以下 4 种：

（1）单击“标准”工具栏中的“新建”按钮。

（2）选择 文件(F) → 新建(N)... CTRL+N 命令。

（3）在命令行中输入命令 new 或 qnew。

（4）按下组合键“Ctrl+N”。

执行新建图形文件命令后，系统弹出 选择样板 对话框，如图 1.3.1 所示，在该对话框中的样板文件列表中选择需要的样板文件，在右侧的“预览”框中将显示出该图形的预览图像，单击 打开(O) 按钮即可以指定样板创建新图形文件。

二、打开图形文件

在 AutoCAD 2007 中打开图形文件的方法有以下 4 种：

（1）单击“标准”工具栏中的“打开”按钮。

（2）选择 文件(F) → 打开(O)... CTRL+O 命令。

（3）在命令行中输入命令 open。

（4）按下组合键“Ctrl+O”。

执行打开图形文件命令后，系统弹出 选择文件 对话框，如图 1.3.2 所示。在该对话框中的图形文件列表框中选中要打开的图形文件，在右侧的“预览”框中将显示出该图形的预览图像，然后单击 打开(O) 按钮即可打开选中的图形文件。

图 1.3.1　“选择样板”对话框

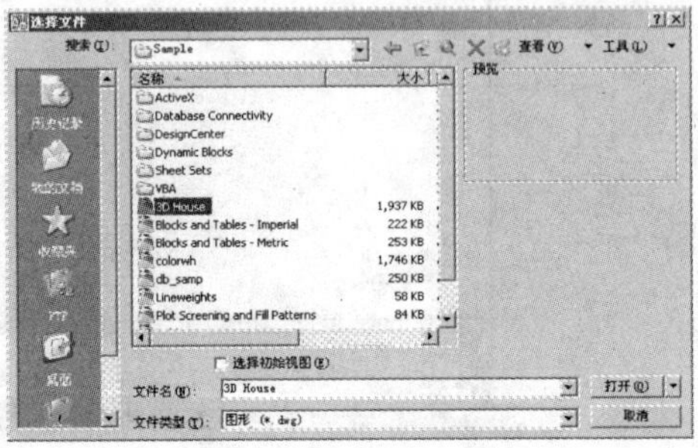

图 1.3.2　“选择文件”对话框

在打开图形文件时，单击 打开(O) 按钮右边的下三角按钮 ▼，在弹出的下拉列表中选择打开方式，系统提供了“打开”、“以只读方式打开”、“局部打开”和“以只读方式局部打开”4 种打开文件的方式。如果以“打开”或“局部打开”方式打开图形文件，则用户可以对图形文件进行编辑；如果以“局部打开”或“以只读方式局部打开”方式打开图形文件，则用户不能对打开的图形文件进行编辑。

三、保存图形文件

在 AutoCAD 2007 中保存图形文件的方法有以下 5 种：

（1）单击“标准”工具栏中的“保存”按钮。

（2）选择 文件(F) → 保存(S) CTRL+S 命令

（3）选择 文件(F) → 另存为(A)... CTRL+SHIFT+S 命令。

（4）在命令行中输入命令 qsave。

（5）按下组合键“Ctrl+S”。

第一次保存图形文件时，系统会弹出 图形另存为 对话框，如图 1.3.3 所示。如果用户没有对图形文件命名，则系统会为图形文件指定一个默认的文件名，用户也可以在 文件名(N): 文本框中为图形文件指定文件名。系统默认文件保存类型为*.dwg，用户也可以在 文件类型(T): 下拉列表中选择保存文件的类型，然后单击 保存(S) 按钮即可。

图 1.3.3　“图形另存为”对话框

四、加密图形文件

为加强文件的安全保护，在 AutoCAD 2007 中，用户在保存图形文件时可以对图形文件进行加密，加密的图形文件只有知道正确口令的用户才能打开。对图形文件进行加密的具体操作方法如下：

（1）选择 文件(F) → 另存为(A)... CTRL+SHIFT+S 命令，弹出 图形另存为 对话框，如图 1.3.3 所示。

（2）在该对话框中的 工具(L) 下拉列表中选择 安全选项(S)... 选项，弹出 安全选项 对话框，如图 1.3.4 所示。

（3）在 安全选项 对话框中打开 密码 选项卡，在其文本框中输入密码，单击 确定 按钮后弹出 确认密码 对话框，如图 1.3.5 所示。

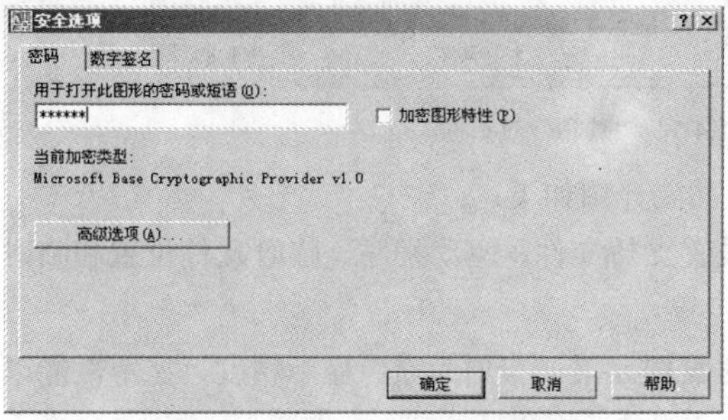

图 1.3.4 “安全选项”对话框

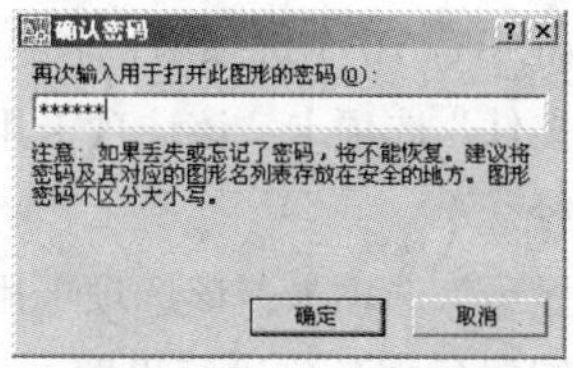

图 1.3.5 “确认密码”对话框

（4）在 确认密码 对话框中的文本框中再次输入密码，单击 确定 按钮后返回到 图形另存为 对话框。

这样保存的图形文件在打开时就会弹出 密码 提示框，如图 1.3.6 所示，用户只有输入正确的密码后，单击 确定 按钮才能打开该图形文件。

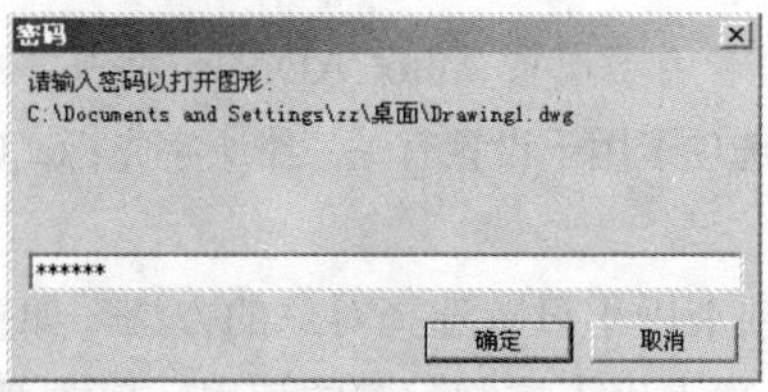

图 1.3.6 “密码”提示框

第四节 设置绘图环境

一般来讲，使用 AutoCAD 2007 的默认配置就可以绘制图形，但为了使用绘图仪、打印机等设备，或为了提高绘图效率，用户有必要对系统参数、绘图环境进行必要的设置。

一、设置参数选项

如果用户需要对系统环境进行设置，可以选择 工具(T) → 选项(N)... 命令，在弹出的 选项 对话框中对系统环境进行设置，如图 1.4.1 所示。

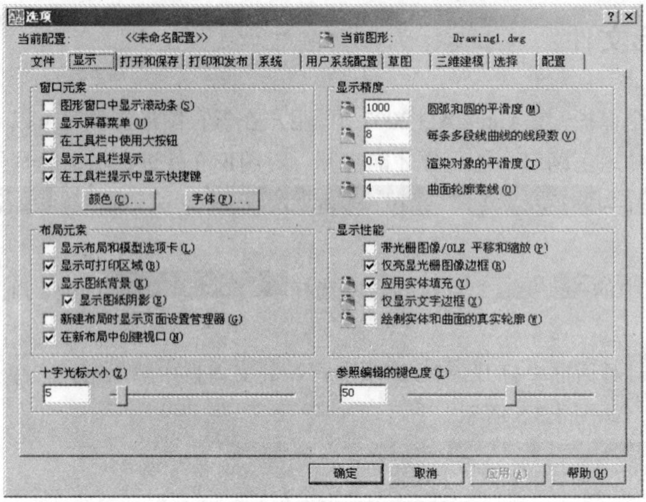

图 1.4.1　“选项”对话框

该对话框中有 10 个选项卡，各选项卡功能介绍如下：

（1）“文件”选项卡：该选项卡用于设置支持文件、驱动程序、临时文件位置和临时外部参照文件的搜索路径。

（2）“显示”选项卡：该选项卡用于对窗口元素、布局元素、显示精度、显示性能以及十字光标大小和参照编辑的褪色度进行设置。

（3）“打开和保存”选项卡：该选项卡用于设置 AutoCAD 2007 中有关文件的打开和保存的选项。

（4）“打印和发布”选项卡：该选项卡用于设置打印机和打印参数。

（5）“系统”选项卡：该选项卡用于设置 AutoCAD 2007 的系统配置。

（6）“用户系统配置”选项卡：该选项卡用于优化 AutoCAD 2007 的系统配置，使其在更好的状态下发挥功能。

（7）“草图”选项卡：该选项卡用于设置 AutoCAD 的一些基本编辑选项，如自动捕捉与追踪等。

（8）“三维建模”选项卡：该选项卡用于设置有关三维十字光标、UCS 图标、动态输入、三维对象显示和三维导航等系统属性。

（9）“选择”选项卡：该选项卡用于设置选择对象的方法，如靶框和夹点的大小以及颜色等。

（10）“配置”选项卡：该选项卡用于控制配置的使用，包含新建系统配置文件、重命名系统配置文件以及删除系统配置文件等。

二、设置图形单位

在 AutoCAD 2007 中，用户可以对绘图单位进行设置。选择 格式(O) → 单位(U)... 命令，系统弹出 图形单位 对话框，如图 1.4.2 所示。该对话框中各选项功能介绍如下：

（1）长度 选项组：该选项组用于设置绘图的长度单位类型和精度。

（2）角度 选项组：该选项组用于设置绘图的角度单位类型和精度。

（3）插入比例 选项组：该选项组用于控制插入到当前图形中的块和图形的测量单位。

（4）方向(D)... 按钮：单击此按钮，系统弹出 方向控制 对话框，如图 1.4.3 所示，该对话框用来确定角度的零度方向。

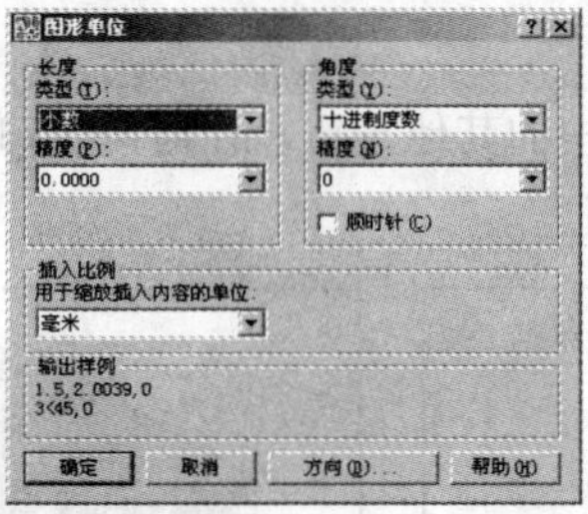

图 1.4.2 “图形单位”对话框

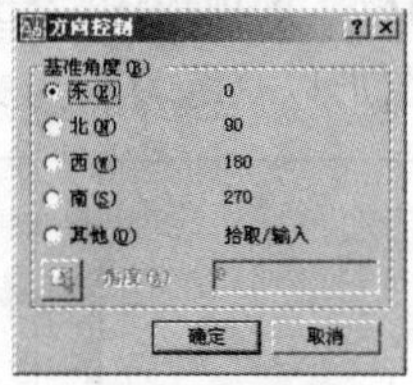

图 1.4.3 “方向控制”对话框

三、设置图形界限

在 AutoCAD 2007 中，用户可以对图形界限进行设置，单击状态栏中的栅格按钮，打开栅格显示，栅格显示的区域即为设置的图形界限。执行设置图形界限命令的方法有以下两种：

（1）选择格式(O)→图形界限(A)命令。

（2）在命令行中输入命令 limits。

执行此命令后，命令行提示如下：

命令: '_limits

重新设置模型空间界限:（系统提示）

指定左下角点或 [开(ON)/关(OFF)] <0.0000,0.0000>:（指定图形界限的左下角点坐标）

指定右上角点 <420.0000,297.0000>:（指定图形界限的右上角点坐标）

执行以上操作后，需要在命令行中输入“Z（zoom）”命令，再选择“A（all）”选项，这样才会启用设置的绘图区域。

第五节 应用实例

下面启动 AutoCAD 2007，并绘制简单的二维图形，以巩固本章所学的知识。

（1）双击桌面上 AutoCAD 2007 的快捷方式或选择开始→所有程序(P)→Autodesk→AutoCAD 2007 - Simplified Chinese→AutoCAD 2007命令，启动 AutoCAD 2007。

（2）单击“绘图”工具栏中的“直线”按钮，移动鼠标指针到绘图窗口中的任意位置，单击鼠标左键确定直线的起点，移动指针到另一位置，再次单击鼠标左键，确定直线的端点，继续移动鼠标到另一位置，然后单击鼠标左键，重复以上操作，最后按回车键结束绘制直线命令，这样就在绘图窗口中绘制了多条连续的直线，效果如图 1.5.1 所示。

（3）单击“绘图”工具栏中的“圆”按钮，移动鼠标指针到绘图窗口中的任意位置，单击鼠标左键确定圆的圆心，移动指针，此时在指针附近会出现一个随指针移动而改变大小的圆，从键盘上输入一个数值后按回车键或在另一位置单击鼠标左键，这样就绘制了一个圆，效果如图 1.5.2 所示。

（4）在“工作空间”工具栏中的下拉列表中选择三维建模选项，切换“AutoCAD 经典”界面到“三维建模”界面。

（5）单击“面板”选项板中“三维制作控制台”中的“长方体”按钮，移动鼠标指针到绘图窗口，在任意位置单击鼠标左键，然后移动指针，在另一位置再次单击鼠标左键，再次移动指针，此时在绘图窗口中会动态显示一个高度随指针移动而变化的长方体，单击鼠标左键确定长方体的高度，绘制的长方体效果如图 1.5.3 所示。

（6）单击“面板”选项板中“三维制作控制台”中的其他按钮，在绘图窗口中绘制其他三维对象，最后将绘制的图形以“练习”为文件名保存在桌面上。

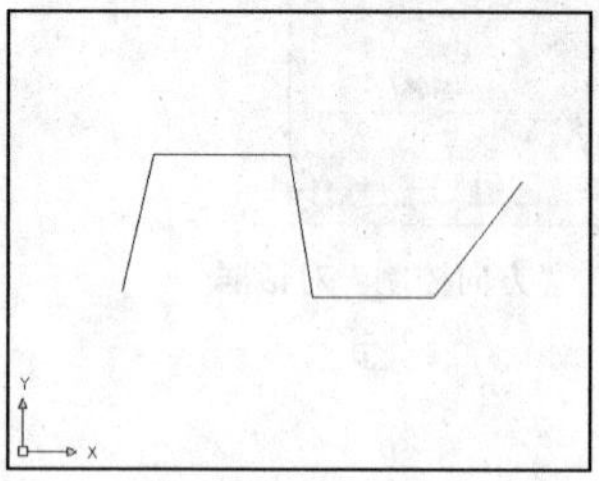

图 1.5.1　绘制直线

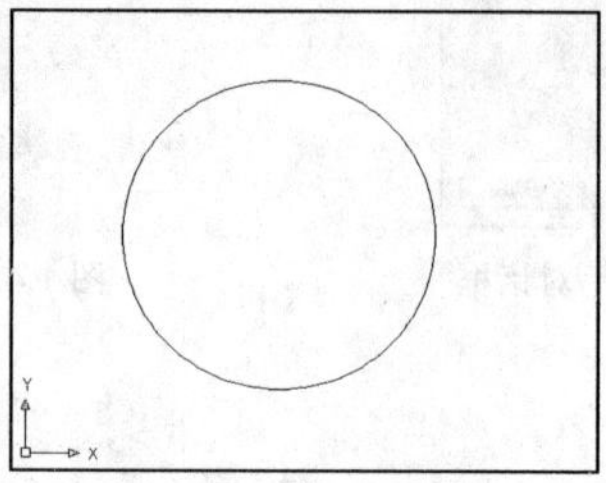

图 1.5.2　绘制圆

图 1.5.3　绘制长方体

习 题 一

一、填空题

1．AutoCAD 的基本功能有__________、__________、__________和__________。

2．中文 AutoCAD 2007 经典界面主要由__________、__________、__________、绘图窗口、__________、__________和__________等组成。

二、选择题

1．以下选项中，（　）不属于菜单项。

A．文件(F)　　B．视图(V)　　C．栅格　　D．绘图(D)

2．以下功能键中，用于打开图形文件的是（　）。

A．Ctrl+A　　B．Ctrl+N　　C．Ctrl+O　　D．Ctrl+P

三、上机操作题

启动 AutoCAD 2007 后，新建一个图形文件，单击“绘图”和“建模”工具栏中的按钮，尝试在绘图窗口中绘制图形。

第二章　辅助绘图工具

在学习绘制图形之前，首先介绍 AutoCAD 2007 的坐标系统和图层控制方法，这样将有利于准确地绘制图形。另外，AutoCAD 还提供了多种辅助绘图工具，如对象捕捉、正交和栅格、动态输入等，利用这些工具绘制与编辑图形，不仅可以提高绘图效率，而且能更好地保证图形的质量。

本章主要内容：

- 坐标系统
- 图层控制与对象捕捉
- 正交与栅格
- 使用动态输入

第一节　坐标系统

精确绘制图形时，经常要用坐标系作为参照。在 AutoCAD 2007 中，系统提供了世界坐标系（WCS）和用户坐标系（UCS），在绘制图形时，用户可以使用这两种坐标系绘制精度非常高的图形。

一、世界坐标系

在 AutoCAD 2007 中，系统默认世界坐标系为当前坐标系，图标位于绘图窗口的左下角。它由三个相互垂直的坐标轴（X 轴、Y 轴和 Z 轴，在二维图形中，Z 轴没有显示）组成，在绘图过程中，所有的位移都是相对于该坐标系的原点计算的，图 2.1.1 所示的为二维空间中的世界坐标系。

二、用户坐标系

为了能够更加方便地绘制图形，用户经常需要改变坐标系的原点和方向，这时的坐标系就变成了用户坐标系。用户坐标系的原点及坐标轴都是可以移动和旋转的，用户可以根据绘图的需要，选择 工具(T) → 新建 UCS(W) 菜单中的子命令移动或创建用户坐标系，图 2.1.2 所示的为创建的用户坐标系。

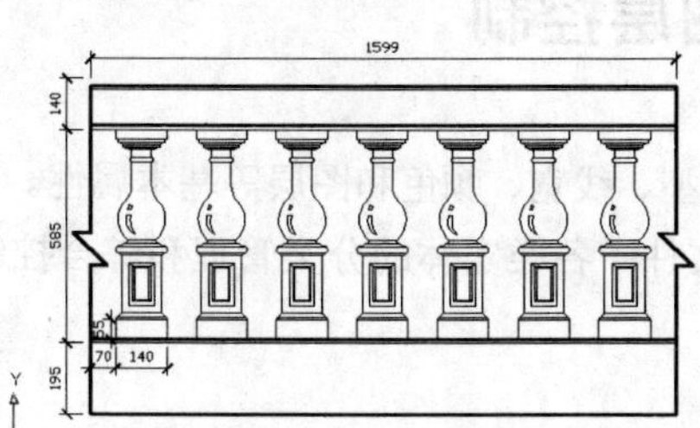

图 2.1.1　世界坐标系

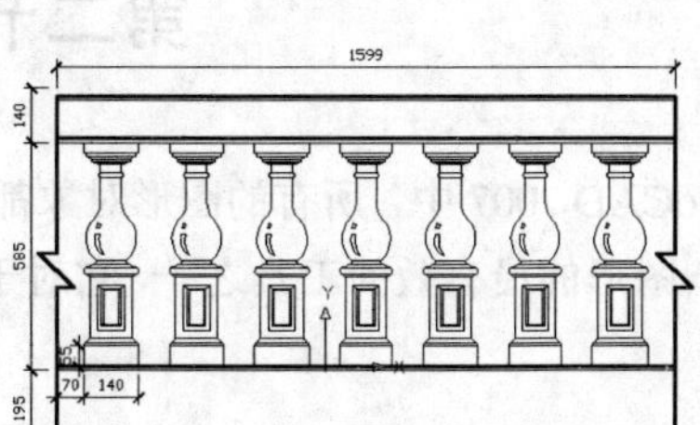

图 2.1.2　用户坐标系

三、坐标输入方法

在 AutoCAD 中，用户可以用鼠标指定点的位置，也可以通过键盘输入点的坐标。精确定位点的坐标时，一般都是通过键盘输入，最基本的两种坐标输入方式是：绝对坐标和相对坐标。

1．绝对坐标

绝对坐标是指输入点的坐标是相对于当前坐标系原点的坐标，分为直角坐标和极坐标。

（1）直角坐标：以坐标系原点为基点，坐标系内所有的点都可以表示为（X，Y，Z）的形式，其中 X，Y，Z 表示该点的坐标值，如 A（12，12，0）。

（2）极坐标：以坐标系原点为极点，X 轴正方向为极轴，坐标系内所有的点都可以表示为（d<α）的形式，其中 d 表示极轴的长度，α 表示极轴角，如 120<45°。

2．相对坐标

相对坐标是指以最近一次输入的坐标点为基点来指定当前点的坐标值。相对坐标也有直角坐标和极坐标两种形式，输入方法是在绝对坐标值前加上符号@，如（@12，12，0）。

四、控制坐标显示

在状态栏最左边有一组数值，该组数值表示的是当前指针在绘图窗口中的坐标值，从左到右分别为 X 轴坐标值、Y 轴坐标值和 Z 轴坐标值。在 AutoCAD 2007 中，该坐标的显示取决于所选择的模式和程序中运行的命令。默认情况下，该模式处于“开”状态，当鼠标指针在绘图窗口中移动时，状态栏中的坐标值也会随指针的移动而动态改变；用鼠标单击状态栏中坐标值显示的区域，即可改变坐标显示模式，处于“关”状态时，该坐标值不会随指针的移动而动态变化，只有在指针确定一点后才发生变化。另外，当指针处于拾取点状态时，系统将显示指针所在位置相对于上一个点的距离和角度，此时的状态为相对极坐标状态。这 3 种状态下的显示方式如图 2.1.3 所示。

开　　关　　相对极坐标

图 2.1.3　坐标显示方式

第二节　图层控制

在 AutoCAD 2007 中，所有的图形对象都具有线型、线宽、颜色和图层等基本属性。图层是管理和控制复杂图形的最有效的工具之一，它对于图形文件中各类实体的分类管理和综合控制具有重要意义。

一、创建新图层

在 AutoCAD 2007 中，图层的大部分操作都是在“图层特性管理器”对话框中进行的，如图 2.2.1 所示，用户可以通过以下 3 种方式打开该对话框。

（1）单击“图层”工具栏中的“图层特性管理器”按钮。

（2）选择 格式(O) → 图层(L)... 命令。

（3）在命令行中输入命令 layer。

单击该对话框中的“新建图层”按钮，系统自动生成一个名为“图层 1”的新图层，用户可以在“名称”、“颜色”、“线型”、“线宽”等列表中设置该图层的特性。继续单击“新建图层”按钮，系统依次生成名为“图层 2”、“图层 3”……“图层 n”的新图层，用户同样可以设置这些图层的特性。创建图层后，图层的名称将显示在图层列表框中，用鼠标单击图层列表框中图层的名称，即可激活图层的名称属性，然后对图层的名称进行修改。

二、设置图层颜色

图层的颜色是指在该层上绘制图形对象时采用的颜色，每层都有相应的颜色，不同图层的颜色可以相同，也可以不同。默认情况下，新创建图层的颜色与当前状态下图层的颜色相同，如果用户需要对图层的颜色进行修改，可以在 图层特性管理器 对话框中单击图层“颜色”列对应的图标，弹出 选择颜色 对话框，如图 2.2.2 所示。

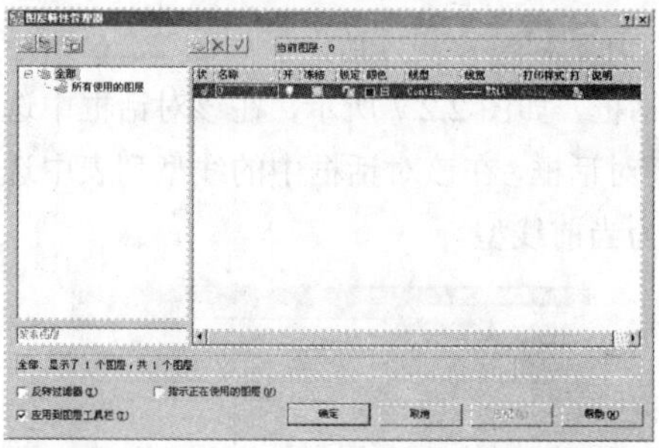

图 2.2.1　“图层特性管理器”对话框

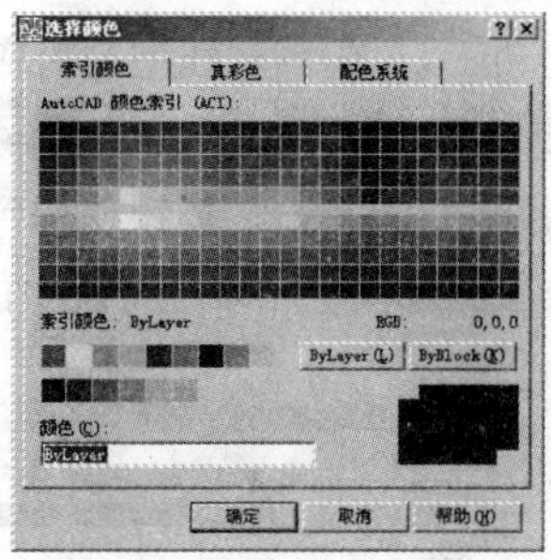

图 2.2.2　“选择颜色”对话框

在 选择颜色 对话框中有 3 个选项卡，用户可以在相应的选项卡中对图层的颜色进行设置。

（1） 索引颜色 选项卡：使用 AutoCAD 颜色索引为新对象指定颜色，“索引颜色”调色板显示颜色 10～249，或单击标准颜色（代码为 1～9）与灰度色（代码为 250～255）选择需要的颜色，也可以在颜色代码框中直接输入颜色代码选定颜色，如图 2.2.3 所示为“索引颜色”选项卡。

（2） 真彩色 选项卡：在该选项卡中可以使用“真彩色”为新对象指定颜色。“真彩色”有两种颜色模式：HSL 颜色模式和 RGB 颜色模式。在 HSL 颜色模式下，用户可以通过调节色调、饱和度和亮度配置需要的颜色；在 RGB 颜色模式下，用户可以通过调节红、绿、蓝三种颜色的比例配置需要的颜色，如图 2.2.4 所示。

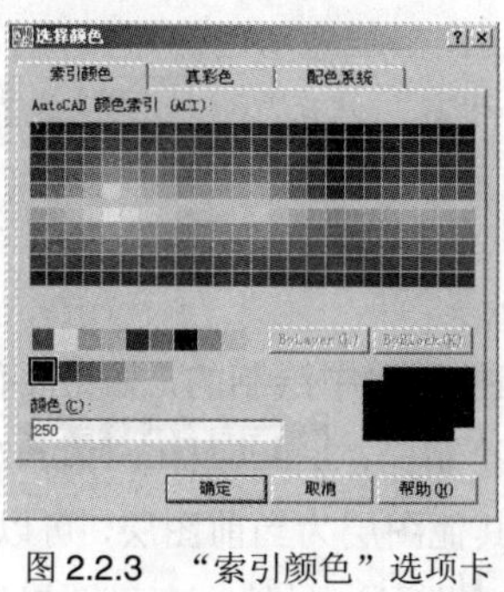

图 2.2.3　“索引颜色”选项卡

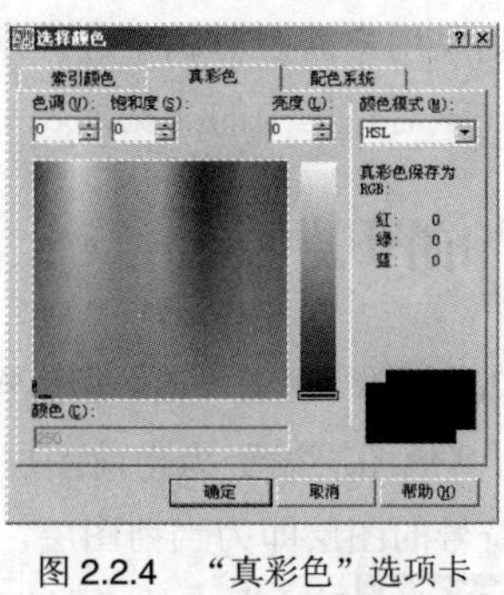

图 2.2.4　“真彩色”选项卡

（3）配色系统选项卡：在该选项卡中可以使用“配色系统”下拉列表提供的色库表中的颜色为新对象指定颜色，如图 2.2.5 所示。

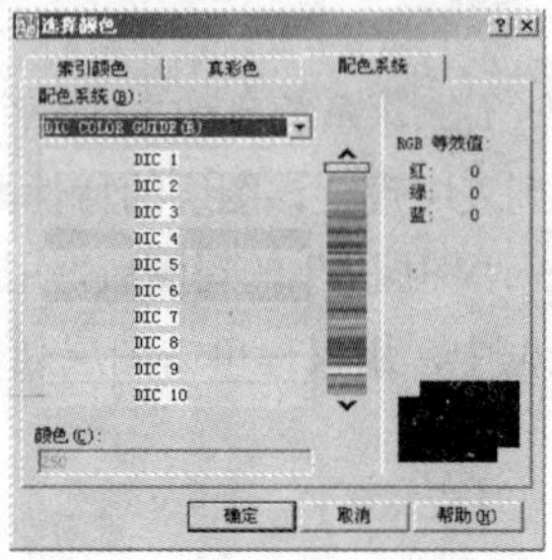

图 2.2.5　“配色系统”选项卡

三、设置图层线型

图层的线型是指在该图层上绘制图形对象时采用的线型，每层都有一个相应的线型。不同的图层可以设置相同的线型，也可以设置不同的线型。默认情况下，图层的线型为 Continuous。如果要对线型进行修改，可以单击图层线型列对应的图标，打开选择线型对话框，如图 2.2.6 所示，在该对话框中单击加载(L)...按钮，弹出加载或重载线型对话框，如图 2.2.7 所示，在该对话框中选择需要加载的线型，然后单击确定按钮返回到选择线型对话框，在该对话框中的线型列表中选中加载的线型，单击确定按钮后即可将选中的线型设置为当前线型。

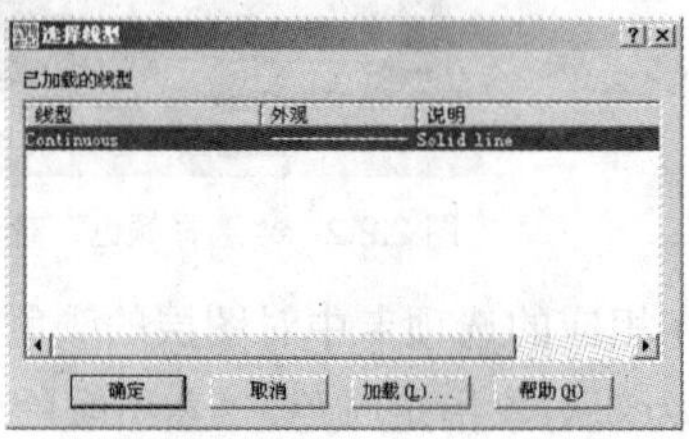

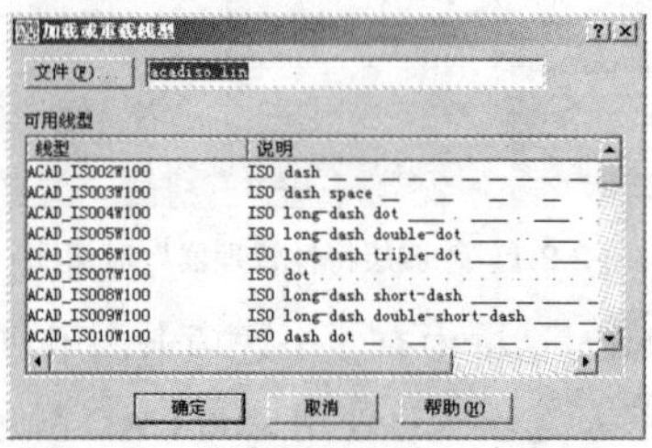

图 2.2.6　“选择线型”对话框　　图 2.2.7　“加载或重载线型”对话框

四、设置图层线宽

图层的线宽是指在该图层上绘制图形对象时采用的线条宽度。在 AutoCAD 中，用户使用不同宽度的线条表示对象的大小和宽度，以提高图形的表达能力和可读性。默认情况下，AutoCAD 使用的宽度为 0.00 mm，如果用户需要对线宽进行修改，可以单击图层线宽对应的图标，打开线宽对话框，如图 2.2.8 所示，在该对话框中的线宽列表中选择需要的线宽，然后单击确定按钮即可。

五、切换当前图层

在 AutoCAD 2007 中绘制图形时，所有图形都是在当前图层中绘制的，如果要使用其他图层来绘制图形，就必须将其他图层设置为当前图层，才能进行绘制。在图层特性管理器对话框中，图层列表中前面带有✔符号的图层即为当前图层，如果要设置其他图层为当前图层，可以先选中其他图层，然后单击图层特性管理器对话框中的“置为当前”按钮✔即可。另外，在“图层”工具栏中的下拉列表中选择需要设置为当前图层的图层名称，也可以快速设置当前图层，如图 2.2.9 所示。

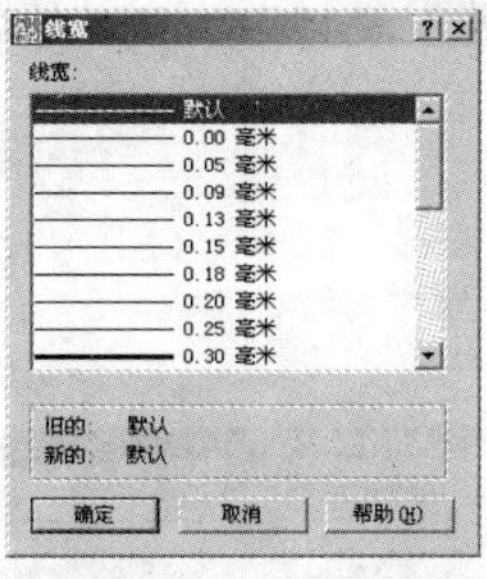

图 2.2.8　“线宽”对话框

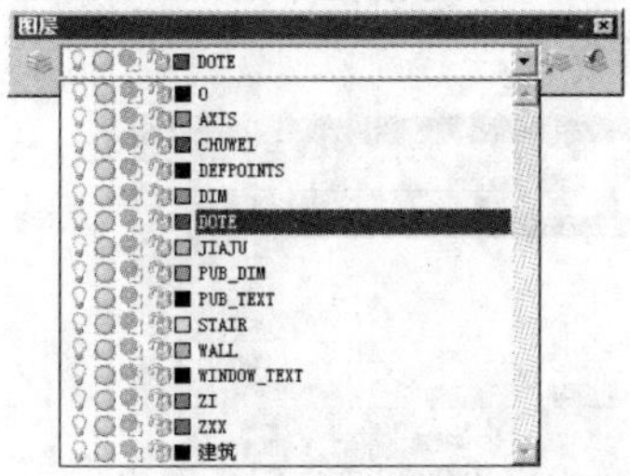

图 2.2.9　“图层”工具栏下拉列表

六、过滤图层

一个大的工程图中将会包含大量的图层，在所有的图层中针对某些图层进行操作将是一件非常麻烦的工作，但是，在 AutoCAD 2007 中，用户可以利用“图层特性管理器”对话框中的“新特性过滤器”和“新组过滤器”对所有的图层进行筛选，然后就可以非常方便地对筛选后的图层进行操作了。

单击“图层”工具栏中的“图层特性管理器”按钮，弹出图层特性管理器对话框，单击该对话框中的“新特性过滤器”按钮，弹出图层过滤器特性对话框，如图 2.2.10 所示。在该对话框中的过滤器名称(N):文本框中设置过滤器的名称，然后在过滤器定义:列表中设置过滤条件，包括图层名称、状态和颜色等。如果无法准确定义图层的名称、颜色、线宽、线型以及打印样式等特性，可以使用？和*等多种通配符进行设置，其中，* 用来代替任意多个字符，？用来代替任意一个字符。

除了“新特性过滤器”外，用户还可以使用“新组过滤器”对图层进行过滤。单击图层特性管理器对话框中的“新组过滤器”按钮，系统自动在该对话框左边的过滤器树形列表中添加一个组过滤器，如图 2.2.11 所示，用户可以设置该组过滤器的名称，然后从其他过滤器中选中并拖动需要过滤的图层到新建的组过滤器中即可。

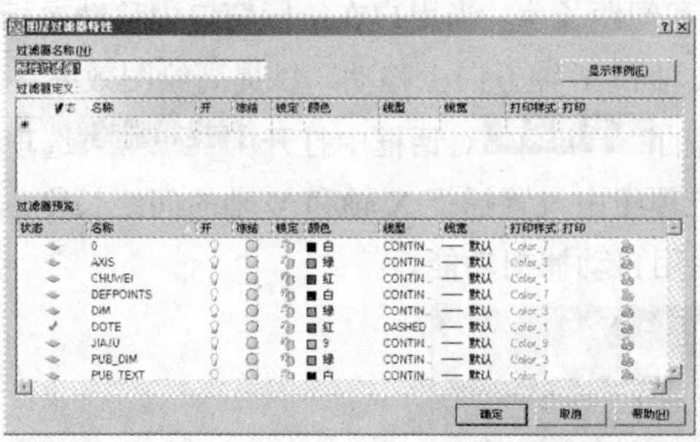

图 2.2.10　“图层过滤器特性”对话框

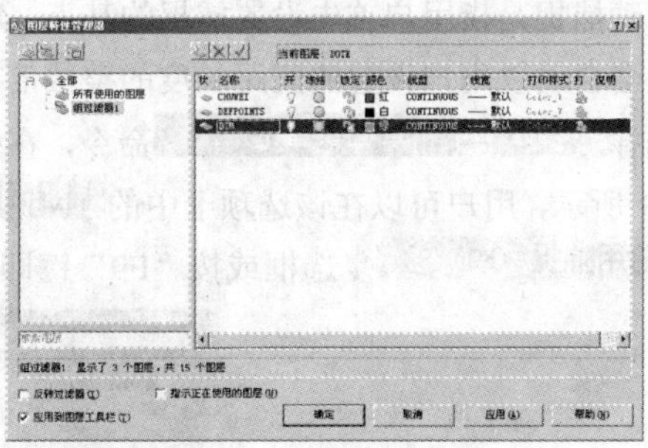

图 2.2.11　创建新组过滤器

七、保存与恢复图层状态

在 AutoCAD 2007 中，用户可以通过控制图层的状态和特性来设置图层。单击图层特性管理器对话框中的“图层状态管理器”按钮，弹出图层状态管理器对话框，如图 2.2.12 所示。单击该对话框中的新建(N)...按钮，弹出要保存的新图层状态对话框，如图 2.2.13 所示，在该对话框中的新图层状态名(L)文本框中输入新创建的图层状态名称，在说明(D)文本框中输入对新创建图层状态的说明，然后单击

确定 按钮返回到 图层状态管理器 对话框，在该对话框中设置要保存的图层状态。另外，用户也可以通过单击 图层状态管理器 对话框中的 输入(M)... 或 输出(X)... 按钮，从外部输入图层状态名称或将图层状态名称输出进行保存。

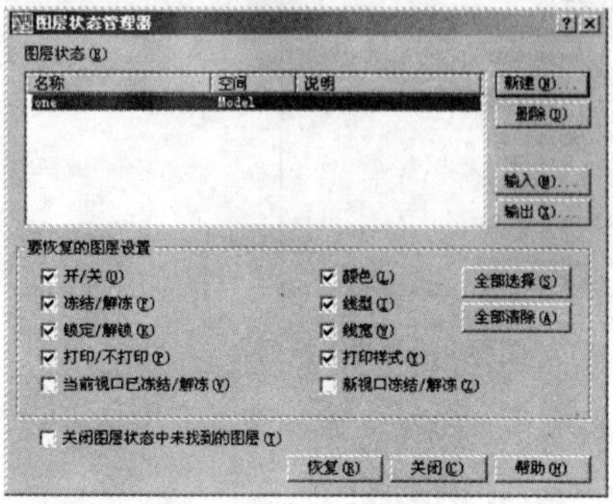

图 2.2.12 “图层状态管理器”对话框

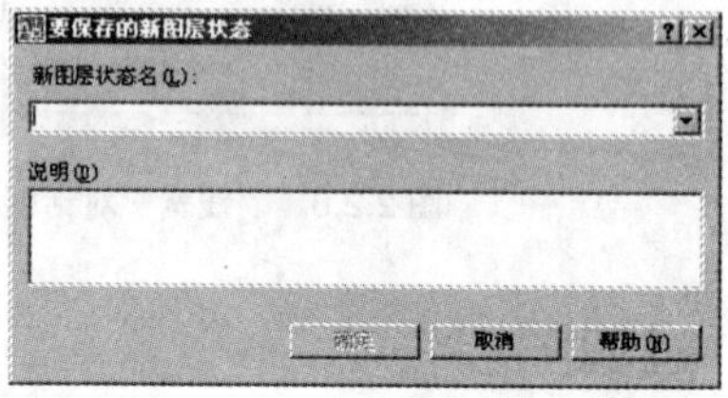

图 2.2.13 “要保存的新图层状态”对话框

第三节　对象捕捉

在 AutoCAD 2007 中绘制图形时，经常需要准确地找到一些特殊的点，如圆心、交点、端点、切点、中点等，如果用鼠标拾取这些点，误差将非常大，但如果使用 AutoCAD 2007 提供的对象捕捉功能，将会非常方便地找到这些点，从而快速、准确地绘制图形。

在 AutoCAD 2007 中，捕捉的类型分为两种，一种是自动捕捉，另一种是目标捕捉，本节将详细介绍这两种对象捕捉的设置和使用方法。

一、自动捕捉

自动捕捉是指用户首先设置捕捉的基点、角度和间距长度，当用户在绘图窗口中移动鼠标时，鼠标指针会自动以用户设置的间距长度的整数倍在 X 轴和 Y 轴方向上移动，以提高绘图效率。

选择 工具(T) → 草图设置(F)... 命令，在弹出的 草图设置 对话框中打开 捕捉和栅格 选项卡，如图 2.3.1 所示，用户可以在该选项卡中的 捕捉间距 选项组中设置捕捉 X 轴和 Y 轴的间距长度，然后选中 ☑ 启用捕捉 (F9)(S) 复选框或按“F9”键即可启用自动捕捉功能。

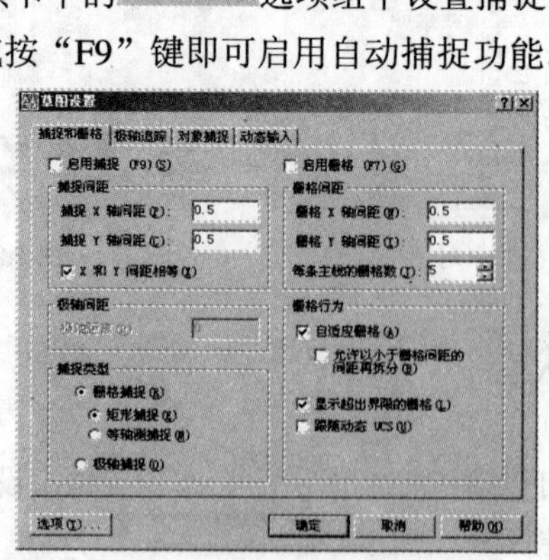

图 2.3.1 “捕捉和栅格”选项卡

二、对象捕捉

对象捕捉是指在绘制图形时将十字光标强制性定位在对象的特殊位置上。对象捕捉的模式共有13种，单击“对象捕捉”工具栏中的相应按钮执行对象捕捉功能，如图2.3.2所示，或在绘制图形的过程中按住“Shift”键，单击鼠标右键，在弹出的快捷菜单中选择对象捕捉模式，如图2.3.3所示。

以上两种方法启用对象捕捉后只能捕捉一种对象，如果要同时启用多种对象捕捉模式，并且在绘制图形的整个过程中都保持开启状态，就必须在草图设置对话框的对象捕捉选项卡中进行设置，如图2.3.4所示。

图2.3.2　“对象捕捉”工具栏

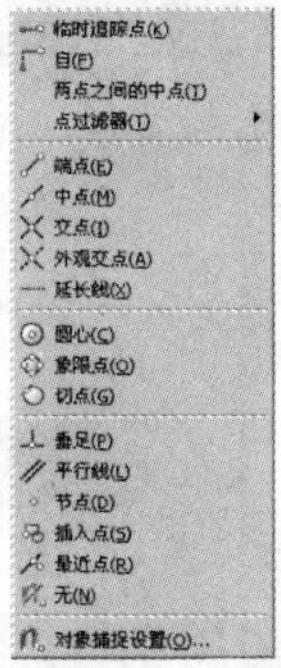

图2.3.3　快捷菜单

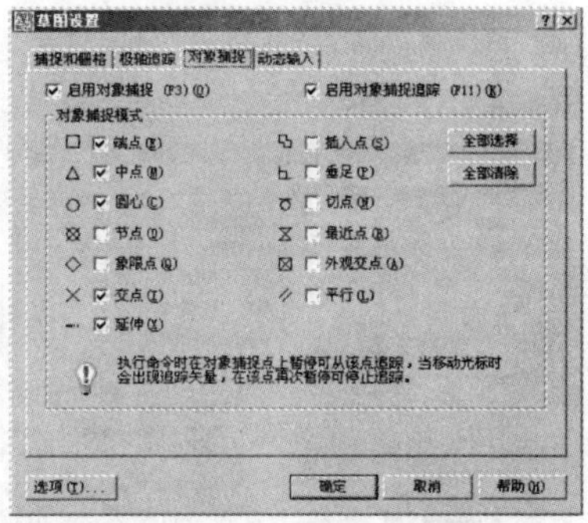

图2.3.4　“对象捕捉”选项卡

该选项卡中同样提供了13种对象捕捉模式，如果需要启用哪种对象捕捉模式，只需要选中对应的复选框，然后选中☑启用对象捕捉（F3）(O)复选框或按“F3”键即可。

第四节　正交与栅格

在AutoCAD 2007中，用户可以使用正交命令在水平和垂直方向上绘制或移动图形对象，还可以使用栅格绘制图形对象，本节将分别介绍正交与栅格的设置和使用方法。

一、正交功能

在AutoCAD 2007中绘制图形时，经常需要在水平和垂直方向上绘制和移动图形对象，如果使用鼠标将很难保证其水平和垂直，使用坐标输入也会比较麻烦，所以最好的方法是使用正交功能，使光标只能在水平和垂直方向上移动，这样就可以达到绘图的要求。

在AutoCAD 2007中启用正交功能的方法有以下3种：

（1）单击状态栏中的正交按钮。

（2）按“F8”键。

（3）在命令行中输入命令ortho。

打开正交功能后，用户就可以利用鼠标在绘图窗口中绘制水平或垂直的直线，同时也可以捕捉特定的点绘制具有倾斜角度的直线，但不能直接绘制具有倾斜角度的直线。打开正交模式后，如果用户不通过捕捉特定点绘制具有倾斜角度的直线，那么只能通过输入直线的端点坐标来确定直线的长度和角度。

二、显示栅格

栅格由许多点组成，成网格状，类似于坐标纸。用户可以选择 工具(T) → 草图设置(F)... 命令，在弹出的 草图设置 对话框中打开 捕捉和栅格 选项卡，在该选项卡中的 栅格间距 选项组中设置栅格点在 X 轴和 Y 轴上的间距，如图 2.4.1 所示。

设置完栅格间距后，选中该选项卡中的 ☑ 启用栅格 (F7)(G) 复选框，启用栅格捕捉功能，栅格显示的效果如图 2.4.2 所示。

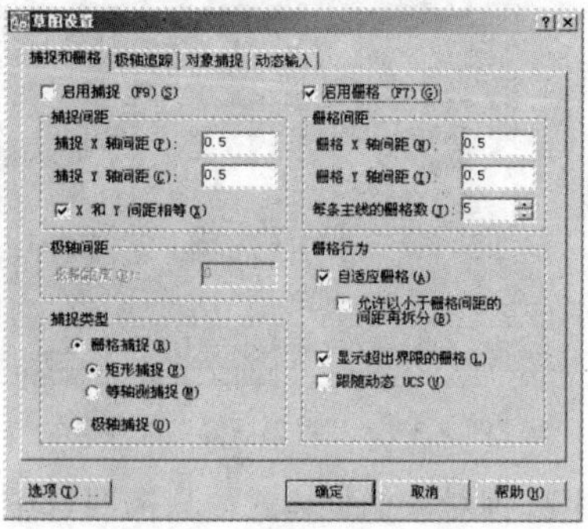

图 2.4.1　“捕捉和栅格”选项卡

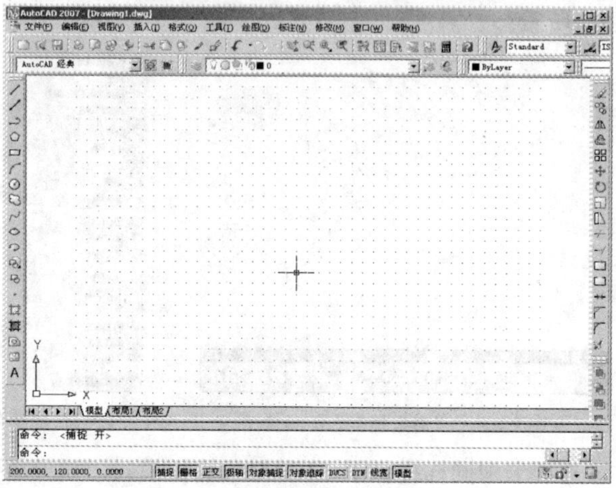

图 2.4.2　栅格显示效果

第五节　使用动态输入

动态输入是指在绘制图形时，在指针所在位置显示标注输入和命令提示，以及输入命令等。使用动态输入可以帮助用户非常方便地绘制图形。

一、启用指针输入

在执行命令时，如果启用指针输入，十字光标附近的工具栏中将显示当前指针的坐标，用户可以直接在该工具栏中输入坐标值，而不用在命令行中输入。在 草图设置 对话框中的 动态输入 选项卡中选中 ☑ 启用指针输入(P) 复选框，可以启用指针输入功能，如图 2.5.1 所示。单击该选项卡中的 指针输入 选项区中的 设置(S)... 按钮，在弹出的 指针输入设置 对话框中可以设置指针的格式和可见性，如图 2.5.2 所示。

二、启动标注输入

在执行命令时，如果启动标注输入，当命令提示第二步操作时，工具栏中将显示距离和角度值。在 动态输入 选项卡中选中 ☑ 可能时启用标注输入(D) 复选框即可启动标注输入。单击 标注输入 选项区中的 设置(E)... 按钮，弹出 标注输入的设置 对话框，如图 2.5.3 所示，用户可以在该对话框中设置使用夹点拉伸时标注输入的可见性。

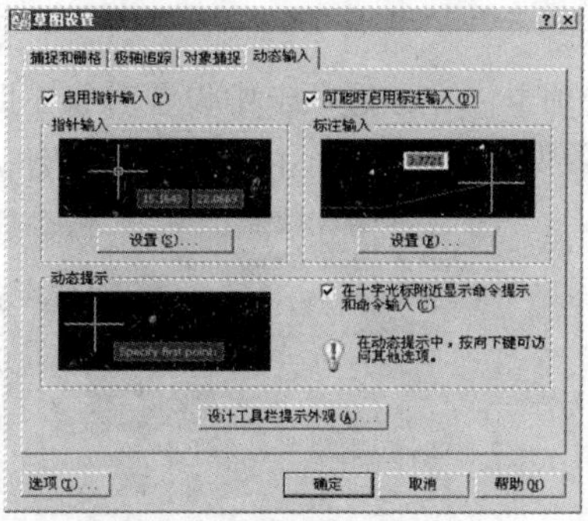

图 2.5.1　“动态输入”选项卡

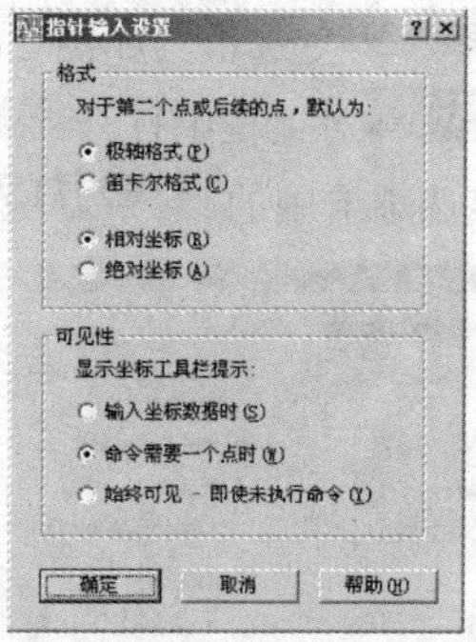

图 2.5.2　“指针输入设置”对话框

三、显示动态输入

在绘制图形时，如果启动显示动态输入功能，则在十字光标附近显示命令提示。在 动态输入 选项卡中选中 在十字光标附近显示命令提示和命令输入(C) 复选框，即可启动动态输入功能。启动动态输入功能后，用户可以按键盘上的上、下方向键选择命令提示的选项，如图 2.5.4 所示。

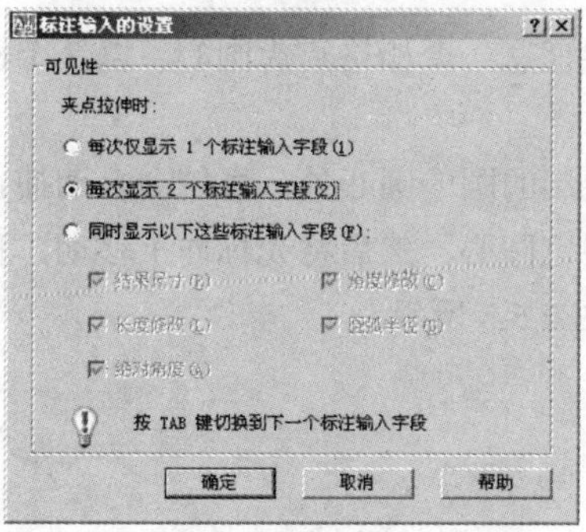

图 2.5.3　“标注输入的设置”对话框

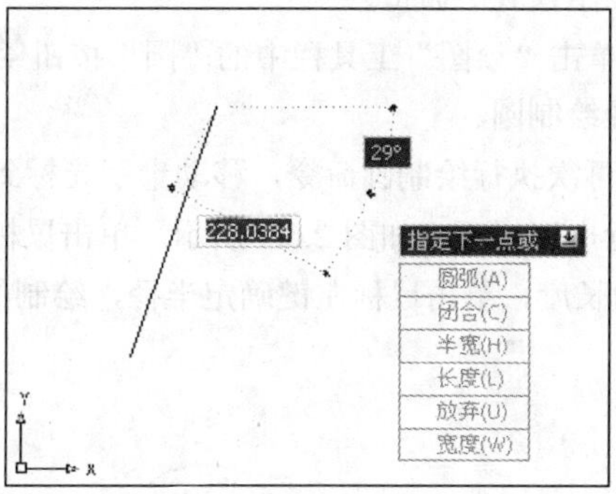

图 2.5.4　显示动态输入

第六节　应用实例

下面使用栅格和对象捕捉功能绘制支架，以巩固本章所学的知识，效果如图 2.6.1 所示。

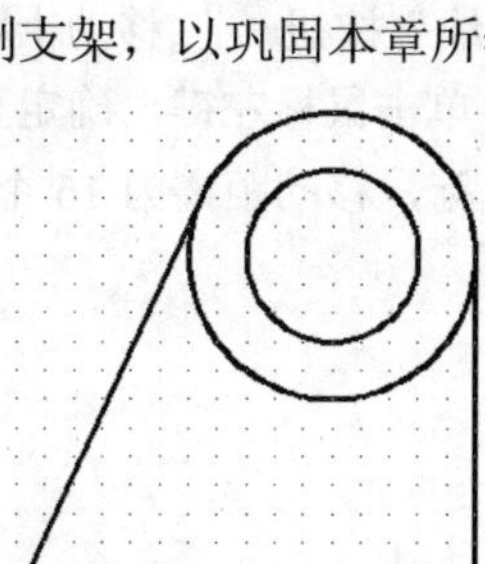

图 2.6.1　支架

（1）新建一个图形文件，选择 工具(T) → 草图设置(F)... 命令，在弹出的 草图设置 对话框中打开 捕捉和栅格 选项卡，在该选项卡中使用系统默认的设置，然后选中 启用栅格 (F7)(G) 复选

框和 启用捕捉(F9)(S) 复选框，如图 2.6.2 所示。

（2）在 草图设置 对话框中打开 对象捕捉 选项卡，在该选项卡中设置对象捕捉模式，如图 2.6.3 所示，然后选中该选项卡中的 启用对象捕捉(F3)(O) 复选框，单击 确定 按钮返回到绘图窗口。

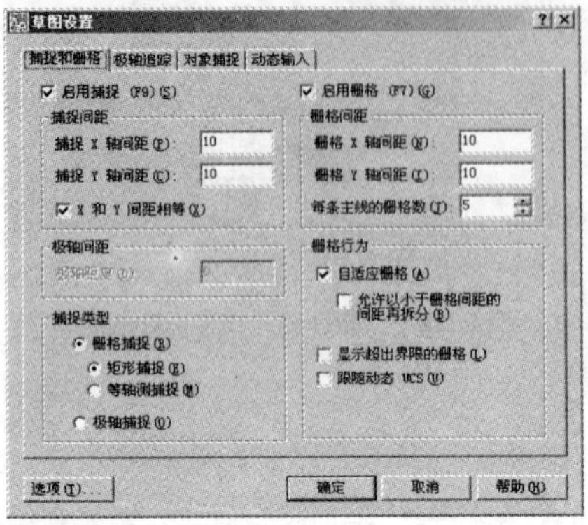

图 2.6.2　设置栅格显示

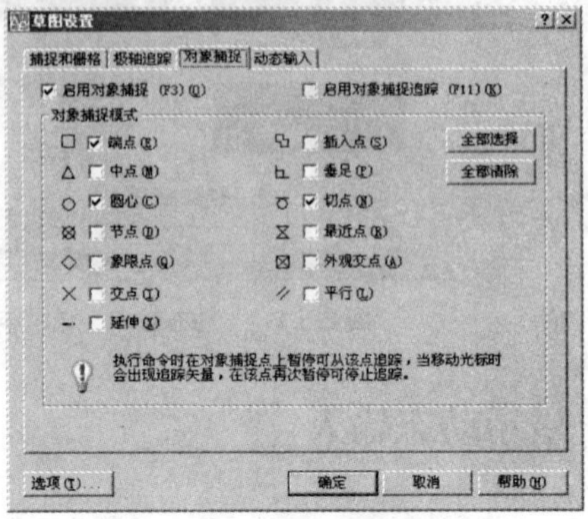

图 2.6.3　设置对象捕捉模式

（3）在命令行中输入命令 zoom 后按回车键，在命令行提示下选择“全部”命令选项，绘图窗口中就会显示设置的栅格。

（4）单击“绘图”工具栏中的“圆”按钮，捕捉任意一个栅格点为圆心，以 3 个栅格的长度为圆的半径绘制圆。

（5）再次执行绘制圆命令，移动十字光标到刚刚绘制的圆的圆心处，系统会自动捕捉圆心，并在光标附近出现提示，如图 2.6.4 所示。单击鼠标左键确定圆心，然后将光标向上移动，移动距离为 5 个栅格的长度，单击鼠标左键确定半径，绘制的圆如图 2.6.5 所示。

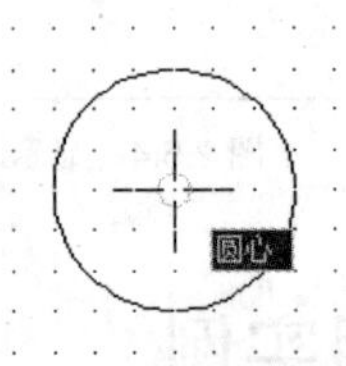

图 2.6.4　对象捕捉提示

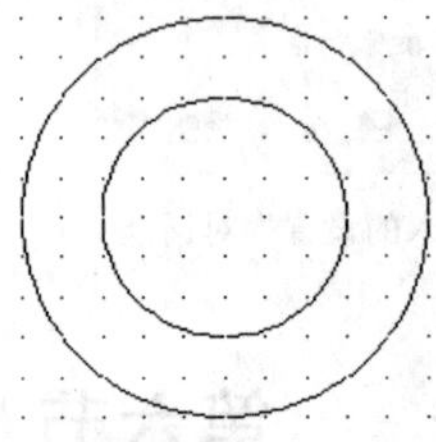

图 2.6.5　绘制的圆

（6）单击“绘图”工具栏中的“直线”按钮，移动十字光标到圆的边界处，此时在光标附近会出现对象捕捉提示，如图 2.6.6 所示，单击鼠标左键，确定直线的起点，然后向下移动光标，移动距离为 12 个栅格的长度，再向左移动光标，移动距离为 16 个栅格的长度，最后捕捉如图 2.6.7 所示圆的切点，按回车键结束命令。

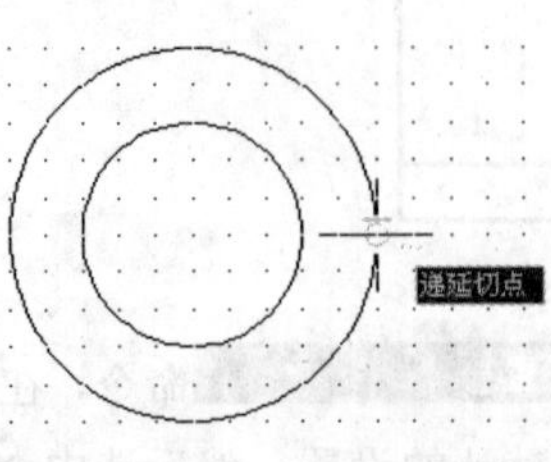

图 2.6.6　捕捉直线的起点

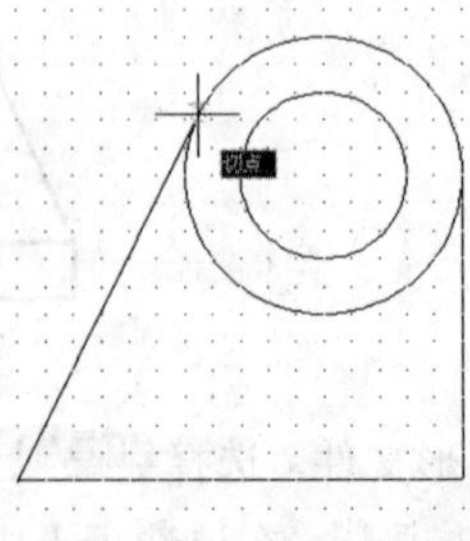

图 2.6.7　捕捉圆的切点

（7）再次执行绘制直线命令，捕捉如图 2.6.8 所示图形中的端点为直线的起点，然后将光标向下移动，移动距离为两个栅格的长度，单击鼠标左键指定直线的端点，再将光标向左移动，移动距离为 16 个栅格的长度，单击鼠标左键指定直线的端点，最后捕捉如图 2.6.9 所示图形中的端点为直线的端点，按回车键结束命令。

（8）选中绘制的图形，在“特性”工具栏中的“线宽”下拉列表中选择线宽为 0.30 mm，为绘制的图形设置线宽，单击状态栏中的线宽按钮，打开线宽显示，最终效果如图 2.6.1 所示。

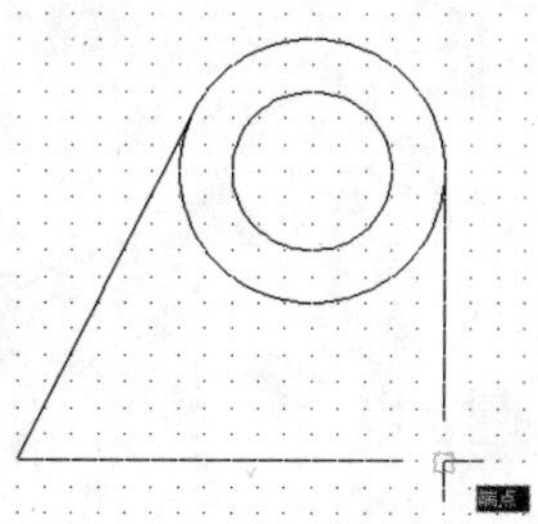

图 2.6.8 捕捉直线的起点

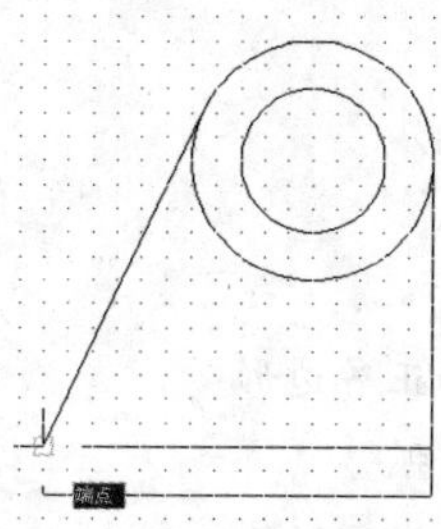

图 2.6.9 捕捉直线的端点

习 题 二

一、填空题

1．AutoCAD 2007 为用户提供了两种坐标系统，一种是__________，另一种是__________。

2．在创建新图层时，用户可以对图层的颜色、__________、__________、__________等特性进行设置。

二、选择题

1．以下选项中属于相对直角坐标系的是（ ）。

A．10，30　　B．@10，30　　C．10<30　　D．@10<30

2．以下选项中用于控制对象捕捉功能的开启与关闭的功能键是（ ）。

A．F1　　B．F2　　C．F3　　D．F4

三、上机操作题

使用各种辅助绘图工具绘制如题图 2.1 所示的图形。

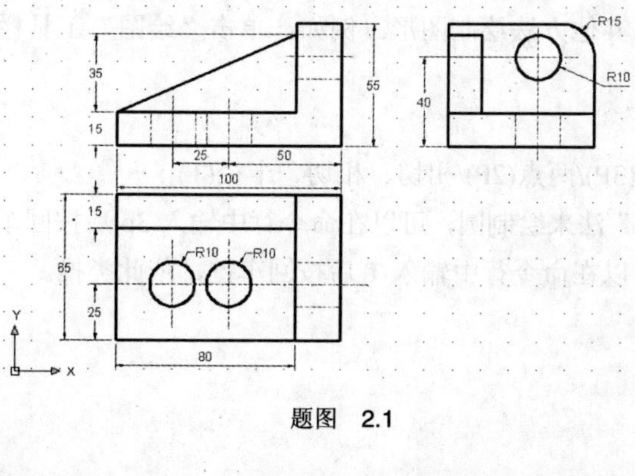

题图 2.1

第三章　绘制基本二维图形

平面二维图形由一些基本二维图形组成，如点、线、矩形、正多边形、圆、圆弧、椭圆和椭圆弧等，AutoCAD 2007 提供了一整套绘制基本二维图形的工具，利用这些工具可以绘制各种基本二维图形。

本章主要内容:

- 绘图方法
- 绘制点
- 绘制线
- 绘制矩形和正多边形
- 绘制圆和圆弧
- 绘制椭圆和椭圆弧

第一节　绘图方法

在 AutoCAD 2007 中，基本二维图形的绘制有多种方法，用户可以使用“绘图”菜单、“绘图”工具栏以及直接在命令行中输入命令等方法执行绘制图形命令。

一、绘图菜单

在 AutoCAD 2007 中，“绘图”菜单包含了绝大部分绘图命令，选择“绘图”菜单中的命令或子命令就可以执行绘制图形命令，如图 3.1.1 所示。例如，要以圆心半径法绘制圆，可以选择 绘图(D)→圆(C)→圆心、半径(R) 命令。

二、绘图工具栏

利用“绘图”工具栏可以快速执行绘图命令。“绘图”工具栏中的图标按钮与“绘图”菜单中的绘图命令相对应，单击“绘图”工具栏中的图标按钮即可执行相应的绘图命令，如图 3.1.2 所示。默认情况下，单击“绘图”工具栏中的图标按钮，系统会以默认的方法绘制图形，但同时也可以在命令行中选择其他命令选项，以其他方法绘制图形。例如，单击“绘图”工具栏中的“圆”按钮，命令行提示如下:

命令: _ circle

指定圆的圆心或 [三点(3P)/两点(2P)/相切、相切、半径(T)]:

如果用户需要用“三点”法来绘制圆，可以在命令行中输入 3p 后按回车键，如果需要用“相切、相切、半径”法绘制圆，可以在命令行中输入 T 后按回车键，依此类推。

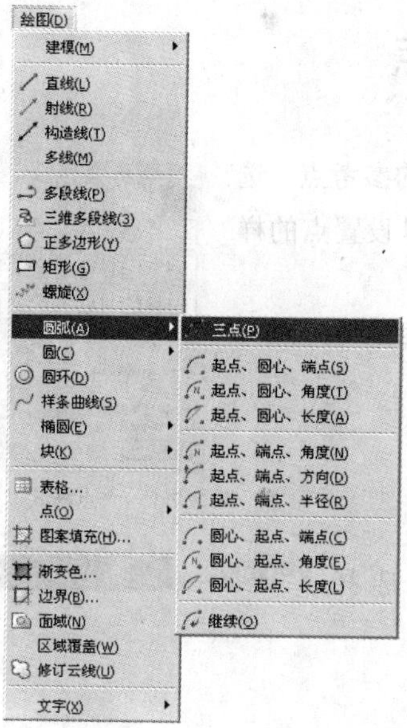

图 3.1.1　“绘图”菜单

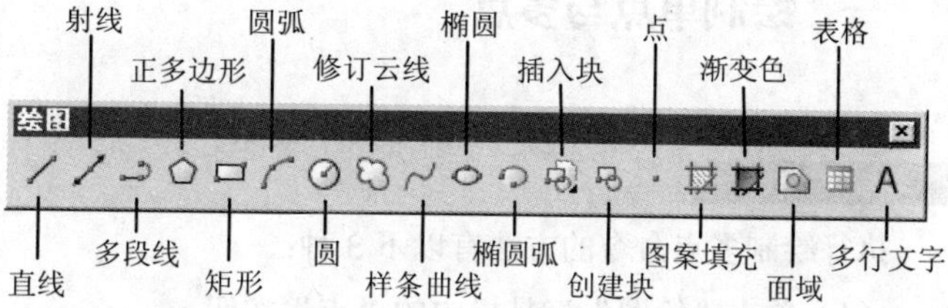

图 3.1.2　“绘图”工具栏

三、屏幕菜单

在 AutoCAD 2007 中还可以通过屏幕菜单来执行绘图命令。选择 工具(T) → 选项(N)... 命令，弹出 选项 对话框，在该对话框中的 显示 选项卡中选中 ☑ 显示屏幕菜单(U) 复选框，打开屏幕菜单，如图 3.1.3 所示。选择该菜单中的子菜单 绘制 1 和 绘制 2 中的命令，如图 3.1.4 所示，即可执行绘制图形命令。

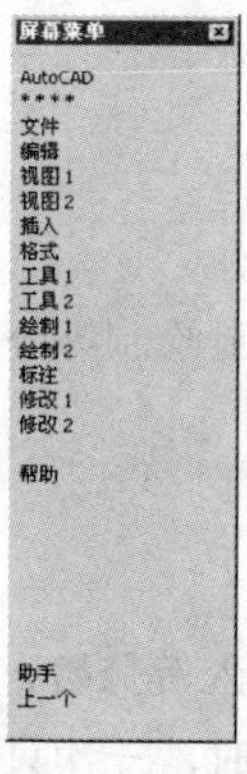

图 3.1.3　屏幕菜单

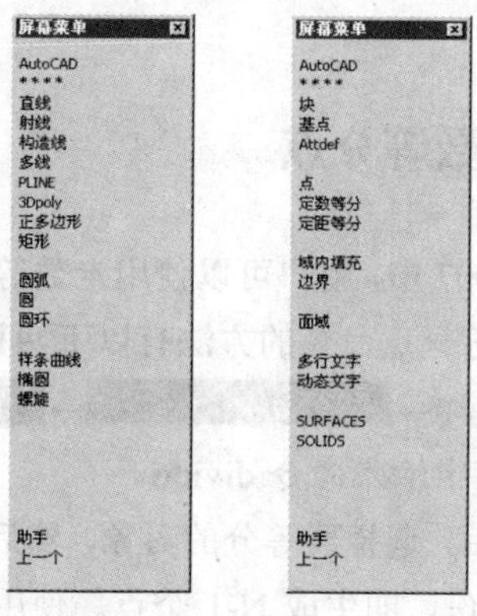

图 3.1.4　屏幕菜单中的“绘制 1”和“绘制 2”子菜单

四、绘图命令

以上 3 种绘制图形的方法都间接调用了绘图命令。在 AutoCAD 2007 中，绘制每一种图形都只有一个命令，而执行绘制图形命令的方式可以有多种。利用绘图命令来绘制图形是一种快捷、准确性高的方法，尤其是在专家模式中，这种方法的优越性更为突出，但前提是用户必须熟练掌握各种绘图命令及其命令选项的使用方法。

第二节 绘制点

点是所有图形对象中最基本的对象，通常被用做对象捕捉的参考点。选择 格式(O) → 点样式(P)... 命令，在弹出的 点样式 对话框中可以设置点的样式和点标记的大小，如图 3.2.1 所示。

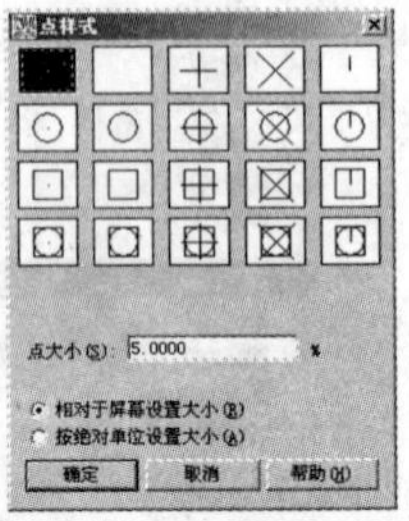

图 3.2.1 “点样式”对话框

在 AutoCAD 2007 中，用户可以方便地绘制单点、多点、定数等分点和定距等分点。

一、绘制单点与多点

在 AutoCAD 2007 中，要执行绘制单点命令，可选择 绘图(D) → 点(O) → 单点(S) 命令。

执行绘制多点命令的方法有以下 3 种：

（1）单击“绘图”工具栏中的“点”按钮。

（2）选择 绘图(D) → 点(O) → 多点(P) 命令。

（3）在命令行中输入命令 point。

执行绘制单点或多点命令后，用户可以通过输入坐标值或在绘图窗口中单击鼠标左键来确定点的位置，绘制单点和多点的效果如图 3.2.2 所示。

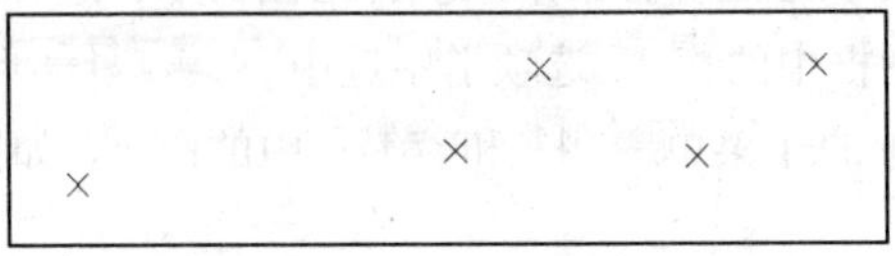

图 3.2.2 绘制单点和多点

二、绘制定数等分点

在 AutoCAD 2007 中，用户可以使用定数等分命令在指定的对象上绘制等分点或在等分点处插入块。执行绘制定数等分点命令的方法有以下两种：

（1）选择 绘图(D) → 点(O) → 定数等分(D) 命令。

（2）在命令行中输入命令 divide。

执行以上命令后，选择要等分的对象，然后在命令行的提示下输入等分数，按回车键后即可将选中的对象分成 N 等份，即生成 N-1 个点。使用定数等分命令绘制点时，一次只能等分一个对象，图 3.2.3 所示的为将圆按指定份数进行等分的效果。

三、绘制定距等分点

在 AutoCAD 2007 中，用户可以使用定距等分命令将对象按指定的距离进行划分。执行绘制定距等分命令的方法有以下两种：

（1）选择 绘图(D) → 点(O) → 定距等分(M) 命令。

（2）在命令行中输入命令 measure。

执行以上命令后，选择要等分的对象，然后在命令行的提示下输入指定等分的距离，按回车键后即可将选中的对象按指定的距离进行等分，图 3.2.4 所示的为将圆按指定长度等分的效果。

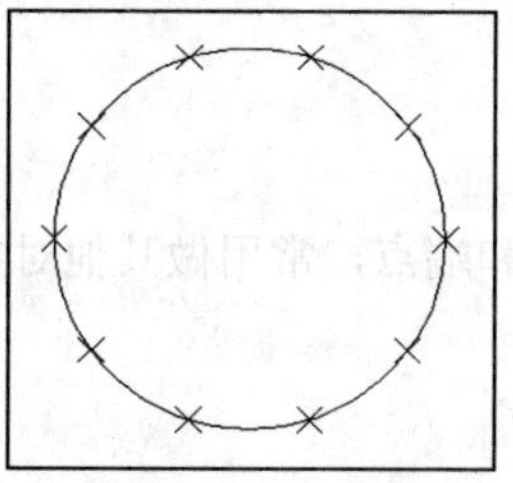

图 3.2.3　定数等分圆

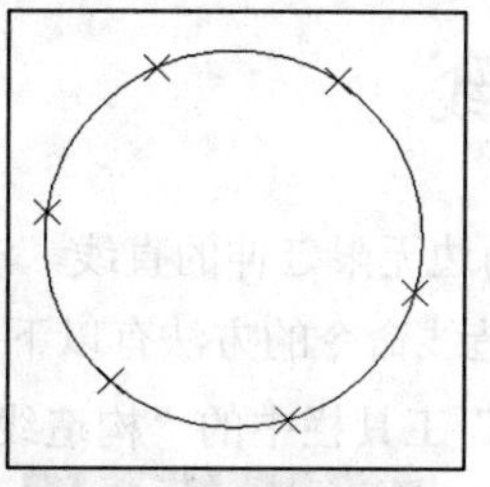

图 3.2.4　定距等分圆

第三节　绘 制 线

在绘制图形的过程中，图形对象的轮廓都是由线性对象构成的，所以，在绘制图形之前，首先要掌握直线、射线、构造线等线性对象的绘制方法。

一、绘制直线

直线是图形中最基本、最常见的实体，常用于表示图形对象的轮廓。执行绘制直线命令的方法有以下 3 种：

（1）单击“绘图”工具栏中的“直线”按钮。

（2）选择 绘图(D) → 直线(L) 命令。

（3）在命令行中输入命令 line。

执行该命令后，命令行提示如下：

命令: _ line

指定第一点:（指定直线的起点）

指定下一点或 [放弃(U)]:（指定直线的终点）

指定下一点或 [放弃(U)]:（指定下一段直线的终点或按回车键结束命令）

指定下一点或 [闭合(C)/放弃(U)]:（指定下一段直线的终点或选择输入 C，按回车键使图形闭合）

二、绘制射线

射线是一端固定，另一端无限延伸的直线，常用做其他对象的参照。在 AutoCAD 2007 中，执行绘制射线命令的方法有以下两种：

（1）选择 绘图(D) → 射线(R) 命令。

（2）在命令行中输入命令 ray。

执行绘制射线命令后，命令行提示如下：

命令: _ ray

指定起点:（指定射线的起点）

指定通过点:（指定射线通过的点）

指定通过点:（按回车键结束命令）

指定射线的起点后，每指定一个射线的通过点，即绘制一条射线。

三、绘制构造线

构造线是一条向两边无限延伸的直线，没有起点和端点，常用做其他对象的参照。在 AutoCAD 2007 中，执行绘制构造线命令的方法有以下 3 种：

（1）单击“绘图”工具栏中的“构造线”按钮。

（2）选择 绘图(D) → 构造线(T) 命令。

（3）在命令行中输入命令 xline。

执行绘制构造线命令后，命令行提示如下：

命令: _ xline

指定点或 [水平(H)/垂直(V)/角度(A)/二等分(B)/偏移(O)]:（指定构造线通过的第一点）

指定通过点:（指定构造线通过的第二点）

指定通过点:（按回车键结束命令）

其中各命令选项功能介绍如下：

（1）水平(H)：选择该命令选项，创建一条通过选定点的水平参照线。

（2）垂直(V)：选择该命令选项，创建一条通过选定点的垂直参照线。

（3）角度(A)：选择该命令选项，以指定的角度创建一条参照线。

（4）二等分(B)：选择该命令选项，创建一条参照线，它经过选定的角顶点，并且将选定的两条线之间的夹角平分。

（5）偏移(O)：选择该命令选项，创建平行于另一个对象的参照线。

第四节　绘制矩形和正多边形

矩形和正多边形都是绘图中使用最频繁的基本图形，本节将介绍矩形和正多边形的绘制方法。

一、绘制矩形

矩形是平面图形中的一个重要对象，在 AutoCAD 2007 中，执行绘制矩形命令的方法有以下 3 种：

（1）单击“绘图”工具栏中的“矩形”按钮。

（2）选择 绘图(D) → 矩形(G) 命令。

（3）在命令行中输入命令 rectang。

执行绘制矩形命令后，命令行提示如下：

指定第一个角点或 [倒角(C)/标高(E)/圆角(F)/厚度(T)/宽度(W)]:（指定矩形的第一个角点）

指定另一个角点或 [面积(A)/尺寸(D)/旋转(R)]:（指定矩形的另一个角点）

其中各命令选项功能介绍如下：

（1）倒角(C)：选择该命令选项，设置矩形的倒角距离。

（2）标高(E)：选择该命令选项，指定矩形的标高。

（3）圆角(F)：选择该命令选项，指定矩形的圆角半径。

（4）厚度(T)：选择此命令选项，指定矩形的厚度。如果输入的厚度值为正数，则矩形将沿着 Z 轴正方向增长；如果输入的厚度值为负数，则矩形将沿着 Z 轴负方向增长。矩形的厚度只有在三维空间中才能显示。

（5）宽度(W)：选择此命令选项，为绘制的矩形指定多段线的宽度。

（6）面积(A)：选择此命令选项，使用面积与长度或宽度创建矩形。

（7）尺寸(D)：选择此命令选项，使用长和宽创建矩形。

（8）旋转(R)：选择此命令选项，按指定的旋转角度创建矩形。如果选择“拾取点”命令选项，则通过指定两个点来确定矩形的旋转角度。

二、绘制正多边形

正多边形是另一个重要的基本实体，在 AutoCAD 2007 中，执行绘制正多边形命令的方法有以下 3 种：

（1）单击“绘图”工具栏中的“正多边形”按钮。

（2）选择 绘图(D) → 正多边形(Y) 命令。

（3）在命令行中输入命令 polygon。

执行绘制正多边形命令后，命令行提示如下：

命令: _ polygon

输入边的数目 <4>:（输入正多边形的边数）

指定正多边形的中心点或 [边(E)]:（指定正多边形的中心点）

输入选项[内接于圆(I)/外切于圆(C)]<I>:（选择绘制正多边形的方式）

指定圆的半径:（输入圆的半径）

其中各命令选项功能介绍如下：

（1）边(E)：选择此命令选项，通过指定第一条边的端点来定义正多边形。

（2）内接于圆(I)：选择此命令选项，指定正多边形外接圆的半径，正多边形所有的顶点都在此圆周上。

（3）外切于圆(C)：选择此命令选项，指定从正多边形中心点到各边中点的距离。

第五节　绘制圆和圆弧

圆和圆弧是二维图形中非常重要的一组曲线对象，常用于表示轴、轮、孔、圆角等平面对象，本节将详细介绍这一组曲线对象的绘制方法和技巧。

一、绘制圆

在 AutoCAD 2007 中，系统提供了 6 种绘制圆的方法，单击“绘图”工具栏中的“圆”按钮，或选择 绘图(D) → 圆(C) 菜单中的子命令，如图 3.5.1 所示，即可执行绘制圆命令。

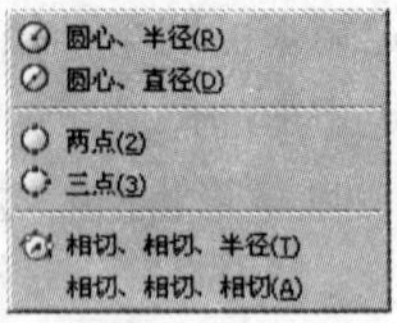

图 3.5.1　“圆”菜单子命令

（1）圆心、半径法绘制圆：圆心、半径法绘制圆是 AutoCAD 2007 默认的绘制圆的方法，也是最基本的绘制圆的方法。

（2）圆心、直径法绘制圆：圆心、直径法绘制圆需要用户指定圆心的位置和直径的值。

（3）两点法绘制圆：两点法绘制圆需要确定直径的两个端点，通过确定直径的端点来确定圆的位置和大小。

（4）三点法绘制圆：三点法绘制圆需要确定圆周上的三个点，通过确定三个点的值来确定圆的位置和大小。

（5）相切、相切、半径法绘制圆：相切、相切、半径法绘制的圆是两个实体的公切圆，用这种方法绘制圆需要确定圆与两个实体的切点和圆的半径。

（6）相切、相切、相切法绘制圆：相切、相切、相切法绘制的圆是三个实体的公切圆，用这种方法绘制圆需要确定圆与三个实体的切点。

二、绘制圆弧

在 AutoCAD 2007 中，系统提供了 11 种绘制圆弧的方法，单击“绘图”工具栏中的“圆弧”按钮，或选择 绘图(D) → 圆弧(A) 菜单中的子命令，如图 3.5.2 所示，即可执行绘制圆弧命令。

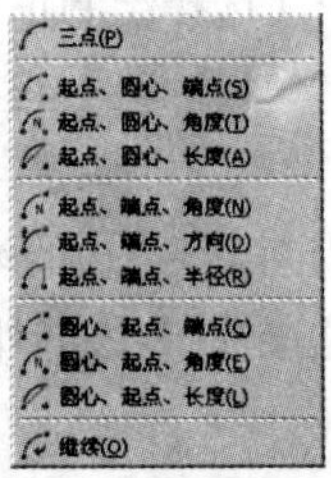

图 3.5.2　“圆弧”菜单子命令

（1）三点法绘制圆弧：三点法绘制圆弧是指通过指定圆弧上的三个点来确定圆弧的位置和大小。

（2）起点、圆心、端点法绘制圆弧：此方法通过指定圆弧的起点、圆心和端点来确定圆弧的位置和大小。

（3）起点、圆心、角度法绘制圆弧：此方法通过确定圆弧的起点、圆心和角度来确定圆弧的位置和大小。

（4）起点、圆心、长度法绘制圆弧：此方法通过确定圆弧的起点、圆心和弧长来确定圆弧的位置和大小。

（5）起点、端点、角度法绘制圆弧：此方法通过指定圆弧的起点、端点和角度来确定圆弧的位置和大小。

（6）起点、端点、方向法绘制圆弧：此方法通过指定圆弧的起点、端点和方向来确定圆弧的位置和大小。

（7）起点、端点、半径法绘制圆弧：此方法通过指定圆弧的起点、端点和半径来确定圆弧的位置和大小。

（8）圆心、起点、端点法绘制圆弧：此方法通过指定圆弧的圆心、起点和端点来确定圆弧的位置和大小。

（9）圆心、起点、角度法绘制圆弧：此方法通过指定圆弧的圆心、起点和角度来确定圆弧的位置和大小。

（10）圆心、起点、长度法绘制圆弧：此方法通过指定圆弧的圆心、起点和弦长来确定圆弧的位置和大小。

（11）继续法绘制圆弧：此命令用于衔接上一步操作，不能单独使用。

第六节　绘制椭圆和椭圆弧

椭圆和椭圆弧是AutoCAD中另外一组重要的曲线对象，本节将详细介绍这两种曲线的绘制方法。

一、绘制椭圆

在AutoCAD 2007中，系统提供了两种绘制椭圆的方法，单击“绘图”工具栏中的“椭圆”按钮，或选择绘图(D)→椭圆(E)菜单中的子命令，如图3.6.1所示，即可执行绘制椭圆命令。

图3.6.1　“椭圆”菜单子命令

（1）中心点法绘制椭圆：用这种方法绘制椭圆，是指通过指定椭圆的中心点、一条轴的端点和另一条半轴的长度来确定椭圆的位置和大小。

（2）轴、端点法绘制椭圆：用这种方法绘制椭圆，是指通过指定椭圆一条轴的两个端点和另一条半轴的长度来确定椭圆的位置和大小。

二、绘制椭圆弧

椭圆弧是在椭圆的基础上绘制出来的，在绘制椭圆弧之前首先要绘制一个虚拟的椭圆，然后指定椭圆弧的起点和终点。

在AutoCAD 2007中，单击“绘图”工具栏中的“椭圆弧”按钮，或选择绘图(D)→椭圆(E)→圆弧(A)命令即可执行绘制椭圆弧命令，命令行提示如下：

命令: _ellipse

指定椭圆的轴端点或 [圆弧(A)/中心点(C)]: _a（系统提示）

指定椭圆弧的轴端点或 [中心点(C)]:（指定椭圆弧的轴端点）

指定轴的另一个端点:（指定椭圆弧的另一个轴端点）

指定另一条半轴长度或 [旋转(R)]:（指定另一条半轴长度）

指定起始角度或 [参数(P)]:（指定椭圆弧的起始角度）

指定终止角度或 [参数(P)/包含角度(I)]:（指定椭圆弧的终止角度）

其中部分命令选项的功能介绍如下：

（1）参数(P)：此选项是 AutoCAD 绘制椭圆弧的另一种模式。使用“起始参数”选项可以从“角度”模式切换到“参数”模式。

（2）包含角度(I)：定义从起始角度开始到终止角度之间的包含角度。

第七节　应用实例

下面使用各种绘图命令绘制如图 3.7.1 所示的图形，以巩固本章所学的知识。

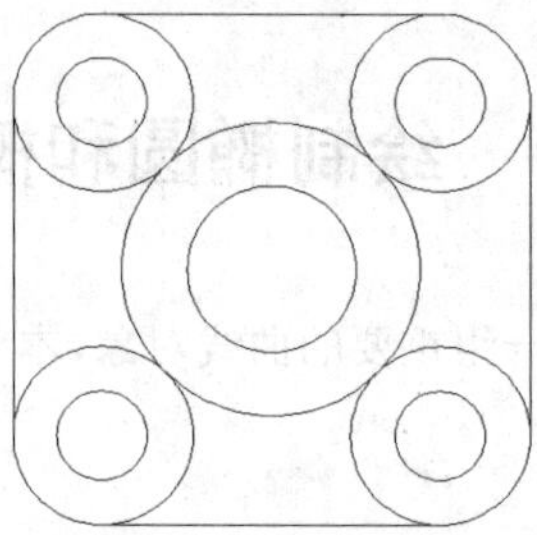

图 3.7.1　效果图

（1）单击“绘图”工具栏中的“矩形”按钮，在绘图窗口中绘制一个边长为 60 的正方形，效果如图 3.7.2 所示。

（2）单击“绘图”工具栏中的“圆”按钮，以步骤（1）绘制的矩形的角点为圆心，分别绘制 4 组半径分别为 8 和 16 的圆，效果如图 3.7.3 所示。

图 3.7.2　绘制矩形

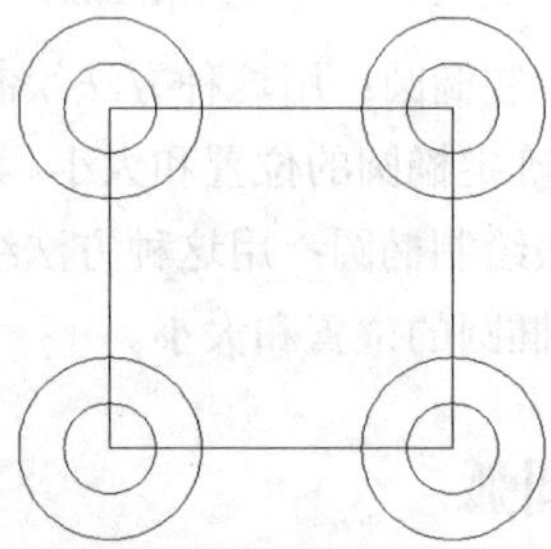

图 3.7.3　绘制圆

（3）选择 绘图(D) → 圆(C) → 相切、相切、相切(A) 命令，命令行提示如下：

命令: _ circle

指定圆的圆心或 [三点(3P)/两点(2P)/相切、相切、半径(T)]: _3p（系统提示）

指定圆上的第一个点: _tan 到（捕捉如图 3.7.4 所示图形中的 A 点）

指定圆上的第二个点: _tan 到（捕捉如图 3.7.4 所示图形中的 B 点）

指定圆上的第三个点: _tan 到（捕捉如图 3.7.4 所示图形中的 C 点）

绘制的圆如图 3.7.4 所示。

（4）单击“绘图”工具栏中的“圆”按钮，以步骤（3）绘制的圆的圆心为圆心，绘制一个半径为 15 的圆，效果如图 3.7.5 所示。

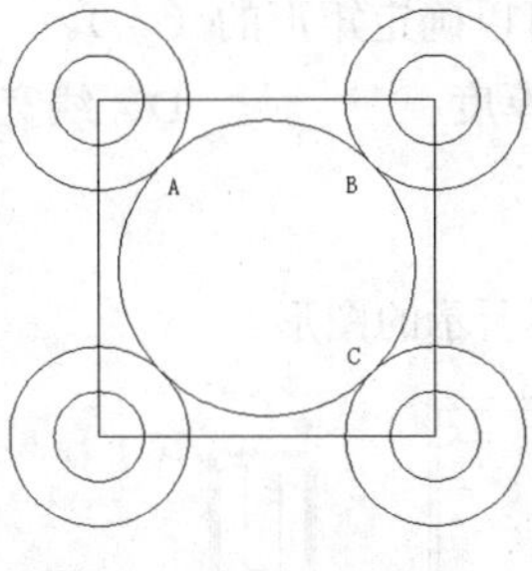

图 3.7.4　利用切点绘制圆

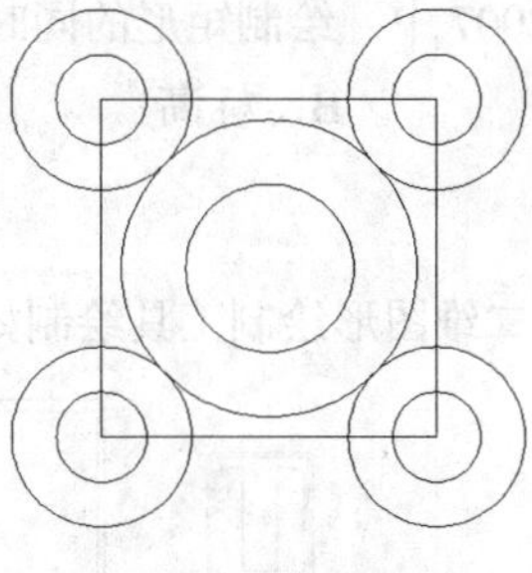

图 3.7.5　绘制中心圆

（5）单击“绘图”工具栏中的“直线”按钮，命令行提示如下：

命令: _ line

指定第一点:（按住“Shift”键，单击鼠标右键，在弹出的快捷菜单中选择“切点”命令）

_ tan 到（捕捉如图 3.7.6 所示图形中的 D 点）

指定下一点或[放弃(U)]:（按住“Shift”键，单击鼠标右键，在弹出的快捷菜单中选择“切点”命令）

_ tan 到（捕捉如图 3.7.6 所示图形中的 E 点）

指定下一点或 [放弃(U)]:（按回车键结束命令）

再次执行绘制直线命令，用相同的方法绘制其他切线，删除绘制的正方形后的最终效果如图 3.7.1 所示。

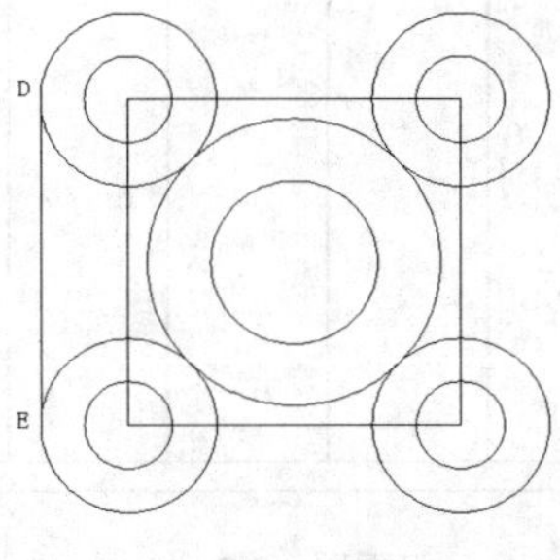

图 3.7.6　绘制切线

习 题 三

一、填空题

1．在 AutoCAD 2007 中，用户可以通过__________、__________、__________和__________4 种方法来执行绘制图形命令。

2．在 AutoCAD 2007 中，点的绘制方法有 3 种，分别是__________，__________和__________。

二、选择题

1．单击（　）工具栏中的按钮可以执行绘制图形命令。

A．修改　　B．标注　　C．绘图　　D．视图

2．在 AutoCAD 2007 中，绘制矩形的同时用户还可以确定矩形的（　）。

A．圆角半径　　B．标高　　C．厚度　　D．线宽

三、上机操作题

1．使用各种基本二维图形绘制工具绘制如题图 3.1 所示的图形。

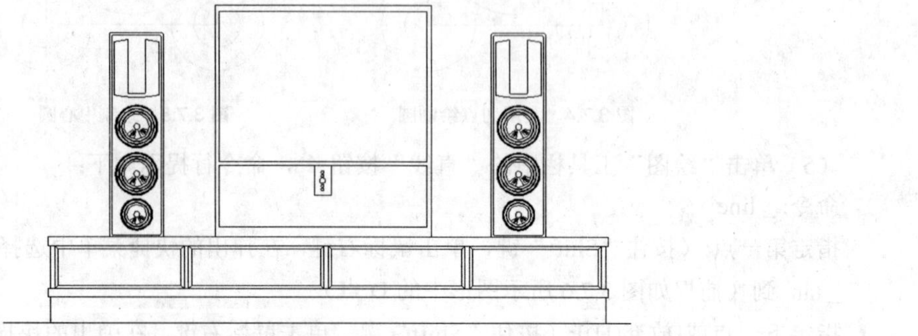

题图　3.1

2．使用各种基本二维图形绘制工具绘制如题图 3.2 所示的图形。

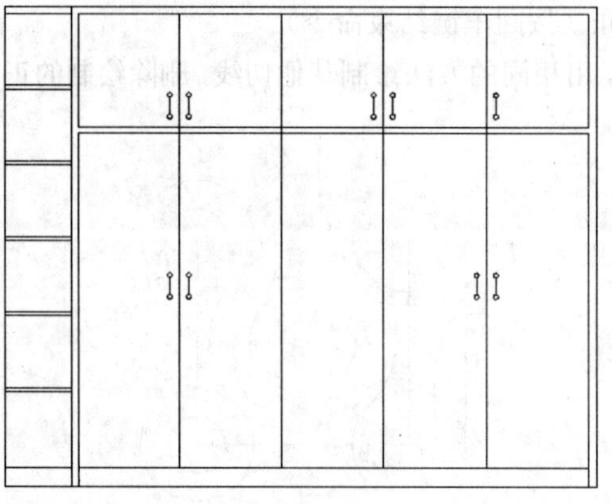

题图　3.2

第四章　编辑基本二维图形

基本二维图形对象的数量毕竟是有限的，单纯依靠这些对象不能完全表现所有的二维平面图形，但是，利用 AutoCAD 提供的编辑工具对绘制的基本二维图形进行编辑后，就可以创建出各种复杂的二维图形。在 AutoCAD 2007 中，系统提供了一整套绘制基本二维图形的工具，利用这些工具，用户可以绘制各种二维图形。

本章主要内容：

- 选择对象
- 复制、移动和旋转对象
- 偏移、镜像和阵列对象
- 修剪和延伸对象
- 倒角和圆角
- 拉伸和拉长对象
- 打断和合并对象
- 夹点编辑
- 编辑对象特性

第一节　选择对象

在编辑对象之前，首先要选中需要编辑的对象。在 AutoCAD 2007 中，选择对象的方法有很多种，当命令行提示“选择对象”时，输入“？”，按回车键，命令行就会提示：“需要点或窗口(W)/上一个(L)/窗交(C)/框(BOX)/全部(ALL)/栏选(F)/圈围(WP)/圈交(CP)/编组(G)/添加(A)/删除(R)/多个(M)/前一个(P)/放弃(U)/自动(AU)/单个(SI)”，这些都是选择对象的方法，以下分别进行介绍。

（1）窗口(W)：窗口选择是指选择由两点创建的矩形中的所有对象，窗口显示的方框为实线框。从左到右指定角点创建窗口选择，从右到左指定角点则创建窗交选择。

（2）上一个(L)：选择最近一次创建的可见对象。

（3）窗交(C)：窗交选择是指选择由两点确定的区域内部或与之相交的所有对象。窗交显示的方框为虚线或高亮度方框，这与窗口选择框不同。从左到右指定角点创建窗交选择，从右到左指定角点则创建窗口选择。

（4）框(BOX)：选择由两点确定的矩形内部或与之相交的所有对象。如果矩形的点是从右至左指定的，则框选与窗交选择等价；否则，框选与窗口选择等价。

（5）全部(ALL)：选择解冻的图层上的所有对象。

（6）栏选(F)：选择与选择栏相交的所有对象。栏选方法与圈交方法相似，只是栏选不闭合，并且栏选的栏选线可以相交。

（7）圈围(WP)：选择多边形中的所有对象。该多边形可以为任意形状，但不能与自身相交或相切。该多边形在任何时候都是闭合的。

（8）圈交(CP)：选择多边形内部或与之相交的所有对象。该多边形可以为任意形状，但不能与自身相交或相切。该多边形在任何时候都是闭合的。

（9）编组(G)：选择指定组中的全部对象。

（10）添加(A)：切换到“添加”模式，可以使用任何对象选择方法将选定对象添加到选择集。

（11）删除(R)：切换到“删除”模式，可以使用任何对象选择方法从当前选择集中删除对象。

（12）多个(M)：指定多次选择而不高亮显示对象，从而加快对复杂对象的选择。如果两次指定相交对象的交点，使用该命令也将选中这两个相交对象。

（13）前一个(P)：选择最近创建的选择集。

（14）放弃(U)：放弃选择最近加到选择集中的对象。

（15）自动(AU)：切换到自动选择，指向一个对象即可选择该对象。指向对象内部或外部的空白区，将形成框选方法定义的选择框的第一个角点。

（16）单个(SI)：切换到“单选”模式，选择指定的第一个或第一组对象。

第二节　复制、移动和旋转对象

在 AutoCAD 2007 中，用户可以利用复制命令创建对象的副本，用移动和旋转命令改变对象的位置和放置方式，本节将详细进行介绍。

一、复制对象

在 AutoCAD 2007 中，利用复制命令可以创建已有对象的副本，并将其放置到指定的位置。执行复制命令的方法有以下 3 种：

（1）单击“修改”工具栏中的“复制”按钮。

（2）选择 修改(M) → 复制(Y) 命令。

（3）在命令行中输入命令 copy。

执行以上命令后，命令行提示如下：

命令: _copy

选择对象:（选择要复制的对象）

选择对象:（按回车键结束对象选择）

指定基点或 [位移(D)] <位移>:（指定复制对象的基点）

指定第二个点或 <使用第一个点作为位移>:（指定复制对象的目标点）

指定第二个点或[退出(E)/放弃(U)]<退出>:（按回车键结束命令）

习题：用复制命令复制如图 4.2.1 所示 A 点处的圆，并在 B 点和 C 点处创建其副本，效果如图 4.2.2 所示，具体操作步骤如下：

命令: _copy（执行复制命令）

选择对象: 找到 1 个（选择如图 4.2.1 所示 A 点处的圆）

选择对象:（按回车键结束对象选择）

指定基点或 [位移(D)] <位移>:（捕捉如图 4.2.1 所示 A 点处圆的圆心）

指定第二个点或 <使用第一个点作为位移>:（捕捉如图 4.2.1 所示图形中的交点 B）
指定第二个点或 [退出(E)/放弃(U)] <退出>:（捕捉如图 4.2.1 所示图形中的交点 C）
指定第二个点或 [退出(E)/放弃(U)] <退出>:（按回车键结束命令）

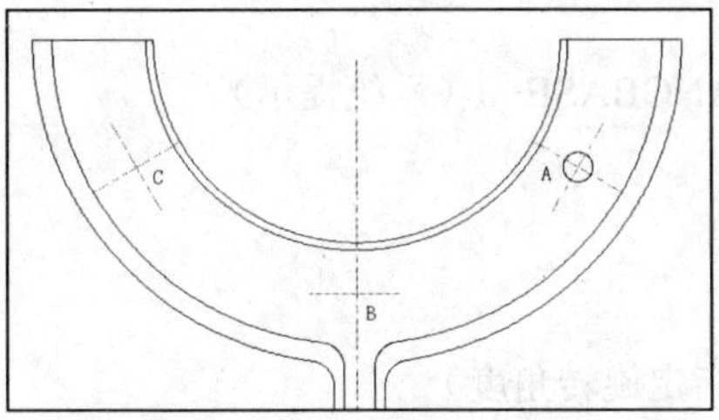

图 4.2.1　原始图形

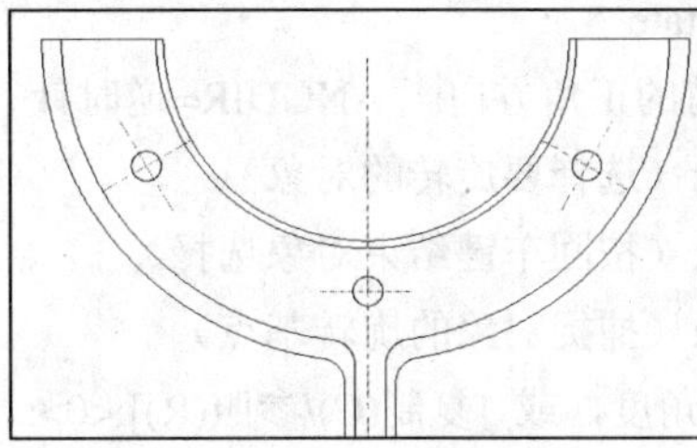
图 4.2.2　效果图

二、移动对象

移动对象是指只改变对象的位置，而不改变图形对象的形状和大小。在 AutoCAD 2007 中，执行移动命令的方法有以下 3 种：

（1）单击“修改”工具栏中的“移动”按钮。

（2）选择 修改(M) → 移动(V) 命令。

（3）在命令行中输入命令 move。

执行移动命令后，命令行提示如下：
命令: _ move（执行移动命令）
选择对象:（选择要移动的对象）
选择对象:（按回车键结束对象选择）
指定基点或 [位移(D)] <位移>:（指定移动对象的基点）
指定第二个点或 <使用第一个点作为位移>:（指定移动对象的目标点）
用移动命令将如图 4.2.3 所示图形移动到如图 4.2.4 所示位置，效果如图 4.2.4 所示。

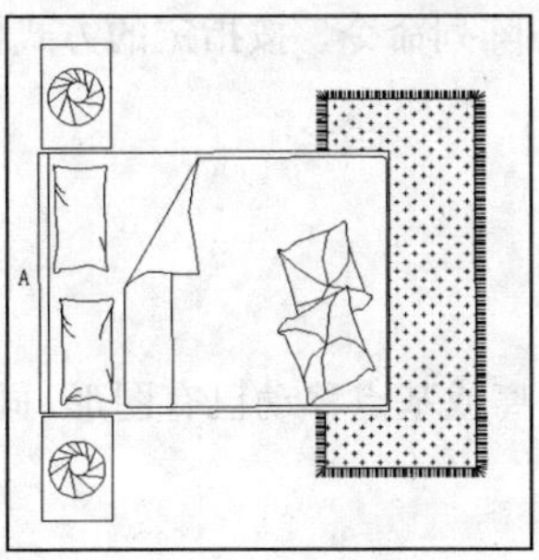

图 4.2.3　原始图形

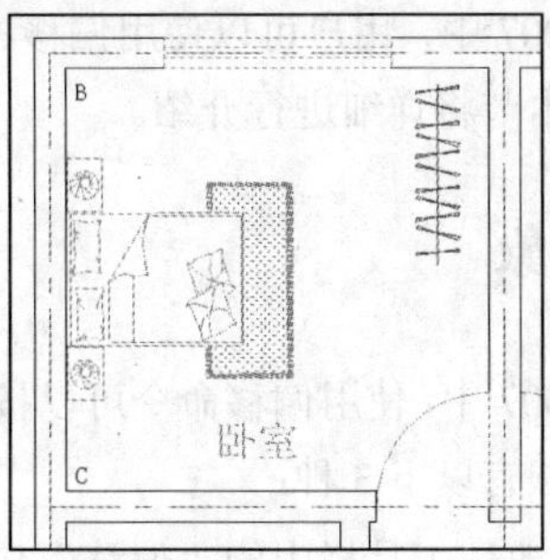

图 4.2.4　效果图

三、旋转对象

在 AutoCAD 2007 中，用户可以使用旋转命令改变图形对象的放置方式。执行旋转命令的方法有以下 3 种：

（1）单击“修改”工具栏中的“旋转”按钮。

（2）选择 修改(M) → 旋转(R) 命令。

（3）在命令行中输入命令 rotate。

执行旋转命令后，命令行提示如下：

命令: _ rotate

UCS 当前的正角方向:　ANGDIR=逆时针　ANGBASE=0（系统提示）

选择对象:（选择要旋转的对象）

选择对象:（按回车键结束对象选择）

指定基点:（捕捉对象的旋转基点）

指定旋转角度，或 [复制(C)/参照(R)] <0>:（指定旋转角度）

其中各命令选项功能介绍如下：

（1）复制(C)：选择此命令选项，在旋转对象的同时以原对象为样本复制对象。

（2）参照(R)：选择此命令选项，在图形中指定参照角度，以新角度旋转对象。

用旋转命令改变如图 4.2.5 所示图形的放置方式，效果如图 4.2.6 所示。

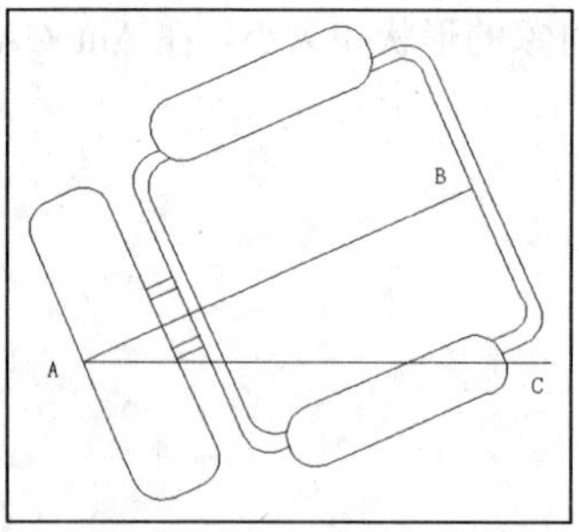

图 4.2.5　原始图形

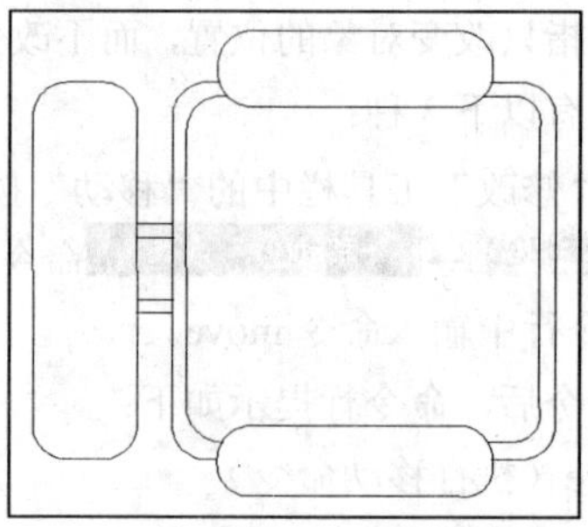

图 4.2.6　效果图

第三节　偏移、镜像和阵列对象

在 AutoCAD 2007 中，用户可以使用偏移、镜像和阵列命令，按指定的方式快速地创建已有图形对象的多个副本，本节将详细进行介绍。

一、偏移对象

在 AutoCAD 2007 中，使用偏移命令可以按指定距离或基点移动已有图形，同时创建图形的副本。执行偏移命令的方法有以下 3 种：

（1）单击“修改”工具栏中的“偏移”按钮。

（2）选择 修改(M) → 偏移(S) 命令。

（3）在命令行中输入命令 offset。

执行偏移命令后，命令行提示如下：

命令: _ offset

当前设置: 删除源=否　图层=源　OFFSETGAPTYPE=0（系统提示）

指定偏移距离或[通过(T)/删除(E)/图层(L)]<通过>:（指定偏移距离）

选择要偏移的对象，或 [退出(E)/放弃(U)] <退出>:（选择要偏移的对象）

指定要偏移的那一侧上的点，或 [退出(E)/多个(M)/放弃(U)] <退出>:（指定偏移的方向）

选择要偏移的对象，或 [退出(E)/放弃(U)] <退出>:（按回车键结束命令）

其中部分命令选项功能介绍如下：

（1）通过(T)：选择此命令选项，将指定对象偏移通过的点。

（2）删除(E)：选择此命令选项，偏移后将删除源对象。

（3）图层(L)：选择此命令选项，将确定将偏移对象创建在当前图层上还是源对象所在的图层上。

用偏移命令偏移如图 4.3.1 所示的图形，偏移后的效果如图 4.3.2 所示。

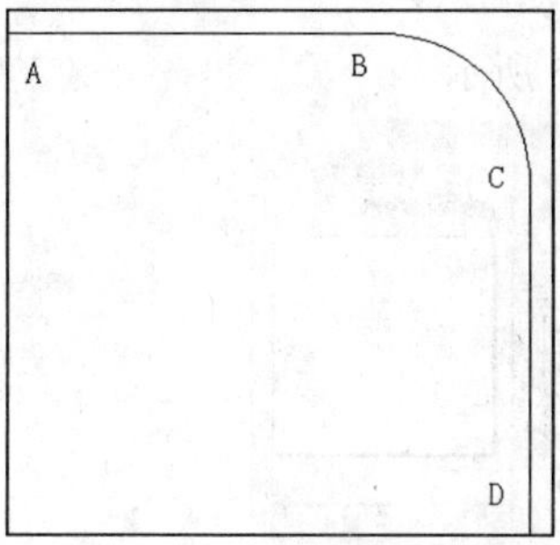

图 4.3.1　原始图形

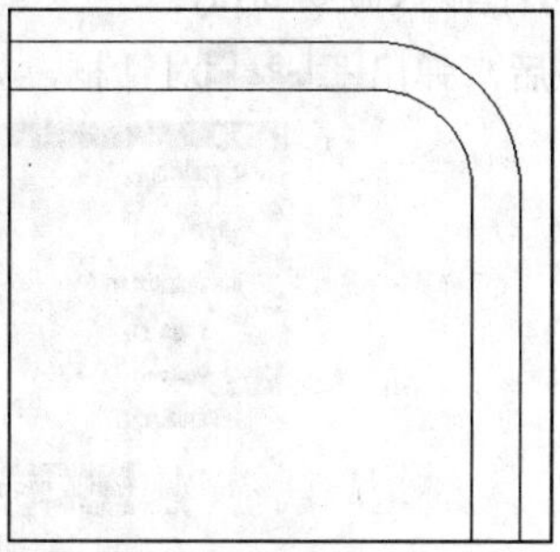

图 4.3.2　效果图

二、镜像对象

在 AutoCAD 2007 中，用户可以使用镜像命令创建已有图形的对称图形。执行镜像命令的方法有以下 3 种：

（1）单击“修改”工具栏中的按钮。

（2）选择 修改(M) → 镜像(I) 命令。

（3）在命令行中输入命令 mirror。

执行镜像命令后，命令行提示如下：

命令: _ mirror

选择对象:（选择要镜像的对象）

选择对象:（继续选择对象或按回车键结束对象选择）

指定镜像线的第一点:（确定镜像线的第一点）

指定镜像线的第二点:（确定镜像线的另一点）

要删除源对象吗？[是(Y)/否(N)] <N>:（选择是否删除原有的图形）

使用镜像命令将如图 4.3.3 所示图形创建为对称的图形，效果如图 4.3.4 所示。

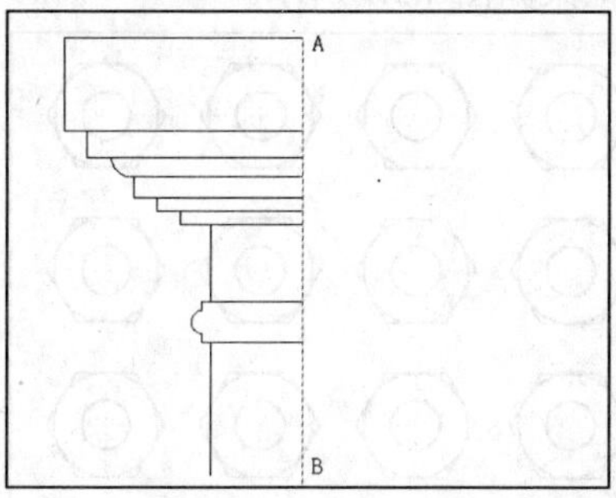

图 4.3.3　原始图形

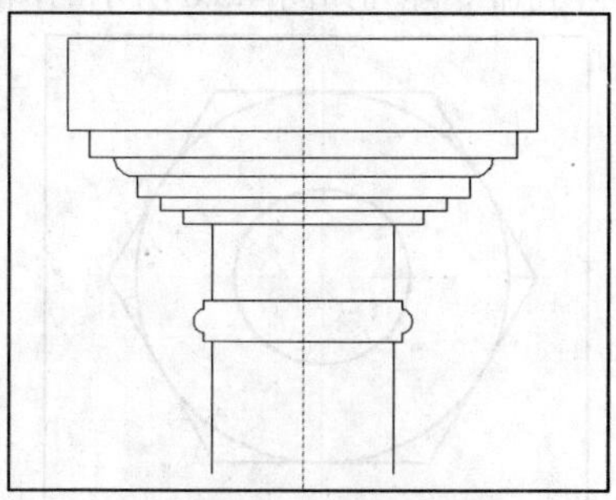

图 4.3.4　效果图

三、阵列对象

在 AutoCAD 2007 中，用户可以使用阵列命令创建以行列规则或环形规则分布的多个相同对象。执行阵列命令的方法有以下 3 种：

（1）单击“修改”工具栏中的“阵列”按钮。

（2）选择 修改(M) → 阵列(A)... 命令。

（3）在命令行中输入命令 array。

执行阵列命令后，弹出 阵列 对话框，如图 4.3.5 所示。

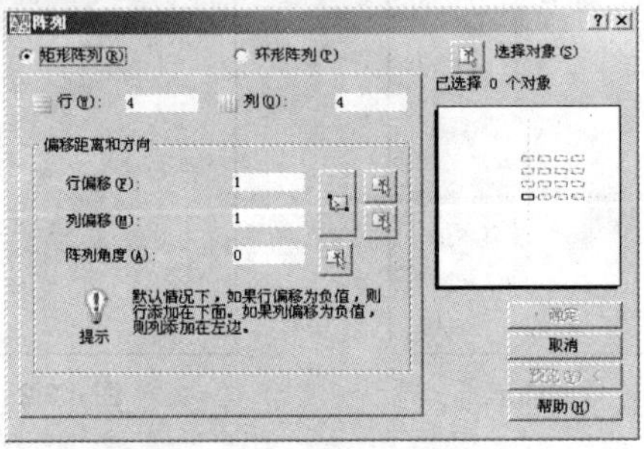

图 4.3.5 “阵列”对话框

阵列对象的方式有两种，一种是矩形阵列，用于创建行列规则的多个对象；另一种是环形阵列，用于创建以环形规则分布的多个对象，以下分别进行介绍。

1. 矩形阵列

矩形阵列以横向或纵向创建对象的副本，在阵列的同时还可以控制副本行和列的数目以及它们之间的距离。在 阵列 对话框中选中 矩形阵列(R) 单选按钮即可执行矩形阵列命令，如图 4.3.5 所示。该对话框中各选项功能介绍如下：

（1）行(W): 文本框：指定阵列的行数。

（2）列(O): 文本框：指定阵列的列数。

（3）偏移距离和方向 选项组：指定偏移的距离和方向。

（4）“选择对象”按钮：单击此按钮，指定用于构造阵列的对象。可以在“阵列”对话框显示之前或显示之后选择对象。

（5）预览(V) < 按钮：单击此按钮，显示当前设置下的图形对象。系统自动将“阵列”对话框切换到绘图窗口，显示当前阵列复制的图形效果。

使用矩形阵列命令阵列如图 4.3.6 所示的图形，效果如图 4.3.7 所示。

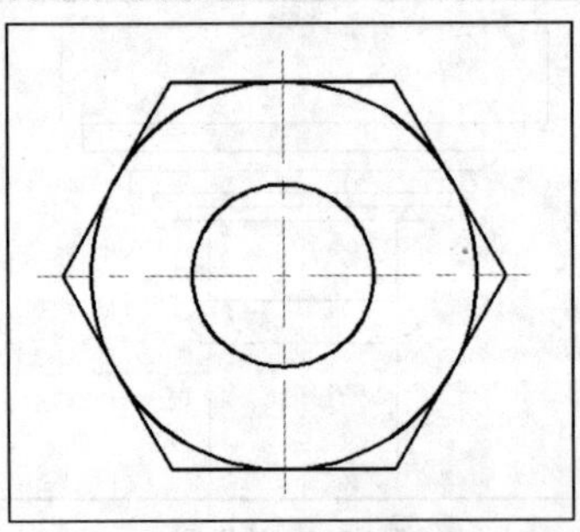

图 4.3.6 原始图形

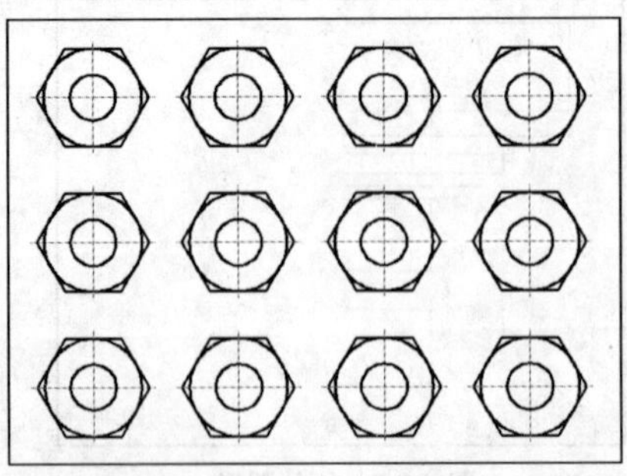

图 4.3.7 阵列后的效果

2. 环形阵列

环形阵列是指环绕某一中心点来创建对象的副本。在阵列的同时可以指定创建对象副本的数目以及是否旋转副本对象。在阵列对话框中选中 环形阵列(P) 单选按钮，执行环形阵列命令，如图 4.3.8 所示。该对话框中各选项功能介绍如下：

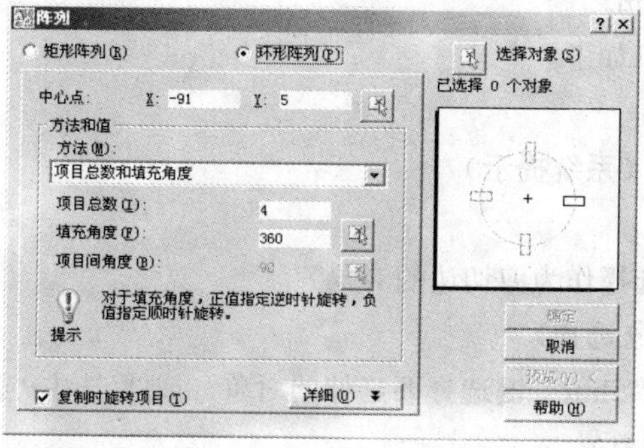

图 4.3.8　“阵列”对话框

（1）中心点: X: -91 Y: 5 文本框：指定环形阵列的中心点。在其中可输入 X 和 Y 坐标值，或单击此文本框右边的“拾取中心点”按钮，在绘图窗口中指定中心点。

（2）方法和值选项组：用于设置环形阵列的排列方式。

（3）☑ 复制时旋转项目(T) 复选框：选中此复选框，阵列时每个对象都朝向中心点；若取消选中此复选框，阵列时每个对象都保持原方向。

（4）详细(O) 按钮：单击此按钮，打开或关闭阵列对话框中附加选项的显示，其中的附加选项为设置对象基点的默认值。

使用环形阵列命令阵列如图 4.3.9 所示的图形，效果如图 4.3.10 所示。

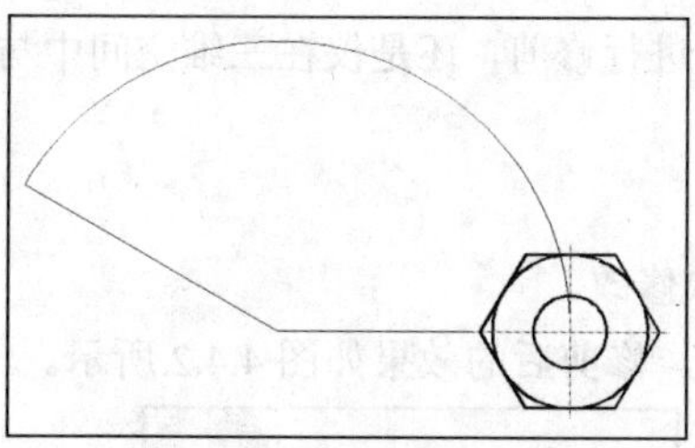

图 4.3.9　原始图形

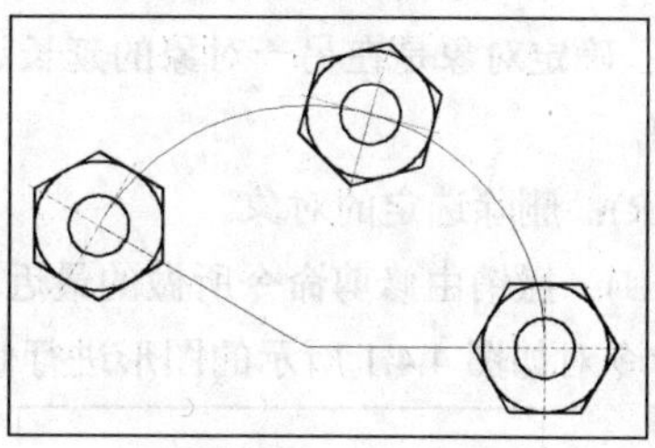

图 4.3.10　效果图

第四节　修剪和延伸对象

在 AutoCAD 2007 中，使用修剪和延伸命令可以对基本二维图形对象进行修剪，或将其延伸到指定的位置，这样就可以创建出各种复杂的二维图形。

一、修剪对象

修剪是指精确地剪去图形对象中指定边界外的部分。在绘图过程中，可修剪的对象包括直线、多段线、矩形、圆、圆弧、椭圆、椭圆弧、构造线、样条曲线、块、图纸空间的布局视口等，对三维对象也可以进行修剪。

执行修剪命令的方法有以下 3 种：

（1）单击“修改”工具栏中的“修剪”按钮。

（2）选择 修改(M) → 修剪(T) 命令。

（3）在命令行中输入命令 trim。

执行修剪命令后，命令行提示如下：

命令: _ trim

当前设置:投影=UCS，边=无（系统提示）

选择剪切边...（系统提示）

选择对象或 <全部选择>:（选择作为剪切边的对象）

选择对象:（按回车键结束对象选择）

选择要修剪的对象，或按住“Shift”键选择要延伸的对象，或[栏选(F)/窗交(C)/投影(P)/边(E)/删除(R)/放弃(U)]:（选择要修剪的对象）

选择要修剪的对象，或按住“Shift”键选择要延伸的对象，或[栏选(F)/窗交(C)/投影(P)/边(E)/删除(R)/放弃(U)]:（按回车键结束命令）

其中各命令选项功能介绍如下：

（1）按住“Shift”键选择要延伸的对象：延伸选定对象而不是修剪它们。此选项提供了一种在修剪和延伸之间切换的简便方法。

（2）栏选(F)：选择与选择栏相交的所有对象。选择栏是一系列临时线段，它们是用两个或多个栏选点指定的，选择栏不构成闭合环。

（3）窗交(C)：选择由两点确定的矩形区域内部或与之相交的对象。

（4）投影(P)：指定修剪对象时使用的投影方法。

（5）边(E)：确定对象是在另一对象的延长边处进行修剪，还是仅在三维空间中与该对象相交的对象处进行修剪。

（6）删除(R)：删除选定的对象。

（7）放弃(U)：撤销由修剪命令所做的最近一次修改。

使用修剪命令对如图 4.4.1 所示的图形进行修剪，修剪后的效果如图 4.4.2 所示。

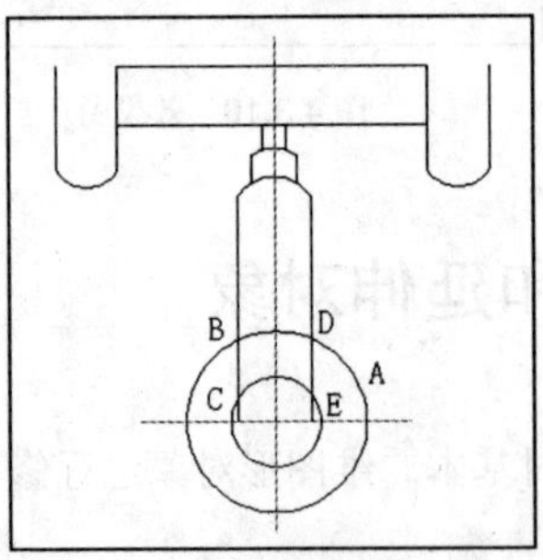

图 4.4.1　原始图形

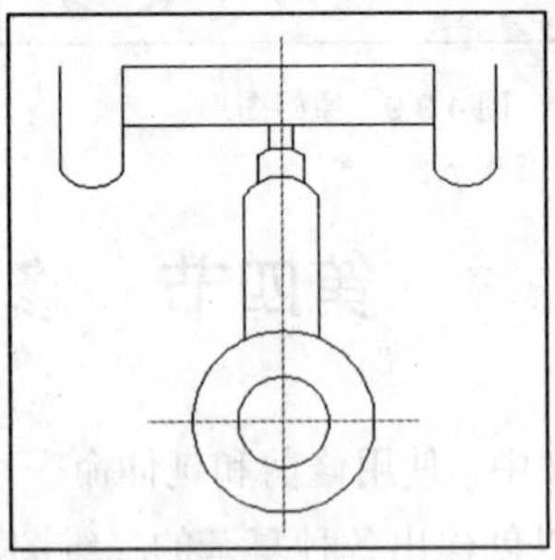

图 4.4.2　效果图

二、延伸对象

延伸对象是指以指定的对象为边界，将其他对象延伸至边界图形处。在 AutoCAD 2007 中，执行延伸命令的方法有以下 3 种：

（1）单击“修改”工具栏中的“延伸”按钮。

（2）选择 修改(M) → 延伸(D) 命令。

（3）在命令行中输入命令 extend。

执行延伸命令后，命令行提示如下：

命令: _ extend

当前设置:投影=UCS，边=无（系统提示）

选择边界的边...（系统提示）

选择对象或 <全部选择>:（选择作为边界的边）

选择对象:（按回车键结束对象选择）

选择要延伸的对象，或按住“Shift”键选择要修剪的对象，或[栏选(F)/窗交(C)/投影(P)/边(E)/放弃(U)]:（选择要延伸的对象）

选择要延伸的对象，或按住“Shift”键选择要修剪的对象，或[栏选(F)/窗交(C)/投影(P)/边(E)/放弃(U)]:（按回车键结束命令）

其中各命令选项功能介绍如下：

（1）按住“Shift”键选择要修剪的对象：将选定对象修剪到最近的边界而不是将其延伸。这是在修剪和延伸之间切换的简便方法。

（2）栏选(F)：选择与选择栏相交的所有对象。选择栏是以两个或多个栏选点指定的一系列临时直线段。选择栏不能构成闭合的环。

（3）窗交(C)：选择由两点定义的矩形区域内部或与之相交的对象。

（4）投影(P)：指定延伸对象时使用的投影方法。

（5）边(E)：将对象延伸到另一个对象的隐含边，或仅延伸到三维空间中与其实际相交的对象。

（6）放弃(U)：放弃最近由延伸命令所做的修改。

使用延伸命令对如图 4.4.3 所示的图形进行延伸，效果如图 4.4.4 所示。

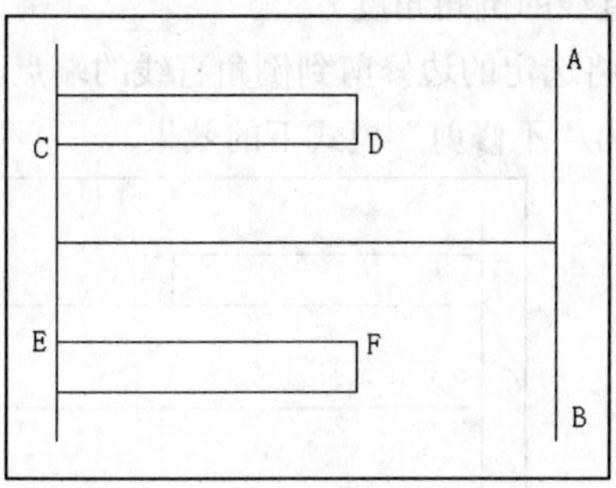

图 4.4.3　原始图形

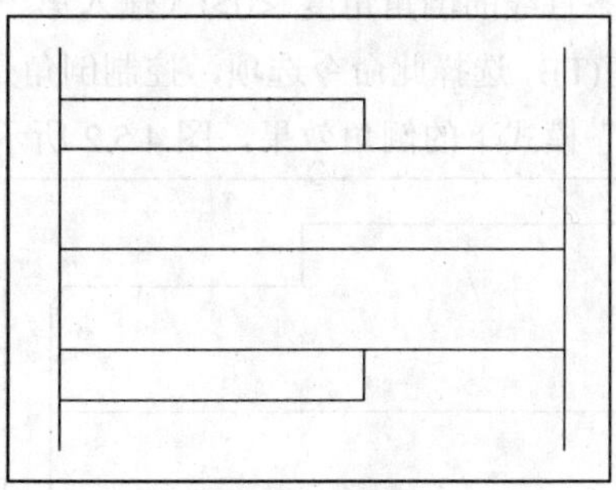

图 4.4.4　效果图

第五节　倒角和圆角

在 AutoCAD 2007 中，用户可以使用倒角和圆角命令对图形对象进行倒角和圆角处理，本节将详细介绍这两个命令的使用方法。

一、倒角对象

倒角是指将图形中尖锐的角用一个倾斜的面来代替。在 AutoCAD 2007 中，可以进行倒角的对象有直线、多段线、射线、构造线和三维实体。执行倒角命令的方法有以下 3 种：

（1）单击“修改”工具栏中的“倒角”按钮。

（2）选择 修改(M) → 倒角(C) 命令。

（3）在命令行中输入命令 chamfer。

执行倒角命令后，命令行提示如下：

命令: _ chamfer

(“修剪”模式) 当前倒角距离 1 = 0.0000，距离 2 = 0.0000（系统提示）

选择第一条直线或 [放弃(U)/多段线(P)/距离(D)/角度(A)/修剪(T)/方式(E)/多个(M)]:（选择倒角对象的第一条边）

选择第二条直线，或按住“Shift”键选择要应用角点的直线:（选择倒角对象的第二条边）

选择第二条直线，或按住“Shift”键选择要应用角点的直线:（选择第二个倒角边）

其中各命令选项功能介绍如下：

（1）放弃(U)：选择此命令选项，恢复在命令中执行的上一步操作。

（2）多段线(P)：选择此命令选项，对整个二维多段线倒角。

（3）距离(D)：选择此命令选项，设置倒角到选定边端点的距离，命令行提示如下：

指定第一个倒角距离 <0.0000>:（输入第一个倒角的距离）

指定第二个倒角距离 <10.0000>:（输入第二个倒角的距离）

（4）角度(A)：选择此命令选项，用第一条线的倒角距离和第二条线的角度设置倒角，命令行提示如下：

指定第一条直线的倒角长度 <0.0000>:（输入第一条直线的倒角长度）

指定第一条直线的倒角角度 <0>:（输入第一条直线的倒角角度）

（5）修剪(T)：选择此命令选项，控制倒角是否将选定的边修剪到倒角直线的端点。图 4.5.1 所示的为“修剪”模式下的倒角效果，图 4.5.2 所示的为“不修剪”模式下的效果。

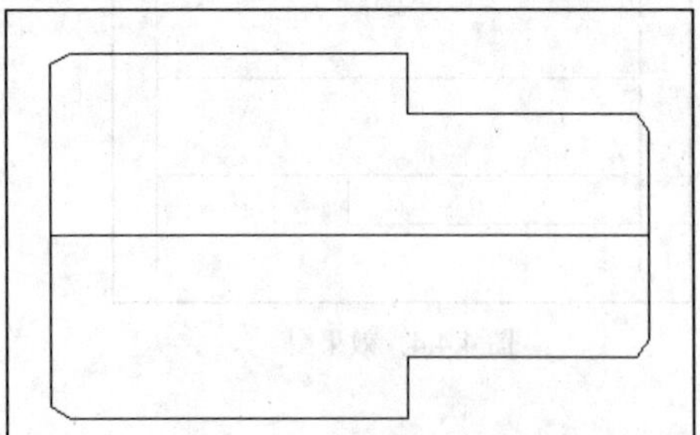

图 4.5.1　“修剪”模式下的倒角效果

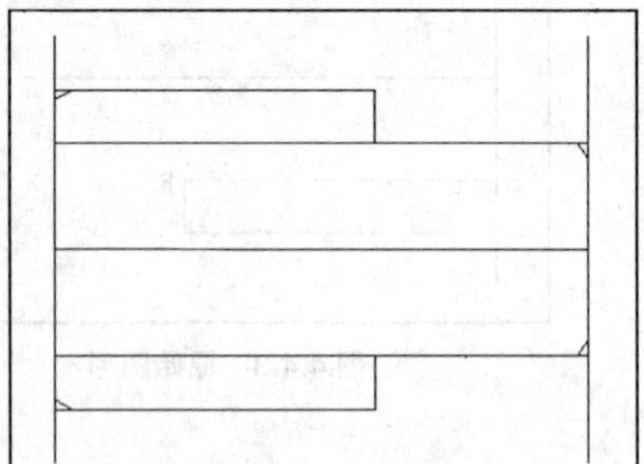

图 4.5.2　“不修剪”模式下的倒角效果

（6）方式(E)：选择此命令选项，控制使用两个距离还是一个距离、一个角度来创建倒角。

（7）多个(M)：选择此命令选项，为多组对象的边倒角。

使用倒角命令对如图 4.5.3 所示的图形进行倒角，效果如图 4.5.4 所示。

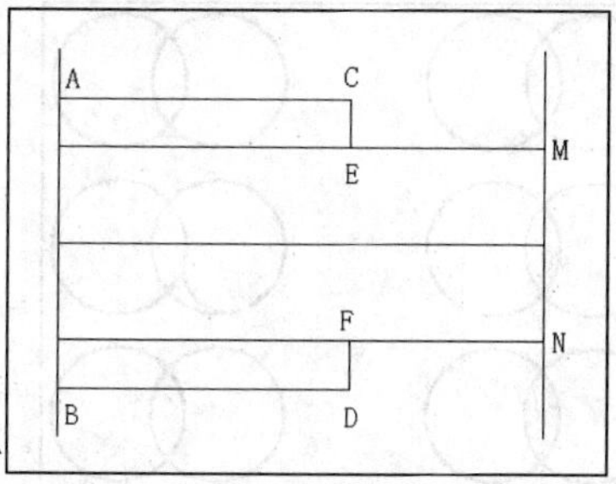

图 4.5.3 原始图形

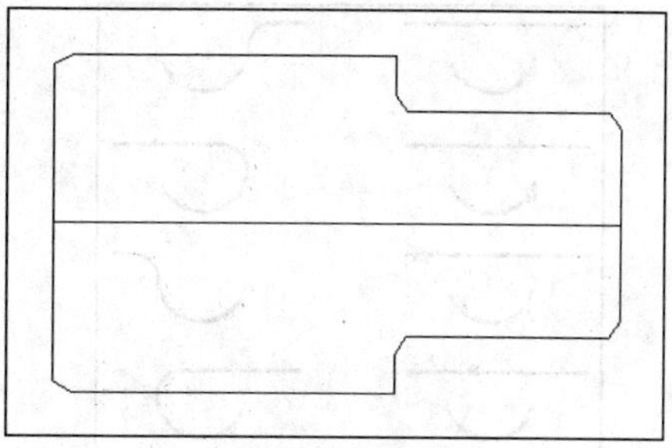

图 4.5.4 效果图

二、圆角对象

圆角是指将图形中尖锐的角用光滑的弧来替代。可进行圆角操作的对象有圆弧、圆、椭圆和椭圆弧、直线、多段线、射线、样条曲线、构造线和三维实体。执行圆角命令的方法有以下 3 种：

（1）单击“修改”工具栏中的“圆角”按钮。

（2）选择 修改(M) → 圆角(F) 命令。

（3）在命令行中输入命令 fillet。

执行圆角命令后，命令行提示如下：

命令: _ fillet

当前设置: 模式 = 修剪，半径 = 2.0000（系统提示）

选择第一个对象或 [放弃(U)/多段线(P)/半径(R)/修剪(T)/多个(M)]:（选择圆角对象的第一条边）

选择第二个对象，或按住“Shift”键选择要应用角点的对象:（选择圆角对象的第二条边）

其中各命令选项功能介绍如下：

（1）放弃(U)：选择此命令选项，恢复在命令中执行的上一个操作。

（2）多段线(P)：选择此命令选项，在二维多段线中两条线段相交的每个顶点处插入圆弧。

（3）半径(R)：选择此命令选项，定义圆弧的半径。

（4）修剪(T)：选择此命令选项，控制圆角是否将选定的边修剪到圆弧的端点。

（5）多个(M)：选择此命令选项，给多个对象一起圆角。

使用圆角命令对如图 4.5.5 所示的图形进行圆角操作，圆角后的效果如图 4.5.6 所示。

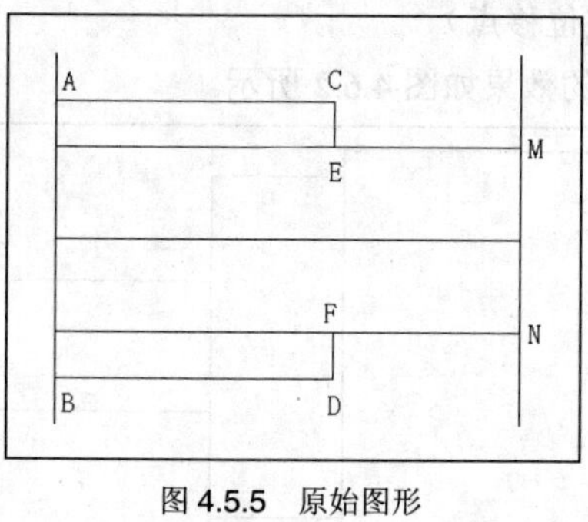

图 4.5.5 原始图形

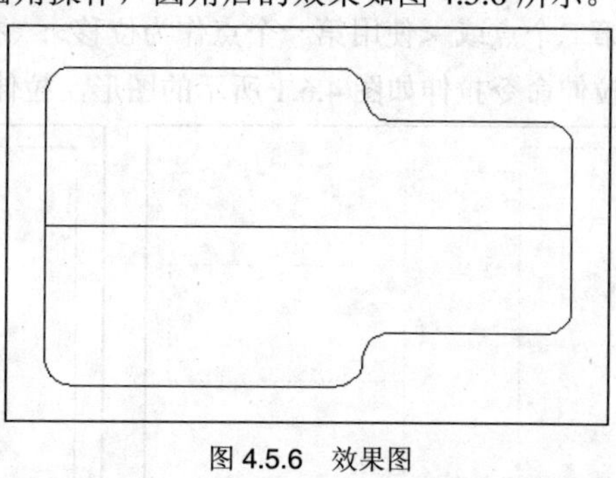

图 4.5.6 效果图

提示：用圆角命令对圆弧和直线进行圆角，根据选择点的不同会出现不同的效果，如图 4.5.7 所示。用圆角命令对圆进行圆角，根据选择点的不同，同样也有多种不同的效果，如图 4.5.8 所示。

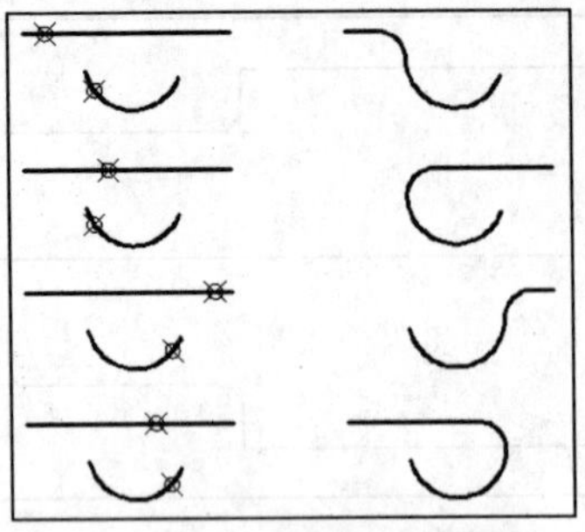
图 4.5.7　对圆弧和直线倒圆角

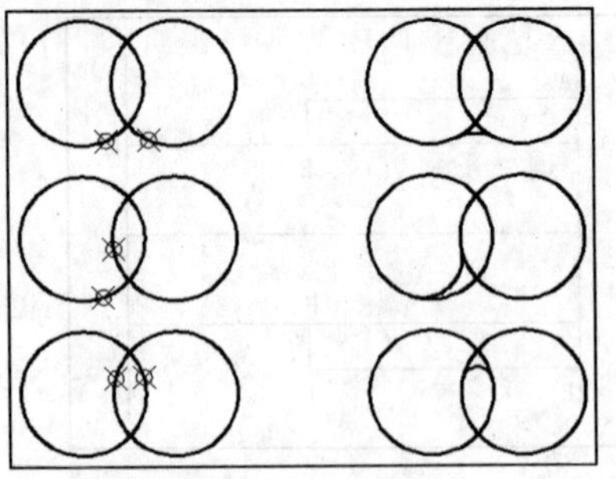
图 4.5.8　对圆倒圆角

第六节　拉伸和拉长对象

在 AutoCAD 2007 中，用户可以使用拉伸和拉长命令对图形对象的局部进行拉伸或拉长，本节将详细介绍这两个命令的使用方法。

一、拉伸对象

拉伸对象是指通过移动对象的端点、顶点或控制点来改变对象的局部形状。执行拉伸命令的方法有以下 3 种：

（1）单击“修改”工具栏中的“拉伸”按钮。

（2）选择 修改(M) → 拉伸(H) 命令。

（3）在命令行中输入命令 stretch。

执行拉伸命令后，命令行提示如下：

命令: _ stretch

以交叉窗口或交叉多边形选择要拉伸的对象...（系统提示）

选择对象:（选择要拉伸的对象）

选择对象:（按回车键结束对象选择）

指定基点或 [位移(D)] <位移>:（指定拉伸对象的基点）

指定第二个点或 <使用第一个点作为位移>:（指定位移点）

使用拉伸命令拉伸如图 4.6.1 所示的图形，拉伸后的效果如图 4.6.2 所示。

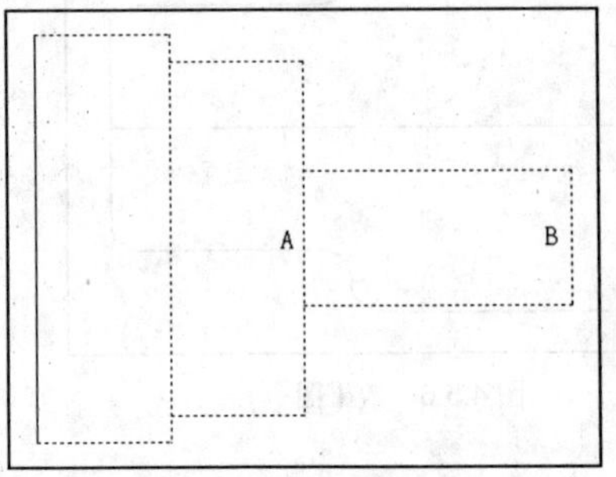

图 4.6.1　原始图形

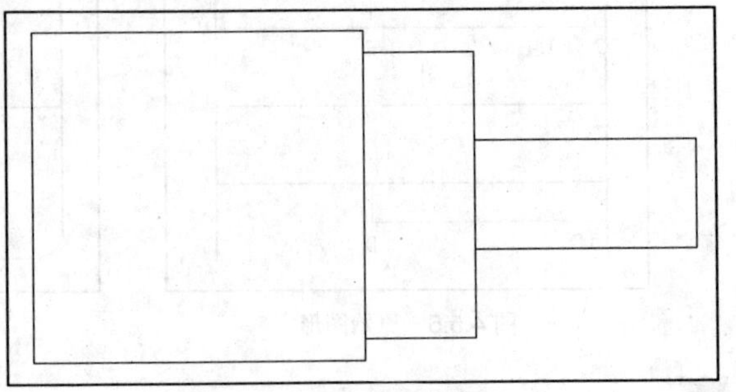
图 4.6.2　效果图

选择图形对象时，如果将图形对象全部选择，则 AutoCAD 执行移动命令；如果选择图形对象的一部分，则拉伸规则如下：

（1）直线：选择窗口内的端点进行拉伸，另一端点不动。

（2）多段线：选择窗口内的部分被拉伸，选择窗口外的部分保持不变。

（3）圆弧：选择窗口内的端点进行拉伸，另一端点不动，但与直线不同的是，圆弧在拉伸过程中弦高保持不变，改变的是圆弧的圆心位置、圆弧起始角和终止角的值。

（4）区域填充：选择窗口内的端点进行拉伸，选择窗口外的端点不动。

（5）其他对象：如果定义点位于选择窗口内，则进行拉伸；如果定义点位于窗口外，则不进行拉伸。

二、拉长对象

拉长是指改变对象的长度或圆弧的包含角度。可以用拉长命令修改的对象包括直线、圆弧、开放的多段线、椭圆弧以及开放的样条曲线等非闭合的对象。执行该命令的方式有两种：

（1）选择 修改(M) → 拉长(G) 命令。

（2）在命令行中输入命令 lengthen。

执行拉长命令后，命令行提示如下：

命令: _ lengthen

选择对象或 [增量(DE)/百分数(P)/全部(T)/动态(DY)]:（选择对象）

当前长度: 10.0000（系统提示选中对象的长度属性）

选择对象或 [增量(DE)/百分数(P)/全部(T)/动态(DY)]:（选择一个命令选项）

输入长度增量或 [角度(A)] <20.0000>:（指定改变量）

选择要修改的对象或 [放弃(U)]:（选择要修改的对象）

选择要修改的对象或 [放弃(U)]:（按回车键结束命令）

其中各命令选项功能介绍如下：

（1）增量(DE)：选择此命令选项，用户给定一个长度或角度增量值，值为正则增加，值为负则缩短。对象总是从距离选择点最近的端点开始增加或缩短增量值。

（2）百分数(P)：选择此命令选项，用户给定一个百分数，AutoCAD 以对象的总长度或总角度乘以这个百分数得到的值来改变对象的长度或角度。

（3）全部(T)：选择此命令选项，用户给定一个长度或角度，AutoCAD 以当前值改变对象的长度或角度。此时长度值的取值范围是正整数，角度值的取值范围大于 0° 而小于 360°。

（4）动态(DY)：选择此命令选项，不用给定具体的值，只需要拖动鼠标就可以改变对象的长度或角度。

使用拉长命令拉长如图 4.6.3 所示图形中的对象，拉长后的效果如图 4.6.4 所示。

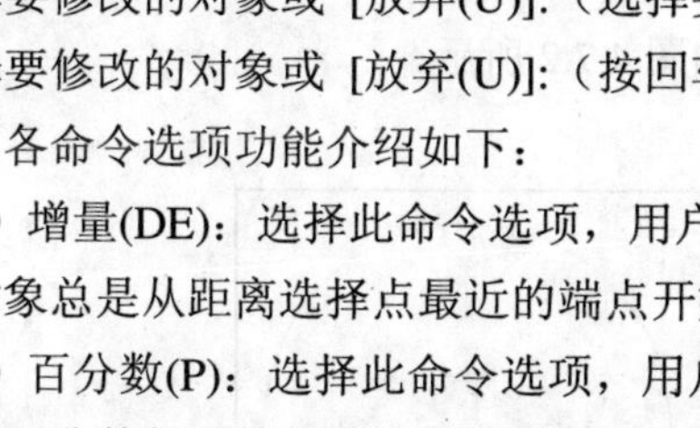

图 4.6.3　原始图形

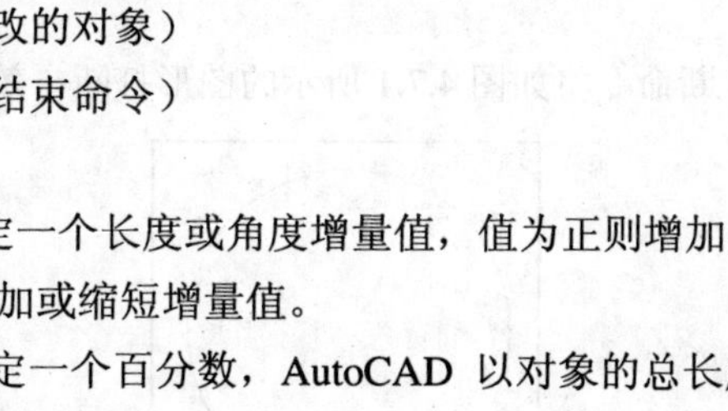

图 4.6.4　效果图

第七节　打断和合并对象

在 AutoCAD 2007 中，用户可以使用打断和合并命令将一个连续的图形对象断开生成多个对象，或将多个对象连接成一个对象，本节将详细介绍这两个命令的使用方法。

一、打断对象

打断命令用于将选中的对象分成两部分，在 AutoCAD 2007 中，可用于打断的对象有直线、射线、圆弧、椭圆弧、二维或三维多段线、构造线等。执行打断命令的方法有以下 3 种：

（1）单击“修改”工具栏中的“打断”按钮。

（2）选择 修改(M) → 打断(K) 命令。

（3）在命令行中输入命令 break。

执行打断命令后，命令行提示如下：

命令: _ break

选择对象:（选择要打断的对象）

指定第二个打断点 或 [第一点(F)]:（指定第二个打断点）

如果选择“第一点(F)”命令选项，则系统将提示用户重新指定第一个打断点和第二个打断点。

使用打断命令时，会删除第一点和第二点之间的部分。如果第二点在对象上选取，则会删除第二点和选取对象时的点之间的部分；如果第二点不在对象上，则会删除对象上第一点到第二点之间的部分。

使用打断命令将如图 4.7.1 所示的图形打断，效果如图 4.7.2 所示。

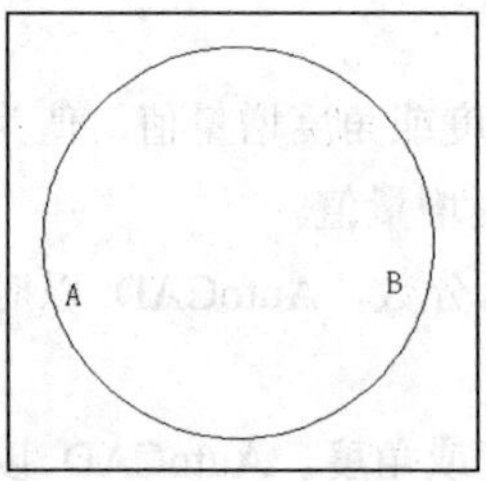

图 4.7.1　原始图形

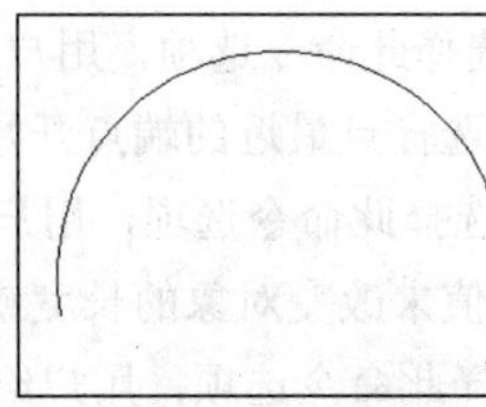

图 4.7.2　效果图

二、合并对象

合并命令用于将某一连续图形上的两个部分连接成一个对象，或将某段圆弧闭合为整圆。在 AutoCAD 2007 中，执行合并命令的方法有以下 3 种：

（1）单击“修改”工具栏中的“合并”按钮。

（2）选择 修改(M) → 合并(J) 命令。

（3）在命令行中输入命令 break。

执行打断命令后，命令行提示如下：

命令: _ join

选择源对象:（选择要合并的对象）

根据用户选择对象的不同，命令行提示也有所不同，如果用于选择的对象为线性对象，则命令行提示如下：

选择要合并到源的直线:（选择线性对象）

如果用户选择的对象为弧，则命令行提示如下：

选择圆弧，以合并到源或进行 [闭合(L)]: 1

使用合并命令连接如图 4.7.3 所示图形中的两个圆弧，效果如图 4.7.4 所示。

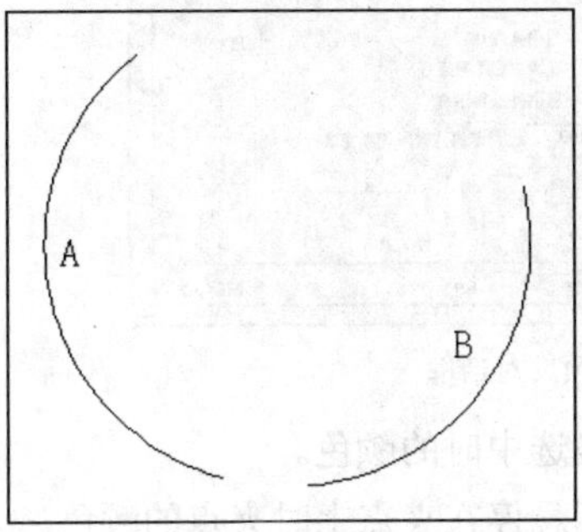

图 4.7.3　原始图形

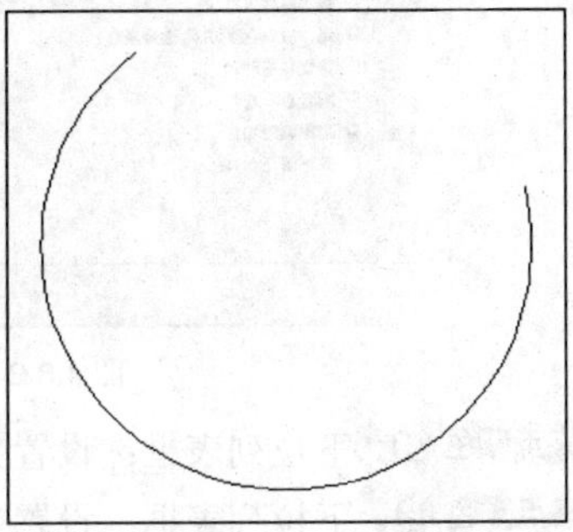

图 4.7.4　效果图

第八节　夹点编辑

夹点就是对象上的控制点，当对象被选中时，对象上的夹点就会显示出来。不同对象上的夹点数和夹点显示的位置有所不同，如图 4.8.1 所示。当夹点被选中时，用户可以利用夹点对图形对象进行移动、拉伸、旋转、复制、比例缩放以及镜像等操作。

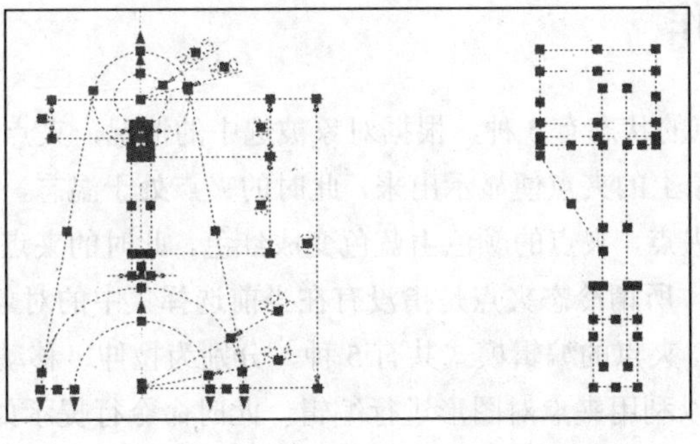

图 4.8.1　显示对象上的夹点

一、设置夹点特性

在 AutoCAD 2007 中，选择 工具(T) → 选项(N)... 命令，在弹出的 选项 对话框中打开 选择 选项卡，如图 4.8.2 所示，用户可以在该选项卡中设置夹点的大小和颜色等属性。

该对话框中主要选项功能介绍如下：

（1）夹点大小(Z) 选项组：控制夹点的显示尺寸，直接拖动滑块可以改变夹点的大小。

（2）夹点 选项组：设置与夹点相关的其他参数。其中包括以下各选项：

1）未选中夹点颜色(U): 下拉列表框：设置夹点未被选中时的颜色。

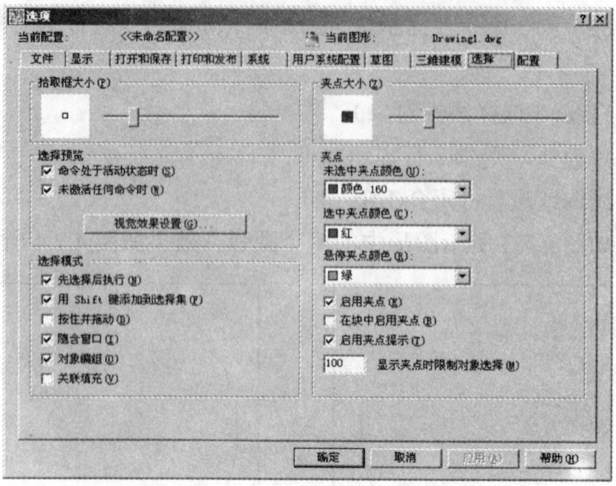

图 4.8.2　“选项”对话框

2）选中夹点颜色(C): 下拉列表框：设置夹点被选中时的颜色。

3）悬停夹点颜色(R): 下拉列表框：设置当光标悬停在夹点上时夹点的颜色。

4）☑ 启用夹点(E) 复选框：选中此复选框，当选择对象时在对象上显示夹点。

5）☑ 在块中启用夹点(B) 复选框：控制在选中块后如何在块上显示夹点。选中此复选框，将显示块中每个对象的所有夹点；取消选中该复选框，将在块的插入点处显示一个夹点。

6）☑ 启用夹点提示(T) 复选框：当光标悬停在支持夹点提示的自定义对象的夹点上时，显示夹点的特定提示。

7）显示夹点时限制对象选择(M) 文本框：当初始选择集包括多于指定数目的对象时，抑制夹点的显示。

二、夹点编辑操作

在 AutoCAD 中，夹点的状态有 3 种，根据对象被选中的情况，夹点的状态可以分为热态、冷态和温态。选中对象后，对象上的夹点便显示出来，此时的夹点处于温态，温态下的夹点不能进行夹点编辑操作；选中一个温态夹点，夹点的颜色由蓝色变成红色，此时的夹点处于热态，热态下的夹点可以进行各种夹点编辑操作；所谓冷态夹点是指没有在当前选择集中的对象上的夹点。

在 AutoCAD 2007 中，夹点的编辑模式共有 5 种，分别为拉伸、移动、旋转、比例缩放和镜像。当夹点处于热态时，就可以利用夹点对图形进行编辑，此时命令行提示如下：

** 拉伸 **

指定拉伸点或 [基点(B)/复制(C)/放弃(U)/退出(X)]:

此时用户就可以拖动鼠标对图形进行拉伸操作，如果按回车键，就会在 5 种夹点编辑模式间切换，以下分别进行介绍。

1．拉伸

当夹点处于热态时，用户首先可以对图形进行拉伸操作，此时命令行提示如下：

** 拉伸 **

指定拉伸点或 [基点(B)/复制(C)/放弃(U)/退出(X)]:

指定夹点到新位置或直接输入新坐标即可拉伸对象。但对于某些图形对象上的夹点，如文字、直线中点、圆心等进行夹点拉伸操作，并不能拉伸该对象，而是移动该对象。

夹点处于热态时，命令行提示中有 5 个命令选项。其功能分别为：

（1）指定拉伸点：选择该选项，确定夹点被拉伸的新位置。

（2）基点(B)：选择该选项，指定新夹点为当前编辑夹点。

（3）复制(C)：选择该选项，可以在拉伸夹点的同时进行多次复制。如果该夹点不能被拉伸，则该选项功能为复制对象。

（4）放弃(U)：选择该选项，将取消最近一次操作。

（5）退出(X)：选择该选项，将退出当前操作。

2．移动

此模式用于将图形对象从当前位置移动到新位置，而图形对象的大小与方向均不改变。夹点处于热态时，选择该模式，命令行提示如下：

** 移动 **

指定移动点或 [基点(B)/复制(C)/放弃(U)/退出(X)]:

指定夹点到新位置或直接输入新的坐标值即可移动对象，其他命令选项的功能与“拉伸”模式下相同。

3．旋转

此模式用于以当前夹点为中心旋转图形对象。夹点处于热态时，选择该模式，命令行提示如下：

** 旋转 **

指定旋转角度或 [基点(B)/复制(C)/放弃(U)/参照(R)/退出(X)]:

直接拖动鼠标或输入旋转角度值，或指定参照对象，按回车键后，系统将以当前夹点为中心点，旋转被选择的对象。其他命令选项的功能与“拉伸”模式下相同。

4．比例缩放

此模式用于以当前夹点为基点按指定比例缩放被选中的对象。夹点处于热态时，选择该模式，命令行提示如下：

** 比例缩放 **

指定比例因子或 [基点(B)/复制(C)/放弃(U)/参照(R)/退出(X)]:

拖动鼠标确定图形缩放比例或直接输入比例因子，或指定参照，系统将以当前夹点为基点缩放被选中的对象。其他命令选项的功能与“拉伸”模式下相同。

5．镜像

此模式用于以当前夹点为镜像线的第一点，镜像被选中的对象。夹点处于热态时，选择该模式，命令行提示如下：

** 镜像 **

指定第二点或 [基点(B)/复制(C)/放弃(U)/退出(X)]:

拖动鼠标确定镜像线的第二点，或直接输入镜像线第二点的坐标，即可确定镜像线，系统就会以此镜像线镜像被选中的对象，但并不保留原图形。如果要保留原图形对象，就必须选择“复制（C）”命令选项。

第九节　编辑对象特性

在 AutoCAD 2007 中，所有的图形对象都包含有一般特性和几何特性，一般特性是指对象的颜色、线型、图层和线宽等，几何特性是指对象的尺寸和位置等，这些特性都可以在“特性”选项板中进行设置。在 AutoCAD 2007 中，打开“特性”选项板的方法有以下 3 种：

（1）单击“标准”工具栏中的“对象特性”按钮。

（2）选择 工具(T) → 选项板 → 特性(P) CTRL+1 命令。

（3）在命令行中输入命令 properties。

执行该命令后，弹出 特性 选项板，用户可以用鼠标拖动该选项板的标题栏，将其移动到绘图窗口中的任何位置，也可以在标题栏中单击鼠标右键，在弹出的快捷菜单中选择相应的命令来设置选项板的状态。

打开 特性 选项板后，如果用户选中图形对象，则在该选项板中就会显示被选中对象的一般特性和几何特性，如果用户没有选中图形对象，则该选项板中显示当前图层的一般特性，如图 4.9.1 和图 4.9.2 所示，用户可以利用该选项板对选中的图形对象的属性进行编辑。

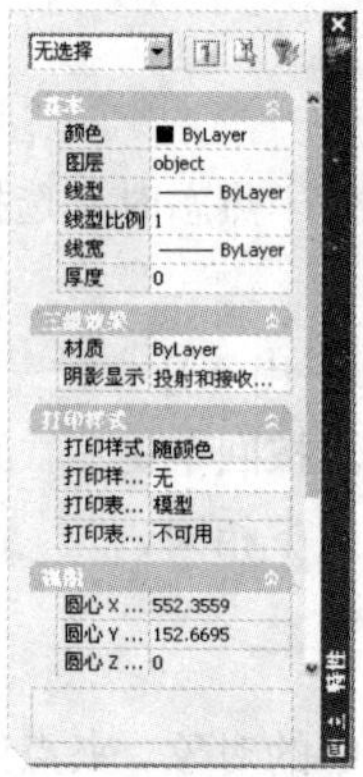

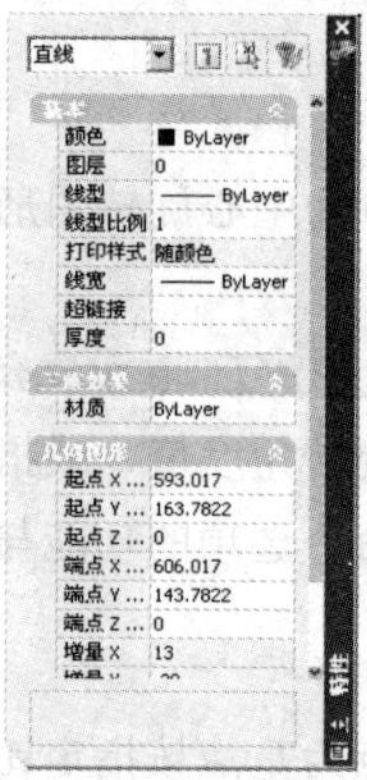

图 4.9.1　显示当前图层特性　　　图 4.9.2　显示被选中对象特性

第十节　应用实例

下面使用各种绘图工具绘制如图 4.10.1 所示的图形，以巩固本章所学的知识。

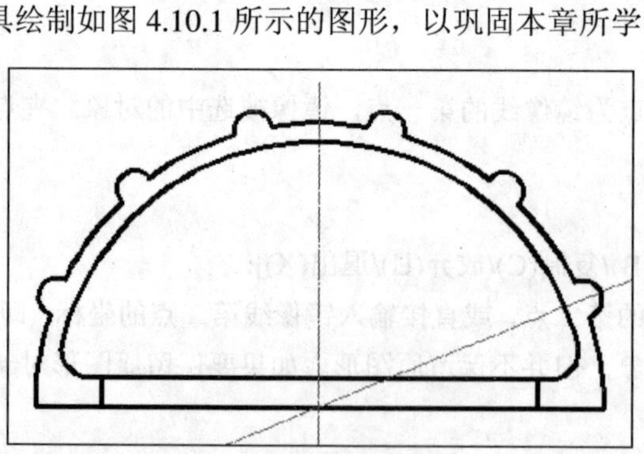

图 4.10.1　罩壳

（1）单击“标准”工具栏中的“图层特性管理器”按钮，在弹出的“图层特性管理器”对话框中新建“辅助线”层和“轮廓线”层，参数设置如图 4.10.2 所示。

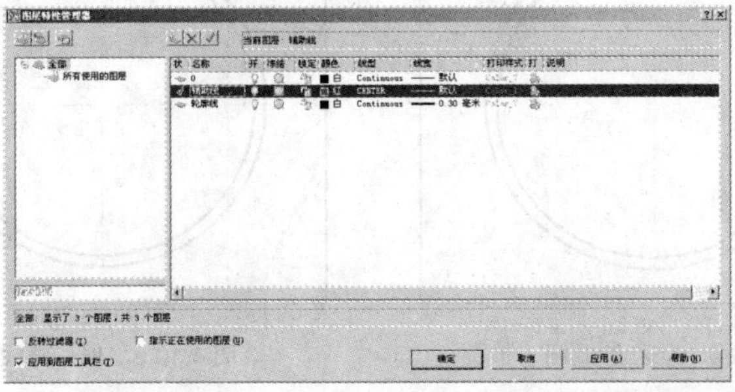

图 4.10.2　“图层特性管理器”对话框

（2）设置“辅助线”层为当前图层，单击“绘图”工具栏中的“直线”按钮，在绘图窗口中绘制两条相互垂直的直线，效果如图 4.10.3 所示。

（3）选中绘制的水平辅助线，单击并激活直线中点处的夹点，命令行提示如下：

命令:

** 拉伸 **（系统提示）

指定拉伸点或 [基点(B)/复制(C)/放弃(U)/退出(X)]:（按回车键切换夹点编辑模式）

** 移动 **（系统提示）

指定移动点或 [基点(B)/复制(C)/放弃(U)/退出(X)]:（按回车键切换夹点编辑模式）

** 旋转 **（系统提示）

指定旋转角度或 [基点(B)/复制(C)/放弃(U)/参照(R)/退出(X)]: c（选择“复制”命令选项）

** 旋转 (多重) **（系统提示）

指定旋转角度或 [基点(B)/复制(C)/放弃(U)/参照(R)/退出(X)]: 22.5（输入旋转角度）

** 旋转 (多重) **（系统提示）

指定旋转角度或 [基点(B)/复制(C)/放弃(U)/参照(R)/退出(X)]:（按回车键结束命令）

利用夹点编辑后的辅助线效果如图 4.10.4 所示。

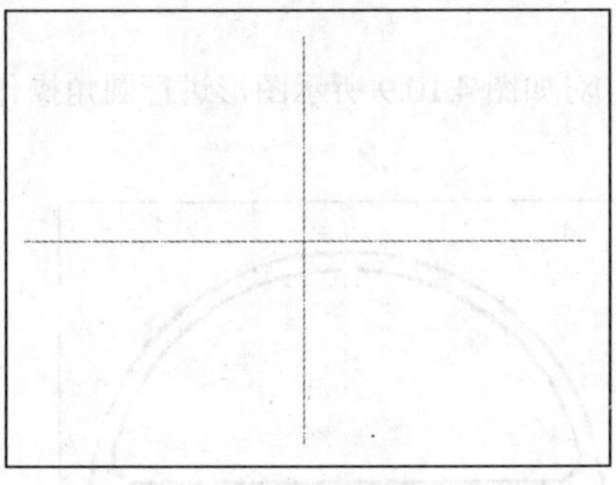

图 4.10.3　绘制辅助线

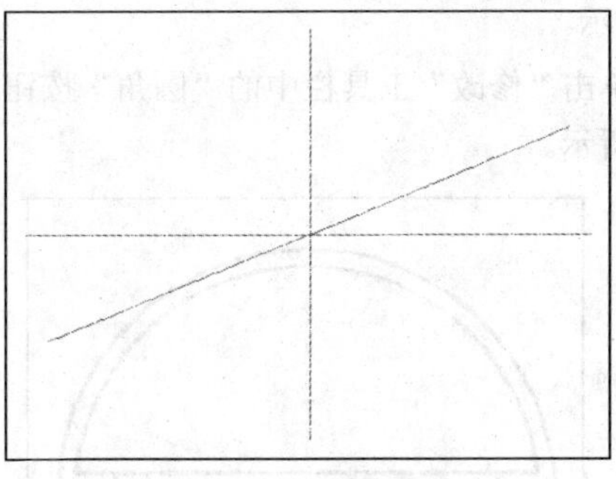

图 4.10.4　夹点编辑效果

（4）设置“轮廓线”层为当前图层，单击“绘图”工具栏中的“圆”按钮，以辅助线的交点为圆心，绘制半径为 28 和 30 的两个圆，效果如图 4.10.5 所示。

（5）单击“修改”工具栏中的“偏移”按钮，设置偏移距离为 3，将水平直线向上进行偏移，再次执行偏移命令，设置偏移距离为 23，将垂直的辅助线分别向左和向右进行偏移，偏移后的效果如图 4.10.6 所示。

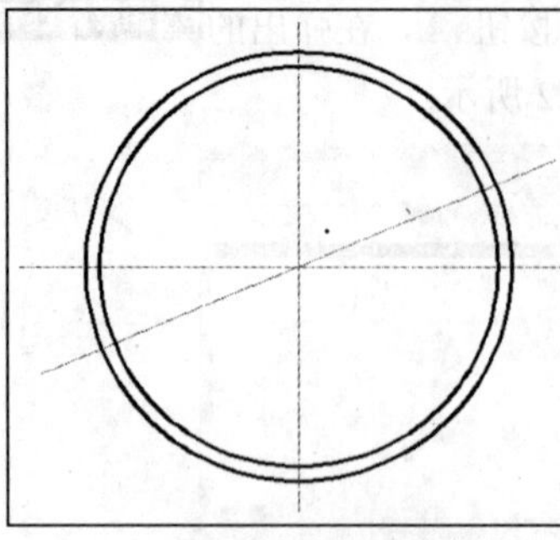

图 4.10.5　绘制圆

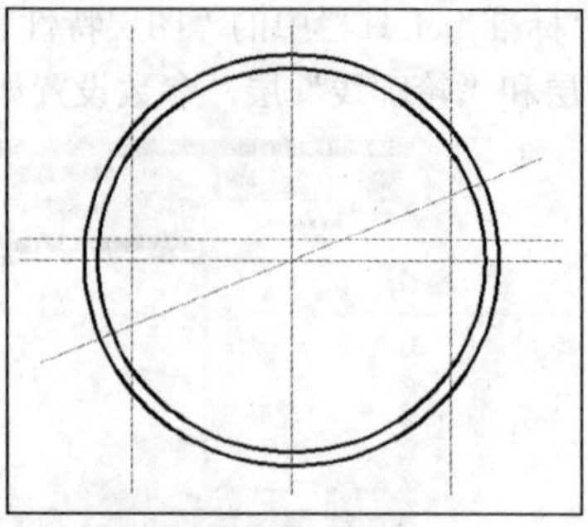

图 4.10.6　偏移直线

（6）选中偏移后的直线，单击“标准”工具栏中的“对象特性”按钮，打开 特性 选项板，在该选项板中的 基本 选项组中设置对象的图层为“轮廓线”层，如图 4.10.7 所示，修改图形对象特性后的效果如图 4.10.8 所示。

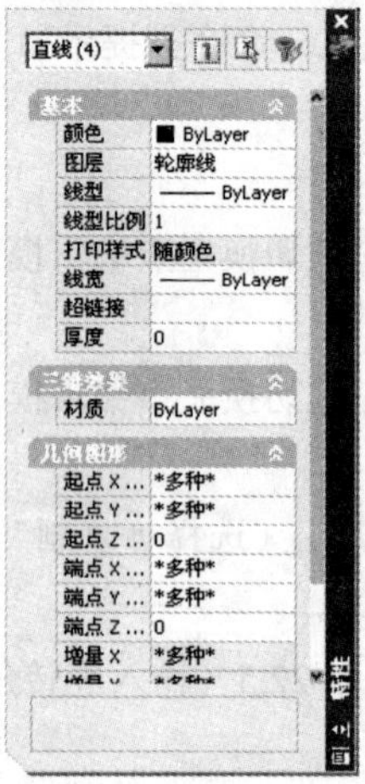

图 4.10.7　“特性”选项板

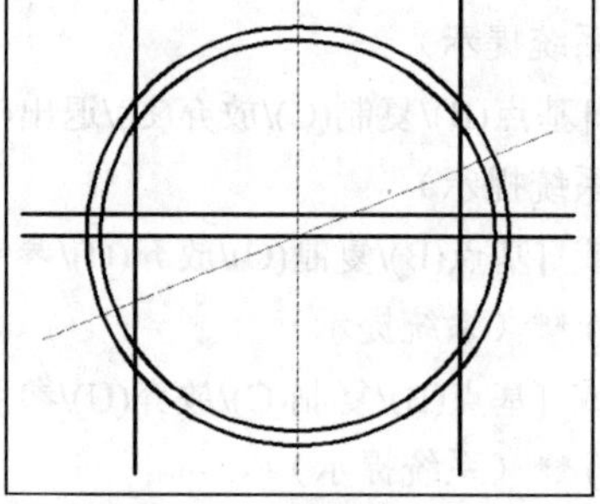

图 4.10.8　编辑对象特性

（7）单击“修改”工具栏中的“修剪”按钮，对如图 4.10.8 所示图形进行修剪操作，效果如图 4.10.9 所示。

（8）单击“修改”工具栏中的“圆角”按钮，对如图 4.10.9 所示图形进行圆角操作，效果如图 4.10.10 所示。

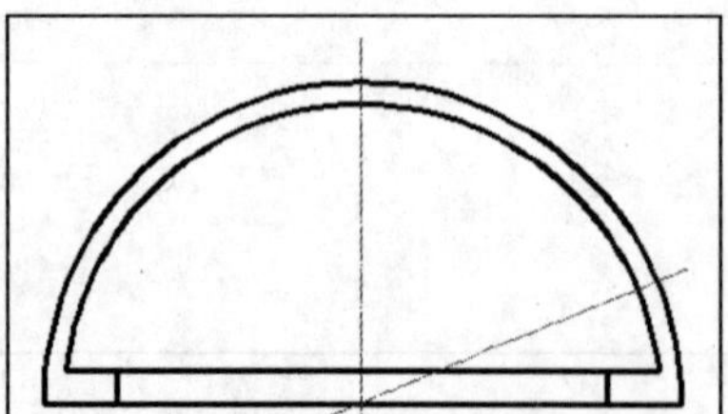

图 4.10.9　修剪图形

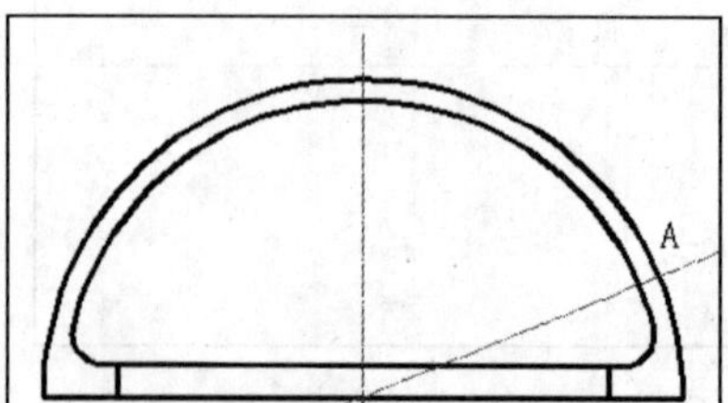

图 4.10.10　圆角操作

（9）执行绘制圆命令，以如图 4.10.10 所示图形中的交点 A 为圆心，绘制一个半径为 2 的圆，效果如图 4.10.11 所示。

（10）执行修剪命令，对如图 4.10.11 所示图形进行修剪，效果如图 4.10.12 所示。

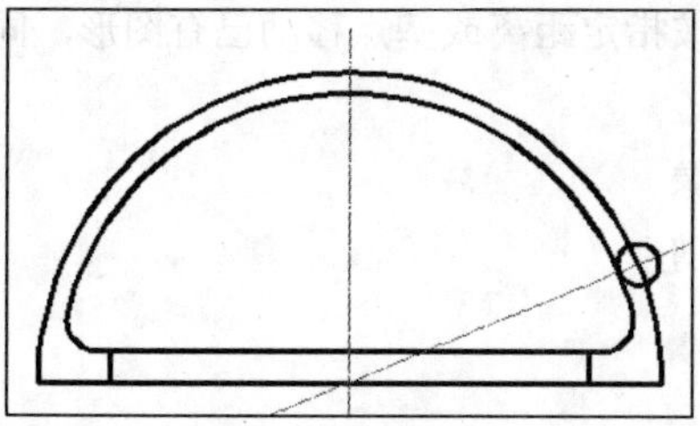

图 4.10.11　绘制圆

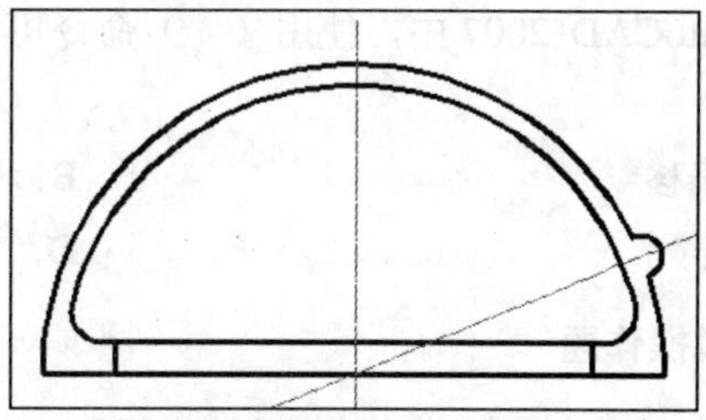

图 4.10.12　修剪图形

（11）单击“修改”工具栏中的“阵列”按钮，在弹出的“阵列”对话框中选中“环形阵列(P)”单选按钮，设置环形阵列的中心点为辅助线的交点，阵列的数目为 6，阵列的角度为 135°，选中该对话框中的“复制时旋转项目(T)”复选框，如图 4.10.13 所示。

（12）单击“阵列”对话框中的“选择对象”按钮，系统切换到绘图窗口，选中步骤（10）修剪的圆，按回车键返回到“阵列”对话框，单击“确定”按钮进行环形阵列，效果如图 4.10.14 所示。

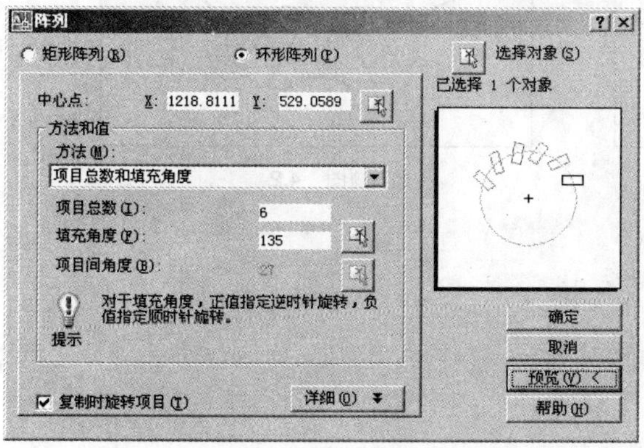

图 4.10.13　设置环形阵列参数

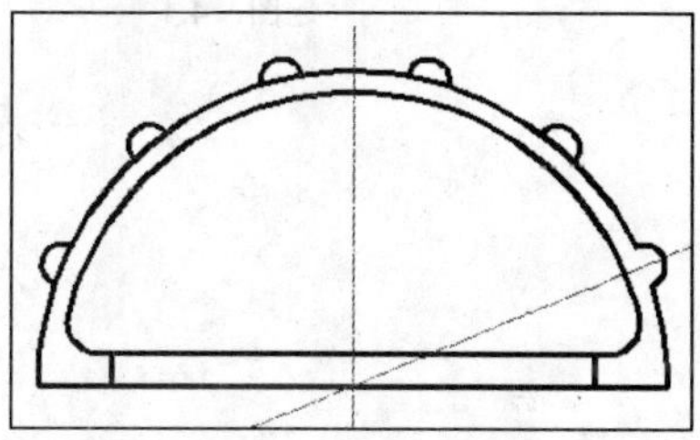

图 4.10.14　环形阵列效果

（13）执行修剪命令，对如图 4.10.14 所示图形进行修剪，最终效果如图 4.10.1 所示。

习 题 四

一、填空题

1．在 AutoCAD 2007 中，使用＿＿＿＿＿命令可以创建已有图形的对称图形，使用＿＿＿＿＿命令可以创建以行列规则或环形规则分布的多个相同对象。

2．在 AutoCAD 2007 中，用户可以使用夹点编辑对图形对象进行＿＿＿＿＿、＿＿＿＿＿、旋转、＿＿＿＿＿和＿＿＿＿＿编辑。

3．倒角是指＿＿＿＿＿，圆角是指＿＿＿＿＿。

二、选择题

1．下面选项中，（　）是用来移动对象的按钮。

A． 　　B． 

C． 　　D． 

2．在 AutoCAD 2007 中，使用（　）命令可以按指定距离或基点移动已有图形，同时创建图形的副本。

A．偏移　　B．镜像

C．阵列　　D．修剪

三、上机操作题

1．利用各种绘制与编辑命令绘制如题图 4.1 所示的图形。

2．利用各种绘制与编辑命令绘制如题图 4.2 所示的图形。

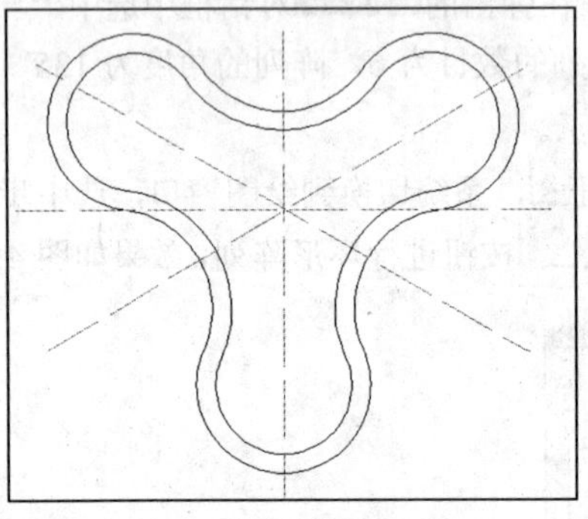

题图　4.1

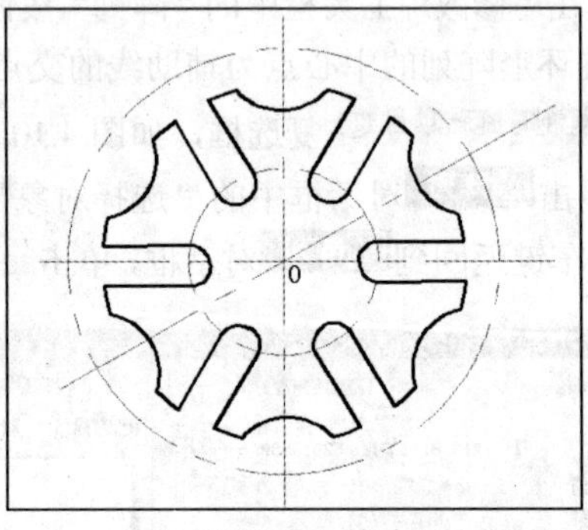

题图　4.2

第五章　控制图形显示

在绘制与查看图形时，经常需要以不同的方式显示图形，以便更精确地绘制和查看图形效果。在 AutoCAD 2007 中，用户可以使用缩放和平移命令控制图形的显示，还可以对视图进行命名，以多视口显示图形或使用鸟瞰视图显示图形。

本章主要内容：

◆　缩放与平移视图

◆　给视图命名

◆　使用视口

◆　使用鸟瞰视图

第一节　缩放与平移视图

在 AutoCAD 2007 中，用户可以使用缩放和平移命令非常方便地观察图形，本节将详细介绍这两个命令的使用方法。

一、缩放视图

缩放视图可以放大或缩小图形的显示尺寸，而不改变图形的实际尺寸。在 AutoCAD 2007 中，执行缩放命令的方法有以下 3 种：

（1）单击“缩放”工具栏中相应的命令按钮，如图 5.1.1 所示。

（2）选择 视图(V) → 缩放(Z) 命令的子菜单命令，如图 5.1.2 所示。

图 5.1.1　“缩放”工具栏

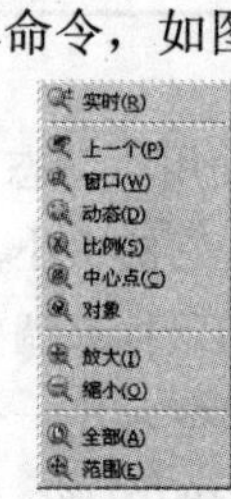

图 5.1.2　“缩放”命令子菜单

（3）在命令行中输入命令 zoom 后按回车键，命令行提示如下：

指定窗口的角点，输入比例因子 (nX 或 nXP)，或者[全部(A)/中心(C)/动态(D)/范围(E)/上一个(P)/比例(S)/窗口(W)/对象(O)] <实时>:

使用 zoom 命令可以选择不同的方式对图形进行缩放，以下分别进行介绍。

（1）“实时”缩放：执行 zoom 命令后，系统默认当前缩放方式为实时缩放。此时，按住鼠标左键并向上拖动，可放大图形对象，向下拖动，可缩小图形对象。在窗口的中点按住鼠标左键并垂直移动到窗口顶部，则放大为原来的两倍；反之，在窗口的中点按住鼠标左键并垂直向下移动到窗口底部则缩小为原来的 1/2。当缩放到合适效果时，按“Esc”键或回车键可结束缩放操作。

（2）“全部”缩放：使用“全部”缩放命令可以将图形中的所有对象都显示在绘图窗口中。如果绘制的图形在图形界限以内，则系统在图纸边界内显示所有的图形对象；如果绘制的图形超出了图形界限，则显示范围为绘制的图形的边界。“全部”缩放的显示效果如图 5.1.3 所示。

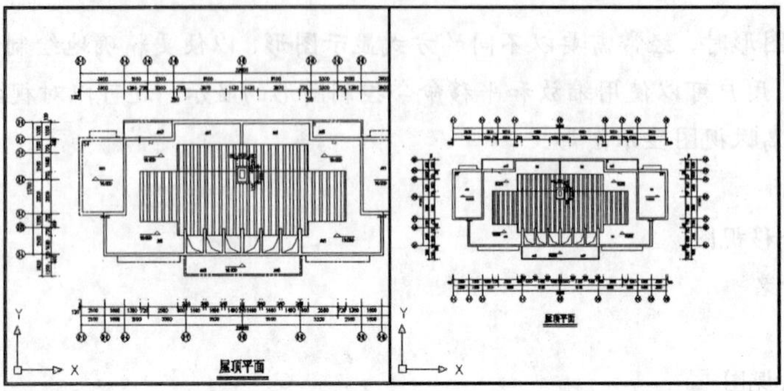

图 5.1.3　“全部”缩放效果

（3）“中心”缩放：“中心”缩放是指通过改变视图的中心点来缩放视图中的对象。可以用鼠标直接指定新视图的中心点，也可以用键盘输入新的中心点坐标。确定新视图的中心点后，还可以重新确定视图的比例和高度。“中心”缩放的显示效果如图 5.1.4 所示。

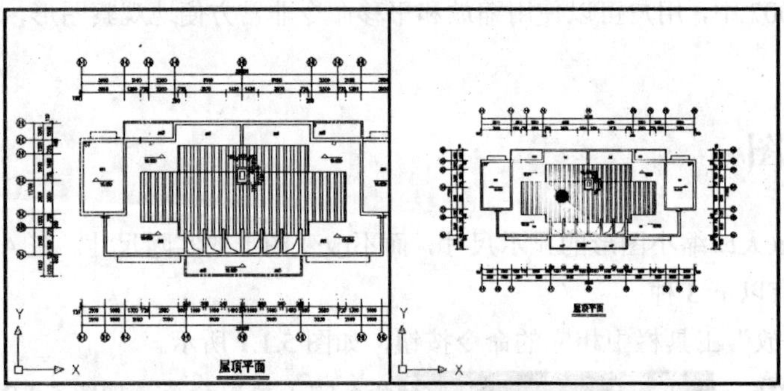

图 5.1.4　“中心”缩放效果

（4）“动态”缩放：使用“动态”缩放会在当前视口中显示图形的全部，同时弹出一个视图框，视图框表示视口，可以改变它的大小，或在图形中移动，这样就可以调整图形显示的比例或图形显示的范围。用户可以通过移动鼠标来调整该视图框的位置，在合适位置处单击鼠标左键，即可固定该窗口的左边界限，同时该窗口显示出一个箭头，继续拖动鼠标可以改变该窗口的大小，按回车键或单击鼠标右键即可缩放视图框中的图形，并充满整个视口。“动态”缩放的效果如图 5.1.5 所示。

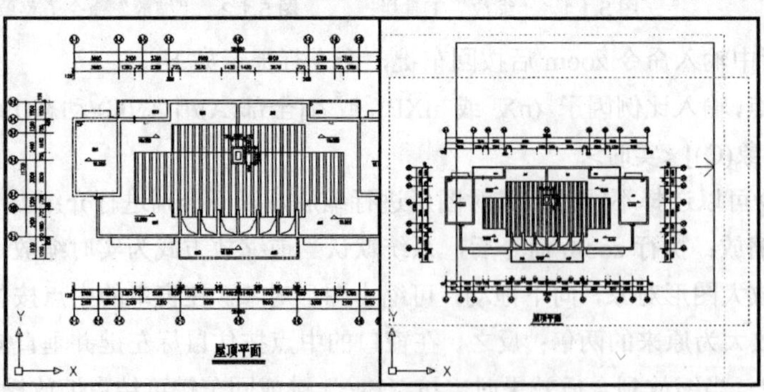

图 5.1.5　“动态”缩放效果

（5）“范围”缩放：使用“范围”缩放可以在屏幕上尽可能大地显示所有图形对象。该选项与“全部”选项功能相同，都是在绘制的图形边界范围内显示图形，但不同的是该选项将最大限度地显示图形并充满整个屏幕。执行该命令后，系统将重新生成图形，如果图形很大，这个过程将很慢。“范围”缩放的效果如图 5.1.6 所示。

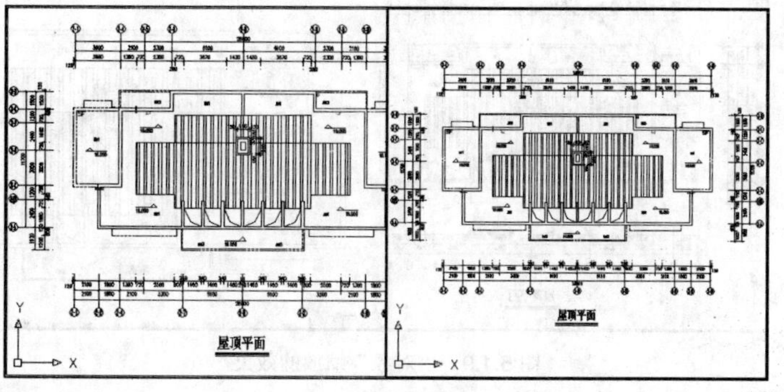

图 5.1.6　“范围”缩放效果

（6）缩放“上一个”：使用该命令可以恢复上一次显示的图形。该命令只存储视图的放大倍数和位置，而不包含对图形的编辑。

（7）“比例”缩放：使用“比例”缩放可以按比例缩放图形。在 AutoCAD 2007 中输入的比例因子有两种方式：一种是数字加后缀 X，表示缩放为当前视图的倍数；另一种是数字加后缀 XP，表示相对于图形界限的倍数。“比例”缩放的效果如图 5.1.7 所示。

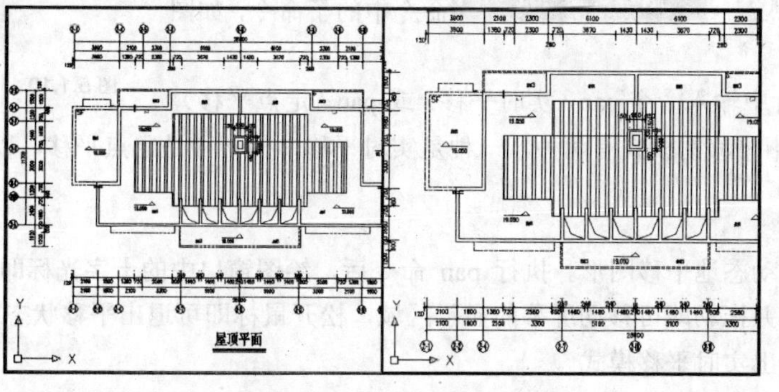

图 5.1.7　“比例”缩放效果

（8）“窗口”缩放：“窗口”缩放是指在绘图区域内指定两个对角点，以对角点组成的窗口来显示缩放的图形。执行该命令后，依次指定矩形窗口的两个角点，即可放大显示窗口中框中的图形对象，以尽可能占满显示屏幕。“窗口”缩放的效果如图 5.1.8 所示。

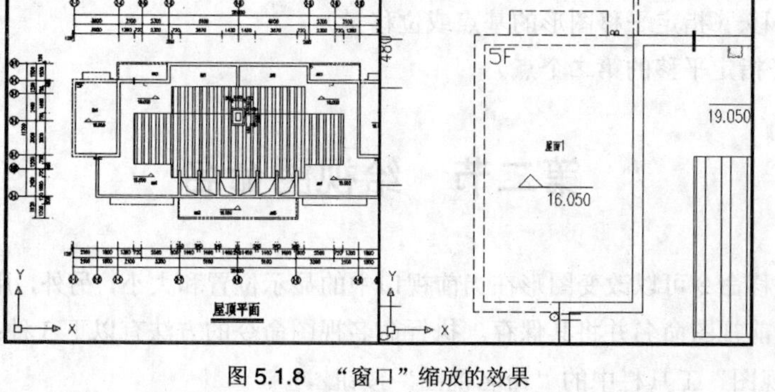

图 5.1.8　“窗口”缩放的效果

（9）"对象"缩放："对象"缩放尽可能大地显示一个或多个选定的对象并使其位于绘图区域的中心。执行该命令后，选择要缩放的对象后按回车键，系统将自动放大显示选中的对象。"对象"缩放后的效果如图 5.1.9 所示。

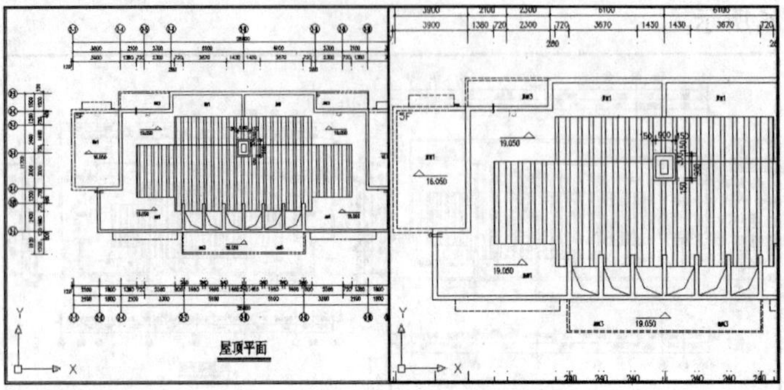

图 5.1.9　"对象"缩放的效果

二、平移视图

使用平移视图命令可以在视口中改变图形的显示区域，以便清楚观察图形的其他部分。在 AutoCAD 2007 中，执行平移命令的方法有以下 3 种：

（1）单击"标准"工具栏中的"实时平移"按钮。

（2）选择 视图(V) → 平移(P) 命令中的子命令，如图 5.1.10 所示。

图 5.1.10　"平移"子菜单

（3）在命令行中输入命令 pan（实时平移）或-pan（定点平移）。

在 AutoCAD 中平移的模式有两种，一种是实时平移，另一种是定点平移，以下分别进行介绍。

1. 实时平移

实时平移是指动态地平移图形。执行 pan 命令后，绘图窗口中的十字光标即变为小手形状，此时按下鼠标左键并拖动即可移动屏幕的显示区域，松开鼠标即可退出平移状态。按"Esc"键或单击鼠标右键可以退出实时平移模式。

2. 定点平移

定点平移是指通过指定平移的方向和距离来平移图形对象。在命令行中输入命令-pan，即可执行定点平移命令。执行该命令后，命令行提示如下：

命令: -pan

指定基点或位移:（指定平移图形的基点或位移量）

指定第二点:（指定平移的第二个点）

第二节　给视图命名

通过缩放和平移命令可以改变图形在当前视口中的显示位置和大小，另外，用户还可以使用"命名视图"命令给当前视图命名并将其保存。执行命名视图命令的方法有以下 3 种：

（1）单击"视图"工具栏中的"命名视图"按钮。

（2）选择视图(V)→命名视图(N)...命令。

（3）在命令行中输入命令 view。

执行该命令后，弹出视图管理器对话框，用户可以在该对话框中新建视图、更新图层或删除视图，如图 5.2.1 所示。

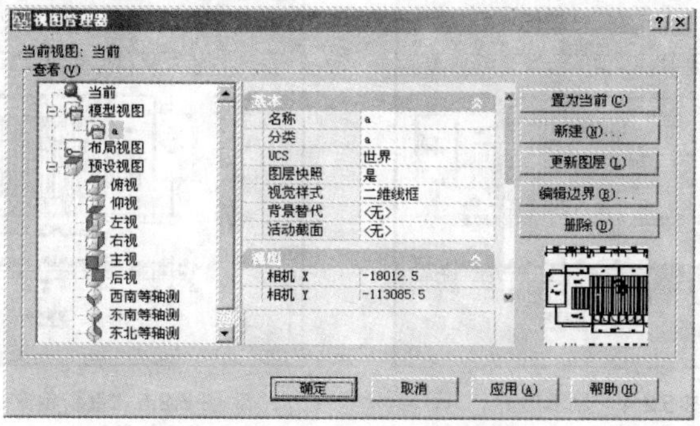

图 5.2.1　“视图管理器”对话框

该对话框左边的列表框中列出了当前已命名的视图和可作为当前视图的类别，用户可以在该列表中选中一个视图，然后单击右边的相应按钮对其进行操作，这些按钮的主要功能介绍如下：

（1）置为当前(C)按钮：在视图列表中选中一个视图后，单击此按钮，然后单击确定按钮即可设置选中的视图为当前视图，并以该视图模式显示图形。

（2）新建(N)...按钮：单击此按钮，弹出新建视图对话框，如图 5.2.2 所示。该对话框中各选项功能介绍如下：

1）视图名称(N)：文本框：该文本框用于输入新建视图的名称。

2）视图类别(G)：下拉列表：在该下拉列表中可以选择新建视图的类别。

3）边界选项组：该选项组用于定义新建视图的边界。如果选中当前显示(C)单选按钮，则以当前绘图窗口中显示的图形范围定义新视图的边界；如果选中定义窗口(D)单选按钮，则系统会引导用户创建新建视图的边界。

4）设置(S)选项组：该选项组用于编辑设置与视图一起保存的选项。

5）背景选项组：选中该选项组中的替代默认背景(B)复选框，则弹出背景对话框，如图 5.2.3 所示，用户可以在该对话框中为当前命名的视图替换背景颜色。背景颜色只有当视觉样式未设置为“二维线框”的模型视图时才可用。

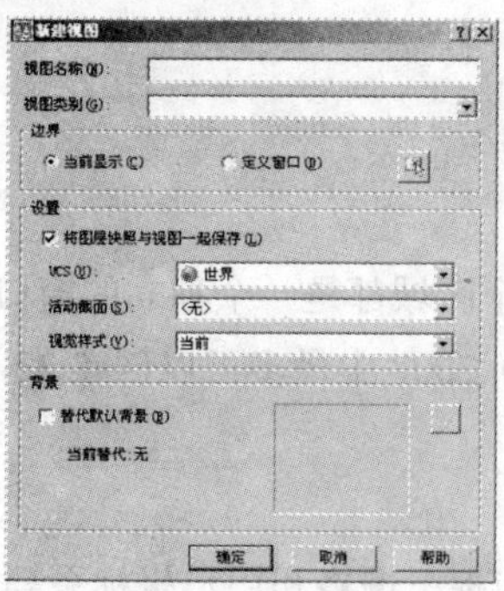

图 5.2.2　“新建视图”对话框

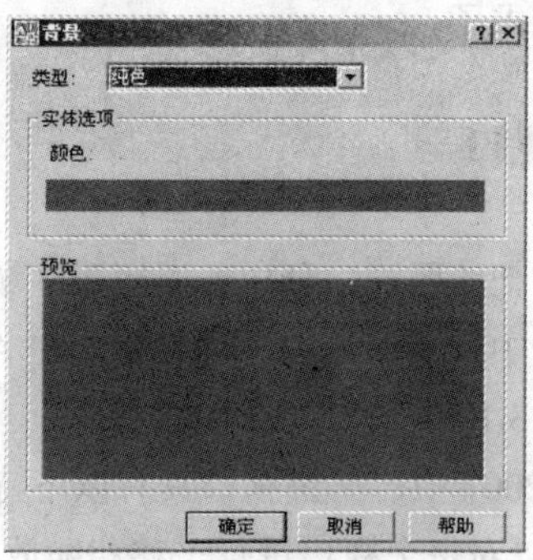

图 5.2.3　“背景”对话框

（3）更新图层(L)按钮：单击此按钮，可以更新与选定的视图一起保存的图层信息，使其与当前模型空间和布局视口中的图层可见性匹配。

（4）编辑边界(B)...按钮：单击此按钮，系统将显示当前视图的边界，如图 5.2.4 所示，用户可以在该视图中重新定义视图的边界，边界内的区域显示为亮色，边界外的区域显示为灰色，如图 5.2.5 所示。

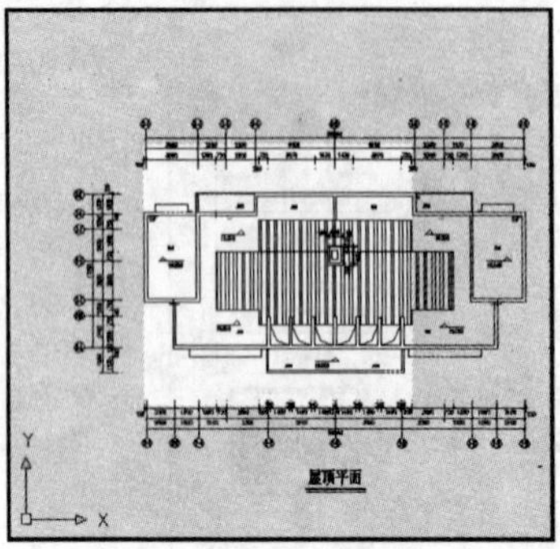

图 5.2.4　显示边界

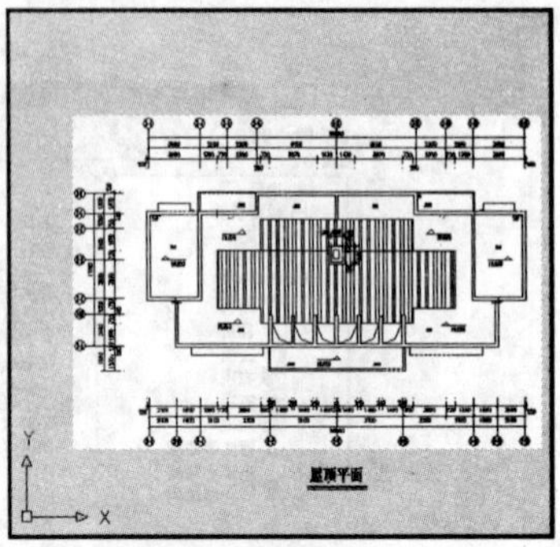

图 5.2.5　重新定义边界

（5）删除(D)按钮：在视图列表框中选中不需要的视图名称，单击此按钮即可删除选中的视图。

在视图管理器对话框中，用户可以选中视图列表框中的预设视图，并将其切换为当前视图，另外，用户还可以通过单击“视图”工具栏中的相应按钮来切换当前视图，如图 5.2.6 所示。

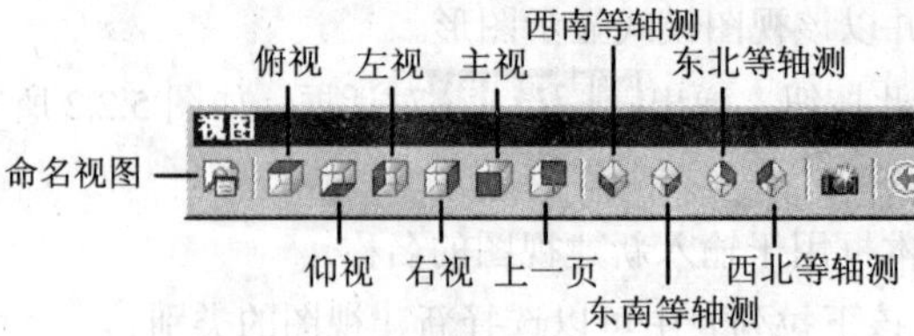

图 5.2.6　“视图”工具栏

第三节　使用视口

在绘图过程中，有时用户需要将图形局部放大进行绘制，同时还需要观察图形的整体效果，如果使用一个视口，就无法满足用户的需要。在 AutoCAD 2007 中，用户可以使用多个视口，这样就可以完全满足用户的需求了。

一、平铺视口

平铺视口是指把绘图窗口分成若干矩形区域，每一个区域都是一个独立的窗口，称为视口，用户可以在不同的视口中查看图形的不同部分。在 AutoCAD 2007 中最多可以创建 32 000 个视口，平铺视口的效果如图 5.3.1 所示。

在 AutoCAD 2007 中，平铺视口具有以下特点：

（1）用户可以对每个视口进行平移和缩放，设置捕捉、栅格和用户坐标系等，且每个视口都可以有独立的坐标系统。

（2）在命令执行期间可以切换视口，以便在不同的视口中绘图。

（3）可以命名视口的配置，以便在模型空间中恢复视口或者将它们应用到布局。

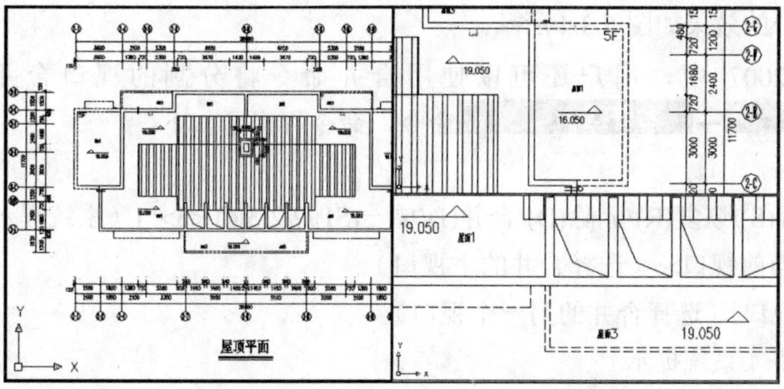

图 5.3.1　平铺视口

（4）用户只能在当前视口中工作。要将某个视口设置为当前视口，可以用鼠标单击该视口的任意位置。此时，当前视口的边框将加粗显示。

（5）指针在其他视口中就变为箭头形状，只有在当前视口中才显示为“十”字形状。

（6）在平铺视口中工作时，可全局控制所有视口中图层的可见性。如果在某一个视口中关闭了某一图层，系统将在所有视口中关闭该图层。

在 AutoCAD 2007 中，用户可以通过以下 3 种方式执行创建视口命令：

（1）单击“视口”工具栏中“显示‘视口’对话框”按钮。

（2）选择 视图(V) → 视口(V) → 新建视口(E)... 命令。

（3）在命令行中输入命令 vports。

执行该命令后，弹出 视口 对话框，如图 5.3.2 所示。该对话框中有两个选项卡，一个是 新建视口 选项卡，另一个是 命名视口 选项卡，这两个选项卡的功能介绍如下：

（1）“新建视口”选项卡：该选项卡用于保存和命名新的视口配置，如图 5.3.2 所示。

（2）“命名视口”选项卡：该选项卡用于保存和命名在“新建视口”选项卡中新建的视口配置，如图 5.3.3 所示。

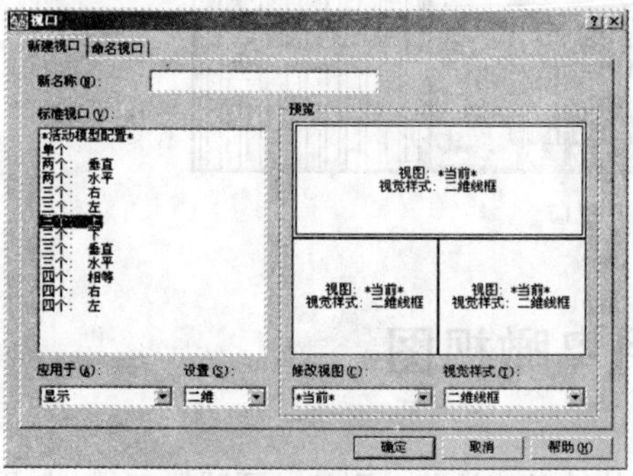

图 5.3.2　“视口”对话框

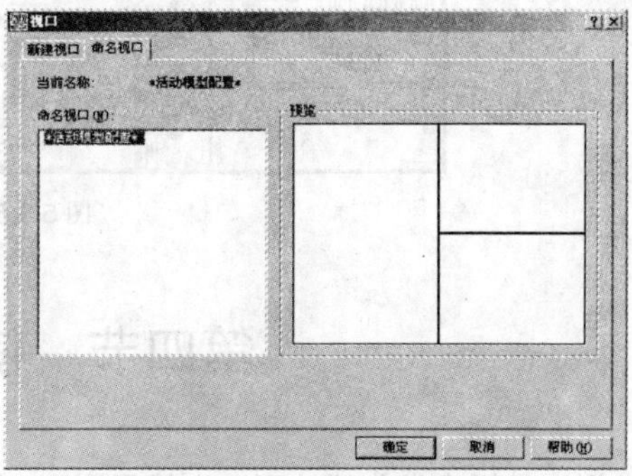

图 5.3.3　“命名视口”选项卡

二、分割与合并视口

在 视口 对话框中的 新建视口 选项卡中最多可创建 4 个视口，如果用户需要创建更多的视口，则可以对选中的视口进行分割，这样就可以创建出更多的视口。具体操作方法为：选中一个需要分割的视口，将该视口设置为当前视口，然后执行新建视口命令，选择要分割视口的个数，在“新建视口”选项卡下边的 应用于(A): 下拉列表中选择“当前视口”选项，然后单击 确定 按钮，即可分割选中的视口，分割视口的效果如图 5.3.4 所示。

在 AutoCAD 2007 中，用户还可以使用合并命令将分割的视口合并，选择 视图(V) → 视口(V) → 合并(J) 命令，命令行提示如下：

命令: _ -vports

输入选项 [保存(S)/恢复(R)/删除(D)/合并(J)/单一(SI)/?/2/3/4] <3>: j（系统提示）

选择主视口 <当前视口>:（选择合并的主视口）

选择要合并的视口:（选择合并的另一个视口）

正在重生成模型（系统提示）

合并如图 5.3.4 所示的视口，效果如图 5.3.5 所示。

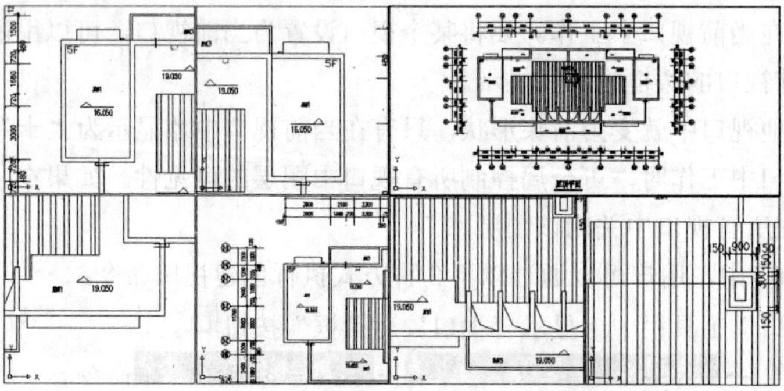

图 5.3.4　分割视口

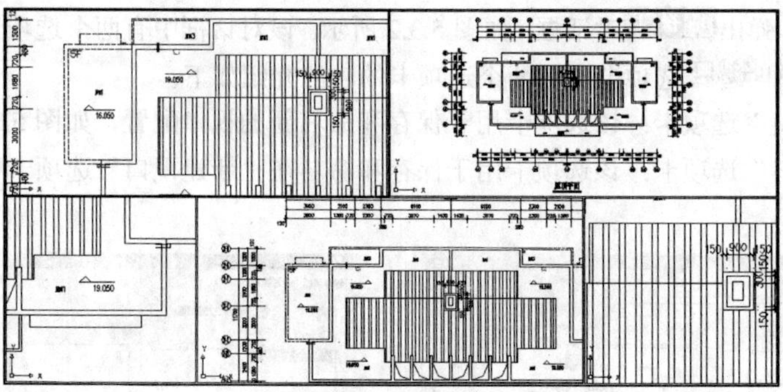

图 5.3.5　合并视口

第四节　使用鸟瞰视图

鸟瞰视图是用来在分开的窗口上显示图形，以便能够迅速地移动到某一区域的工具。如果用户在工作时打开鸟瞰视图，就不用选择菜单或在命令行输入命令来执行缩放和平移操作。

一、鸟瞰视图简介

选择 视图(V) → 鸟瞰视图(W) 命令，系统打开 鸟瞰视图 窗口，如图 5.4.1 所示，该窗口中显示了整幅图形中的所有对象，其中，粗线矩形框中显示的图形就是当前视口中显示的图形区域，用户可以通过改变该窗口的位置和大小来迅速缩放和平移图形。

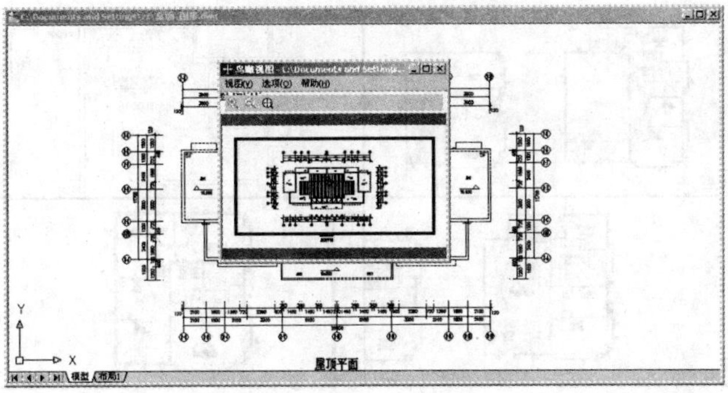

图 5.4.1　“鸟瞰视图”窗口

二、使用鸟瞰视图观察图形

使用鸟瞰视图观察图形的方法与使用动态视图缩放图形的方法相似，用户只需要在鸟瞰视图中单击鼠标，即可显示一个中间带有“×”的矩形框，在鸟瞰视图窗口中移动该矩形框，当前视口中显示的图形也会随之移动。

再次单击鼠标左键，矩形框又会变成一个带有箭头的矩形框，移动鼠标，该矩形框的大小也会随着变化，如果矩形框变大，则当前视口中显示的图形也会放大；如果矩形框变小，则当前视口中显示的图形也会缩小。

第五节　应用实例

下面使用多个视口观察图形，以巩固本章所学的知识。

（1）打开 AutoCAD 2007 安装目录下的 Blocks and Tables - Imperial 文件，其路径为:\\Program Files\AutoCAD 2007\Sample\Blocks and Tables - Imperial。

（2）选择 视图(V) → 视口(V) → 新建视口(E)... 命令，在弹出的视口对话框中设置参数如图 5.5.1 所示。

（3）单击该对话框中的 确定 按钮，创建的新视口如图 5.5.2 所示。

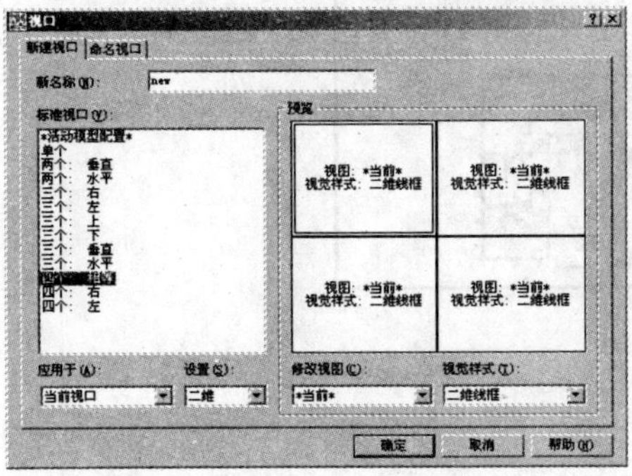

图 5.5.1　“视口”对话框

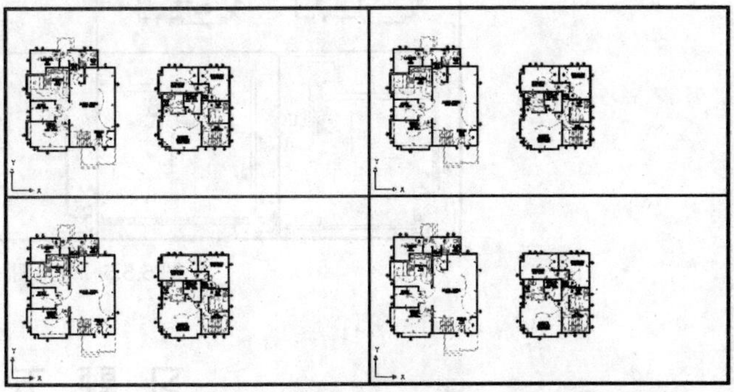

图 5.5.2　创建视口

（4）分别激活如图 5.5.2 所示的 4 个视口，用缩放和平移命令对图形进行缩放和平移，效果如图 5.5.3 所示。

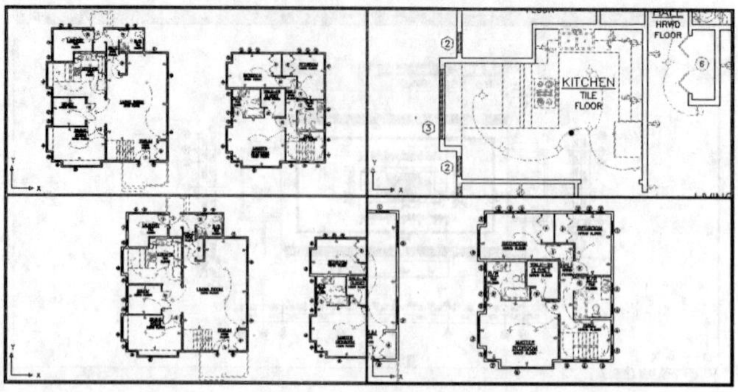

图 5.5.3　缩放和平移视口

（5）在如图 5.5.3 所示的左下角的视口中单击鼠标左键，激活该窗口，然后选择 视图(V) → 视口(V) → 新建视口(E)... 命令，在弹出的 视口 对话框中设置名称为“两个：水平”的标准视口，在 应用于(A): 下拉列表中选择“当前视口”选项，单击 确定 按钮后分割视口，效果如图 5.5.4 所示。

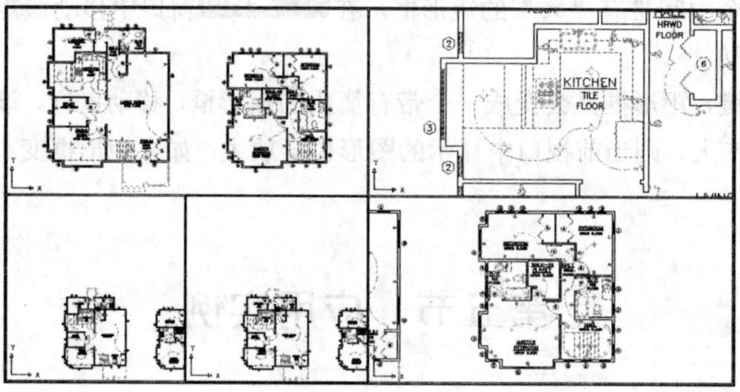

图 5.5.4　分割视口

（6）分别激活如图 5.5.4 所示的新创建的两个视口，用缩放和平移命令对图形进行缩放和平移，效果如图 5.5.5 所示。

图 5.5.5　效果图

习 题 五

一、填空题

1．平移视图分为两种，一种是__________，另一种是__________。

2．在 AutoCAD 2007 中，用户可以使用__________命令给当前视图命名并将其保存。

二、选择题

1．缩放视图的方法有（　）种。

A．6　　B．7

C．8　　D．9

2．在 AutoCAD 2007 中最多可以创建（　）个视口。

A．32 000　　B．24 000

C．16 000　　D．21 000

三、上机操作题

打开如题图 5.1 所示的系统自带的图形文件，利用本章所学的各种控制图形显示的方法观察该图。

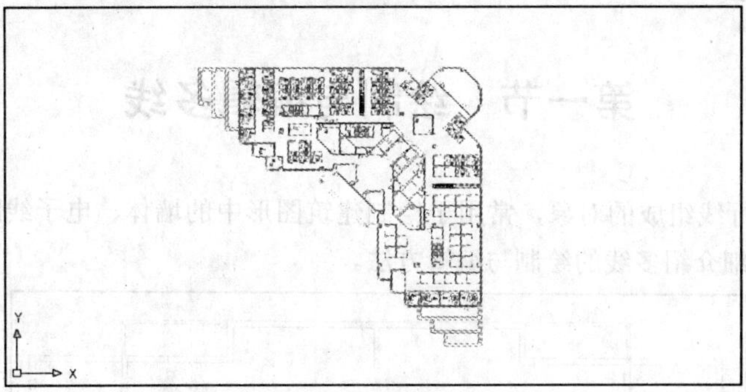

题图　5.1

第六章　绘制与编辑复杂二维图形

前面介绍了基本二维图形绘制与编辑的方法，通过对基本二维图形的绘制与编辑，用户可以创建出很多复杂的二维图形，但这些基本二维图形仍不能满足所有用户的需求。本章将介绍一些复杂二维图形的绘制与编辑方法，其中包括多线、多段线、样条曲线的绘制与编辑，以及修订云线的绘制方法。

本章主要内容：

◆ 绘制与编辑多线

◆ 绘制与编辑多段线

◆ 绘制与编辑样条曲线

◆ 绘制修订云线

第一节　绘制与编辑多线

多线是一组由平行线组成的对象，常用于绘制建筑图形中的墙体、电子线路等平行对象，如图 6.1.1 所示。本节将详细介绍多线的绘制与编辑方法。

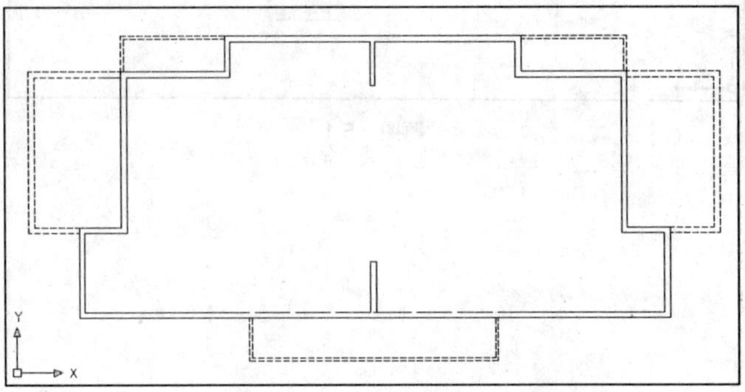

图 6.1.1　绘制多线

一、绘制多线

在 AutoCAD 2007 中，执行绘制多线命令的方法有以下两种：

（1）选择 绘图(D) → 多线(M) 命令。

（2）在命令行中输入命令 mline。

执行绘制多线命令后，命令行提示如下：

命令: _ mline

当前设置: 对正 = 上，比例 = 1.00，样式 = 墙线（系统提示）

指定起点或 [对正(J)/比例(S)/样式(ST)]:（指定多线的起点）

指定下一点:（指定多线的端点）

指定下一点或 [放弃(U)]:（按回车键结束命令）

其中各命令选项功能介绍如下：

（1）对正(J)：该选项用于指定绘制多线的基准。选择该命令选项，命令行提示如下：

输入对正类型 [上(T)/无(Z)/下(B)] <上>:

系统提供了3种对正类型，分别为“上”、“无”和“下”，其中，“上”表示以多线上侧的线为基线，其他依次类推。

（2）比例(S)：该选项用于指定多线间的宽度，选择该命令选项，命令行提示：“输入多线比例<20.00>”，要求用户输入平行线间的距离。输入值为零时平行线重合，值为负时多线的排列倒置。

（3）样式(ST)：该选项用于设置当前使用的多线样式。

二、定义多线样式

在 AutoCAD 2007 中，用户可以通过选择 格式(O) → 多线样式(M)... 命令，在弹出的 多线样式 对话框中定义多线的样式，如图6.1.2所示。

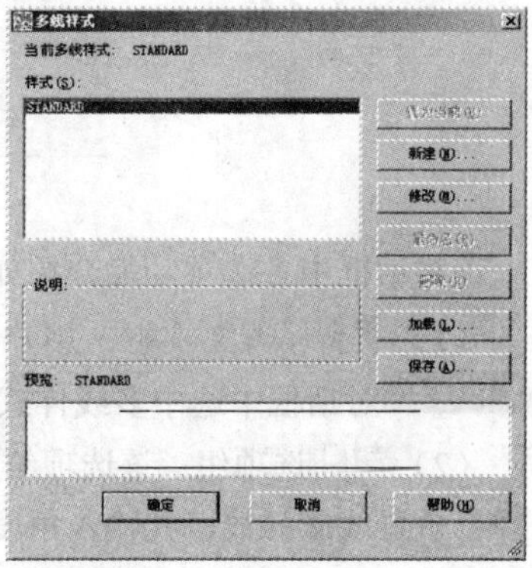

图6.1.2　“多线样式”对话框

该对话框中各选项功能介绍如下：

（1）样式(S): 列表框：该列表框中显示所有已经加载和定义的多线样式。

（2）置为当前(U) 按钮：在 样式(S): 列表框中选中需要的多线样式后，单击该按钮即可将其设置为当前样式。

（3）新建(N)... 按钮：单击此按钮，弹出 创建新的多线样式 对话框，如图6.1.3所示，用户可以利用该对话框创建新多线样式。

（4）修改(M)... 按钮：在 样式(S): 列表框中选中要修改的多线样式后，单击此按钮，在弹出的 修改多线样式: STANDARD 对话框中对选中的多线样式进行修改。

（5）重命名(R) 按钮：在 样式(S): 列表框中选中一个多线样式后，单击此按钮，可以修改选中的多线名称。

（6）删除(D) 按钮：在 样式(S): 列表框中选中一个多线样式后，单击此按钮即可将其删除。

（7）加载(L)... 按钮：单击此按钮，弹出 加载多线样式 对话框，如图6.1.4所示，在该对话框中的列表框中选择多线样式，并将其加载到当前图形中。如果该对话框中的列表框中没有需要的多线样式，还可以单击该对话框中的 文件... 按钮，在弹出的 从文件加载多线样式 对话框中选择多线样式文件，将其加载到当前图形中。

（8）保存(A)... 按钮：单击此按钮，弹出 保存多线样式 对话框，利用该对话框将当前多线样式保存为一个多线样式文件。

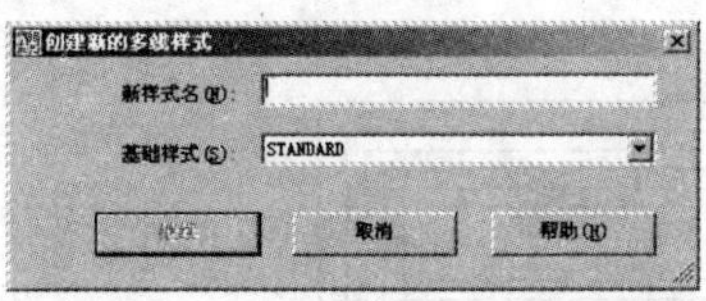

图6.1.3　“创建新的多线样式”对话框

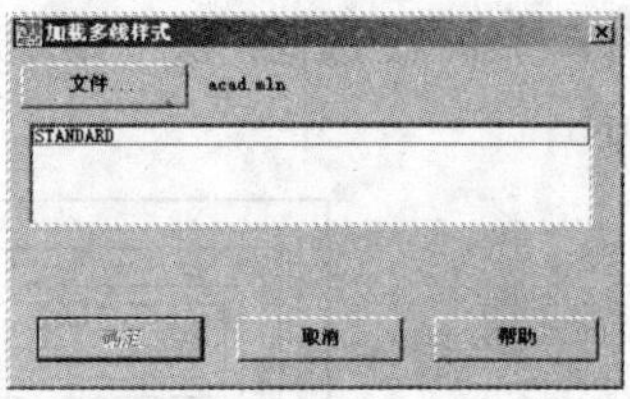

图6.1.4　“加载多线样式”对话框

三、创建多线样式

在“多线样式”对话框中单击“新建(N)...”按钮，在弹出的“创建新的多线样式”对话框中的“新样式名(N):”文本框中输入新多线样式名称，然后单击“继续”按钮，在弹出的“新建多线样式:”对话框中设置新建多线样式的参数，如图 6.1.5 所示。

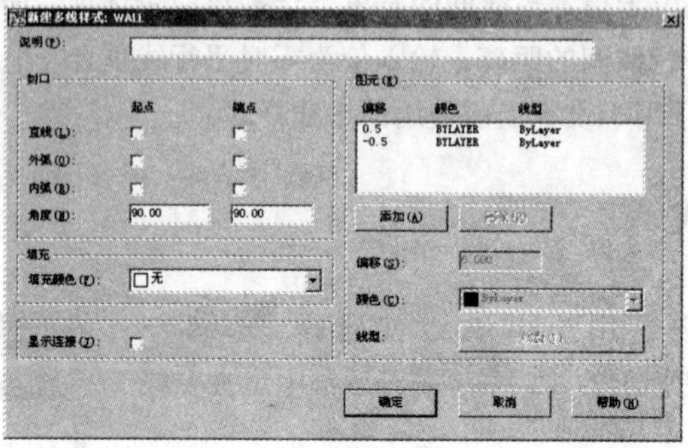

图 6.1.5　“新建多线样式”对话框

该对话框中各选项功能介绍如下：

（1）“说明(P):”文本框：用户可以在该文本框中输入新建多线样式的说明性文字，这样，当在“多线样式”对话框中选中多线样式时，说明信息将显示在“说明”区域中。

（2）“封口”选项组：该选项组用于控制多线起点和端点处的样式。用户可以为多线的每一个端点选择一条直线或弧线，并输入角度。如果选择“直线”，则穿过整个多线的端点；如果选择“外弧”，则连接最外层元素的端点；如果选择“内弧”，则系统连接成对元素，如果有奇数个元素，则中心线不相连，多线封口样式如图 6.1.6 所示。

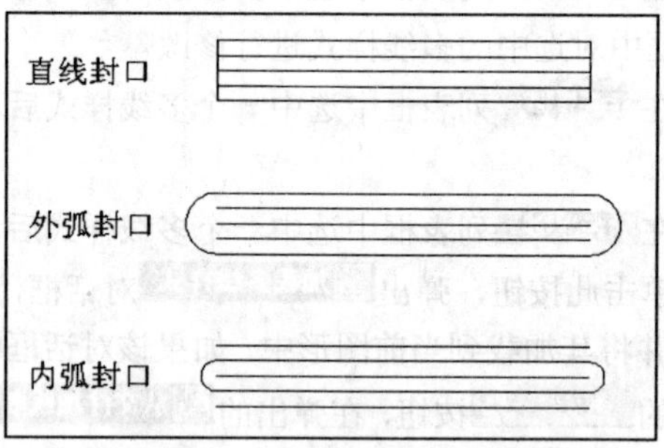

图 6.1.6　多线封口样式

（3）“填充”选项组：在该选项组中的“填充颜色(F):”下拉列表中选择一种颜色，即可为创建的多线设置背景。

（4）“显示连接(J):”复选框：选中该复选框，可以在多线的拐角处显示连接线，否则不显示，效果如图 6.1.7 所示。

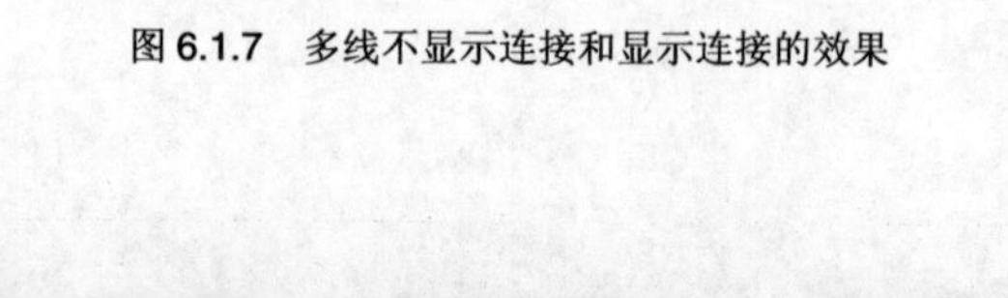

图 6.1.7　多线不显示连接和显示连接的效果

（5）图元(E)选项组：该选项组用于设置多线样式的元素特性，包括多线的线条数目、每条线的颜色和线型等特性。单击该选项组中的添加(A)按钮，在元素列表框中新建一个元素，选中新建的元素，在该选项组中的偏移(S):、颜色(C):和线型:选项中对新建元素的特性进行设置。如果要删除多余的元素，可以先在元素列表中选中要删除的元素，然后单击删除(D)按钮即可。

四、修改多线样式

在 AutoCAD 2007 中，用户可以对创建的多线样式进行修改。在多线样式对话框中的多线样式列表框中选中要修改的多线样式，然后单击该对话框中的修改(M)...按钮，弹出修改多线样式: STANDARD对话框，该对话框中的选项与新建多线样式:对话框相同，用户可以在该对话框中对多线的特性进行修改。当前已经使用的多线样式不能进行修改。

五、编辑多线

利用多线编辑命令对绘制的多线进行编辑，可以创建出各种多线。在 AutoCAD 2007 中，执行编辑多线命令的方法有以下 3 种：

（1）选择修改(M)→对象(O)→多线(M)...命令。

（2）在命令行中输入命令 mledit。

（3）双击需要编辑的多线。

执行编辑多线命令后，弹出多线编辑工具对话框，如图 6.1.8 所示，在该对话框中选择相应的多线编辑工具，即可对多线进行编辑。各种多线编辑后的效果如图 6.1.9 所示。

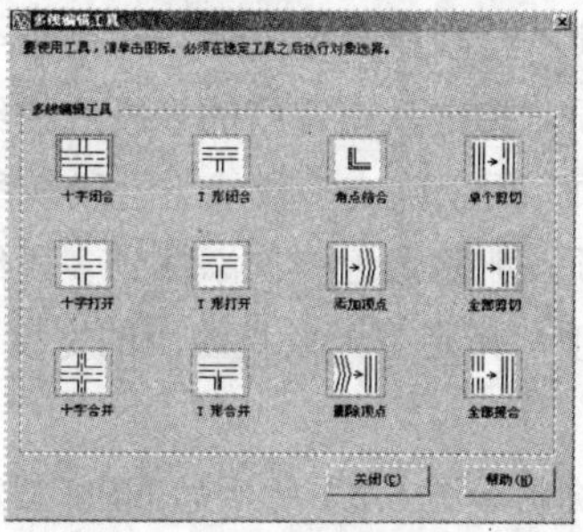

图 6.1.8　“多线编辑工具”对话框

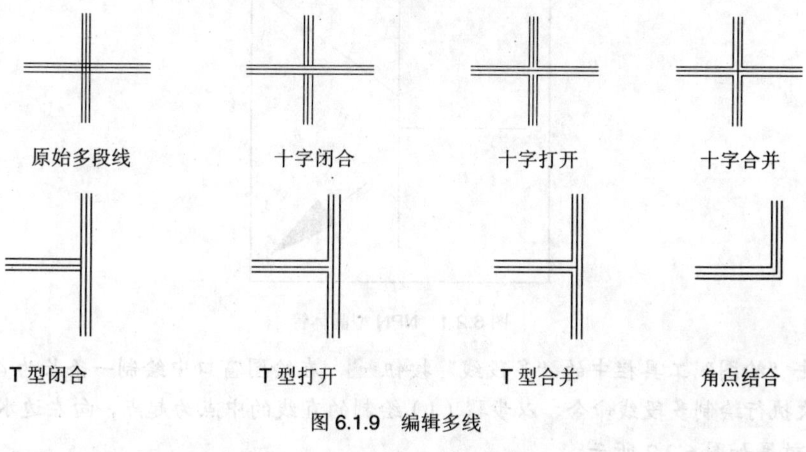

图 6.1.9　编辑多线

第二节　绘制与编辑多段线

多段线是由直线和圆弧构成的复杂的实体对象，多段线提供单个直线所不具备的编辑功能。例如，可以调整多段线的宽度和曲率。多段线作为一个单独的实体，可以统一对其进行编辑。

一、绘制多段线

在 AutoCAD 2007 中，执行绘制多段线命令的方法有以下 3 种：

（1）单击“绘图”工具栏中的“多段线”按钮。

（2）选择 绘图(D) → 多段线(P) 命令。

（3）在命令行中输入命令 pline。

执行绘制多段线命令后，命令行提示如下：

命令: _ pline

指定起点:（指定多段线的起点）

当前线宽为 0.0000（系统提示）

指定下一个点或 [圆弧(A)/半宽(H)/长度(L)/放弃(U)/宽度(W)]:（指定多段线的下一个端点或选择其他命令选项）

指定下一点或 [圆弧(A)/闭合(C)/半宽(H)/长度(L)/放弃(U)/宽度(W)]:（按回车键结束命令）

其中各命令选项功能介绍如下：

1）圆弧(A)：选择此命令选项，将弧线段添加到多段线中。

2）闭合(C)：选择此命令选项，绘制封闭多段线并结束命令。

3）半宽(H)：选择此命令选项，指定具有宽度的多段线的线段中心到其一边的宽度。

4）长度(L)：选择此命令选项，用于确定多段线下一段线段的长度。

5）放弃(U)：选择此命令选项，删除最近一次添加到多段线上的直线段。

6）宽度(W)：选择此命令选项，指定下一条直线段的宽度。

习题：利用多段线命令绘制如图 6.2.1 所示的 NPN 型晶体管，具体操作方法如下：

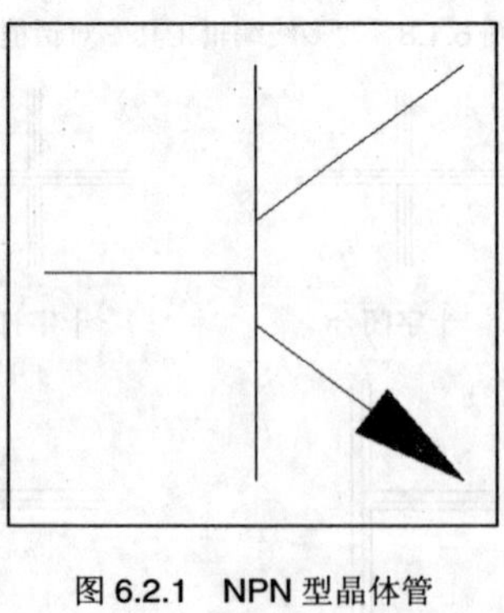

图 6.2.1　NPN 型晶体管

（1）单击“绘图”工具栏中的“多段线”按钮，在绘图窗口中绘制一条长为 4 的垂直直线。

（2）再次执行绘制多段线命令，以步骤（1）绘制的直线的中点为起点，向左边水平绘制一条长为 2 的直线，效果如图 6.2.2 所示。

（3）单击“修改”工具栏中的“偏移”按钮，设置偏移距离为 0.5，将绘制的水平直线分别向上和向下进行偏移，偏移后的效果如图 6.2.3 所示。

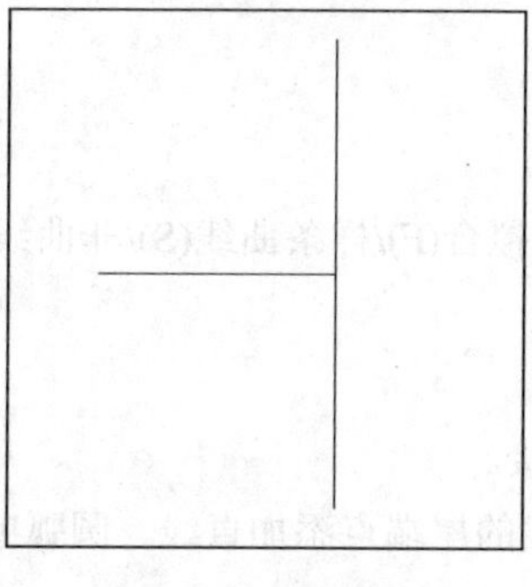

图 6.2.2　绘制直线

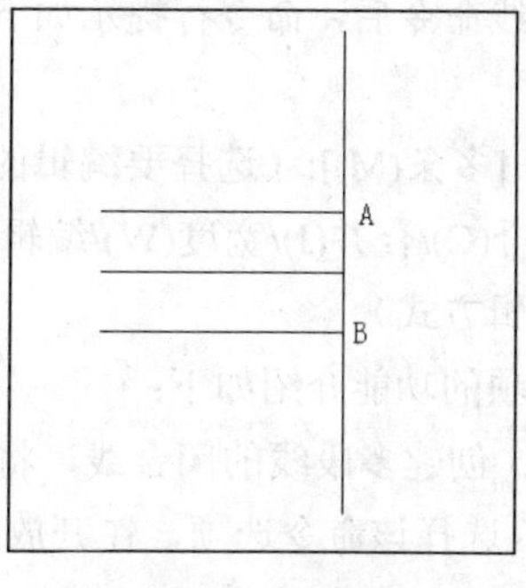

图 6.2.3　偏移直线

（4）执行绘制多段线命令，以如图 6.2.3 所示图形中的端点 A 为起点，以坐标（@2.5 < 37）为终点绘制一条直线，效果如图 6.2.4 所示。

（5）再次执行绘制多段线命令，命令行提示如下：

命令: _pline

指定起点:（捕捉如图 6.2.3 所示图形中的 B 点）

当前线宽为 0.0000（系统提示）

指定下一个点或 [圆弧(A)/半宽(H)/长度(L)/放弃(U)/宽度(W)]: @1.4<- 37（输入端点坐标）

指定下一点或 [圆弧(A)/闭合(C)/半宽(H)/长度(L)/放弃(U)/宽度(W)]: w（选择“宽度”命令选项）

指定起点宽度 <0.0000>: 0.5（输入起点宽度）

指定端点宽度 <0.5000>: 0（输入端点宽度）

指定下一点或 [圆弧(A)/闭合(C)/半宽(H)/长度(L)/放弃(U)/宽度(W)]: @1.1<- 37（输入端点坐标）

指定下一点或 [圆弧(A)/闭合(C)/半宽(H)/长度(L)/放弃(U)/宽度(W)]:（按回车键结束命令）

绘制的效果如图 6.2.5 所示。

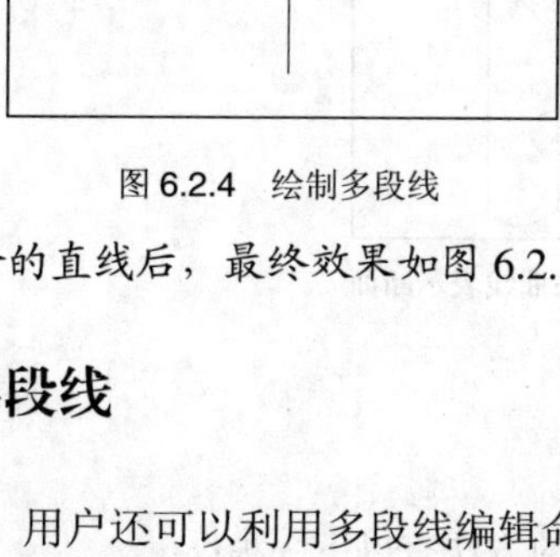

图 6.2.4　绘制多段线

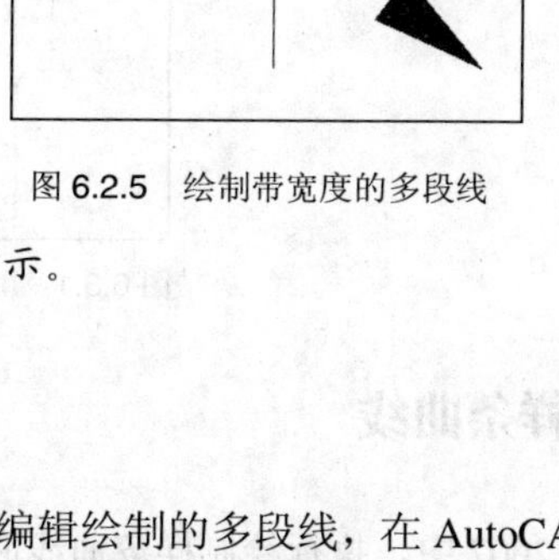

图 6.2.5　绘制带宽度的多段线

（6）删除多余的直线后，最终效果如图 6.2.1 所示。

二、编辑多段线

绘制多段线后，用户还可以利用多段线编辑命令编辑绘制的多段线，在 AutoCAD 2007 中，用户可以一次编辑多条多段线。执行编辑二维多段线命令的方法有以下两种：

（1）选择 修改(M) → 对象(O) → 多段线(P) 命令。

（2）在命令行中输入命令 pedit。

执行编辑多段线命令后，命令行提示如下：

命令: _ pedit

选择多段线或 [多条(M)]:（选择要编辑的多段线）

输入选项 [闭合(C)/合并(J)/宽度(W)/编辑顶点(E)/拟合(F)/样条曲线(S)/非曲线化(D)/线型生成(L)/放弃(U)]:（选择编辑方式）

其中各命令选项的功能介绍如下：

1）闭合(C)：创建多段线的闭合线，将首尾连接。

2）合并(J)：选择该命令选项，在开放的多段线的尾端点添加直线、圆弧或多段线，还可以从曲线拟合多段线中删除曲线拟合。

3）宽度(W)：选择该命令选项，为整个多段线指定新的统一宽度。

4）编辑顶点(E)：选择该命令选项，编辑多段线的顶点。

5）拟合(F)：选择该命令选项，将多段线用双圆弧曲线进行拟合。

6）样条曲线(S)：选择该命令选项，用样条曲线对多段线进行拟合，此时，多段线的各个顶点作为样条曲线的控制点。

7）非曲线化(D)：选择该命令选项，删除由拟合曲线或样条曲线插入的多余顶点，拉直多段线的所有线段。

8）线型生成(L)：选择该命令选项，生成经过多段线顶点的连续线型。关闭此选项，将在多段线的每个顶点处以点画线的方式开始和结束生成的线型。该选项不能用于线宽不统一的多段线。

9）放弃(U)：选择该命令选项，撤销上一步操作，可一直返回到编辑多段线任务的开始状态。

第三节　绘制与编辑样条曲线

样条曲线是经过一系列指定点的光滑曲线。样条曲线主要用于表示一些不规则的曲线，如图 6.3.1 所示。

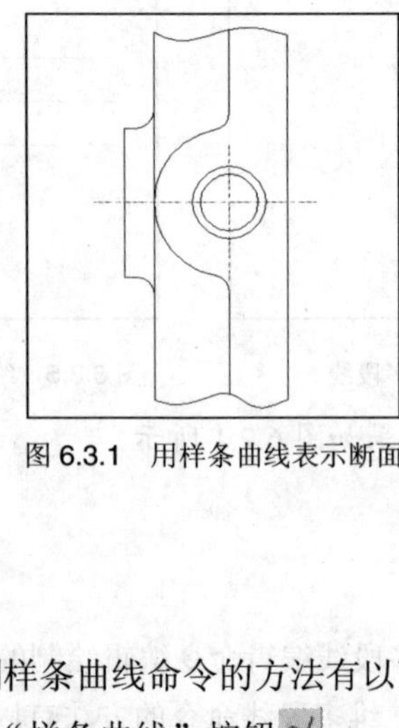

图 6.3.1　用样条曲线表示断面

一、绘制样条曲线

在 AutoCAD 2007 中，执行绘制样条曲线命令的方法有以下 3 种：

（1）单击“绘图”工具栏中的“样条曲线”按钮。

（2）选择 绘图(D) → 样条曲线(S) 命令。

（3）在命令行中输入命令 spline。

执行绘制样条曲线命令后，命令行提示如下：

命令: _spline

指定第一个点或 [对象(O)]:（指定样条曲线的第一个点）

指定下一点:（指定样条曲线的下一点）

指定下一点或 [闭合(C)/拟合公差(F)] <起点切向>:（指定样条曲线的下一点）

指定下一点或 [闭合(C)/拟合公差(F)] <起点切向>:（按回车键结束指定）

指定起点切向:（拖动鼠标指定起点切向）

指定端点切向:（拖动鼠标指定端点切向）

其中各命令选项功能介绍如下：

1）对象：选择此命令选项，将二维或三维的二次或三次样条拟合多段线转换成等价的样条曲线并删除多段线。

2）闭合(C)：选择此命令选项，将最后一点定义为与第一点一致，并使它在连接处相切，这样可以闭合样条曲线。

3）拟合公差(F)：选择此命令选项，修改拟合当前样条曲线的公差。

二、编辑样条曲线

对于已经绘制好的样条曲线，可以使用样条曲线编辑命令对其进行编辑。执行样条曲线编辑命令的方法有以下两种：

（1）选择 修改(M) → 对象(O) → 样条曲线(S) 命令。

（2）在命令行中输入命令 splinedit。

执行编辑样条曲线命令后，命令行提示如下：

命令: _splinedit

输入选项 [拟合数据(F)/闭合(C)/移动顶点(M)/精度(R)/反转(E)/放弃(U)]:（选择编辑方式）

其中各命令选项功能介绍如下：

（1）拟合数据(F)：选择该命令选项，编辑样条曲线中的控制点。

（2）闭合(C)：选择该命令选项，闭合开放的样条曲线，使其在端点处切向连续。如果选择的样条曲线已经闭合，则该命令选项将变为“打开”。

（3）移动顶点(M)：选择该命令选项，重新定位样条曲线的控制顶点并清理拟合点。

（4）精度(R)：选择该命令选项，精确调整样条曲线。

（5）反转(E)：选择该命令选项，改变样条曲线的方向。

（6）放弃(U)：选择该命令选项，取消上一次编辑操作。

第四节　绘制修订云线

修订云线是由连续圆弧组成的多段线，用于在检查阶段提醒用户注意图形的某个部分。在 AutoCAD 2007 中，执行绘制修订云线命令的方法有以下 3 种：

（1）单击“绘图”工具栏中的“修订云线”按钮。

（2）选择 绘图(D) → 修订云线(U) 命令。

（3）在命令行中输入命令 revcloud。

执行此命令后，命令行提示如下：

命令: _ revcloud

最小弧长: 15　　最大弧长: 15　　样式: 普通（系统提示）

指定起点或 [弧长(A)/对象(O)/样式(S)] <对象>:（指定修订云线的起点）

沿云线路径引导十字光标...（拖动鼠标绘制修订云线）

修订云线完成（系统提示）

其中各命令选项功能介绍如下：

1）弧长(A)：指定云线中弧线的长度。系统规定最大弧长不能大于最小弧长的三倍。

2）对象(O)：指定要转换为云线的对象。

3）样式(S)：指定修订云线的样式。

当拖动鼠标绘制修订云线时，一旦形成闭合区域，绘制修订云线命令即结束，如图 6.4.1 所示。

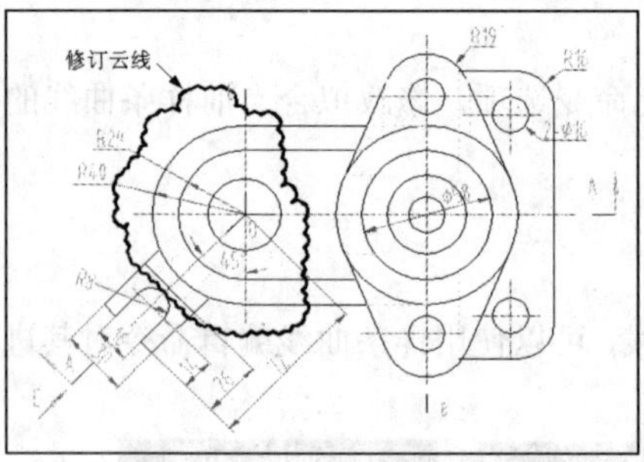

图 6.4.1　绘制修订云线

第五节　应用实例

下面绘制如图 6.5.1 所示的图形，以巩固本章所学的知识。

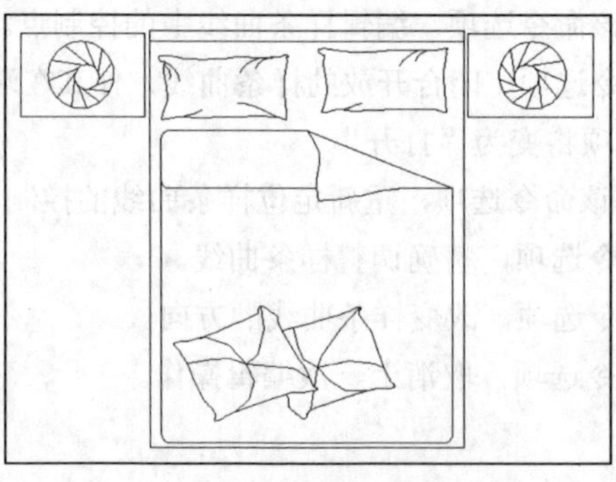

图 6.5.1　效果图

（1）单击“绘图”工具栏中的“矩形”按钮，在绘图窗口中绘制一个长为 1 500，宽为 2 000 的矩形，然后单击“修改”工具栏中的“分解”按钮，将绘制的矩形分解，效果如图 6.5.2 所示。

（2）单击“修改”工具栏中的“偏移”按钮，设置偏移距离分别为 50，480，760 和 1 980，将分解后的矩形的边 AB 向下进行偏移，再次执行偏移命令，设置偏移距离为 55，将分解后的矩形的边 AD 和 BC 分别向内进行偏移，偏移后的效果如图 6.5.3 所示。

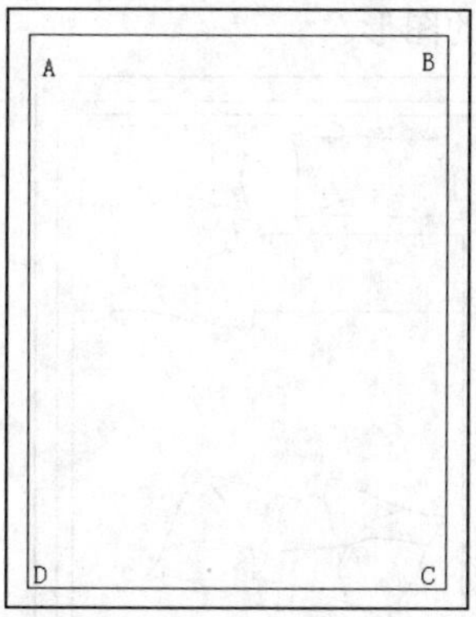

图 6.5.2　绘制矩形

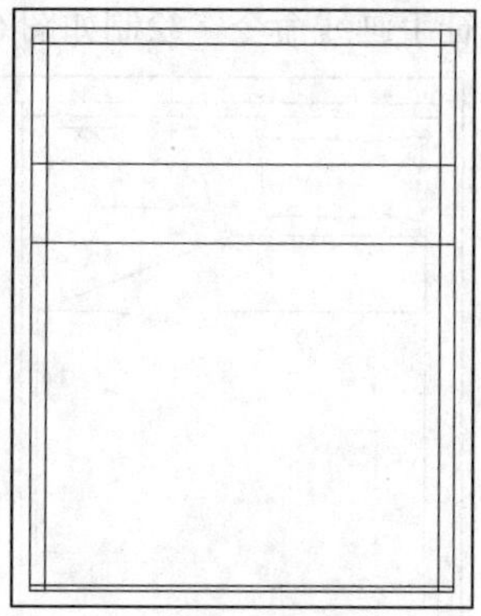

图 6.5.3　偏移操作

（3）单击“修改”工具栏中的“修剪”按钮，对偏移后的图形进行修剪，修剪后的效果如图 6.5.4 所示。

（4）在命令行中输入 sketch 命令，利用徒手画线命令绘制如图 6.5.5 所示的图形。

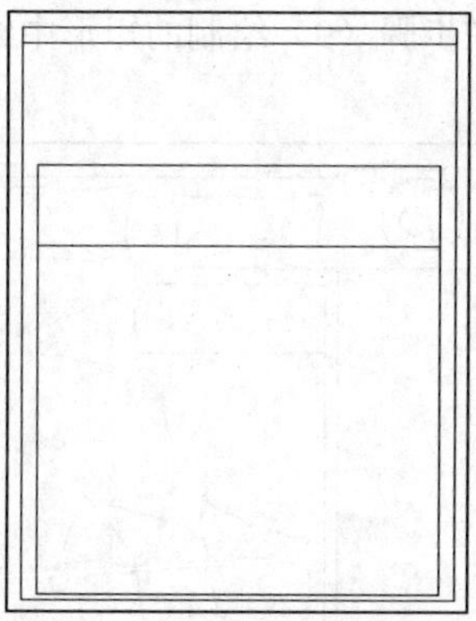

图 6.5.4　修剪图形

图 6.5.5　徒手绘制图形

（5）单击“绘图”工具栏中的“直线”按钮，连接如图 6.5.6 所示图形中的 A 点和 B 点，效果如图 6.5.6 所示。

（6）单击“绘图”工具栏中的“样条曲线”按钮，绘制如图 6.5.7 所示的图形。

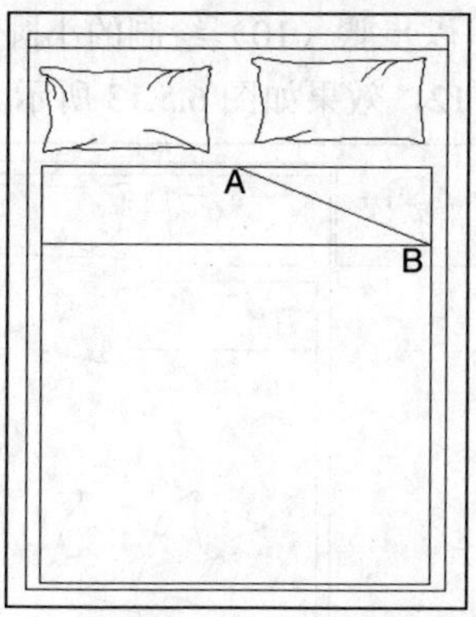

图 6.5.6　绘制直线

图 6.5.7　绘制样条曲线

（7）单击“修改”工具栏中的“修剪”按钮，对如图 6.5.7 所示图形进行修剪操作，修剪后的效果如图 6.5.8 所示。

（8）再次执行徒手画线命令，绘制如图 6.5.9 所示的图形。

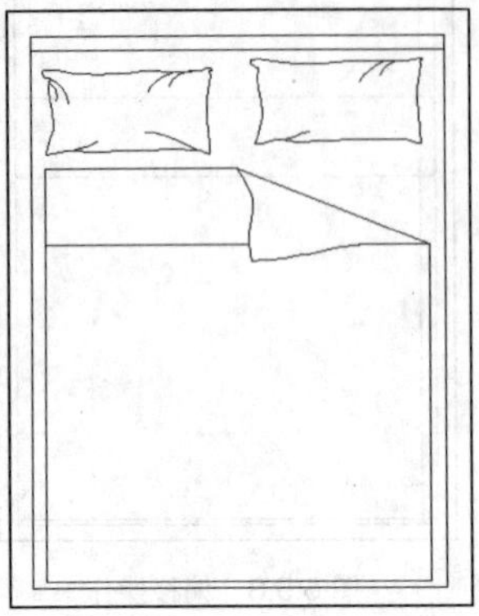

图 6.5.8　修剪图形

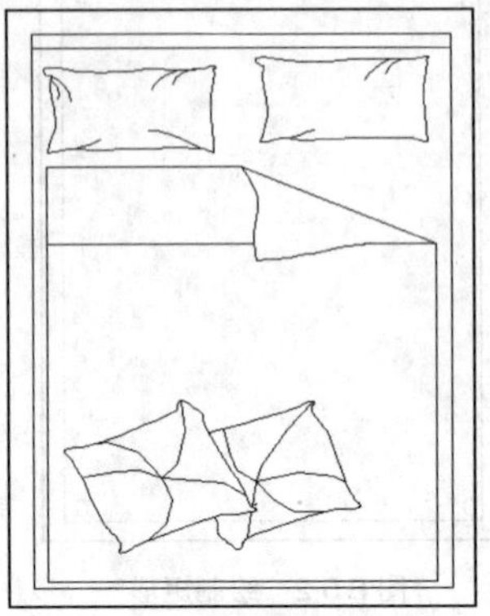

图 6.5.9　徒手画线

（9）单击“绘图”工具栏中的“矩形”按钮，在如图 6.5.10 所示图形中绘制一个长为 600，宽为 400 的矩形，效果如图 6.5.10 所示。

（10）单击“绘图”工具栏中的“圆”按钮，在步骤（9）绘制的矩形中绘制半径分别为 60 和 160 的两个圆，效果如图 6.5.11 所示。

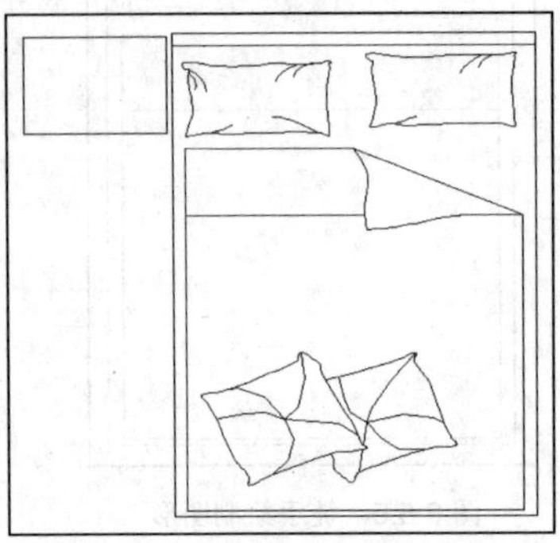

图 6.5.10　绘制矩形

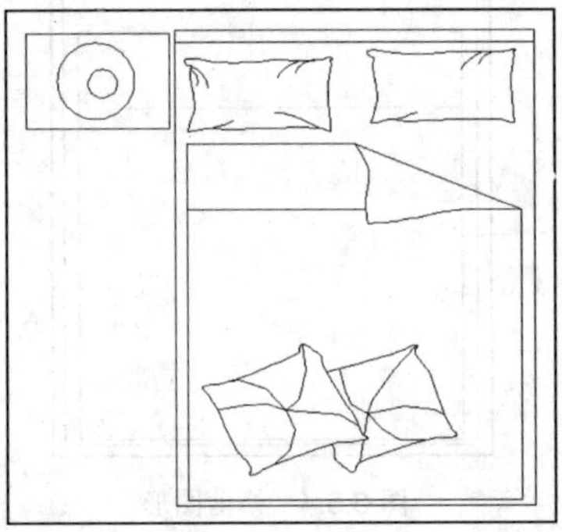

图 6.5.11　绘制圆

（11）单击“绘图”工具栏中的“直线”按钮，在如图 6.5.11 所示图形中的两个圆之间绘制一条直线，效果如图 6.5.12 所示。

（12）单击“修改”工具栏中的“阵列”按钮，以步骤（10）绘制的小圆的圆心为中心点，对步骤（11）绘制的直线进行环形阵列，阵列的数目为 12，效果如图 6.5.13 所示。

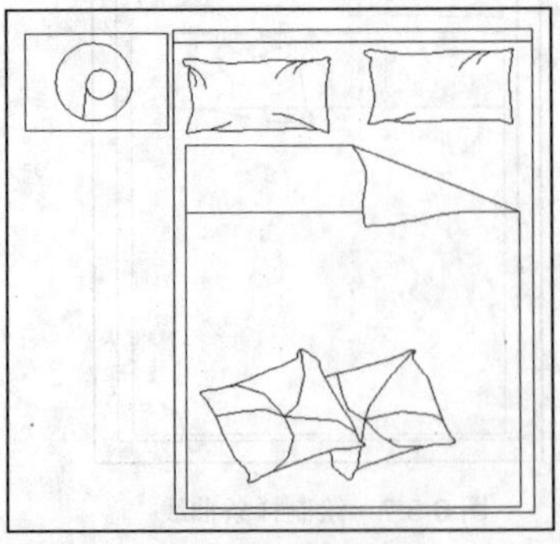

图 6.5.12　绘制直线

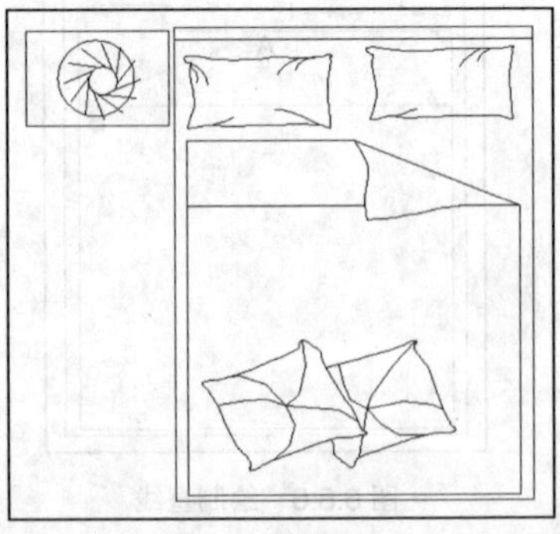

图 6.5.13　环形阵列

（13）单击“修改”工具栏中的“延伸”按钮，将阵列后的直线延伸到半径为 160 的圆的圆周处，然后单击“修改”工具栏中的“修剪”按钮，对阵列后的图形进行修剪，效果如图 6.5.14 所示。

（14）单击“修改”工具栏中的“镜像”按钮，以如图 6.5.14 所示图形中的中点连线 EF 为镜像线，对绘制的图形进行镜像操作，效果如图 6.5.15 所示。

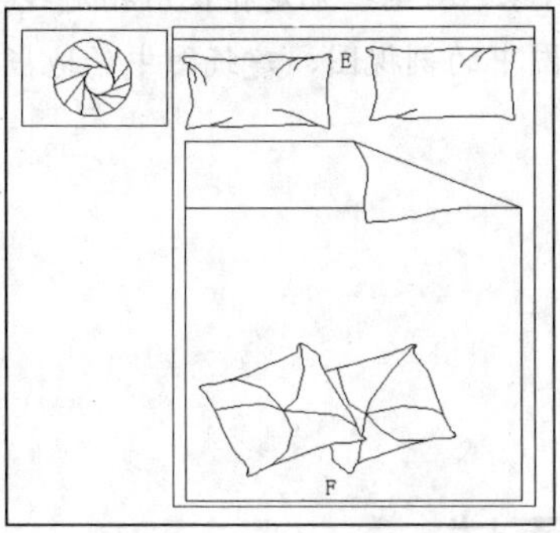

图 6.5.14　延伸和修剪图形

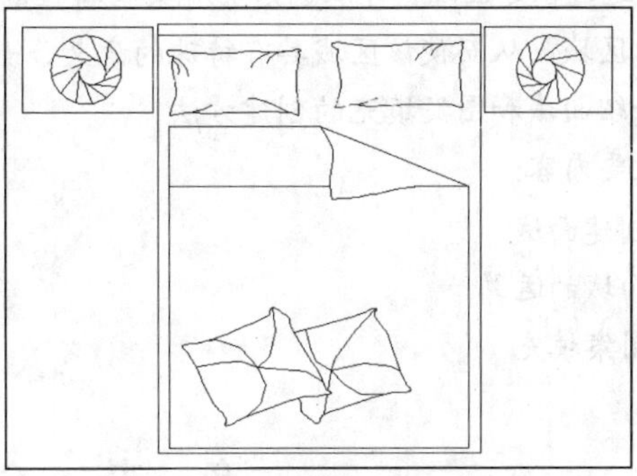

图 6.5.15　镜像图形

（15）单击“修改”工具栏中的“圆角”按钮，对如图 6.5.15 所示图形进行圆角操作，最终效果如图 6.5.1 所示。

习 题 六

一、填空题

1．多线是由__________条平行线组合而成的特殊图形对象，多线常用来表示建筑图形中的墙体。

2．多段线是由__________和__________构成的复杂的实体对象，多段线提供单个直线所不具备的编辑功能。

二、选择题

1．在 AutoCAD 2007 中，执行绘制多线命令的方法有（　）种。

A．2　　　　B．3

C．4　　　　D．5

2．在 AutoCAD 2007 中，单击（　）按钮可以执行绘制多段线命令。

A．　　　　B．

C．　　　　D．

三、上机操作题

利用各种绘制与编辑命令绘制如题图 6.1 所示的图形。

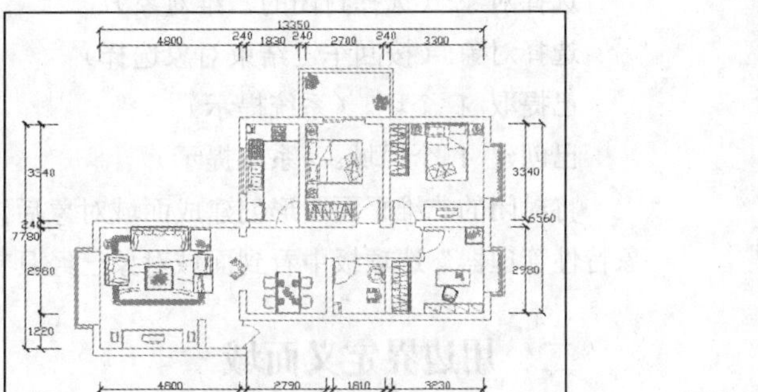

题图　6.1

第七章　面域与图案填充

面域是没有厚度的闭合区域，它不仅包括边界属性，还包括边界内部面的属性，如面积、质心、惯性距等，通过创建面域，可以创建具有某些特性的平面对象。图案填充是指使用指定线条或图案来填充闭合的区域，从而使该区域具有特殊的意义，如机械图中的剖视图，建筑图中的地板、断层等。本章主要介绍面域和图案填充的创建方法。

本章主要内容：

- 创建面域
- 面域的运算
- 图案填充

第一节　创建面域

在 AutoCAD 2007 中，用户可以将封闭的平面二维图形转换成面域对象，也可以用边界定义面域，本节将详细介绍这两种创建面域的方法。

一、由二维图形创建面域

用于创建面域的二维图形必须是封闭的对象，这些对象可以是圆、椭圆、封闭的二维多段线或封闭的样条曲线等。用此方法创建面域对象，执行命令的方法有以下 3 种：

（1）单击“绘图”工具栏中的“面域”按钮。

（2）选择 绘图(D) → 面域(N) 命令。

（3）在命令行中输入命令 region。

执行该命令后，命令行提示如下：

命令: _ region

选择对象:（选择封闭的二维对象）

选择对象:（按回车键结束对象选择）

已提取 1 个环。（系统提示）

已创建 1 个面域。（系统提示）

将封闭的二维平面图形创建成面域对象后，用户并不能直观地看到图形有什么变化，但可以在“对象特性管理器”选项板中看到面域对象已经具有了二维图形所不具有的一些特性。

二、用边界定义面域

用边界定义面域是指利用图形中已有的对象边界来创建面域。执行此命令的方法有以下两种：

（1）选择 绘图(D) → 边界(B)... 命令。

（2）在命令行中输入命令 boundary。

执行该命令后，弹出边界创建对话框，如图 7.1.1 所示，在该对话框中的对象类型(T)下拉列表中选择面域选项，然后单击该对话框左上角的“拾取点”按钮，系统切换到绘图窗口，在封闭区域的内部指定一点，按回车键后封闭的区域即可被创建成面域。

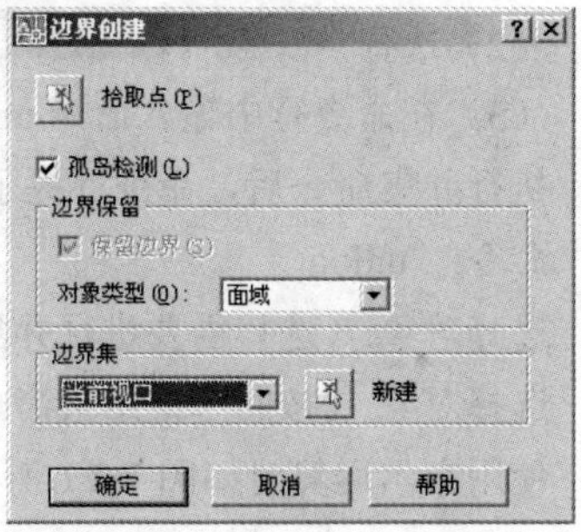

图 7.1.1　“边界创建”对话框

习题：用边界定义面域的方法对如图 7.1.2 所示的图形进行操作，创建如图 7.1.3 所示的面域图形，具体操作方法如下：

（1）选择 绘图(D) → 边界(B)... 命令，执行创建面域命令。

（2）在弹出的边界创建对话框中的对象类型(T)下拉列表中选择面域选项。

（3）单击边界创建对话框左上角的“拾取点”按钮，系统切换到绘图窗口。

（4）在如图 7.1.2 所示图形的虚线区域内指定一点，按回车键结束命令。

（5）用鼠标选中创建的面域对象，将其移动到绘图窗口中的空白区域，效果如图 7.1.3 所示。

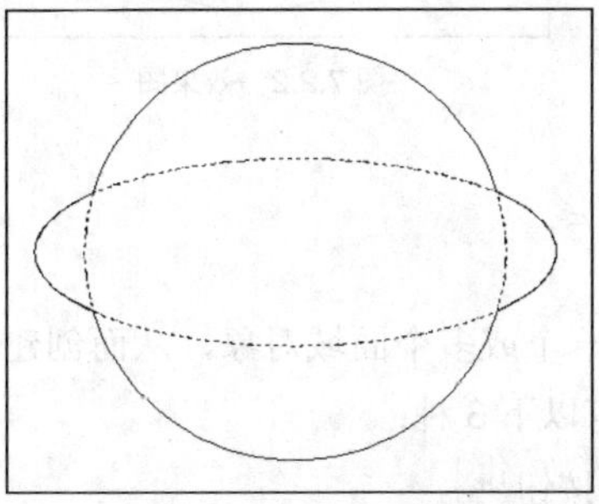

图 7.1.2　原始图形

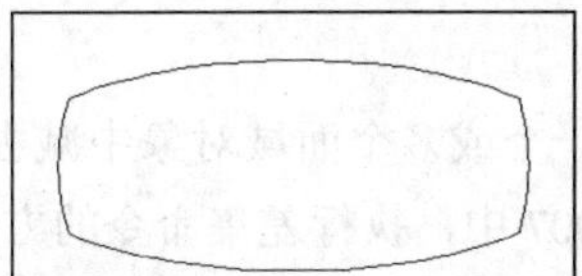

图 7.1.3　效果图

在 AutoCAD 2007 中创建面域对象时，还应注意以下 3 点：

（1）用户可以用复制、移动、阵列等编辑命令编辑面域图形。

（2）用边界法创建面域时，如果系统变量 delobj 的值为 1，则创建面域后系统会删除原始对象；如果 delobj 的值为 0，则创建面域后保留原始对象，系统默认 delobj 的值为 1。

（3）面域对象可以用分解命令转换成线、圆、弧等对象。

第二节　面域的运算

面域对象具有很多平面图形所没有的特性，如面积、质心、惯性距等，用户可以对这些特性进行编辑。在 AutoCAD 2007 中，使用布尔运算可以对面域图形进行并集、差集和交集运算，以下分别进行介绍。

一、并集

并集运算是将多个面域对象转换成一个面域对象。在 AutoCAD 2007 中，执行并集命令的方法有以下 3 种：

（1）单击“实体编辑”工具栏中的“并集”按钮。

（2）选择 修改(M) → 实体编辑(N) → 并集(U) 命令。

（3）在命令行中输入命令 union。

执行并集命令后，命令行提示如下：

命令: _ union

选择对象:（选择需要进行并集运算的对象，至少两个）

选择对象:（按回车键结束命令）

使用布尔运算对如图 7.2.1 所示图形进行并集运算，效果如图 7.2.2 所示。

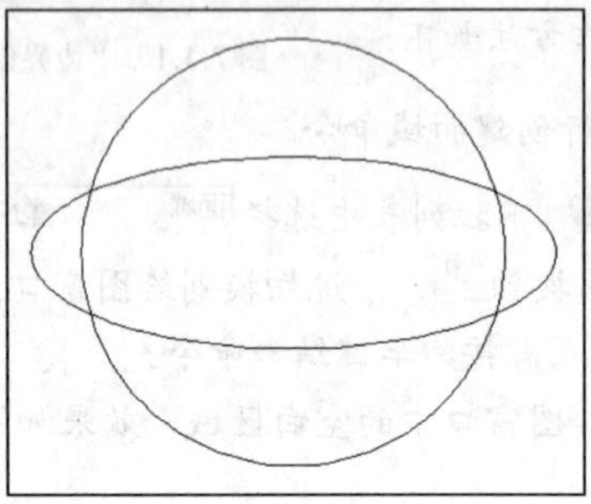

图 7.2.1　原始图形

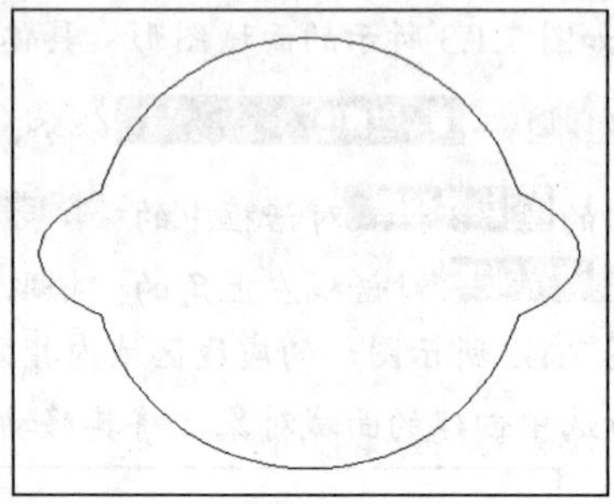

图 7.2.2　效果图

二、差集

差集运算是从一个或多个面域对象中减去另一个或多个面域对象，从而创建新的面域对象的运算。在 AutoCAD 2007 中，执行差集命令的方法有以下 3 种：

（1）单击“实体编辑”工具栏中的“差集”按钮。

（2）选择 修改(M) → 实体编辑(N) → 差集(S) 命令。

（3）在命令行中输入命令 subtract。

执行差集命令后，命令行提示如下：

命令: _ subtract

选择要从中减去的实体或面域...（系统提示）

选择对象:（选择要减去的对象）

选择对象:（按回车键结束对象选择）

选择要减去的实体或面域...（系统提示）

选择对象:（选择被减的对象）

选择对象:（按回车键结束对象选择，同时结束差集命令）

使用差集命令对如图 7.2.3 所示图形进行差集运算，效果如图 7.2.4 所示。

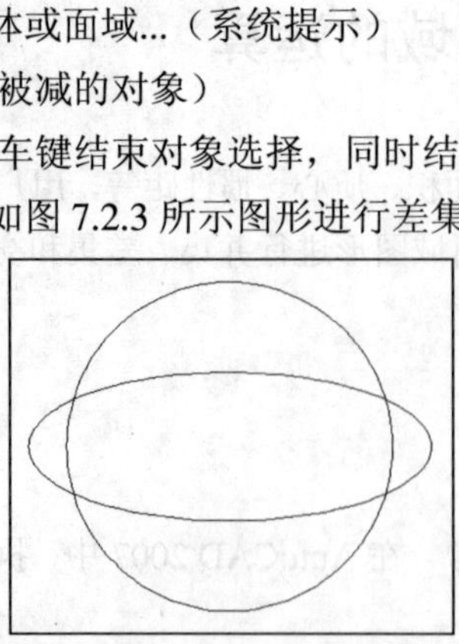

图 7.2.3　原始图形

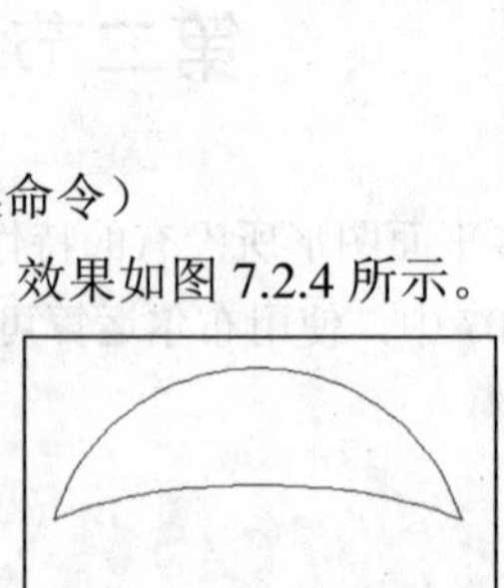

图 7.2.4　效果图

三、交集

交集运算是创建多个面域对象的重叠部分，并将不重叠部分删除，从而创建新的面域对象的运算。在 AutoCAD 2007 中，执行交集运算命令的方法有以下 3 种：

（1）单击“实体编辑”工具栏中的“交集”按钮。

（2）选择 修改(M) → 实体编辑(N) → 交集(I) 命令。

（3）在命令行中输入命令 intersect。

执行交集运算命令后，命令行提示如下：

命令: _ intersect

选择对象:（选择要进行交集运算的面域对象）

选择对象:（按回车键结束交集运算命令）

使用交集命令对如图 7.2.5 所示图形进行交集运算，效果如图 7.2.6 所示。

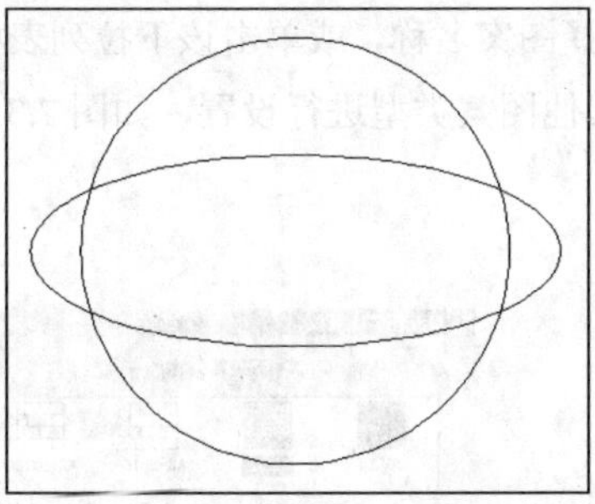

图 7.2.5　原始图形

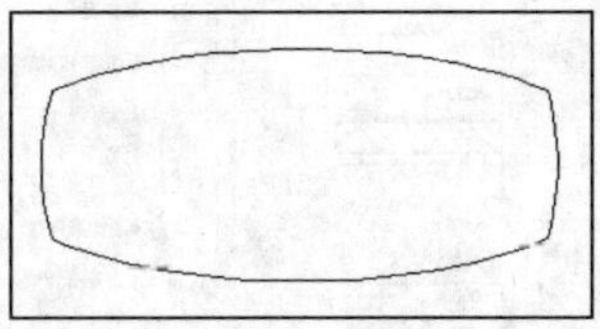

图 7.2.6　效果图

四、从面域中提取数据

面域对象不仅包含了图形的边界属性，而且还包含了边界内部面的属性。在 AutoCAD 2007 中，选择 工具(T) → 查询(Q) → 面域/质量特性(M) 命令可以查询面域对象所具有的属性。执行该命令后，命令行提示如下：

命令: _ massprop

选择对象:（选择面域对象）

选择对象:（按回车键结束命令）

执行此命令后，系统自动打开 AutoCAD 文本窗口，查询到的面域对象的所有特性信息都显示在该窗口中，如面积、周长、边界框、质心、惯性距、旋转半径等。如果用户需要保存这些信息，可以在命令行的提示下输入相应的命令选项进行保存。

第三节　图案填充

在利用 AutoCAD 绘图的过程中，经常需要对某一指定区域填充特定的图案，以表示该区域的特别含义，这一过程叫做图案填充。

一、创建图案填充

在 AutoCAD 2007 中，用户可以用指定的图案为某一封闭的区域创建图案填充，执行该命令的方法有以下 3 种：

（1）单击“绘图”工具栏中的“图案填充”按钮。

（2）选择 绘图(D) → 图案填充(H)... 命令。

（3）在命令行中输入命令 bhatch。

执行该命令后，弹出 图案填充和渐变色 对话框，如图 7.3.1 所示。该对话框中各选项功能详细介绍如下：

（1）类型和图案 选项组：指定图案填充的类型和图案，该选项组中包含以下选项。

1）类型(Y): 下拉列表框：该选项用于设置填充图案的类型。AutoCAD 提供了“预定义”、“用户定义”、“自定义”3 种类型供用户选择。

2）图案(P): 下拉列表框：在该下拉列表中选择图案名称，或单击该下拉列表框右边的“预览”按钮 ...，在弹出的 填充图案选项板 对话框中选择其他图案类型进行设置，如图 7.3.2 所示。

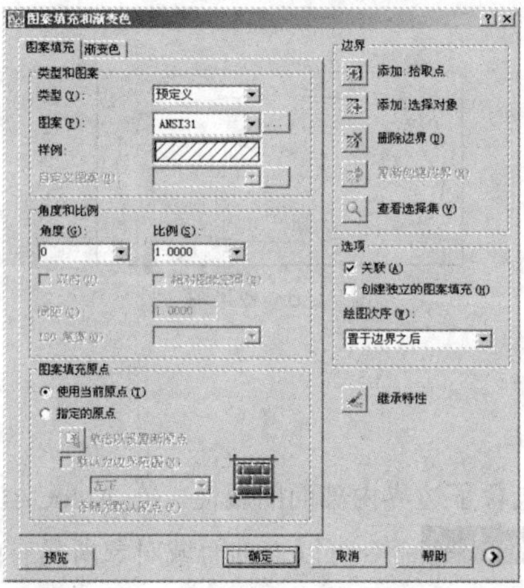

图 7.3.1　“图案填充和渐变色”对话框

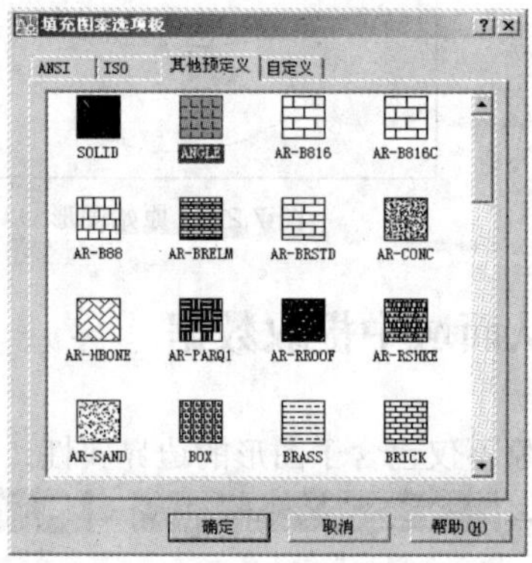

图 7.3.2　“填充图案选项板”对话框

3）样例: 列表框：该列表框用于显示选定的图案。单击该列表框中的图案也可以弹出 填充图案选项板 对话框，并可以选择其他图案进行设置。

4）自定义图案(M): 下拉列表框：该列表框用于将填充的图案设置为用户自定义的图案，用法与 图案(P): 下拉列表框相同。该选项只有在“自定义”类型下才可用。

（2）角度和比例 选项组：指定选定填充图案的角度和比例。该选项组包含以下选项。

1）角度(G): 下拉列表框：指定填充图案的角度（相对当前 UCS 坐标系的 X 轴设置角度）。

2）比例(S): 下拉列表框：放大或缩小预定义或自定义图案。只有将 类型(Y): 设置为“预定义”或“自定义”时，此选项才可用。

3）☑ 双向(U) 复选框：对于用户定义的图案，将绘制第二组直线，这些直线与原来的直线成 90°角，从而构成交叉线。只有在“图案填充”选项卡上将 类型(Y): 设置为“用户定义”时此选项才可用。

4）☑ 相对图纸空间(E) 复选框：相对于图纸空间缩放填充图案。使用此选项，可以很容易地以适合于布局的比例显示填充图案，该选项仅适用于布局。

5）间距(C)：文本框：指定用户定义图案中的直线间距。只有将类型(Y)：设置为“用户定义”时此选项才可用。

6）ISO 笔宽(O)：下拉列表框：基于选定笔宽缩放 ISO 预定义图案。只有将类型(Y)：设置为“预定义”选项，并将图案(P)：设置为可用的 ISO 图案的一种时，此选项才可用。

（3）图案填充原点选项组：控制填充图案生成的起始位置。某些图案填充需要与图案填充边界上的一点对齐。默认情况下，所有图案填充原点都对应于当前的 UCS 原点，该选项组包含以下选项。

1）使用当前原点(T) 单选按钮：使用存储在 hporiginmode 系统变量中的设置。默认情况下，原点设置为（0，0）。

2）指定的原点 单选按钮：指定新的图案填充原点。选中此单选按钮时以下选项才可用。

3）默认为边界范围(X) 复选框：基于图案填充的矩形范围计算出新原点，可以选择该范围的 4 个角点及其中心。

4）存储为默认原点(F) 复选框：将新图案填充原点的值存储在 hporigin 系统变量中。

单击图案填充和渐变色对话框右下角的按钮，弹出所有公共选项，如图 7.3.3 所示。

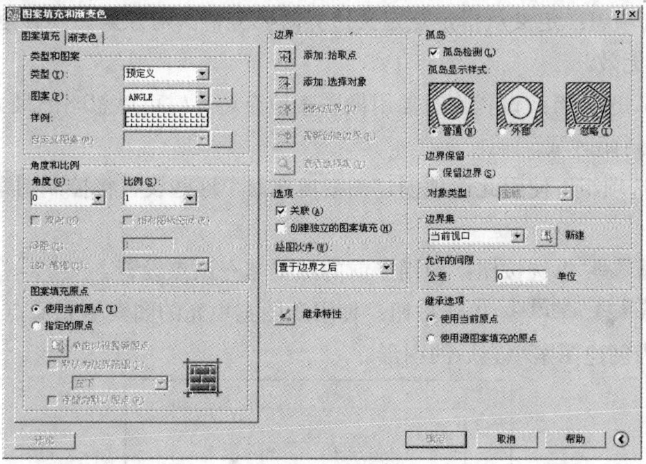

图 7.3.3　所有公共选项

（1）边界选项组：该选项组用于设置定义边界的方式。

1）“拾取点”按钮：根据围绕指定点构成封闭区域的现有对象确定边界。

2）“选择对象”按钮：根据构成封闭区域的选定对象确定边界。

3）“删除边界”按钮：从边界定义中删除以前添加的所有对象。

4）“重新创建边界”按钮：围绕选定的图案填充或填充对象创建多段线或面域，并使其与图案填充对象相关联。

5）“查看选择集”按钮：暂时关闭对话框，并使用当前的图案填充或填充设置显示当前定义的边界。如果未定义边界，则此选项不可用。

（2）选项选项组：控制几个常用的图案填充或填充选项，其中包括以下 3 项内容。

1）关联(A) 复选框：控制图案填充或填充的关联。关联的图案填充或渐变色填充在用户修改其边界时将会更新。

2）创建独立的图案填充(H) 复选框：控制当指定了几个独立的闭合边界时，是创建单个图案填充对象，还是创建多个图案填充对象。

3）绘图次序(W)：下拉列表框：为图案填充或渐变色填充指定绘图次序。图案填充可以放在所有其他对象之后、所有其他对象之前、图案填充边界之后或图案填充边界之前。

（3）“继承特性”按钮：使用选定图案填充对象的图案填充或渐变色填充特性，对指定的边界进行图案填充或渐变色填充。

（4）孤岛选项组：指定在最外层边界内填充对象的方法，该选项组中包括以下两项内容。

1）☑ 孤岛检测(L) 复选框：控制是否检测内部闭合边界（称为孤岛）。

2）孤岛显示样式：AutoCAD 提供了 3 种孤岛显示样式。分别介绍如下：

① ⊙ 普通(N)：从外部边界向内填充。如果遇到一个内部孤岛，它将停止进行图案填充或渐变色填充，直到遇到该孤岛内的另一个孤岛再继续进行填充。

② ⊙ 外部：从外部边界向内填充。如果遇到内部孤岛，它将停止进行图案填充或渐变色填充。此选项只对结构的最外层进行图案填充或渐变色填充，而结构内部保留空白。

③ ⊙ 忽略(I)：忽略所有内部的对象，填充图案时将填充这些对象。

（5）边界保留选项组：指定是否将边界保留为对象，并确定应用于这些对象的对象类型。选中 ☑ 保留边界(S) 复选框，然后在对象类型：下拉列表中选择对象类型为“面域”或“多段线”。

（6）边界集选项组：定义从指定点定义边界时要分析的对象集。当使用“选择对象”定义边界时，选定的边界集无效。

（7）允许的间隙选项组：设置将对象用做图案填充边界时可以忽略的最大间隙。默认值为 0，此值指定对象必须为封闭区域。

（8）继承选项选项组：使用此选项创建图案填充时，这些设置将控制图案填充原点的位置。其中包括以下两个选项。

1）⊙ 使用当前原点 单选按钮：使用当前的图案填充原点设置。

2）⊙ 使用源图案填充的原点 单选按钮：使用源图案填充的图案填充原点。

图 7.3.4 所示的为创建图案填充后的图形。

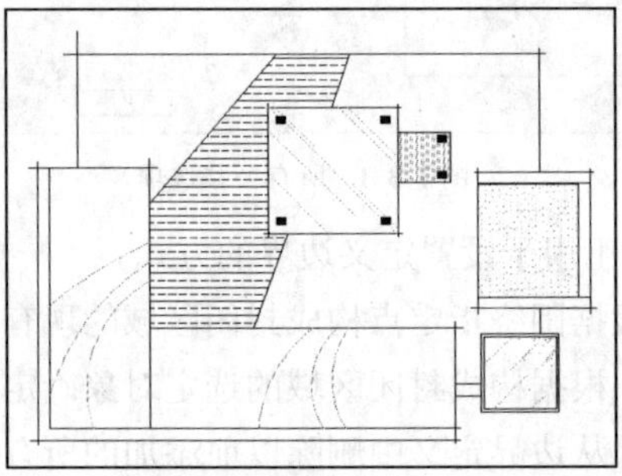

图 7.3.4　图案填充效果

二、创建渐变色填充

在 AutoCAD 2007 中，用户还可以创建单色或双色渐变色，对指定的闭合区域进行填充。执行渐变色填充命令的方法有以下 3 种：

（1）单击“绘图”工具栏中的“渐变色”按钮。

（2）选择 绘图(D) → 渐变色... 命令。

（3）在命令行中输入命令 gradient。

执行该命令后，弹出 图案填充和渐变色 对话框，打开 渐变色 选项卡，如图 7.3.5 所示。

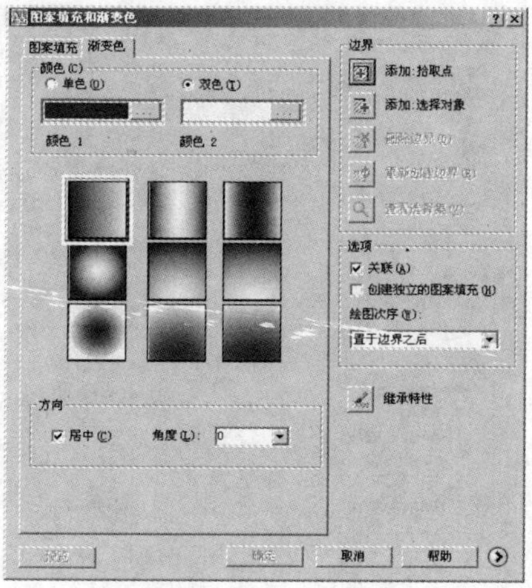

图 7.3.5　“渐变色”选项卡

该选项卡中各选项功能介绍如下：

（1）颜色(C) 选项组：定义要应用的渐变填充的外观。

1）单色(O) 单选按钮：指定使用从较深色调到较浅色调平滑过渡的单色填充。

2）双色(T) 单选按钮：指定在两种颜色之间平滑过渡的双色渐变填充。

（2）方向 选项组：指定渐变色的角度及其是否对称。

1）居中(C) 复选框：指定对称的渐变配置。如果没有选定此选项，渐变填充将朝左上方变化，创建光源在对象左边的图案。

2）角度(L): 下拉列表框：指定渐变填充的角度。相对当前 UCS 指定角度，此选项与指定给图案填充的角度互不影响。

该选项卡中的公共选项和 图案填充 选项卡中的相同，这里就不再赘述。创建的渐变色填充效果如图 7.3.6 所示。

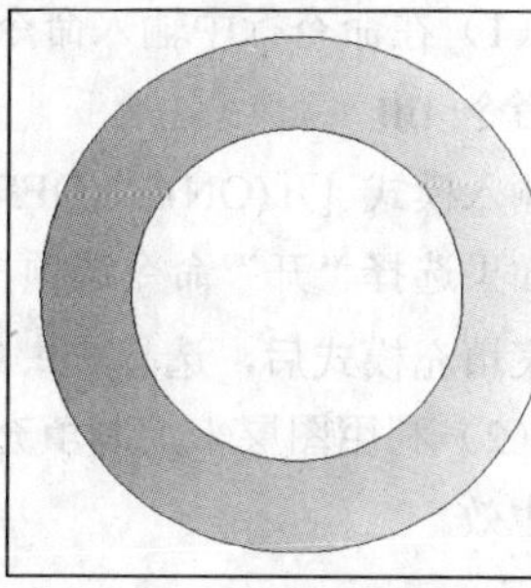

图 7.3.6　渐变色填充效果

三、编辑图案填充

对图形进行图案填充后，如果对填充的效果不满意，还可以根据需要对填充的图案进行编辑。执行编辑填充图案命令的方法有以下两种：

（1）选择 修改(M) → 对象(O) → 图案填充(H)... 命令。

（2）在命令行中输入命令 hatchedit。

执行此命令后，命令行提示如下：

命令: _ hatchedit

选择图案填充对象:（选择要编辑的填充图案）

选择填充图案后，弹出 图案填充编辑 对话框，如图 7.3.7 所示。该对话框中各选项功能与创建图案填充和渐变色填充时的 图案填充和渐变色 对话框相同，用户可以在其中修改填充图案、图案的旋转比例、旋转角度和关联性等，然后单击 确定 按钮即可。

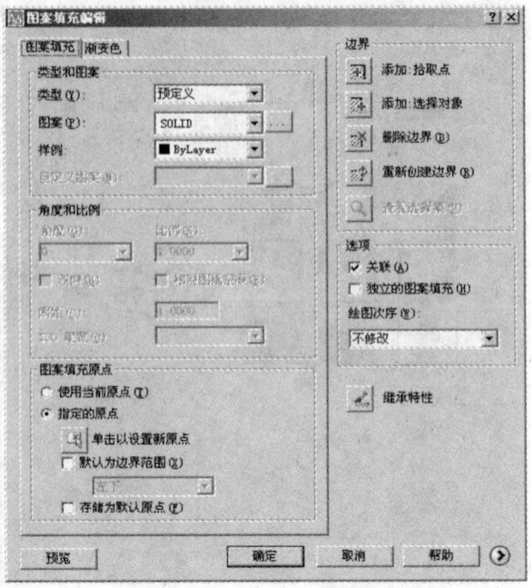

图 7.3.7　“图案填充编辑”对话框

四、控制图案填充的可见性

在 AutoCAD 2007 中，用户可以通过以下两种方法来控制填充图案的可见性。

（1）在命令行中输入命令 fill 后按回车键，命令行提示如下：

命令: fill

输入模式 [开(ON)/关(OFF)] <开>:

如果选择“开”命令选项，则填充图案可见；如果选择“关”命令选项，则填充图案不可见。设置图案填充模式后，选择 视图(V) → 重生成(G) 命令显示效果。

（2）利用图层来控制填充图案的可见性，关闭填充图案所在的图层可以立刻使填充图案的不可见性生效。

第四节　应用实例

下面创建如图 7.4.1 所示的图案填充，以巩固本章所学的知识。

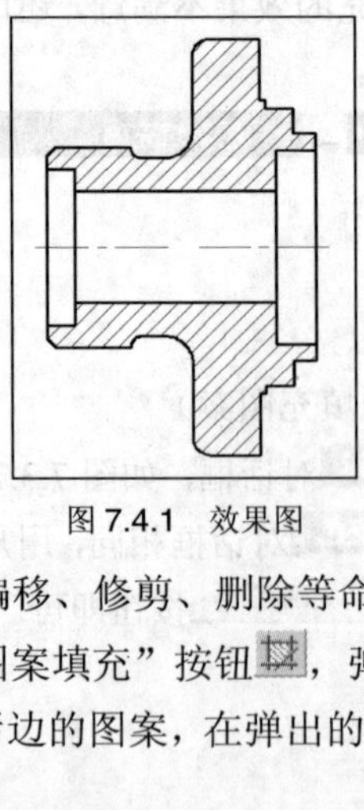

图 7.4.1　效果图

（1）利用直线、多段线、圆弧、偏移、修剪、删除等命令绘制如图 7.4.2 所示图形。

（2）单击“绘图”工具栏中的“图案填充”按钮，弹出 图案填充和渐变色 对话框，单击该对话框中 类型和图案 选项组中 样例: 选项后边的图案，在弹出的 填充图案选项板 对话框中选择如图 7.4.3 所示的图案。

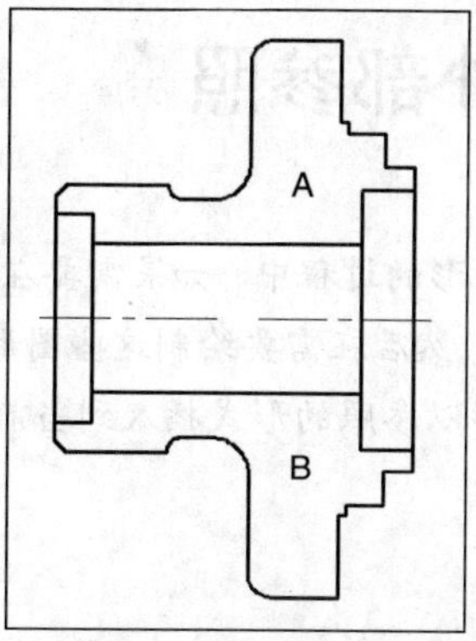

图 7.4.2　绘制图形

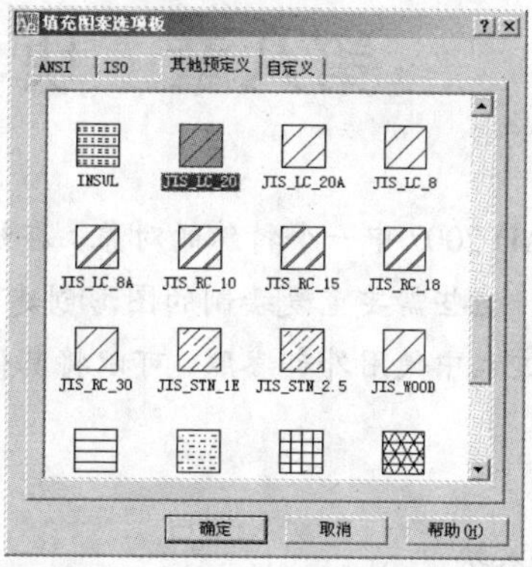

图 7.4.3　"填充图案选项板"对话框

（3）单击 确定 按钮后返回到 图案填充和渐变色 对话框，在该对话框中 角度和比例 选项组中的 比例(S): 选项组中设置合适的比例，然后单击该对话框右上角的"添加：拾取点"按钮。

（4）系统切换到绘图窗口，用鼠标在如图 7.4.2 所示的封闭区域 A 和封闭区域 B 单击，按回车键返回到 图案填充和渐变色 对话框。

（5）单击 图案填充和渐变色 对话框左下角的 预览 按钮，预览图案填充的效果，如果对填充的效果比较满意，则按回车键或单击鼠标右键结束命令，否则按"Esc"键返回到 图案填充和渐变色 对话框中重新进行设置。

（6）绘制的图形填充后的效果如图 7.4.1 所示。

习 题 七

一、填空题

1．在 AutoCAD 2007 中，用户可以通过__________和__________两种方法来创建面域对象。

2．在 AutoCAD 2007 中，用户可以通过__________和__________两种方法来控制图案填充的可见性。

二、简答题

1．在 AutoCAD 2007 中如何创建面域图形，并从面域图形中提取数据？

2．在 AutoCAD 2007 中，如何使用渐变色填充？

三、上机操作题

绘制如题图 7.1 所示的图形，并对它进行填充。

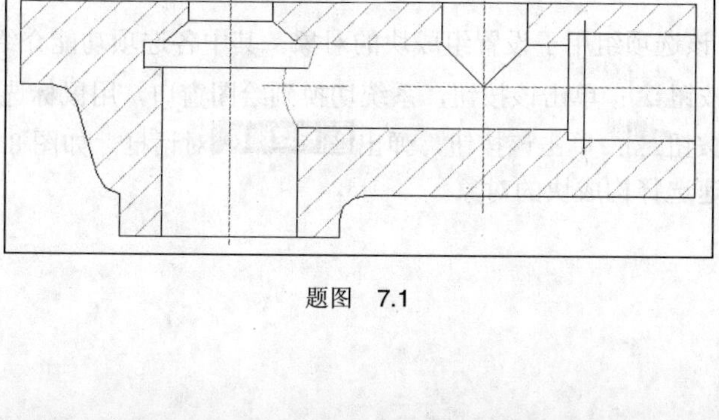

题图　7.1

第八章　块与外部参照

图块是AutoCAD 2007中一个特殊的对象，在绘制图形的过程中，如果需要在图形中绘制大量相同的图形，则可以将这些需要重复绘制的图形创建成块，然后在需要绘制这些图形的位置插入即可。

在绘制图形的过程中使用外部参照，可以将其他图形以参照的形式插入到当前图形中，从而提高绘图效率。

本章主要内容：

- 创建与插入块
- 创建与编辑块属性
- 创建与编辑动态块
- 使用外部参照

第一节　创建与插入块

块是由一个或多个图形对象组成的作为一个图形对象使用的实体，用户可以将块插入到图形中的任意位置。在插入块的同时，还可以调整块的比例和旋转角度。

一、创建块

在AutoCAD 2007中，创建块的方法有两种：一种是创建内部块；一种是创建外部块。以下分别进行介绍。

1．创建内部块

在AutoCAD 2007中，执行创建内部块命令的方式有以下3种：

（1）单击“绘图”工具栏中的“创建块”按钮。

（2）选择 绘图(D) → 块(K) → 创建(M)... 命令。

（3）在命令行中输入命令block。

执行创建内部块命令后，弹出 块定义 对话框，如图8.1.1所示。该对话框中各选项功能介绍如下：

（1） 名称(A): 下拉列表框：在该下拉列表框中可直接输入块的名称。

（2） 基点 选项组：该选项组用于设置块的插入基点。单击该选项组中的“拾取插入基点”按钮，系统切换到绘图窗口，用鼠标指定插入基点，或直接在该按钮下的X，Y，Z文本框中输入插入基点的坐标值即可。

（3） 对象 选项组：该选项组用于设置组成块的对象。其中各选项功能介绍如下：

1）“选择对象”按钮：单击该按钮，系统切换到绘图窗口，用鼠标选择构成块的对象即可。

2）“快速选择”按钮：单击该按钮，弹出 快速选择 对话框，如图8.1.2所示，在该对话框中设置选择条件即可快速选择构成块的对象。

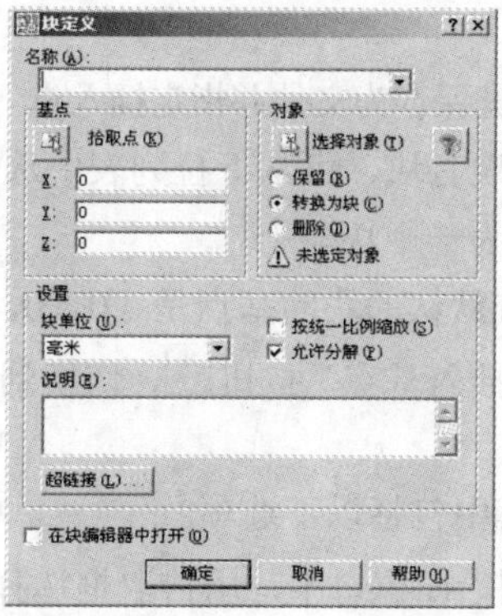

图 8.1.1　“块定义”对话框

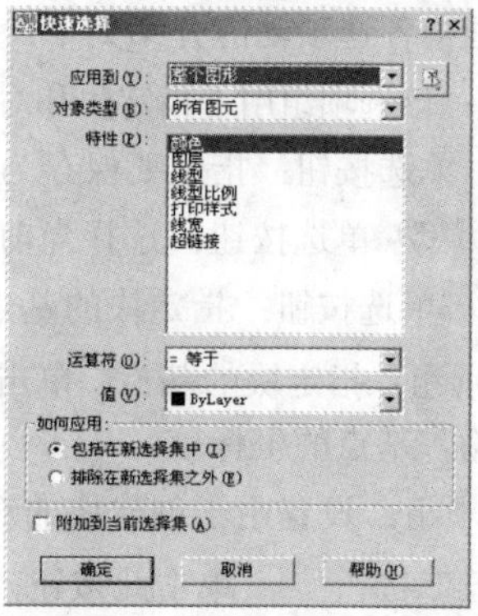

图 8.1.2　“快速选择”对话框

3）保留(R) 单选按钮：选中该单选按钮，创建块以后，将选定的对象保留在图形中作为区别对象。

4）转换为块(C) 单选按钮：选中该单选按钮，创建块以后，将选定的对象转换成图形中的块实例。

5）删除(D) 单选按钮：选中该单选按钮，创建块以后，从图形中删除选定的对象。

（4）设置 选项组：指定块的设置。

1）块单位(U): 下拉列表框：指定块参照插入时的单位。

2）说明(E): 微调框：指定块的文字说明。

3）按统一比例缩放(S) 复选框：该复选框用于指定块参照是否按统一比例缩放。

4）允许分解(P) 复选框：该复选框用于指定块参照是否可以被分解。

5）超链接(L)... 按钮：单击此按钮，可以在弹出的 插入超链接 对话框中将某个超链接与块相关联，如图 8.1.3 所示。

6）在块编辑器中打开(O) 复选框：选中此复选框，单击 确定 按钮后，在“块编辑器”中打开当前的块。

2. 创建外部块

外部块是指将创建的块以文件的形式存储在磁盘中，当需要外部块时，可以将外部块调出，然后再插入到图形中。在 AutoCAD 2007 中，执行创建外部块的方法为：在命令行中输入命令 wblock，弹出 写块 对话框，如图 8.1.4 所示。

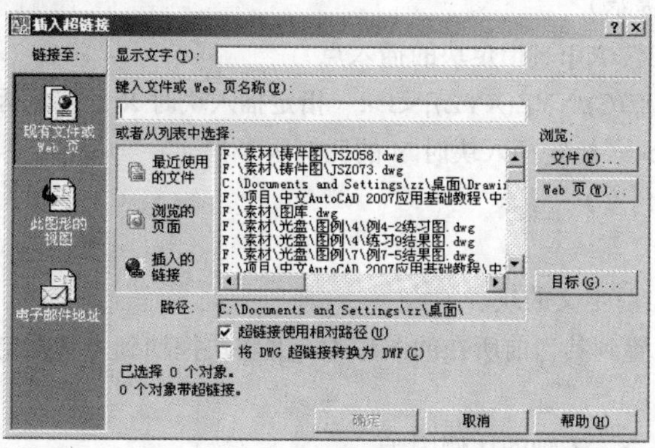

图 8.1.3　“插入超链接”对话框

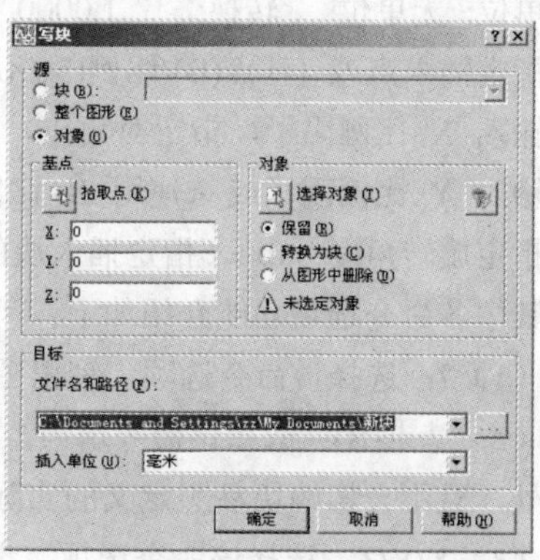

图 8.1.4　“写块”对话框

“写块”对话框中各选项功能介绍如下：

（1）源选项组：该选项组用于指定块和对象，将其保存为文件并指定插入点。其中包括以下选项：

1）⊙ 块(B): 单选按钮：指定要保存为文件的现有块，可从下拉列表中选择块的名称。

2）⊙ 整个图形(E) 单选按钮：选择当前图形作为一个块。

3）⊙ 对象(O) 单选按钮：指定块的基点，系统默认的块的基点是（0，0，0）。

4）基点选项组：指定块的基点。单击“拾取插入基点”按钮，切换到绘图窗口指定基点，或直接在数值框中输入基点的坐标值。

5）对象选项组：设置用于创建块的对象，其中包括以下选项。

①“选择对象”按钮：单击此按钮，切换到绘图窗口中，用拾取框选择对象。

② ⊙ 保留(R) 单选按钮：将选定对象保存为文件后，在当前图形中仍保留它们。

③ ⊙ 转换为块(C) 单选按钮：将选定对象保存为文件后，在当前图形中将它们转换为块，且将块指定为“文件名”中的名称。

④ ⊙ 从图形中删除(D) 单选按钮：将选定对象保存为文件后，从当前图形中删除它们。

（2）目标选项组：该选项组用于指定文件的新名称和新位置，以及插入块时所使用的测量单位，其中包括以下两个选项。

1）文件名和路径(F): 下拉列表框：指定文件名和保存块或对象的路径。

2）插入单位(U): 下拉列表框：指定从设计中心拖动新文件并将其作为块插入到当前图形中，同时自动调整所使用的单位。

完成各项设置后，单击 确定 按钮即可创建外部块。

二、插入块

在 AutoCAD 2007 中，用户可以将创建的块插入到图形中的任何位置，在插入块的同时还可以调整图形的比例和旋转角度。插入块的方法有很多种，下面分别进行介绍。

1. 利用命令行插入块

在命令行中输入命令“-insert”后按回车键，命令行提示如下：

命令:-insert

输入块名或 [?]:（输入插入块的名称）

单位: 无单位　　转换:　　1.0000（系统提示）

指定插入点或 [基点(B)/比例(S)/X/Y/Z/旋转(R)]:（指定块的插入点）

输入 X 比例因子，指定对角点，或 [角点(C)/XYZ(XYZ)] <1>:（指定插入块时 X 的比例因子）

输入 Y 比例因子或 <使用 X 比例因子>:（指定插入块时 Y 的比例因子）

指定旋转角度 <0>:（指定插入块的旋转角度）

其中各命令选项功能介绍如下：

（1）?：选择该命令选项，列出图形中当前定义的块。

（2）基点(B)：选择该命令选项，将块放置到其当前所在的图形中，并将块拖动到为其指定的新基点处，且不会影响块参照定义的实际基点。

（3）X/Y/Z：选择该命令选项，设置 X，Y，Z 轴的比例因子。

（4）旋转(R)：选择该命令选项，设置块插入的旋转角度。

注意：在命令行输入命令时一定要加上“-”符号，否则将弹出“插入”对话框。

2. 利用对话框插入块

在 AutoCAD 2007 中，用户还可以用对话框插入块，其方法有以下 3 种：

（1）单击“绘图”工具栏中的“插入块”按钮。

（2）选择 插入(I) → 块(B)... 命令。

（3）在命令行中输入命令 insert。

执行此命令后，弹出 插入 对话框，如图 8.1.5 所示。

该对话框中各选项功能介绍如下：

（1）名称(N): 下拉列表框：指定要插入块的名称，或指定要作为块插入的文件的名称。

（2）路径: 显示框：显示选中块的路径。

（3）插入点 选项组：指定块的插入点。如果选中该选项组中的 ☑ 在屏幕上指定(S) 复选框，则在绘图窗口中指定块的插入点，否则在 X，Y，Z 数值框中输入插入点的坐标。

（4）缩放比例 选项组：指定插入块的缩放比例。如果选中该选项组中的 ☑ 在屏幕上指定(E) 复选框，则在绘图窗口中用鼠标拖动块来指定缩放比例，否则在 X，Y，Z 数值框中输入坐标轴方向上的缩放比例。

（5）旋转 选项组：指定插入块的旋转角度。如果选中该选项组中的 ☑ 在屏幕上指定(C) 复选框，则在绘图窗口中指定旋转角度，否则在 角度(A): 数值框中输入插入块的旋转角度。

（6）块单位 选项组：显示有关块单位的信息，包括块的单位和比例。

（7）☑ 分解(D) 复选框：分解块并插入该块的各个部分。

参数设置完成后，单击 确定 按钮插入块。

3. 以拖放的方式插入块

在 AutoCAD 2007 中，选择 工具(T) → 选项板 → 设计中心(G) CTRL+2 命令，弹出 设计中心 面板，如图 8.1.6 所示，用户在该对话框中用鼠标将选中的块拖入到需要插入的图形中即可。

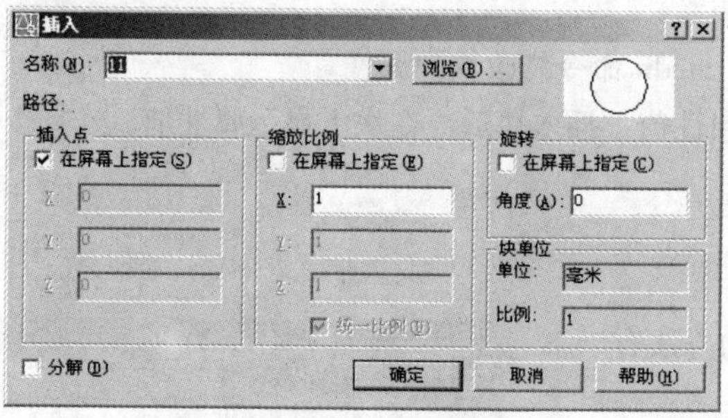

图 8.1.5　“插入”对话框

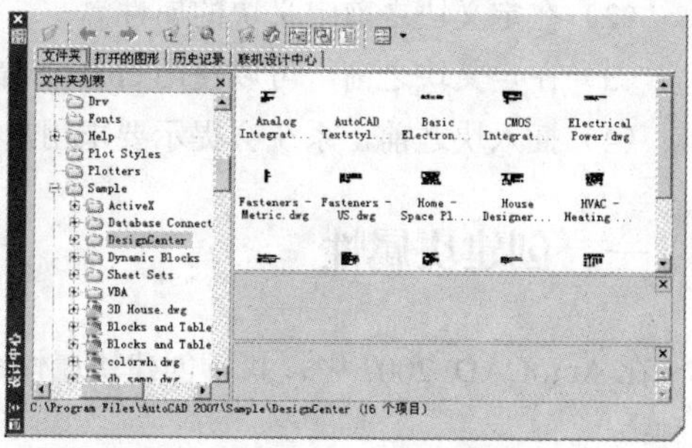

图 8.1.6　“设计中心”面板

4. 利用 MINSERT 命令来插入块

在 AutoCAD 2007 中，用户还可以用 minsert 命令以阵列的方式在图形中插入块。在命令行中输入该命令后按回车键，命令行提示如下：

命令: minsert

输入块名或 [?] <A$C4C417F6C>:（输入要插入的块的名称）

单位: 无单位　转换:　1.0000（系统提示）

指定插入点或 [基点(B)/比例(S)/X/Y/Z/旋转(R)]:（指定插入块的基点）

输入 X 比例因子，指定对角点，或 [角点(C)/XYZ(XYZ)] <1>:（输入 X 的比例）

输入 Y 比例因子或 <使用 X 比例因子>:（输入 Y 的比例）

指定旋转角度 <0>:（输入旋转角度）

输入行数 (---) <1>:（输入插入的行数）

输入列数 (|||) <1>:（输入插入的列数）

输入行间距或指定单位单元 (---):（输入插入块的行间距）

指定列间距 (|||):（输入插入块的列间距）

多重插入块的效果如图 8.1.7 所示。

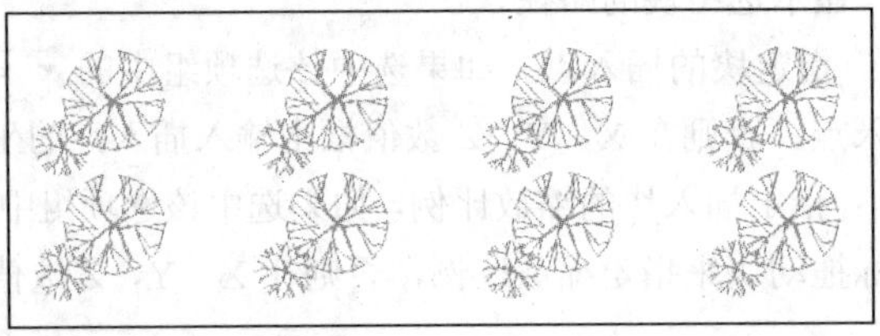

图 8.1.7　多重插入块

第二节　创建与编辑块属性

在图形中创建块以后，还可以为块创建属性，例如将一个螺母的零件图创建成块以后，还可以将零件的名称、号码、材料、价格以及说明等文本信息一并加入到创建的块中。属性从属于块，是块的组成部分，如果块被删除，则属性也不会存在。块中的属性与一般的文本不同，具体表现在以下 4 个方面：

（1）属性包括属性值和属性标志两个方面。

（2）在定义块之前定义块的属性。

（3）在定义块之前，可以使用 change 命令或 ddedit 命令修改块的属性。

（4）插入块之前，系统会提示要求用户输入属性值；插入块后，在块上显示属性值。

一、创建块属性

在 AutoCAD 2007 中，执行创建块属性命令的方法有以下两种：

（1）选择 绘图(D) → 块(K) → 定义属性(D)... 命令。

（2）在命令行中输入命令 attdef。

执行该命令后，弹出 属性定义 对话框，如图 8.2.1 所示。

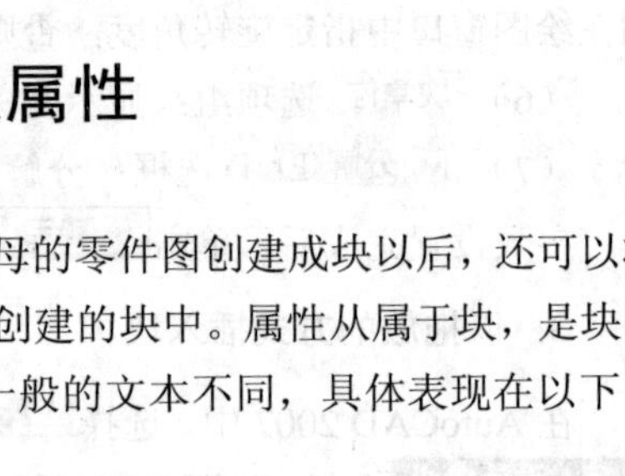

图 8.2.1　“属性定义”对话框

其中各选项功能介绍如下：

（1）模式 选项组：该选项组用于在图形中插入块时，设置与块相关联的属性值选项。

1）☑ 不可见(I) 复选框：选中此复选框，指定插入块时不显示或打印属性值。

2）☑ 固定(C) 复选框：选中此复选框，插入块时赋予属性固定值。

3）☑ 验证(V) 复选框：选中此复选框，插入块时验证并提示属性值是否正确。

4）☑ 预置(P) 复选框：选中此复选框，插入包含预置属性值的块时，将属性设置为默认值。

（2）属性 选项组：该选项组用于设置属性数值。

1）标记(T): 文本框：输入属性标签，标识图形中每次出现的属性。

2）提示(M): 文本框：输入属性提示，指定在插入包含该属性定义的块时显示的提示。如果不输入提示，属性标记将作为提示。

3）值(L): 文本框：输入默认的属性值。

（3）插入点 选项组：该选项组用于设置属性的插入位置。

（4）文字选项 选项组：该选项组用于设置属性文字的对正、样式、高度和旋转角度。

完成各项设置后，单击 确定 按钮，即可定义块的属性。

创建块属性后，还可以将块属性与对应的块捆绑在一起，当在图形中插入块时，就可以对插入的块属性进行动态编辑。要将块属性与其对应的块捆绑在一起，就必须将块属性与其对应的块再次定义为块。

二、修改块属性

在 AutoCAD 2007 中，编辑块属性的方式有 3 种：一种是修改属性定义；另一种是通过增强属性编辑器来修改；还有一种是使用块属性管理器来修改。

1. 修改属性定义

创建块属性后，如果用户还没有将块属性和与其对应的块捆绑在一起，就可以通过以下 3 种方式来修改属性定义。

（1）选择 修改(M) → 对象(O) → 文字(T) → 编辑(E)... 命令。

（2）双击块属性标记。

（3）在命令行中输入命令 ddedit。

执行修改属性定义命令后，弹出 编辑属性定义 对话框，如图 8.2.2 所示。

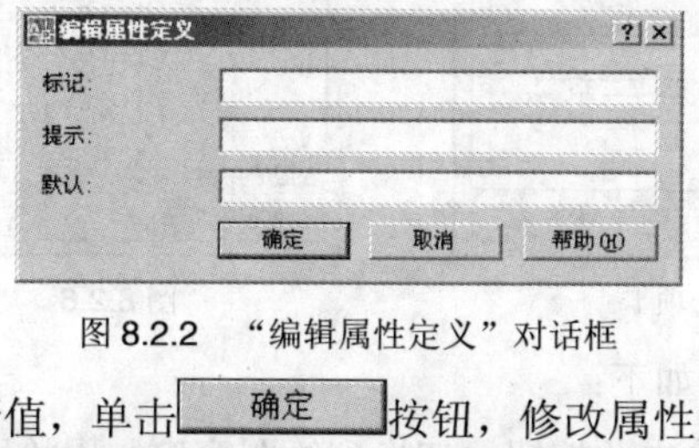

图 8.2.2　“编辑属性定义”对话框

用户可以在文本框中输入新值，单击 确定 按钮，修改属性定义。另外，用户还可以通过选择 修改(M) → 对象(O) → 文字(T) → 比例(S) / 对正(J) 命令修改属性定义的高度、缩放比例和对正方式。这些修改方法与修改单行文字标注相同。

2. 增强属性编辑器

创建块属性后，如果用户已经将块属性和与其对应的块捆绑在一起，此时可以通过增强属性编辑器来修改块属性的值、文字和特性。打开增强属性管理器的方法有以下 3 种：

（1）选择 修改(M) → 对象(O) → 属性(A) → 单个(S)... 命令。

（2）双击带属性的块。

（3）在命令行中输入命令 eattedit。

执行该命令后，弹出 增强属性编辑器 对话框，如图 8.2.3 所示。

该对话框中各选项卡功能介绍如下：

（1）属性 选项卡：该选项卡中显示了当前每个属性的标记、提示和值。用户可以选择这些属性，并对其值进行修改，如图 8.2.3 所示。

（2）文字选项 选项卡：该选项卡列出了定义属性文字的特性在图形中的显示方式。用户可以根据需要对其进行修改，如图 8.2.4 所示。

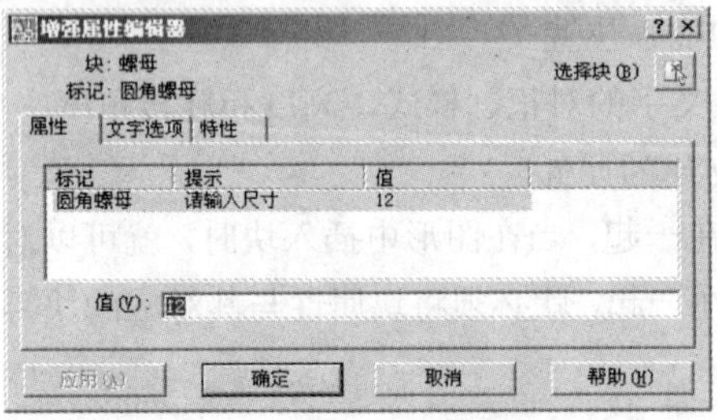

图 8.2.3　“增强属性编辑器”对话框

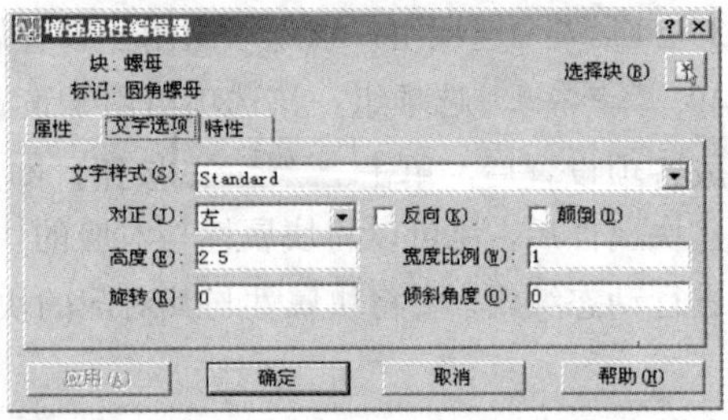

图 8.2.4　“文字选项”选项卡

（3）特性 选项卡：该选项卡显示了属性图层、线型、颜色、线宽和打印样式等特性，如图 8.2.5 所示。

3．块属性管理器

一个图形中可能有多个具有属性的块，在 AutoCAD 2007 中，用户可以通过“块属性管理器”对话框来对这些块属性进行管理。打开块属性管理器的方法有以下两种：

（1）选择 修改(M) → 对象(O) → 属性(A) → 块属性管理器(B)... 命令。

（2）在命令行中输入命令 battman。

执行此命令后，弹出 块属性管理器 对话框，如图 8.2.6 所示。

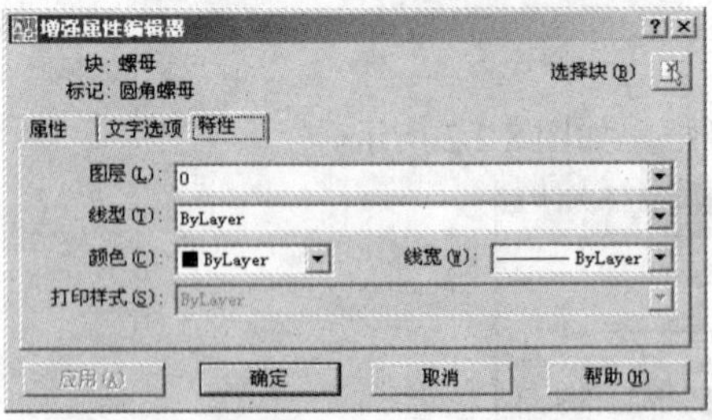

图 8.2.5　“特性”选项卡

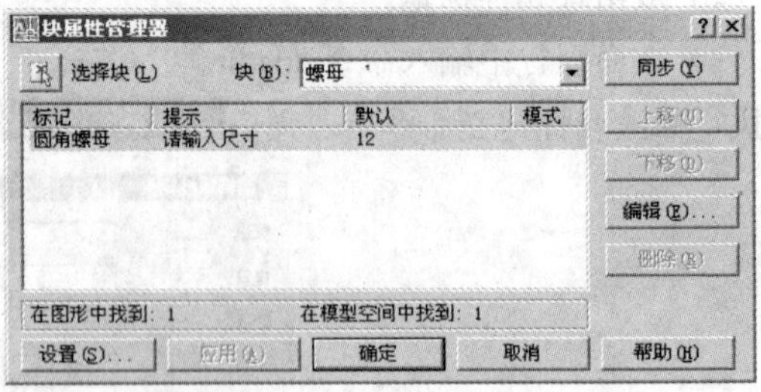

图 8.2.6　“块属性管理器”对话框

该对话框中各选项功能介绍如下：

（1）“选择块”按钮：单击此按钮，切换到绘图窗口，用拾取框选择要操作的块。

（2）块(B): 下拉列表框：单击此下拉列表框右边的▼按钮，在弹出的下拉列表中列出了当前图形中含有属性的所有块的名称，用户可以在此选择要操作的对象。

（3）“属性”列表框：显示当前操作的块所包含的所有属性，包括“标记”、“提示”、“默认”、“模式”等。

（4）同步(Y)按钮：单击此按钮，更新具有当前定义的属性特性的块的全部实例。此操作不会影响每个块中赋给属性的值。

（5）上移(U)按钮：单击此按钮，将属性列表中选中的属性上移一行。但选定固定属性时，此按钮不可用。

（6）下移(D)按钮：单击此按钮，将属性列表中选中的属性下移一行。

（7）编辑(E)...按钮：单击此按钮，打开编辑属性对话框，如图 8.2.7 所示，从中可以修改属性特性。

（8）删除(R)按钮：单击此按钮，从块定义中删除选定的属性，包括其属性定义和属性值。

（9）设置(S)...按钮：单击此按钮，弹出设置对话框，如图 8.2.8 所示，从中可以自定义属性信息在“块属性管理器”中的列出方式。

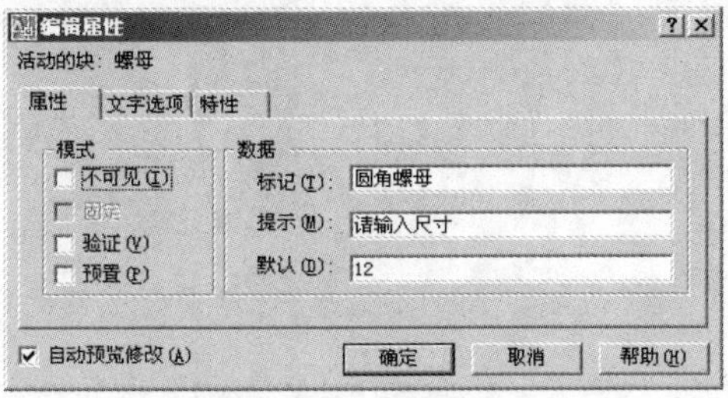

图 8.2.7　“编辑属性”对话框

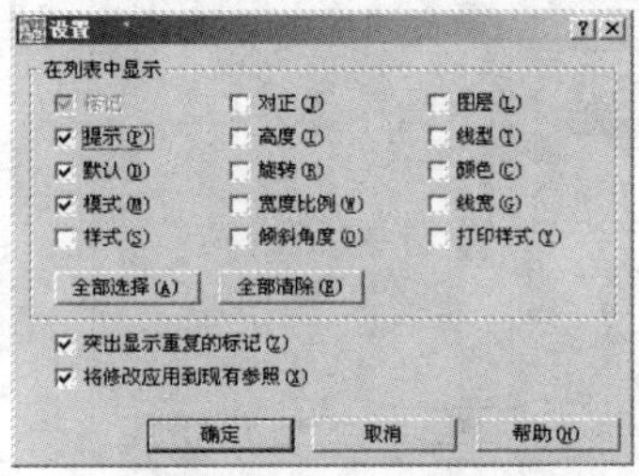

图 8.2.8　“设置”对话框

三、控制属性的显示

在 AutoCAD 2007 中创建块属性后，用户就可以非常方便地看到块所具有的各种信息，如果这些信息提示非常多，影响用户查看图形，用户还可以通过以下两种方法来控制图块属性的可见性。

（1）选择 视图(V)→显示(L)→属性显示(A)的子菜单命令。

（2）在命令行中输入命令 attdisp。

执行该命令后，命令行提示如下：

命令:'_ attdisp

输入属性的可见性设置 [普通(N)/开(ON)/关(OFF)] <开>:

其中各选项功能介绍如下：

（1）普通(N)：选择该命令选项，保持每个属性当前的可见性。只显示可见属性，不显示不可见属性。

（2）开(ON)：选择该命令选项，使所有属性都可见。

（3）关(OFF)：选择该命令选项，使所有属性都不可见。

第三节　创建与编辑动态块

所谓动态块，是指通过自定义夹点或自定义特性来操作块的几何图形，用户可以根据需要随时改变块的几何图形，而不必使用另一个块来替代现有的块。

在 AutoCAD 2007 中，用户可以在块编辑器中创建与编辑动态块。打开块编辑器的方法有以下 3 种：

（1）单击“标准”工具栏中的“块编辑器”按钮。

（2）选择 工具(T) → 块编辑器(B) 命令。

（3）在命令行中输入命令 bedit。

执行该命令后，弹出 编辑块定义 对话框，如图 8.3.1 所示。

在该对话框左边的列表框中列出了当前图形中所有具有属性的块的名称，选中块的名称后，在右边的预览框中显示该块图形。如果在该对话框中的 要创建或编辑的块(B) 文本框中输入新的块名，单击 确定 按钮会弹出块编辑器窗口；如果在该对话框中的 要创建或编辑的块(B) 文本框下边的列表中选择一个块名，单击 确定 按钮会在块编辑器中打开已经创建的块，如图 8.3.2 所示。

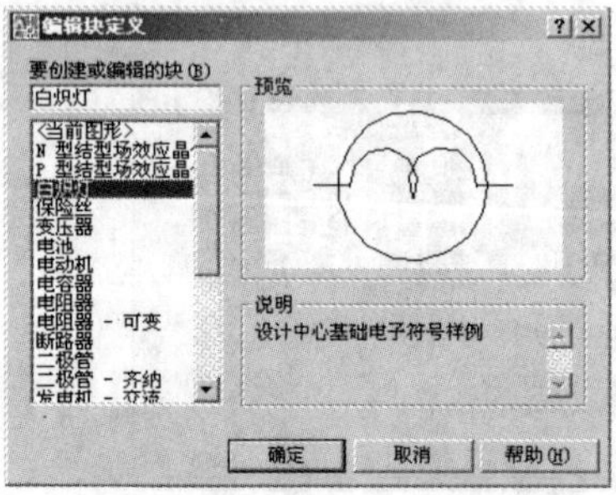

图 8.3.1　“编辑块定义”对话框

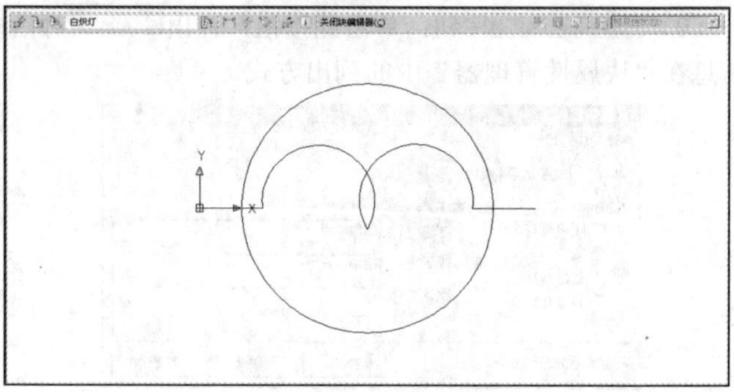

图 8.3.2　块编辑器窗口

块编辑器中提供了一个“块编辑器”工具栏和多个块编写选项板，块编写选项板中包含用于创建动态块的工具，现对其功能分别进行介绍。

一、“块编辑器”工具栏

“块编辑器”工具栏位于块编辑器窗口的最上边（见图 8.3.2）。该工具栏提供了在块编辑器中使用动态块、创建动态块以及设置动态块可见性状态的工具。其中各工具的功能介绍如下：

（1）“编辑或创建块定义”按钮：单击此按钮，弹出 编辑块定义 对话框，如图 8.3.1 所示，用户可以在该对话框中重新定义动态块的名称，或选择已经定义的动态块进行编辑。

（2）“保存块定义”按钮：单击此按钮，保存当前定义的块。

（3）“将块另存为”按钮：单击此按钮，将当前定义的块以新的块名重新存储。

（4）“块定义的名称”显示框 六角螺栓寸（侧视）：该显示框用于显示当前正在定义的块的名称。

（5）“编写选项板”按钮：单击此按钮，打开 块编写选项板 - 所有选项板 面板，如图 8.3.3 所示。

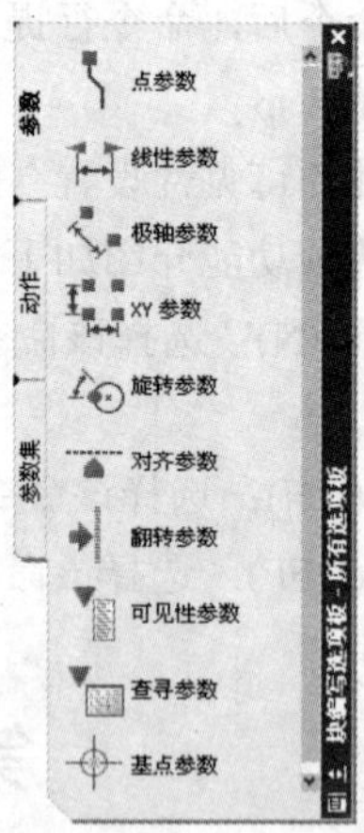

图 8.3.3　“块编写选项板-所有选项板”面板

（6）“参数”按钮：单击此按钮，命令行提示如下：

命令: _BPARAMETER

输入参数类型 [对齐(A)/基点(B)/点(O)/线性(L)/极轴(P)/XY(X)/旋转(R)/翻转(F)/可见性(V)/查

寻(K)]:

其中各命令选项功能介绍如下：

1）对齐(A)：选择此命令选项，向当前的动态块定义中添加对齐参数。因为对齐参数影响整个块，所以不需要（或不可能）将动作与对齐参数相关联。

2）基点(B)：选择此命令选项，向当前的动态块定义中添加基点参数。无须将任何动作与基点参数相关联。基点参数用于定义动态块参照相对于块中的几何图形的基点。

3）点(O)：选择此命令选项，向当前动态块定义中添加点参数，并定义块参照的自定义 X 和 Y 特性。可以将移动或拉伸动作与点参数相关联。

4）线性(L)：选择此命令选项，向当前动态块定义中添加线性参数，并定义块参照的自定义距离特性。另外，还可以将移动、缩放、拉伸或阵列动作与线性参数相关联。

5）极轴(P)：选择此命令选项，向当前的动态块定义中添加极轴参数。设置块参照的自定义距离和角度特性。该参数可以与移动、缩放、拉伸、极轴拉伸或阵列动作相关联。

6）XY(X)：选择此命令选项，向当前动态块定义中添加 XY 参数，并定义块参照的自定义水平距离和垂直距离特性。该参数可以与移动、缩放、拉伸或阵列动作相关联。

7）旋转(R)：选择此命令选项，向当前动态块定义中添加旋转参数，并定义块参照的自定义角度特性。只能将一个旋转动作与一个旋转参数相关联。

8）翻转(F)：选择此命令选项，向当前的动态块定义中添加翻转参数。设置块参照的自定义翻转特性。在块编辑器中，翻转参数显示为投影线，并显示一个值，该值显示块参照是否已被翻转。该参数可以与翻转动作相关联。

9）可见性(V)：选择此命令选项，向当前动态块定义中添加可见性参数，并定义块参照的自定义可见性特性。可见性参数允许用户创建可见性状态并控制对象在块中的可见性。该参数总是应用于整个块，并且无须与任何动作相关联。

10）查寻(K)：选择此命令选项，向当前动态块定义中添加查寻参数，并定义块参照的自定义查寻特性。查寻参数用于定义自定义特性，用户可以指定或设置该特性，以便从定义的列表或表格中计算出某个值。可以将查寻动作与查寻参数相关联。

（7）“动作”按钮：单击此按钮，命令行提示如下：

命令: _BACTION

选择参数:（选择可以关联的参数）

动作定义了图形中块参照的自定义特性，而且还可以设置动态块参照的几何图形将如何移动或变化。应将动作与参数相关联。

（8）“定义属性”按钮：单击此按钮，弹出“属性定义”对话框，用户可以利用该对话框定义块的属性。

（9）“更新参数和动作文字大小”按钮：在块编辑器中进行缩放时，文字、箭头、图标和夹点大小将根据缩放比例发生相应的变化。单击此按钮，将在块编辑器中重新生成显示，并更新参数和动作的文字、箭头、图标以及夹点大小。

（10）“了解动态块”按钮：单击此按钮，弹出“新功能专题研习”对话框，用户可以在该对话框中了解到 AutoCAD 近期版本的新增内容。

（11）“关闭块编辑器(C)”按钮：单击此按钮，关闭块编辑器，并提示用户保存还是放弃对当前块定义所做的修改。

（12）“可见性模式”按钮：单击此按钮，设置 BVMODE 系统变量，此操作可以使在当前可见性状态中不可见的对象变暗或隐藏。

（13）“使可见”按钮：单击此按钮，执行 BVSHOW 命令，此操作可以使对象在当前可见性状态或所有可见性状态中可见。

（14）“使不可见”按钮：单击此按钮，运行 BVHIDE 命令，此操作可以使对象在当前可见性状态或所有可见性状态中不可见。

（15）“管理可见性状态”按钮：单击此按钮，弹出 可见性状态 对话框，如图 8.3.4 所示，用户可以在该对话框中创建、删除、重命名和设置当前可见性状态。

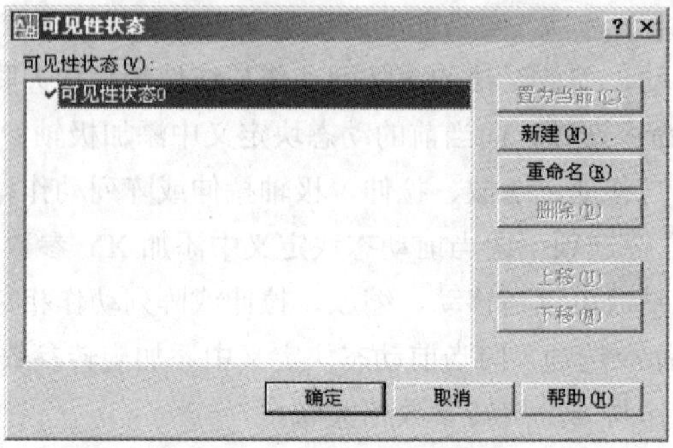

图 8.3.4　“可见性状态”对话框

（16）可见性状态0 下拉列表框：该下拉列表用于显示在块编辑器中的当前可见性状态。

二、“块编写选项板”面板

“块编写选项板”面板中包含创建动态块的工具。该面板中包含 3 个选项卡：“参数集”选项卡、“动作”选项卡和“参数”选项卡，如图 8.3.5 至图 8.3.7 所示。

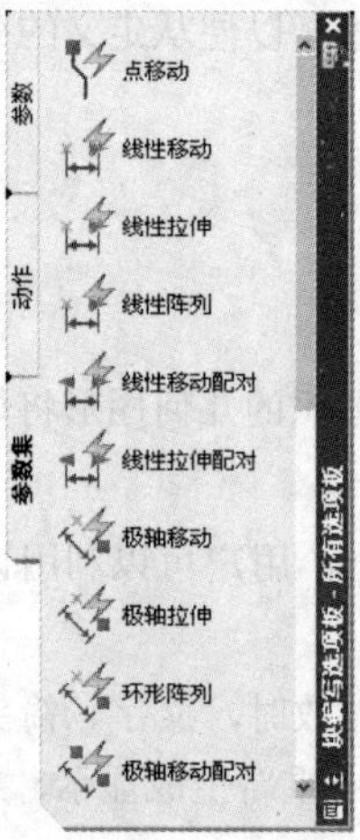

图 8.3.5　“参数集”选项卡

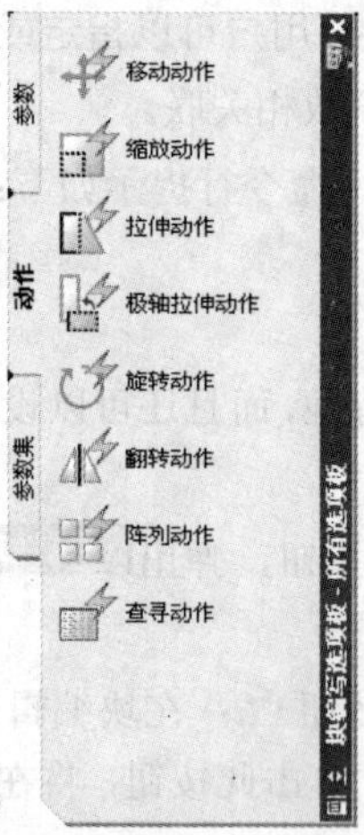

图 8.3.6　“动作”选项卡

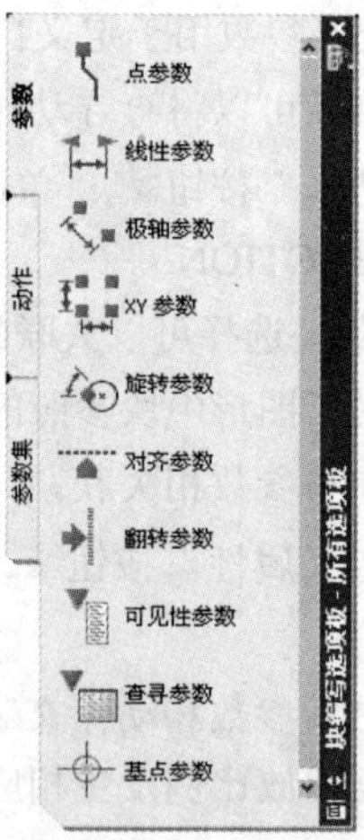

图 8.3.7　“参数”选项卡

“参数集”选项卡用于在块编辑器中向动态块中添加一个参数和至少一个动作；“动作”选项卡提供向块编辑器中的动态块定义中添加动作的工具，动作定义了在图形中操作块参照的自定义特性时，动态块参照的几何图形将如何移动或变化；“参数”选项卡提供向块编辑器中的动态块定义中添加参数的工具，参数用于指定几何图形在块参照中的位置、距离和角度。将参数添加到动态块定义中时，该参数将定义块的一个或多个自定义特性。

第四节　使用外部参照

外部参照是把已有的其他图形文件链接到当前图形文件中，这样就可以非常方便地实现资源共享。使用外部参照不但可以随时参照最新的资源，而且还可以节省存储空间。

一、附着外部参照

在 AutoCAD 2007 中为图形附着外部参照，可以在一幅图形中使用多个图形的效果，附着外部参照的操作步骤如下：

（1）选择 插入(I) → 外部参照(N)... 命令，弹出 外部参照 选项板，如图 8.4.1 所示。

（2）单击该选项板工具栏中的“附着 DWG”按钮，弹出 选择参照文件 对话框，如图 8.4.2 所示。

图 8.4.1　“外部参照”选项板

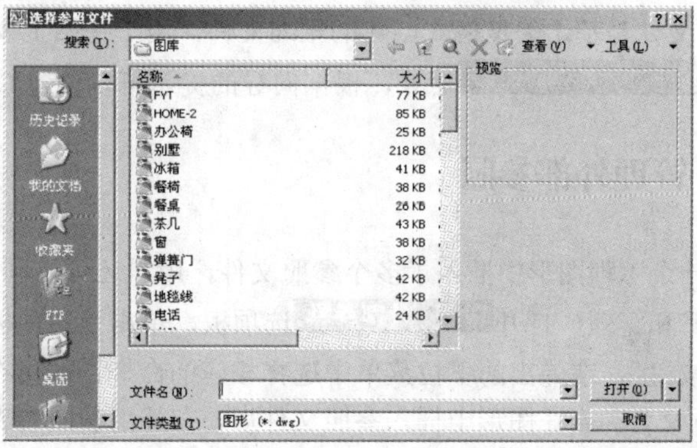

图 8.4.2　“选择参照文件”对话框

（3）在 选择参照文件 对话框中选择参照文件，然后单击 打开(O) 按钮，弹出 外部参照 对话框，如图 8.4.3 所示。

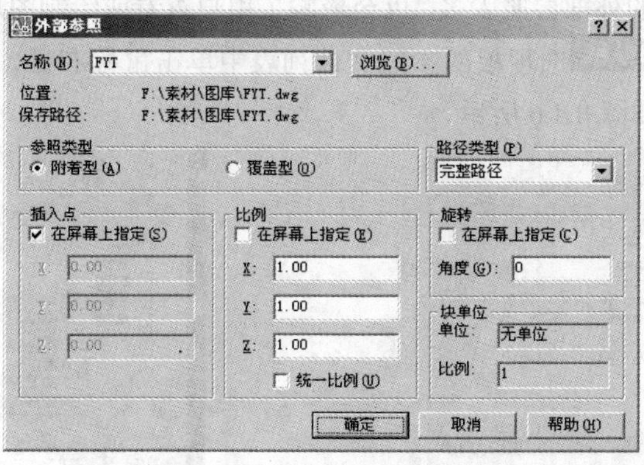

图 8.4.3　“外部参照”对话框

（4）在 外部参照 对话框中设置外部参照文件的参照类型、路径类型、插入点、比例和旋转角度，最后单击 确定 按钮即可将选中的文件以外部参照的形式插入到当前图形中。

二、插入 DWG 和 DWF 参照底图

在 AutoCAD 2007 中，用户还可以插入 DWG 和 DWF 参照底图，选择 插入(I) → DWG 参照... 命令或 插入(I) → DWF 参考底图... 命令，在弹出的 选择参照文件 对话框或 选择 DWF 文件 对话框中选择需要插入的参照底图文件，如图 8.4.2 和图 8.4.4 所示。

图 8.4.4　“选择 DWF 文件”对话框

DWF 文件是基于矢量格式创建的压缩文件，用于在网上发布和查看。在 AutoCAD 2007 中选择 文件(F) → 网上发布(W)... 命令，根据向导的提示可以创建 DWF 文件。

三、管理外部参照

如果一个工程图形中插入了多个参照文件，用户还可以利用 外部参照 选项板对这些外部参照进行编辑和管理。打开 外部参照 选项板，单击该选项板工具栏中“附着 DWG”按钮右边的下三角按钮，在弹出的下拉菜单中选择相应的命令，即可在当前图形中附着 DWG 文件、图像文件和 DWF 文件。当在图形中插入参照文件后，在外部参照列表框中就会显示出当前图形中插入的所有参照文件的名称，如图 8.4.5 所示。在该列表中选中一个参照文件后，就可以在 外部参照 选项板下方的 详细信息 选项组中显示该参照文件的名称、加载状态、文件大小、参照类型、参照日期及参照文件的保存路径等内容。

如果当前图形文件中的外部参照太多，以至影响了用户查看或绘制图形，那么还可以将多余的参照文件卸载，在 外部参照 选项板的参照文件列表中单击鼠标右键，在弹出的快捷菜单中选择 卸载(U) 命令即可，如图 8.4.6 所示。

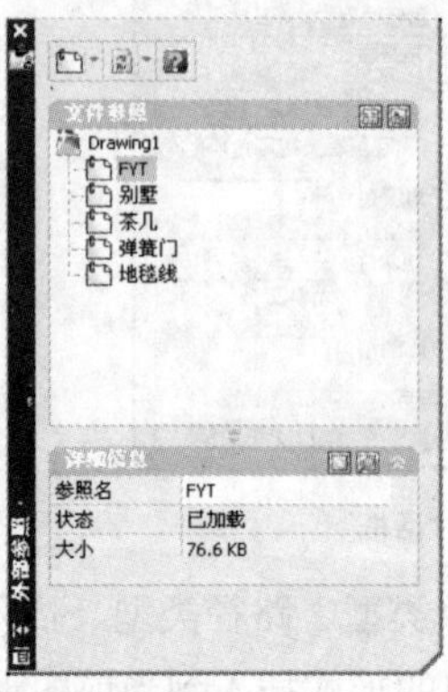

图 8.4.5　参照文件列表

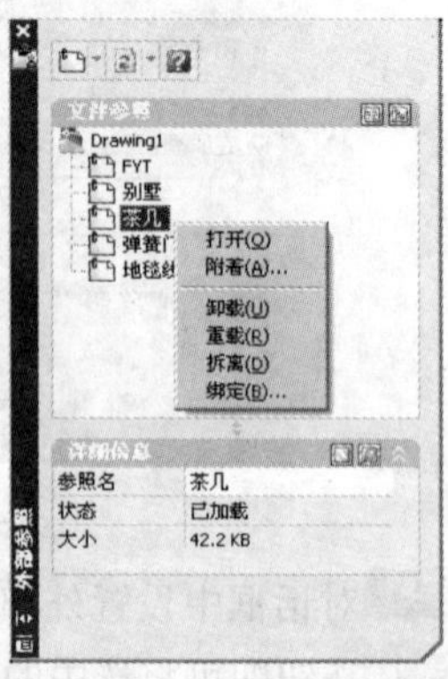

图 8.4.6　参照文件列表中的快捷菜单

四、参照管理器

参照管理器可以独立于 AutoCAD 运行，帮助用户对计算机中的参照文件进行编辑和管理。使用参照管理器，用户可以修改保存的参照路径而不必打开 AutoCAD 图形文件。选择 开始 → 所有程序(P) → Autodesk → AutoCAD 2007 - Simplified Chinese → 参照管理器 命令，打开 参照管理器 窗口，如图 8.4.7 所示。

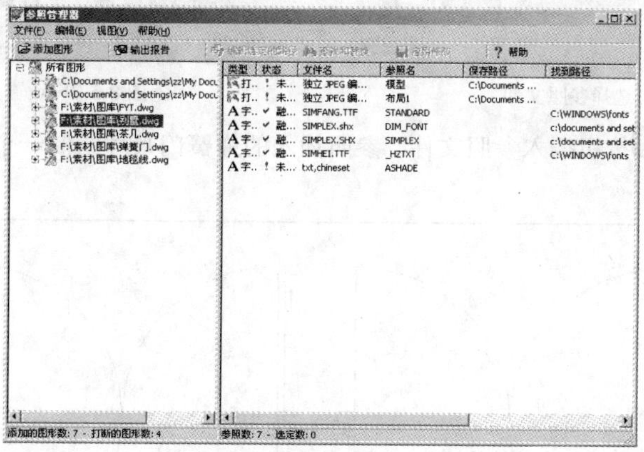

图 8.4.7　“参照管理器”窗口

在 参照管理器 窗口的图形列表框中选中参照图形文件后，在该窗口右边的列表框中就会显示该参照文件的类型、状态、文件名、参照名、保存路径等信息。用户可以利用该窗口中的工具栏对选中的参照文件的信息进行修改。

第五节　应用实例

下面参照如图 8.5.1 所示的图形绘制弹簧门俯视图，并将其创建成动态块，以巩固本章所学的知识。

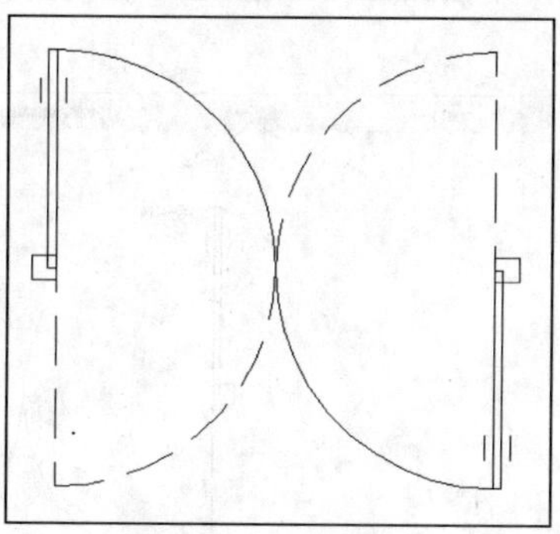

图 8.5.1　效果图

（1）新建一个图形文件，选择 插入(I) → DWG 参照... 命令，在弹出的 选择参照文件 对话框中选择名称为“弹簧门”的 DWG 文件，如图 8.5.2 所示。

（2）单击 打开(O) 按钮，弹出 外部参照 对话框，在该对话框中设置各项参数如图 8.5.3 所示。

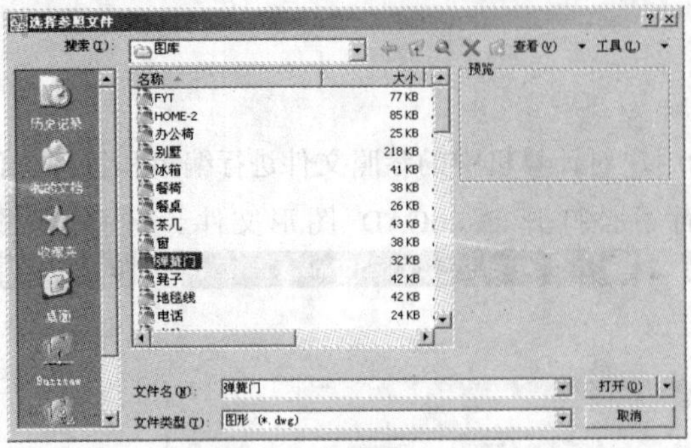

图 8.5.2　选择参照文件

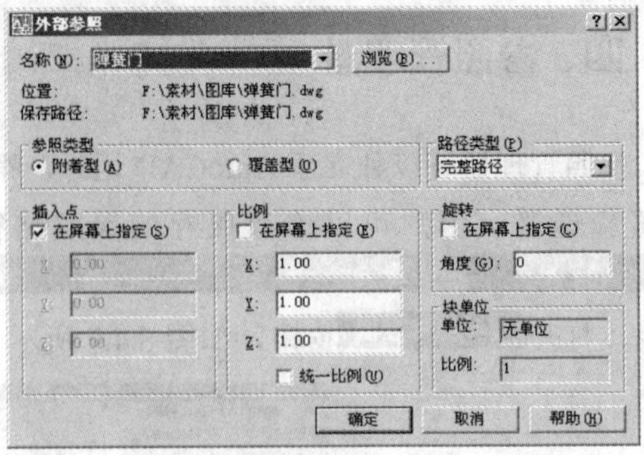

图 8.5.3　设置参照参数

（3）单击确定按钮插入参照文件。参照插入的弹簧门尺寸绘制一个相同尺寸的弹簧门，效果如图 8.5.4 所示。

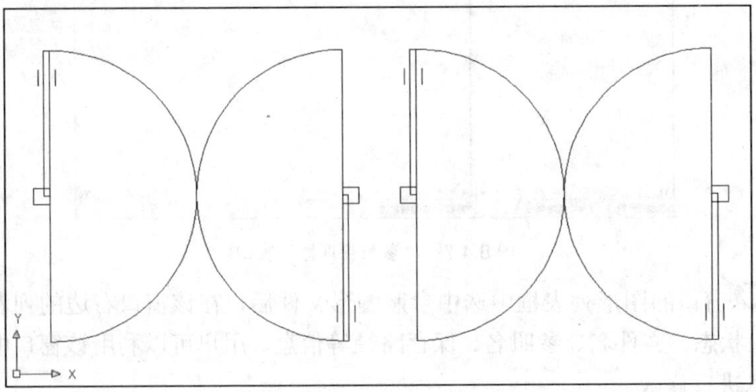

图 8.5.4　参照图形绘制弹簧门

（4）选中参照图形文件并将其删除。单击“绘图”工具栏中的“创建块”按钮，弹出块定义对话框，在该对话框中设置各项参数如图 8.5.5 所示，单击该对话框中的“拾取点”按钮，捕捉弹簧门的左下角点为基点，单击该对话框中的“选择对象”按钮，选择绘制的图形，最后选中该对话框底部的 在块编辑器中打开(O) 复选框，单击确定按钮，在块编辑器中打开绘制的图形，效果如图 8.5.6 所示。

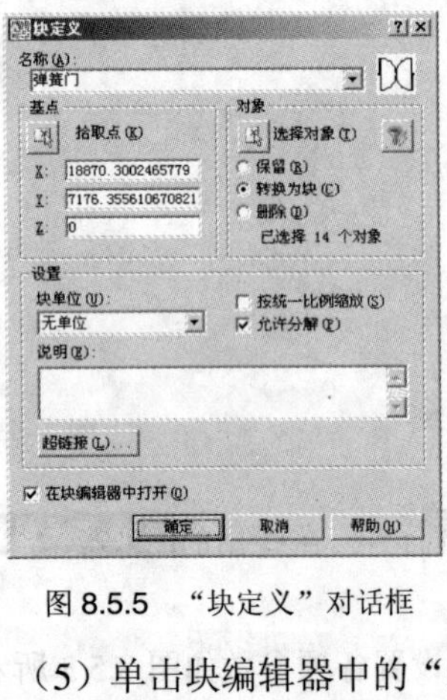

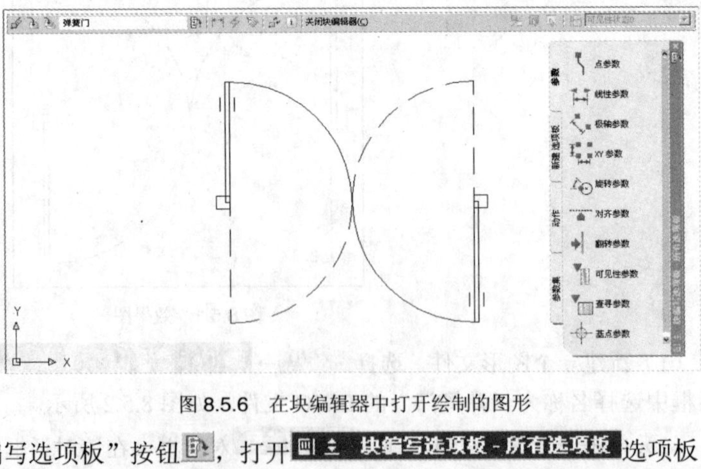

图 8.5.5　“块定义”对话框　　　　图 8.5.6　在块编辑器中打开绘制的图形

（5）单击块编辑器中的“编写选项板”按钮，打开块编写选项板－所有选项板选项板，在该选项板中选择参数选项卡，单击该选项卡中的“旋转参数”按钮，为创建的块添加旋转参数，效果如图 8.5.7 所示。

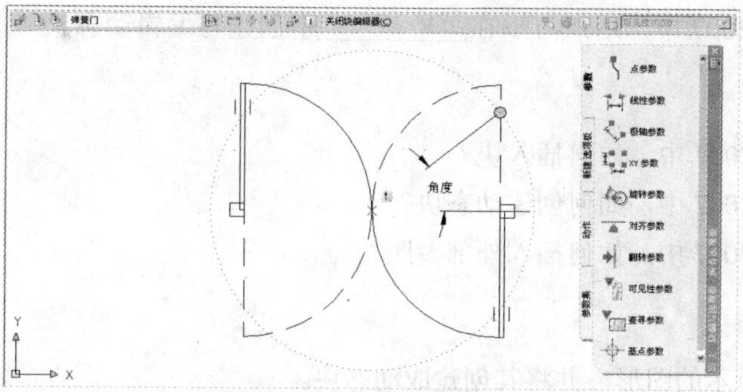

图 8.5.7　添加旋转参数

（6）选择 块编写选项板 - 所有选项板 选项板中的 动作 选项卡，单击该选项卡中的“旋转动作”按钮，为创建的块添加旋转动作，效果如图 8.5.8 所示。

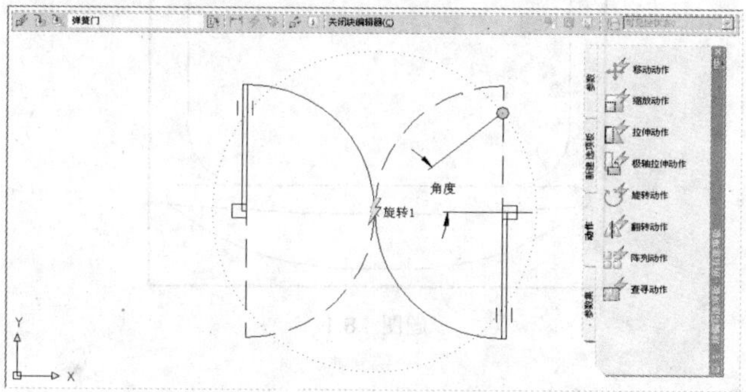

图 8.5.8　添加旋转动作

（7）单击块编辑器中的“保存块定义”按钮，然后单击 关闭块编辑器(C) 按钮返回到绘图窗口，在绘图窗口中选中创建的动态块，效果如图 8.5.9 所示，选中并激活该图形中的夹点 A，拖动鼠标即可任意旋转块。

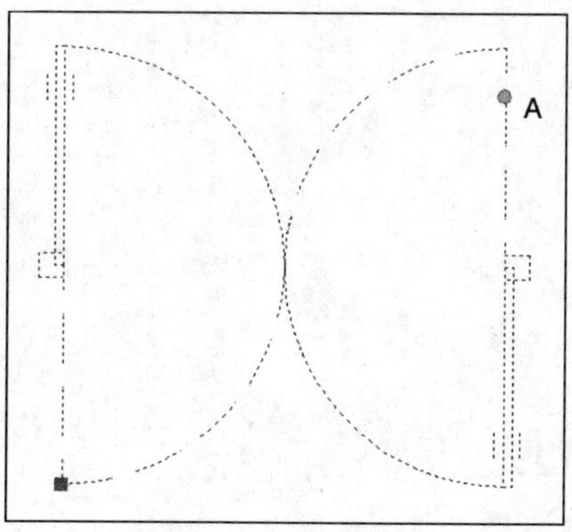

图 8.5.9　选中动态块效果

习 题 八

一、填空题

1．在 AutoCAD 2007 中，创建块的方法有两种：一种是__________；另一种是__________。

2．在 AutoCAD 2007 中，用户可以在__________中创建与编辑动态块。

二、简答题

1．在 AutoCAD 2007 中，如何插入块？
2．在 AutoCAD 2007 中，如何创建动态块？
3．在 AutoCAD 2007 中，如何插入外部参照？

三、上机操作题

绘制如题图 8.1 所示的图形，并将其创建成动态块。

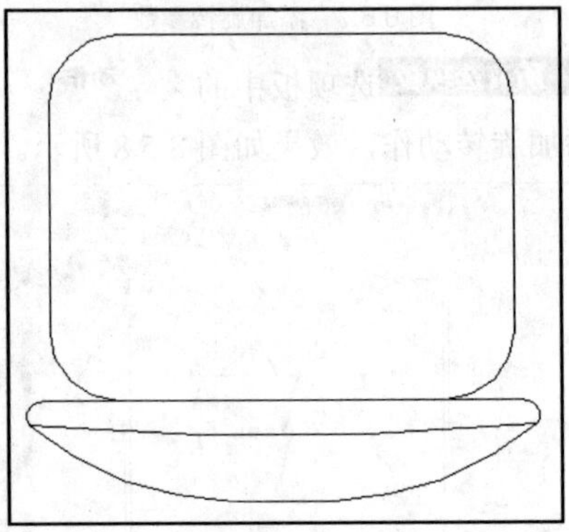

题图　8.1

第九章　文字标注与表格

文字标注与表格是绘制图形时的一个重要内容，用于对图形对象进行解释。AutoCAD 2007 为用户提供了多种创建和编辑文字标注与表格的方法，本章将详细进行介绍。

本章主要内容：

- 创建文字样式
- 文字标注
- 编辑文字
- 创建与编辑表格

第一节　创建文字样式

在 AutoCAD 2007 中，所有的文字都与文字样式相关联。文字样式是用来控制文字基本形状的一组设置。默认情况下，系统提供名为 standard 的文字样式，用户可以使用该文字样式或创建自己需要的文字样式。在 AutoCAD 2007 中，创建文字样式的方法有以下 3 种：

（1）单击“样式”工具栏中的“文字样式”按钮。

（2）选择 格式(O) → 文字样式(S)... 命令。

（3）在命令行中输入命令 style。

执行此命令后，弹出 文字样式 对话框，如图 9.1.1 所示。

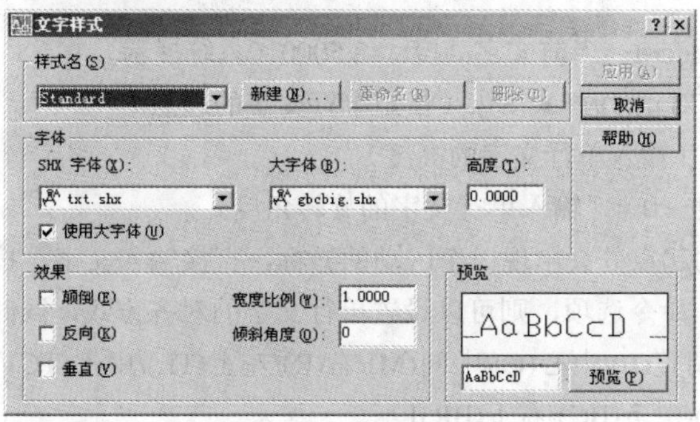

图 9.1.1　“文字样式”对话框

该对话框中各选项功能介绍如下：

（1）样式名(S) 下拉列表框：显示文字样式名、添加新样式以及重命名和删除现有样式。列表中包括已经定义的样式名，默认显示当前样式。

（2）字体 选项组：该选项组用于更改文字样式的字体。

（3）效果 选项组：该选项组用于修改文字字体的特性，例如宽度比例、倾斜角度以及是否颠倒显示、反向或垂直对齐。

单击该对话框中的 新建(N)... 按钮，弹出 新建文字样式 对话框，如图 9.1.2 所示，在该对话框中的 样式名: 文本框中输入新的样式名，单击 确定 按钮，返回到 文字样式 对话框，然后在该对话框中设置新建文字样式的参数。

图 9.1.2　“新建文字样式”对话框

第二节　文字标注

文字标注就是在 AutoCAD 中为图形创建文字注释。在 AutoCAD 2007 中，创建文字标注的方法有两种，一种是创建单行文字，另一种是创建多行文字，另外，用户还可以在 AutoCAD 中创建各种特殊字符。

一、标注单行文字

使用单行文字标注图形，一次只能输入一行文字，系统不会自动换行。在 AutoCAD 2007 中，执行创建单行文字命令的方法有以下 3 种：

（1）单击“文字”工具栏中的“单行文字”按钮。

（2）选择 绘图(D) → 文字(X) → 单行文字(S) 命令。

（3）在命令行中输入命令 dtext。

执行该命令后，命令行提示如下：

命令: _ dtext

当前文字样式:　Standard　当前文字高度:　2.5000（系统提示）

指定文字的起点或 [对正(J)/样式(S)]:（指定单行文字的起点）

指定高度 <2.5000>:（输入单行文字的高度）

指定文字的旋转角度 <0>:（输入单行文字的旋转角度）

此时，在指定文字的起点处会出现一个闪动的光标，直接输入文字，按回车键结束命令。

如果选择“对正(J)”命令选项，则可以设置单行文字的对齐方式，同时，命令行提示如下：

输入选项[对齐(A)/调整(F)/中心(C)/中间(M)/右(R)/左上(TL)/中上(TC)/右上(TR)/左中(ML)/正中(MC)/右中(MR)/左下(BL)/中下(BC)/右下(BR)]:

其中各命令选项功能介绍如下：

对齐(A)：通过指定基线端点来指定文字的高度和方向。

调整(F)：指定文字按照由两点定义的方向和一个高度值布满一个区域。此选项只适用于水平方向的文字。

中心(C)：从基线的水平中心对齐文字，此基线是由用户给出的点指定的。

中间(M)：文字在基线的水平中点和指定高度的垂直中点上对齐。中间对齐的文字不保持在基线上。

右(R)：在由用户给出的点指定的基线上右对齐文字。

左上(TL)：在指定为文字顶点的点上左对齐文字。此选项只适用于水平方向的文字。

中上(TC)：以指定为文字顶点的点居中对齐文字。此选项只适用于水平方向的文字。

右上(TR)：以指定为文字顶点的点右对齐文字。此选项只适用于水平方向的文字。

左中(ML)：在指定为文字中间点的点上靠左对齐文字。此选项只适用于水平方向的文字。

正中(MC)：在文字的中央水平和垂直居中对齐文字。此选项只适用于水平方向的文字。

右中(MR)：以指定为文字的中间点的点右对齐文字。此选项只适用于水平方向的文字。

左下(BL)：以指定为基线的点左对齐文字。此选项只适用于水平方向的文字。

中下(BC)：以指定为基线的点居中对齐文字。此选项只适用于水平方向的文字。

右下(BR)：以指定为基线的点靠右对齐文字。此选项只适用于水平方向的文字。

单行文字的对齐方式如图 9.2.1 所示。

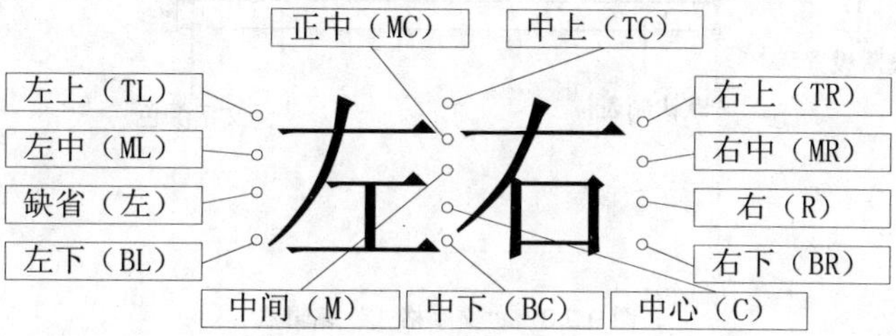

图 9.2.1　单行文字的对齐方式

如果选择“样式(S)”命令选项，则可以设置当前文字使用的文字样式。创建的单行文字如图 9.2.2 所示。

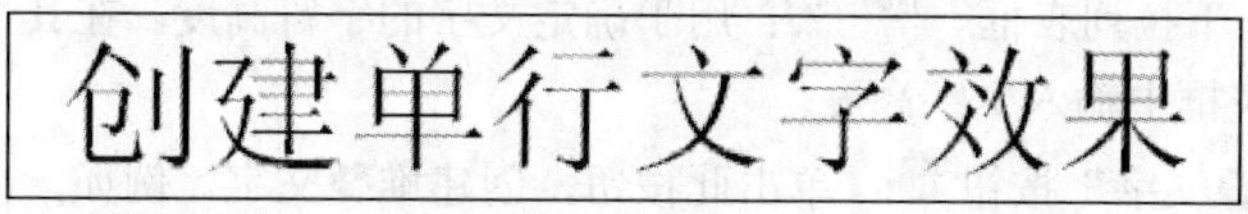

图 9.2.2　创建单行文字

二、创建多行文字

在 AutoCAD 中，多行文字常用来标注一些段落性的文字。使用多行文字标注图形时，在多行文字中可以使用不同的字体和字号。在 AutoCAD 2007 中，执行创建多行文字命令的方法有以下 3 种：

（1）单击“文字”工具栏中的“多行文字”按钮 A。

（2）选择 绘图(D) → 文字(X) → 多行文字(M)... 命令。

（3）在命令行中输入命令 mtext。

执行该命令后，命令行提示如下：

命令:_ mtext

当前文字样式:"样式 1"　当前文字高度:30（系统提示）

指定第一角点:（在绘图窗口中指定多行文本编辑窗口的第一个角点）

指定对角点或 [高度(H)/对正(J)/行距(L)/旋转(R)/样式(S)/宽度(W)]:（指定多行文本编辑窗口的第二个角点）

其中各命令选项功能介绍如下：

（1）高度(H)：选择该命令选项，指定用于多行文字字符的文字高度。

（2）对正(J)：选择该命令选项，根据文字边界确定新文字或选定文字的对齐方式和文字走向。

（3）行距(L)：选择该命令选项，指定多行文字对象的行距。行距是一行文字的底部（或基线）与下一行文字底部之间的垂直距离。

（4）旋转(R)：选择该命令选项，指定文字边界的旋转角度。

（5）样式(S)：选择该命令选项，指定用于多行文字的文字样式。

（6）宽度(W)：选择该命令选项，指定文字边界的宽度。

指定第二个角点后，在绘图窗口中弹出如图 9.2.3 所示的“文字格式”编辑器。

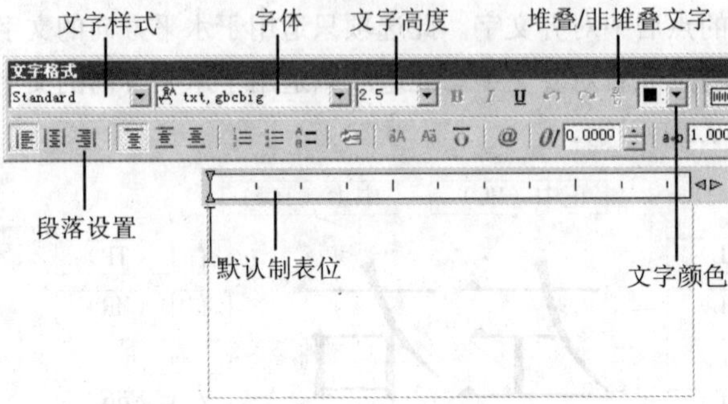

图 9.2.3 “文字格式”编辑器

文字格式编辑器用于控制多行文字的样式及文字的显示效果。其中各选项的功能介绍如下：

（1）“文字样式”下拉列表框：用于设置多行文字的文字样式。

（2）“字体”下拉列表框：用于设置多行文字的字体。

（3）“文字高度”下拉列表框：用于确定文字的字符高度。在其下拉列表中可选择文字高度或直接在下拉列表框中输入文字高度。

（4）“堆叠/非堆叠文字”按钮：单击此按钮，创建堆叠文字。例如，在多行文本编辑器中输入：“%%C6+0.02^-0.02”，然后选中“+0.02^-0.02”，单击此按钮，效果如图 9.2.4 中第一个图所示。图 9.2.4 所示的为文字堆叠的 3 种效果，后两种效果的原始输入格式为“%%C8H2/H5”和“41#3”。

$$Ø6^{+0.02}_{-0.02} \quad Ø8\frac{H2}{H5} \quad 4^{1}/_{3}$$

图 9.2.4 文字堆叠效果

（5）“文字颜色”下拉列表框：用来设置或改变文本的颜色。

三、输入特殊字符

在对图形进行文字标注时，经常需要输入一些特殊字符，如角度符号（°）、直径符号（ф）、文字的上画线、下画线和正负公差符号等。这些字符不能直接从键盘输入，但可以通过输入控制码来输入，控制码由两个百分号（%%）和一个字母组成，如表 9.1 所示。

表 9.1 AutoCAD 控制码

符 号	功 能
%%O	打开或关闭文字上画线
%%U	打开或关闭文字下画线
%%D	标注度（°）符号
%%P	标注正负公差（±）符号
%%C	标注直径（ф）符号

另外，单击文字格式编辑器中的“选项”按钮，在弹出的“文字编辑”快捷菜单中选择符号(S)命令，弹出如图 9.2.5 所示的快捷菜单，选择该菜单中的相应命令，也可以输入特殊字符。

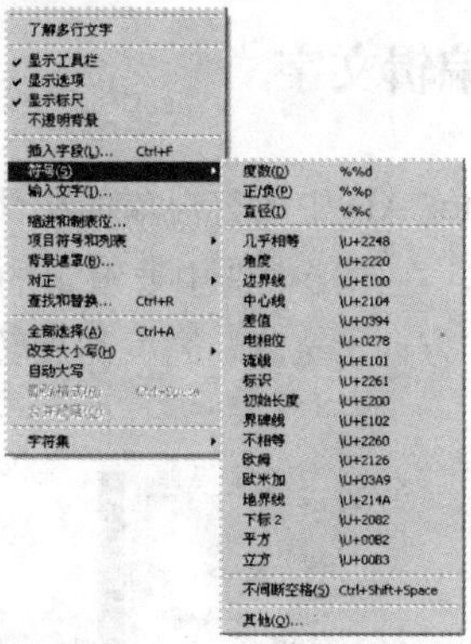

图 9.2.5　“文字编辑”快捷菜单

第三节　编辑文字

在 AutoCAD 图形中创建文字标注后，用户还可以对创建的文字标注进行编辑。编辑文字标注的方法有很多，用户可以利用编辑命令对文字进行编辑，也可以利用对象特性管理器对文字进行编辑。

一、利用编辑命令编辑文字

执行编辑文字标注命令的方法有以下 4 种：

（1）单击“文字”工具栏中的“编辑文字”按钮A/。

（2）选择 修改(M) → 对象(O) → 文字(T) → 编辑(E)... 命令。

（3）在命令行中输入命令 ddedit。

（4）用鼠标双击需要编辑的文字对象。

如果编辑的文字对象是单行文字，执行以上命令后，被编辑的文字对象效果如图 9.3.1 所示，用户可以对该文本框中的文字进行修改，完成后按回车键即可。

图 9.3.1　编辑单行文字

如果要编辑的文字对象是多行文字，执行以上命令后，则弹出**文字格式**编辑器，如图 9.3.2 所示，用户可以在该编辑器中对多行文字的样式、字体、文字高度和颜色等属性进行编辑，完成后单击**文字格式**编辑器中的 确定 按钮结束编辑文字命令。

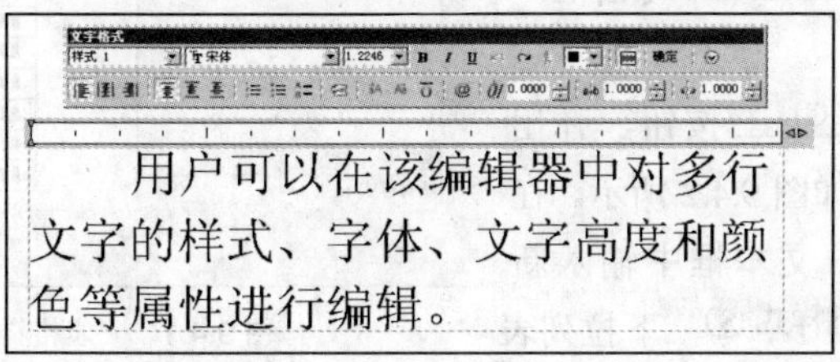

图 9.3.2　“文字格式”编辑器

二、利用对象特性管理器编辑文字

利用对象特性管理器可以查看 AutoCAD 中所有对象的特性，单击“标准”工具栏中的“对象特性”按钮，打开 特性 选项板，在图形中选中要编辑的文字对象后，该选项板中就会显示出该文字对象的内容、样式、对正方式、方向、宽度、高度和旋转等特性，选择需要编辑的选项后即可进行编辑，如图 9.3.3 所示。

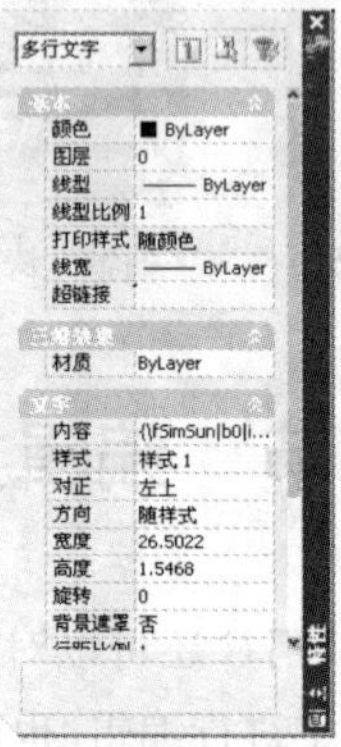

图 9.3.3 “特性”选项板

第四节 创建与编辑表格

在 AutoCAD 2007 中，用户可以直接在绘图窗口中创建表格并对其进行编辑。另外，还可以从 Microsoft Excel 中直接复制表格，并将其作为 AutoCAD 表格对象粘贴到图形中。此外，还可以输出来自 AutoCAD 的表格数据，以供在 Microsoft Excel 或其他应用程序中使用。

一、创建表格样式

与文字标注一样，AutoCAD 中的表格也与表格样式相关联。创建表格样式可以设置表格的标题栏与数据栏中文字的样式、高度、颜色以及单元格的长度、宽度和边框特性。执行创建表格样式命令的方法有以下两种：

（1）选择 格式(O) → 表格样式(B)... 命令。

（2）在命令行中输入命令 tablestyle。

执行该命令后，弹出 表格样式 对话框，如图 9.4.1 所示。

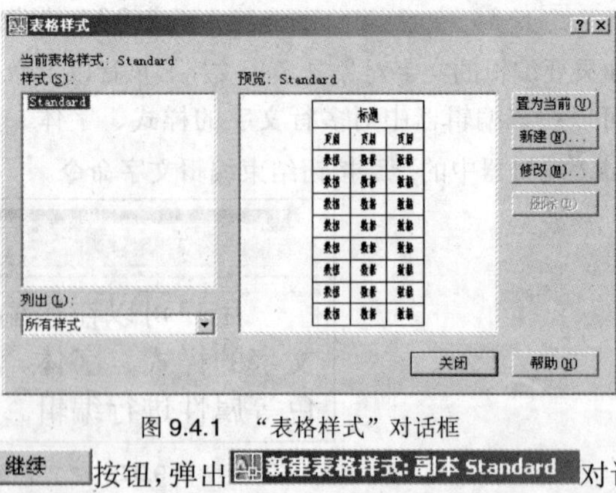

图 9.4.1 “表格样式”对话框

单击该对话框中的 新建(N)... 按钮，弹出 创建新的表格样式 对话框，如图 9.4.2 所示。在该对话框中的 新样式名(N): 文本框中输入新建表格样式的名称，在 基础样式(S): 下拉列表中选择一个表格样式作为基础样式，然后单击 继续 按钮，弹出 新建表格样式: 副本 Standard 对话框，如图 9.4.3 所示，该对话框中有“数据”、“列标题”和“标题”3 个选项卡，利用这 3 个选项卡可以设置表格数据单元格、列标题单元格和标题单元格的属性，以及单元格的长、宽和边框属性。属性设置完成后，单击该对话框中的 确定 按钮即可完成表格样式的设置。

图 9.4.2　“创建新的表格样式”对话框

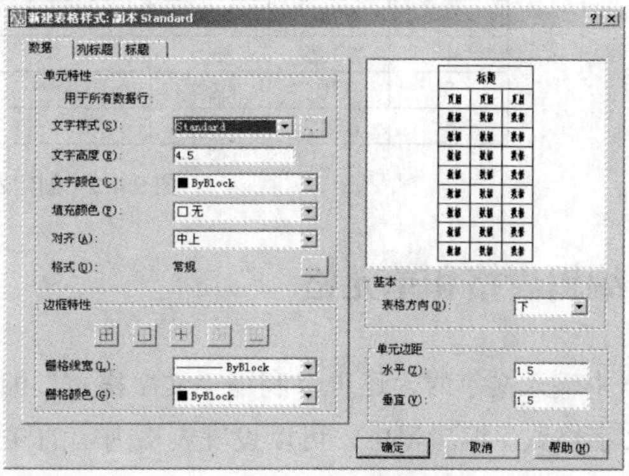

图 9.4.3　“新建表格样式：副本 Standard”对话框

二、创建表格

执行绘制表格命令的方式有以下 3 种：

（1）单击“绘图”工具栏中的“表格”按钮。

（2）选择 绘图(D) → 表格... 命令。

（3）在命令行中输入命令 table。

执行该命令后，弹出 插入表格 对话框，如图 9.4.4 所示。

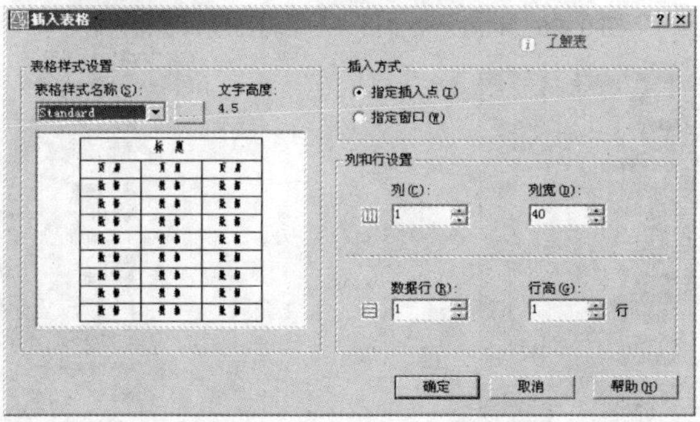

图 9.4.4　“插入表格”对话框

该对话框中各选项功能介绍如下：

（1）表格样式设置 选项组：设置表格的外观，可以在 表格样式名称(S): 下拉列表框中指定表格样式名，或单击该下拉列表框右边的“‘表格样式’对话框”按钮 ... ，在弹出的 表格样式 对话框中新建或修改表格样式。

（2）插入方式 选项组：指定表格的插入位置，其中包括“指定插入点”和“指定窗口”两种方式。

（3）列和行设置 选项组：设置列和行的数目以及列宽和行高。

各项参数设置完成后，单击该对话框中的 确定 按钮关闭该对话框，在绘图窗口中指定表格的插入点即可。插入表格后就可以向表格输入数据了，图 9.4.5 所示的为在 AutoCAD 中创建的表格。

零件编号及其明细表					
序号	图号	名称	数量	材料	备注
1	6101	轴承	1		GB/T297-1994
2	6510	轴	1	45	
3	6240	箱体	1	HT150	
4	6305	垫片	1	毛毡	
5	6701	螺栓	1	Q235	GB/T5780-2000
6	6812	端盖	1	HT150	

图 9.4.5　创建表格

三、编辑表格和单元格

在表格中输入文字时，还可以利用“文字格式”编辑器对表格中的内容进行编辑，如图 9.4.6 所示。在“文字格式”编辑器中，可以设置表格内容的样式、对齐方式、字体、字号等属性。另外，当用户选中表格或单元格时，单击鼠标右键，在弹出的快捷菜单中可以对表格或单元格进行编辑，如图 9.4.7 和图 9.4.8 所示。

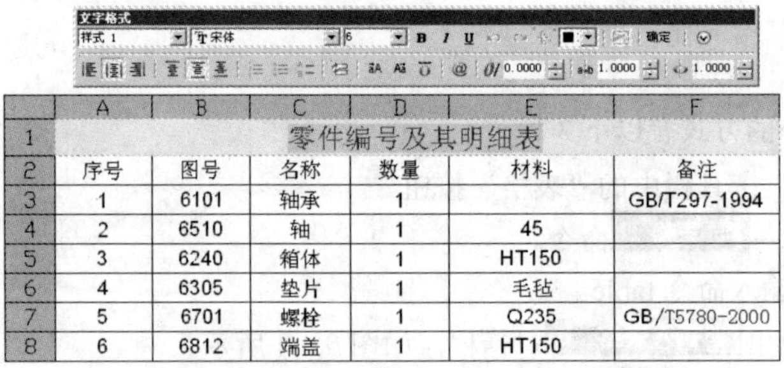

	A	B	C	D	E	F
1	零件编号及其明细表					
2	序号	图号	名称	数量	材料	备注
3	1	6101	轴承	1		GB/T297-1994
4	2	6510	轴	1	45	
5	3	6240	箱体	1	HT150	
6	4	6305	垫片	1	毛毡	
7	5	6701	螺栓	1	Q235	GB/T5780-2000
8	6	6812	端盖	1	HT150	

图 9.4.6　利用“文字格式”编辑器编辑表格内容

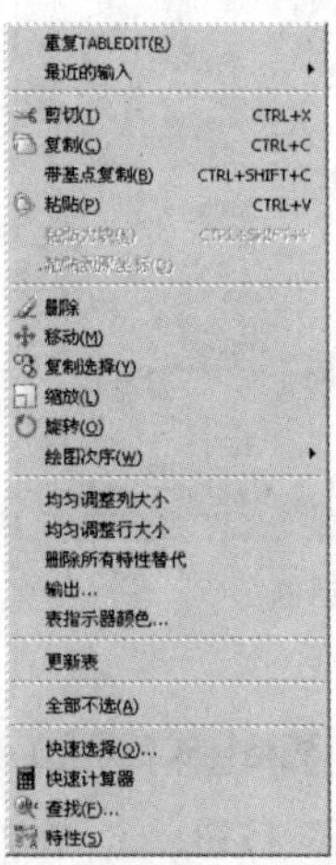

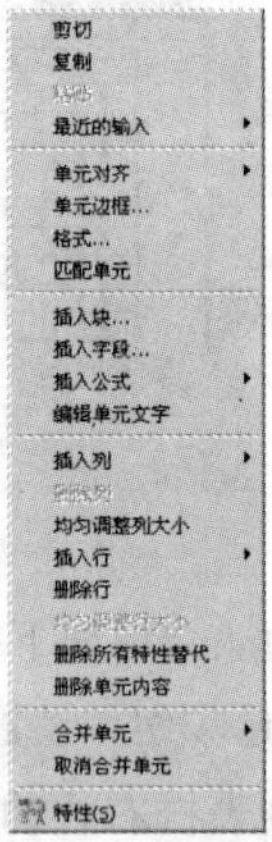

图 9.4.7　选中表格时的快捷菜单　　　　图 9.4.8　选中单元格时的快捷菜单

利用快捷菜单可以对表格进行剪切、复制、删除、移动、缩放和旋转等简单操作，还可以均匀调整表格的行、列大小，或删除所有特定替代。当一次选中多个单元格时，还可以利用如图 9.4.8 所示的快捷菜单将选中的单元格合并，从而创建出多种形式的表格。

提示：选中表格或单元格，利用“对象特性”选项板也可以对表格和单元格进行快速编辑。

第五节　应用实例

下面创建如图 9.5.1 所示的表格，并向表格中添加文字，以巩固本章所学的知识。

零件编号及其明细表					
序号	图号	名称	数量	材料	备注
1	6101	轴承	1		GB/T297-1994
2	6510	轴	1	45	
3	6240	箱体	1	HT150	
4	6305	垫片	1	毛毡	
5	6701	螺栓	1	Q235	GB/T5780-2000
6	6812	端盖	1	HT150	

图 9.5.1　效果图

（1）选择 格式(O) → 表格样式(B)... 命令，在弹出的 表格样式 对话框中单击 新建(N)... 按钮，弹出 创建新的表格样式 对话框，如图 9.5.2 所示。

（2）单击该对话框中的 继续 按钮，弹出 新建表格样式: 副本 Standard 对话框，在该对话框中选择 数据 选项卡，单击该选项卡中 文字样式(S): 下拉列表后边的 ... 按钮，弹出 文字样式 对话框，如图 9.5.3 所示，在该对话框中新建名称为“样式 1”的文字样式，单击 应用(A) 按钮和 关闭(C) 按钮后返回到 新建表格样式: 副本 Standard 对话框。

图 9.5.2　“创建新的表格样式”对话框

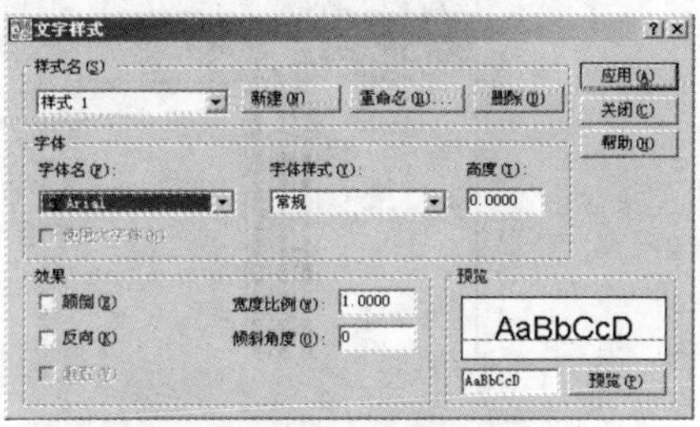

图 9.5.3　“文字样式”对话框

（3）在 新建表格样式: 副本 Standard 对话框中的 文字样式(S): 下拉列表中选择“样式 1”选项，其他参数设置如图 9.5.4 所示。

（4）在 新建表格样式: 副本 Standard 对话框中选择 列标题 选项卡，在该对话框中取消选中 包含页眉行(I) 复选框，如图 9.5.5 所示。

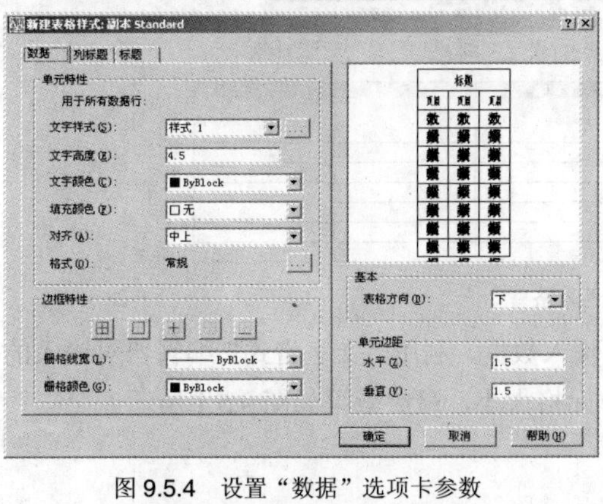

图 9.5.4　设置“数据”选项卡参数

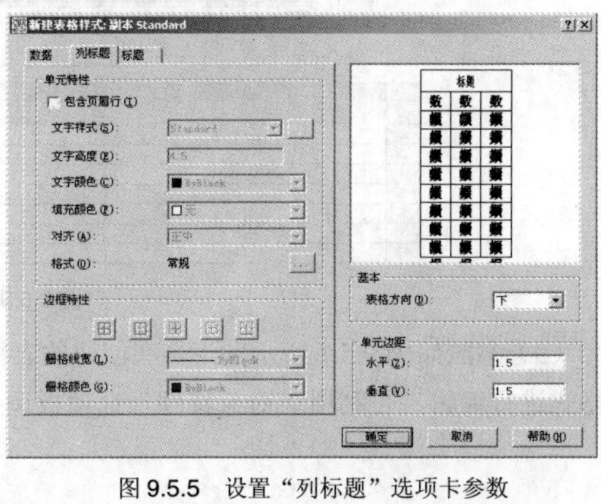

图 9.5.5　设置“列标题”选项卡参数

（5）在 新建表格样式: 副本 Standard 对话框中选择 标题 选项卡，设置该选项卡中的参数如图 9.5.6

所示。

（6）单击确定按钮后返回到表格样式对话框，在该对话框的表格样式列表中选中新建的表格样式“副本 Standard”，然后单击置为当前(U)按钮将其设置为当前表格样式，如图 9.5.7 所示。

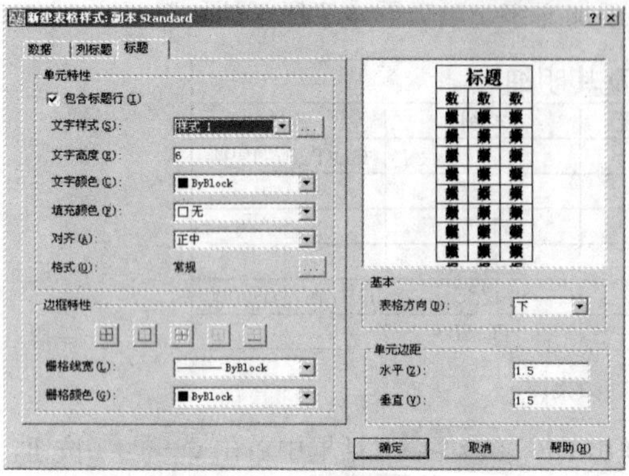

图 9.5.6　设置“标题”选项卡参数

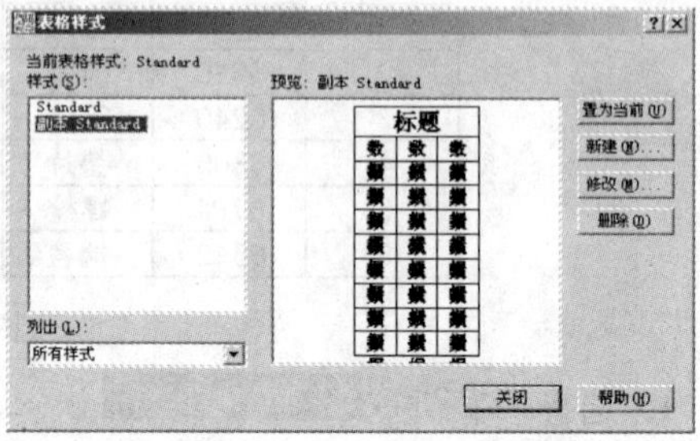

图 9.5.7　“表格样式”对话框

（7）单击“绘图”工具栏中的“表格”按钮，弹出插入表格对话框，在该对话框中设置插入表格参数，如图 9.5.8 所示。

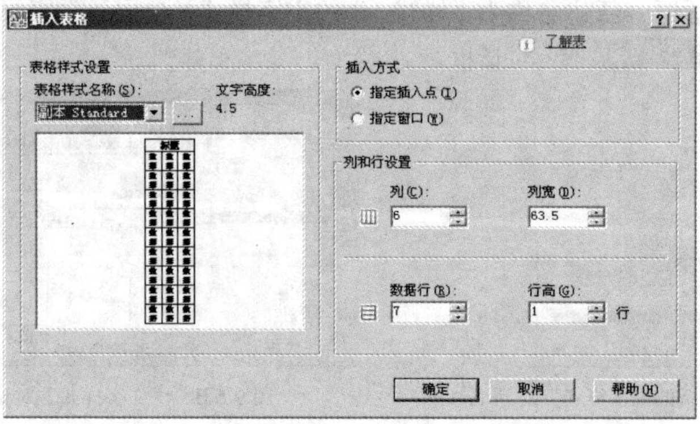

图 9.5.8　“插入表格”对话框

（8）单击确定按钮，在绘图窗口中指定一点插入创建的表格，同时，系统会弹出文字格式编辑器，如图 9.5.9 所示。

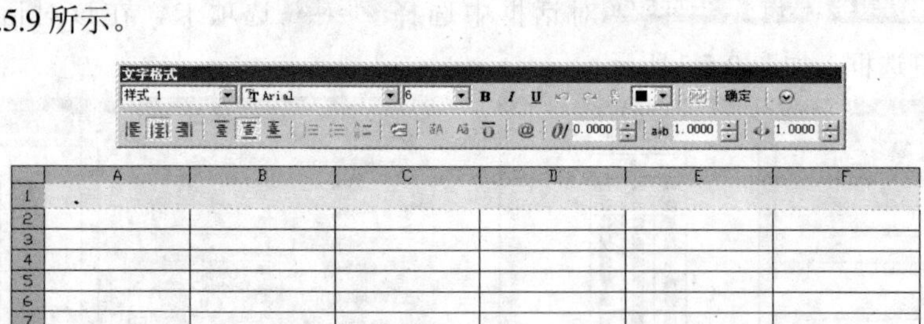

图 9.5.9　插入表格

（9）参照如图 9.5.1 所示图形，在创建的表格中输入数据，利用“文字格式”编辑器对输入的数据格式进行编辑，再利用“对象特性”选项板调整单元格大小，最终效果如图 9.5.1 所示。

习 题 九

一、填空题

1．在 AutoCAD 2007 中，所有的文字都与__________相关联。

2．在 AutoCAD 2007 中，创建文字标注的方法有两种，一种是创建__________，另一种是创建__________。

3．在 AutoCAD 2007 中，用户可以从__________中直接复制表格，并将其作为 AutoCAD 表格对象粘贴到图形中。此外，还可以输出来自__________的表格数据，以供在 Microsoft Excel 或其他应用程序中使用。

二、简答题

1．在 AutoCAD 2007 中，如何创建文字样式？

2．在 AutoCAD 2007 中，如何输入特殊字符？

3．在 AutoCAD 2007 中，如何创建与编辑表格？

三、上机操作题

1．创建如题图 9.1 所示的文字标注。

2．绘制如题图 9.2 所示的表格。

技术要求

1. 调质处理220～280HBS；

2. 30° 斜面和底座达到H8/H7；

3. 30° 斜面与锥孔公差为±0.02；

4. 底座全部倒角0.5×45°。

题图　9.1

标记	处数	分区	更改文件号	签名	(年月日)				
设计	(签名)	(年月日)	标准化	设计	(年月日)	阶段标记	重量	比例	
审核									
工艺			批准			共　张　第　张			

题图　9.2

第十章　尺寸标注

尺寸标注是绘图过程中非常重要的一个环节。如果没有尺寸标注，绘制的图形对于加工制造就没有任何意义。在 AutoCAD 2007 中，系统提供了一整套尺寸标注系统，利用它可以方便地标注图形中的各种尺寸。本章主要介绍尺寸标注的一些基础知识，包括尺寸标注的规则与组成、尺寸标注样式和命令，以及编辑尺寸标注的方法。

本章主要内容：

- 尺寸标注的规则与组成
- 尺寸标注样式
- 基本标注命令
- 编辑尺寸标注

第一节　尺寸标注的规则与组成

尺寸标注对于表达图形信息有着非常重要的作用，因此，在对图形进行尺寸标注前，首先要了解尺寸标注的规则和组成。

一、尺寸标注的规则

在我国的工程制图国家标准中，对尺寸标注的规则作出了一些规定，要求尺寸标注必须遵守以下基本规则。

（1）物体的真实大小应以图形上标注的尺寸数值为依据，与图形的显示大小和绘图的精度无关。

（2）图形中的尺寸以毫米为单位时，不需要标注尺寸单位的代号或名称。如果采用其他单位，则必须注明尺寸单位的代号或名称，如度、厘米、英寸等。

（3）图形中所标注的尺寸为图形所表示的物体的最后完工尺寸，如果是中间过程的尺寸，则必须另加说明。

（4）物体的每一个尺寸，一般只标注一次，并应标注在最能清晰反映该结构的视图中。

二、尺寸标注的组成

一个完整的尺寸标注由尺寸线、尺寸界线、箭头和标注文字组成，如图 10.1.1 所示。

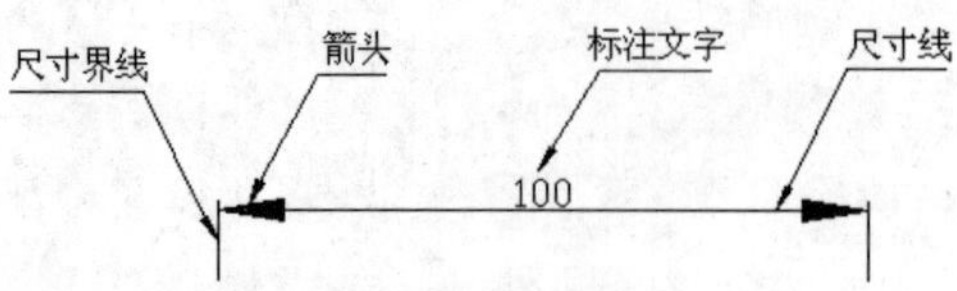

图 10.1.1　尺寸标注的组成

通常，AutoCAD 将构成一个尺寸的尺寸线、尺寸界线、箭头和标注文字以块的形式放在图形文件中，因此可以把一个尺寸看成一个对象。其中各部分含义介绍如下：

（1）尺寸线：表示尺寸标注的范围。通常使用箭头来指出尺寸线的起点和端点。

（2）尺寸界线：表示尺寸线的开始和结束位置，从标注物体的两个端点处引出两条线段表示尺寸标注范围的界线。

（3）箭头：表示尺寸测量的开始和结束位置。

（4）标注文字：表示实际的测量值。该值可以是 AutoCAD 系统计算的值，也可以是用户指定的值，还可以取消标注文字。

第二节 尺寸标注样式

在 AutoCAD 2007 中，尺寸标注的样式可以由用户自己定义，根据不同的需要，可以在一幅图形中创建多种尺寸标注样式。合理地设置标注样式，可以有效地提高绘图速度。

一、尺寸标注样式管理器

标注样式的创建和设置都是在“标注样式管理器”对话框中完成的。打开标注样式管理器对话框的方法有以下 3 种：

（1）单击“标注”工具栏中的“标注样式”按钮。

（2）选择格式(O)→标注样式(D)...命令。

（3）在命令行中输入命令 dimstyle。

执行此命令后，弹出标注样式管理器对话框，如图 10.2.1 所示。

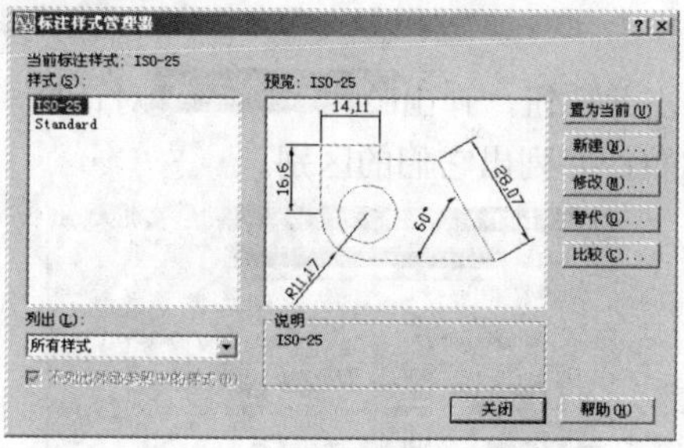

图 10.2.1 “标注样式管理器”对话框

该对话框中各选项功能介绍如下：

（1）样式(S): 列表框：在该列表框下边的列出(L): 下拉列表中选择所有样式或正在使用的样式选项，就会在该列表框中按要求列出当前图形中的样式名称。

（2）预览: ISO-25 区域：在样式(S): 列表框中选择一种标注样式，该预览区域中就会显示这种标注样式的模板。

（3）置为当前(U)按钮：单击此按钮，将选中的标注样式设置为当前样式。

（4）新建(N)...按钮：单击此按钮，弹出创建新标注样式对话框，如图 10.2.2 所示。在新样式名(N): 文本框中输入样式名称，在基础样式(S): 下拉列表中选择一种标注样式作为基础样式，在用于(U): 下拉列表中选择创建的标注样式适用的范围，然后单击继续按钮，弹出新建标注样式: 副本 ISO-25 对话框，如图 10.2.3 所示，在该对话框中对新建的标注样式进行设置。

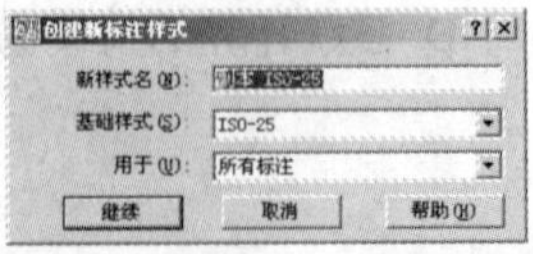

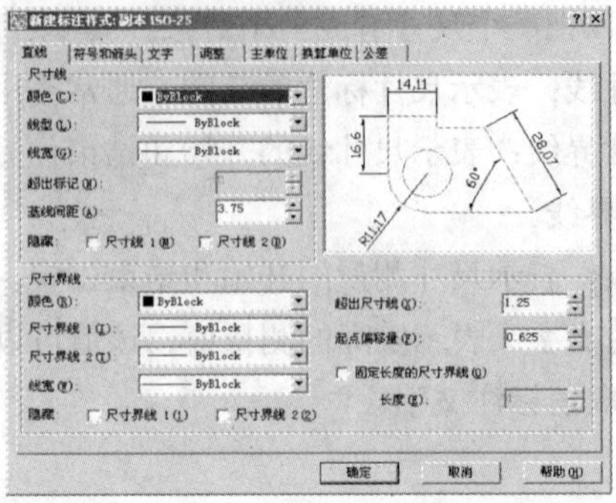

图 10.2.2　“创建新标注样式”对话框　图 10.2.3　“新建标注样式：副本 ISO-25”对话框

（5）修改(M)... 按钮：在 样式(S): 列表框中选中一种标注样式后，单击此按钮，弹出 修改标注样式: ISO-25 对话框，如图 10.2.4 所示，在该对话框中对选中的标注样式进行修改。

（6）替代(O)... 按钮：单击此按钮，弹出 替代当前样式: ISO-25 对话框，如图 10.2.5 所示，用新设置的样式替代系统默认的标注样式 ISO-25。此功能只有在选中当前样式下才可用。

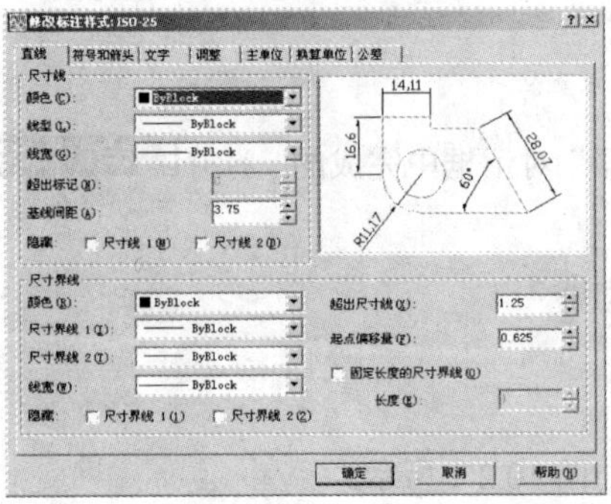

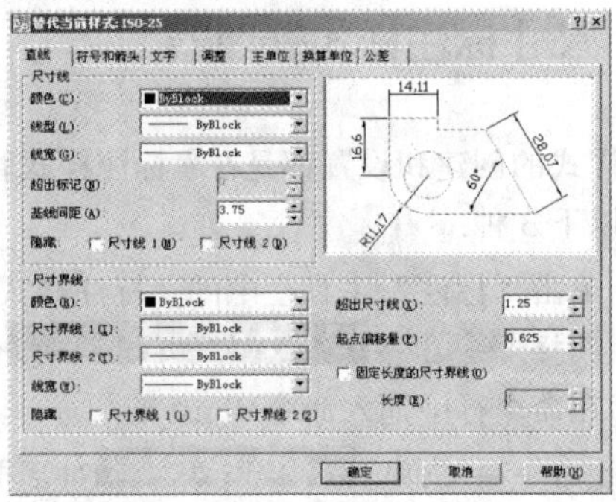

图 10.2.4　“修改标注样式：ISO-25”对话框　图 10.2.5　“替代当前样式：ISO-25”对话框

（7）比较(C)... 按钮：单击此按钮，弹出 比较标注样式 对话框，如图 10.2.6 所示，在该对话框中可以对两个标注样式进行比较，并列出它们的区别。

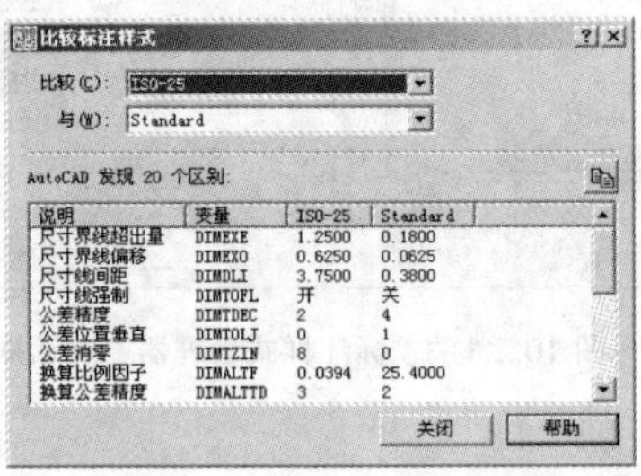

图 10.2.6　“比较标注样式”对话框

二、创建标注样式

在 AutoCAD 2007 中创建标注样式的基本操作步骤如下：

（1）选择 格式(O) → 标注样式(D)... 命令，打开 标注样式管理器 对话框。

（2）在该对话框中单击 新建(N)... 按钮，在弹出的 创建新标注样式 对话框中的 新样式名(N): 文本框中输入新建标注样式的名称。

（3）在基础样式(S):下拉列表中选择一种标注样式作为基础样式。

（4）单击创建新标注样式对话框中的继续按钮，弹出新建标注样式：副本 ISO-25对话框，用户可以在该对话框中设置标注样式的直线、箭头和文字等属性。

（5）最后单击确定按钮完成新标注样式的创建。

三、设置标注样式

无论是新建标注样式还是修改标注样式，当需要对标注样式的参数进行设置时，都必须在新建标注样式：副本 ISO-25对话框或修改标注样式：ISO-25对话框中进行，这两个对话框除了标题栏不一样外，其他选项功能都一样，都由 7 个选项卡组成，分别用于设置标注样式的参数，这些选项卡及其各选项功能介绍如下：

（1）直线选项卡：该选项卡用于设置尺寸线、尺寸界线、箭头和圆心标记的格式和特性（见图 10.2.3）。

（2）符号和箭头选项卡：该选项卡用于设置箭头、圆心标记、弧长符号和折弯半径标注的格式和位置，如图 10.2.7 所示。

（3）文字选项卡：该选项卡用于设置标注文字的特性，如图 10.2.8 所示。

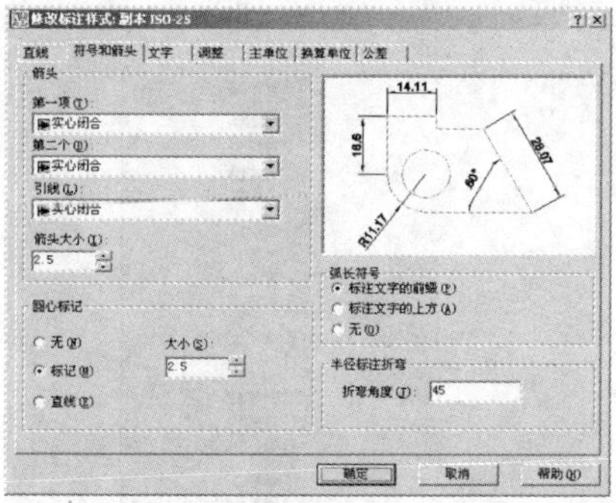

图 10.2.7　“符号和箭头”选项卡

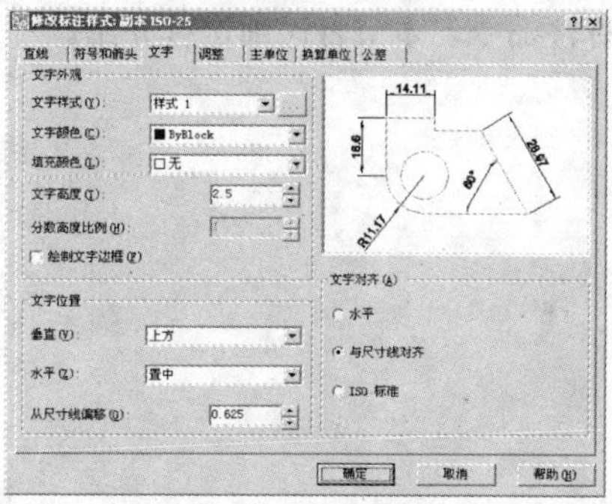

图 10.2.8　“文字”选项卡

（4）调整选项卡：该选项卡用于设置尺寸线、箭头和文字的放置规则，如图 10.2.9 所示。

（5）主单位选项卡：该选项卡用于设置标注的主单位特性，如图 10.2.10 所示。

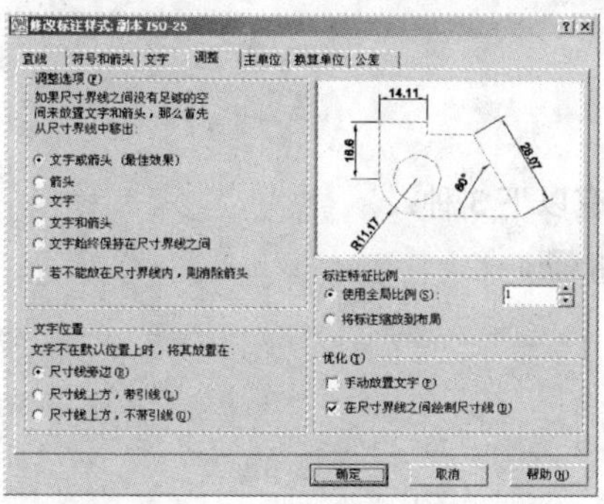

图 10.2.9　“调整”选项卡

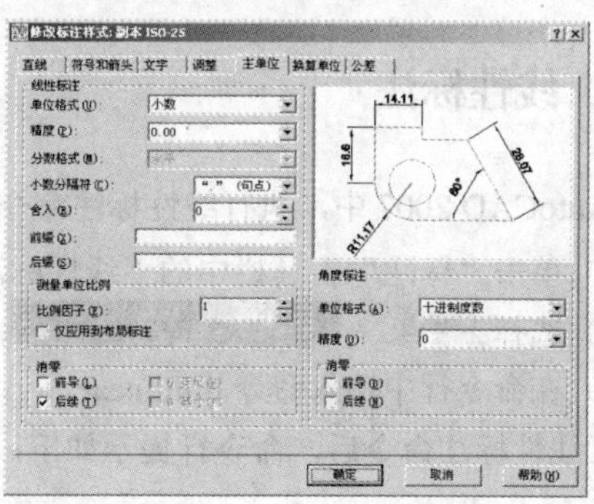

图 10.2.10　“主单位”选项卡

（6）换算单位选项卡：该选项卡用于设置辅助标注单位特性，如图 10.2.11 所示。选中☑ 显示换算单位(D)复选框，其他选项才可用。

（7）公差选项卡：该选项卡用于设置标注公差，如图 10.2.12 所示。

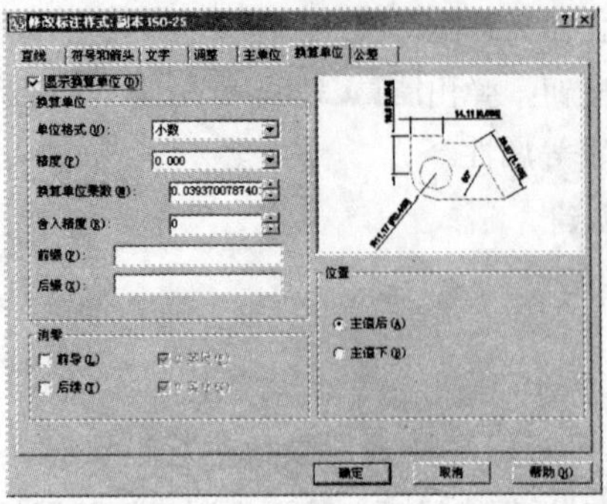

图 10.2.11　“换算单位”选项卡

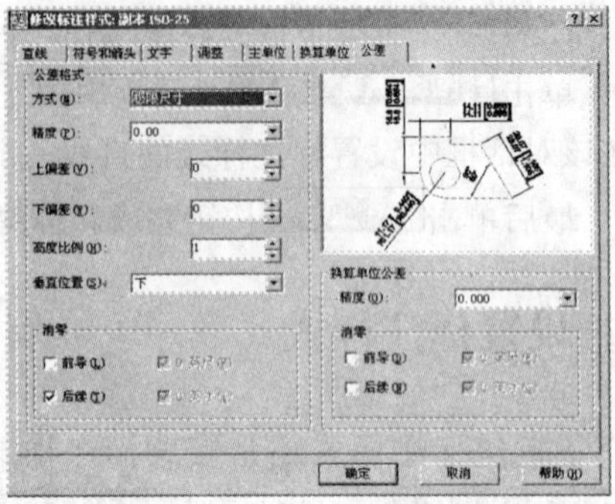

图 10.2.12　“公差”选项卡

第三节　基本标注命令

在 AutoCAD 2007 中，基本的尺寸标注有线性标注、对齐标注、弧长标注、坐标标注、半径标注、折弯标注、直径标注、角度标注、基线标注、连续标注、引线标注、公差标注、圆心标注和快速标注，通过单击“标注”工具栏（见图 10.3.1）中的相应按钮，或选择 标注(N) 子菜单（见图 10.3.2），即可执行尺寸标注命令，本节将详细进行介绍。

图 10.3.1　“标注”工具栏

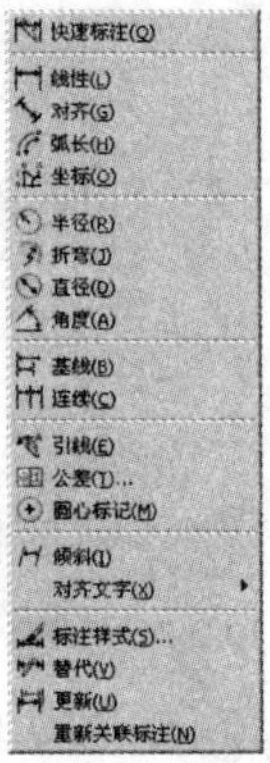

图 10.3.2　“标注”菜单

一、线性标注

在 AutoCAD 2007 中，执行线性标注命令的方法有以下 3 种：

（1）单击“标注”工具栏中的“线性标注”按钮。

（2）选择 标注(N) → 线性(L) 命令。

（3）在命令行中输入命令 dimlinear。

执行线性标注命令后，命令行提示如下：

命令: _ dimlinear

指定第一条尺寸界线原点或 <选择对象>:（指定第一条尺寸界线的端点）

指定第二条尺寸界线原点:（指定第二条尺寸界线的端点）

指定尺寸线位置或[多行文字(M)/文字(T)/角度(A)/水平(H)/垂直(V)/旋转(R)]:（拖动鼠标指定尺寸线的位置）

标注文字 =14（系统提示测量数据）

其中各命令选项的功能介绍如下：

（1）指定尺寸线位置：拖动鼠标确定尺寸线位置即可。

（2）多行文字(M)：选择此命令选项将弹出 文字格式 编辑器，其中，尺寸测量的数据已经被固定，用户可以在数据的前面或后面输入文本。

（3）文字(T)：将以单行文字的形式输入标注文字。

（4）角度(A)：将设置标注文字的旋转角度。

（5）水平(H)：将设置标注文字的水平位置。

（6）垂直(V)：将设置标注文字的垂直位置。

（7）旋转(R)：将设置标注文字的旋转角度。

线性标注的效果如图 10.3.3 所示。

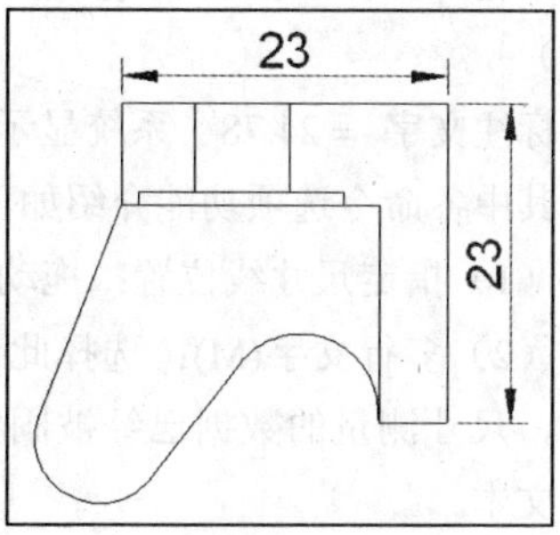

图 10.3.3　线性标注的效果

二、对齐标注

在 AutoCAD 2007 中，执行对齐标注命令的方法有以下 3 种：

（1）单击“标注”工具栏中的“对齐标注”按钮。

（2）选择 标注(N) → 对齐(G) 命令。

（3）在命令行中输入命令 dimaligned。

执行对齐标注命令后，命令行提示如下：

命令: _ dimaligned

指定第一条尺寸界线原点或 <选择对象>（指定第一条尺寸界线原点）

指定第二条尺寸界线原点:（指定第二条尺寸界线原点）

指定尺寸线位置或[多行文字(M)/文字(T)/角度(A)]:（拖动鼠标确定尺寸线的位置）

标注文字 =16.09（系统显示测量数据）

其中各命令选项功能介绍如下：

（1）指定尺寸线位置：拖动鼠标确定尺寸线的位置。

（2）多行文字(M)：选择此命令选项将弹出 文字格式 编辑器，其中，尺寸测量的数据已经被固定，用户可以在数据的前面或后面输入文本。

（3）文字(T)：将以单行文字的形式输入标注文字。

（4）角度(A)：将设置标注文字的旋转角度。

对齐标注的效果如图 10.3.4 所示。

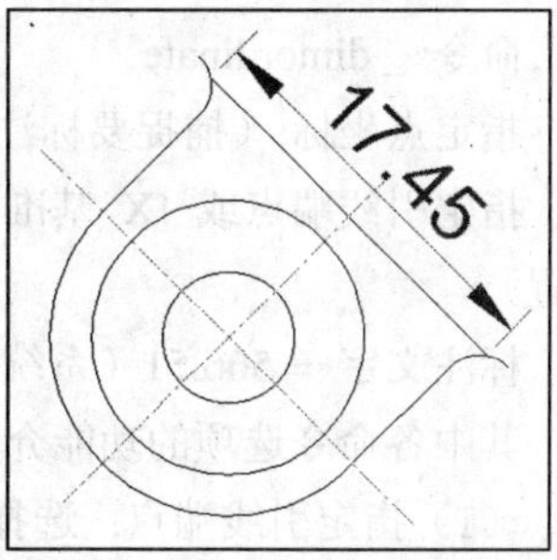

图 10.3.4　对齐标注的效果

三、弧长标注

在 AutoCAD 2007 中，执行弧长标注命令的方法有以下 3 种：

（1）单击“标注”工具栏中的“弧长标注”按钮。

（2）选择 标注(N) → 弧长(H) 命令。

（3）在命令行中输入命令 dimarc。

执行弧长标注命令后，命令行提示如下：

命令: _dimarc

选择弧线段或多段线弧线段:（选择要标注的弧线）

指定弧长标注位置或 [多行文字(M)/文字(T)/角度(A)/部分(P)/引线(L)]:（拖动鼠标指定尺寸线的位置）

标注文字 =24.78（系统显示测量数据）

其中各命令选项功能介绍如下：

（1）指定尺寸线位置：拖动鼠标确定尺寸线的位置。

（2）多行文字(M)：选择此命令选项将弹出 文字格式 编辑器，其中，尺寸测量的数据已经被固定，用户可以在数据的前面或后面输入文本。

（3）文字(T)：将以单行文字的形式输入标注文字。

（4）角度(A)：将设置标注文字的旋转角度。

（5）部分(P)：将缩短弧长标注的长度。

（6）引线(L)：将添加引线对象。仅当圆弧大于 90° 时才会显示此选项。

弧长标注的效果如图 10.3.5 所示。

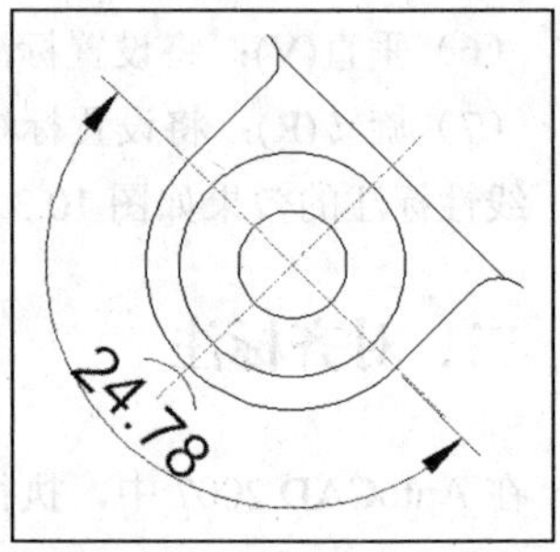

图 10.3.5　弧长标注的效果

四、坐标标注

在 AutoCAD 2007 中，执行坐标标注命令的方法有以下 3 种：

（1）单击“标注”工具栏中的“坐标标注”按钮。

（2）选择 标注(N) → 坐标(O) 命令。

（3）在命令行中输入命令 dimordinate。

执行坐标标注命令后，命令行提示如下：

命令: _dimordinate

指定点坐标:（捕捉要标注的点坐标）

指定引线端点或 [X 基准(X)/Y 基准(Y)/多行文字(M)/文字(T)/角度(A)]:（拖动鼠标指定尺寸线的位置）

标注文字 =566.51（系统显示测量数据）

其中各命令选项的功能介绍如下：

（1）指定引线端点：选择此选项，使用点坐标和引线端点的坐标差可确定它是 X 坐标标注还是 Y 坐标标注。如果 Y 坐标的坐标差较大，标注就测量 X 坐标，否则就测量 Y 坐标。

（2）X 基准(X)：选择此选项，测量 X 坐标并确定引线和标注文字的方向。

（3）Y 基准(Y)：选择此选项，测量 Y 坐标并确定引线和标注文字的方向。

（4）多行文字(M)：选择此选项，弹出 文字格式 编辑器，向其中输入要标注的文字后，再确定引线端点。

（5）文字(T)：选择此选项，在命令行中自定义标注文字。

（6）角度(A)：选择此选项，修改标注文字的角度。

坐标标注的效果如图 10.3.6 所示。

五、半径标注

在 AutoCAD 2007 中，执行半径标注命令的方法有以下 3 种：

（1）单击“标注”工具栏中的“半径标注”按钮。

（2）选择 标注(N) → 半径(R) 命令。

（3）在命令行中输入命令 dimradius。

执行半径标注命令后，命令行提示如下：

命令: _ dimradius

选择圆弧或圆:（选择要测量的圆弧或圆）

标注文字 ＝2.92（系统显示测量数据）

指定尺寸线位置或 [多行文字(M)/文字(T)/角度(A)]:（拖动鼠标确定尺寸线位置）

半径标注的效果如图 10.3.7 所示。

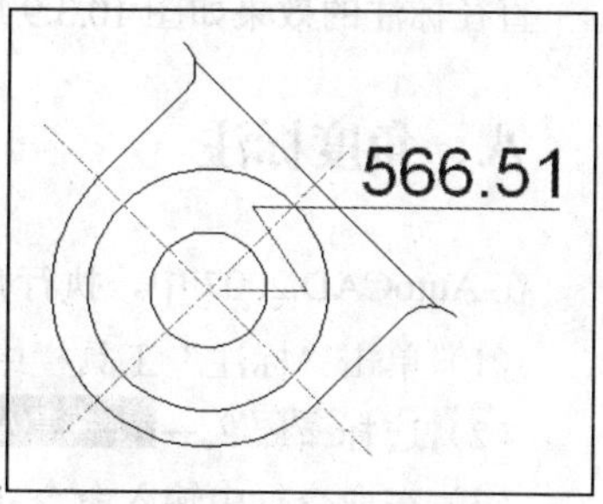

图 10.3.6　坐标标注的效果

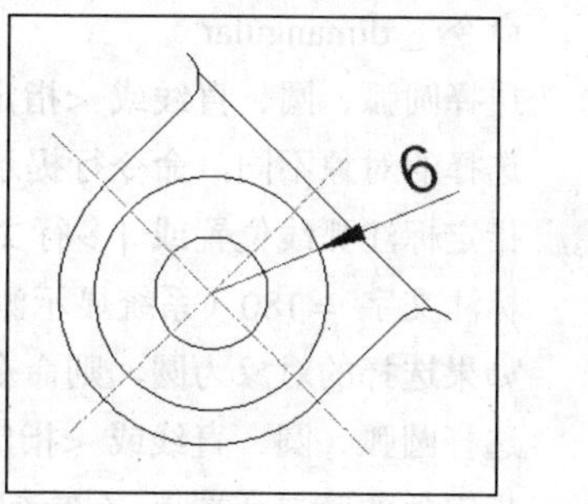

图 10.3.7　半径标注的效果

六、折弯标注

在 AutoCAD 2007 中，执行折弯标注命令的方法有以下 3 种：

（1）单击“标注”工具栏中的“折弯标注”按钮。

（2）选择 标注(N) → 折弯(J) 命令。

（3）在命令行中输入命令 dimjogged。

执行折弯标注命令后，命令行提示如下：

命令: _ dimjogged

选择圆弧或圆:（选择要测量的圆弧或圆）

指定中心位置替代:（指定一点作为标注的中心）

标注文字 ＝2.92（系统显示测量数据）

指定尺寸线位置或 [多行文字(M)/文字(T)/角度(A)]:（拖动鼠标指定尺寸线位置）

指定折弯位置:（指定折弯的位置）

折弯标注的效果如图 10.3.8 所示。

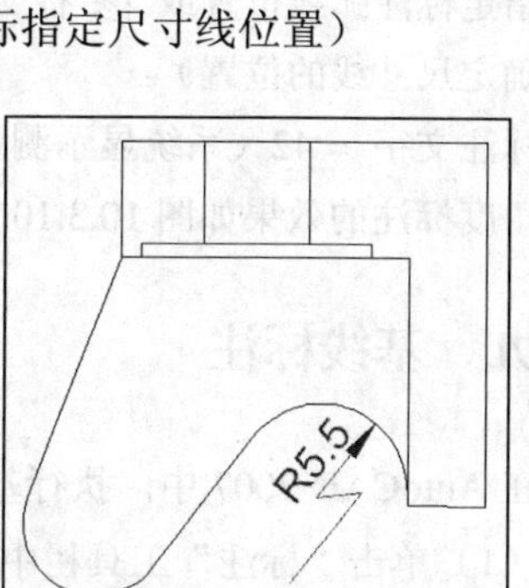

图 10.3.8　折弯标注的效果

七、直径标注

在 AutoCAD 2007 中，执行直径标注命令的方法有以下 3 种：

（1）单击“标注”工具栏中的“直径标注”按钮。

（2）选择 标注(N) → 直径(D) 命令。

（3）在命令行中输入命令 dimdiameter。

执行直径标注命令后，命令行提示如下：

命令:_ dimdiameter

选择圆弧或圆:（选择要测量的圆弧或圆）

标注文字=100（系统显示测量数据）

指定尺寸线位置或[多行文字(M)/文字(T)/角度(A)]:（拖动鼠标确定尺寸线位置）

直径标注的效果如图 10.3.9 所示。

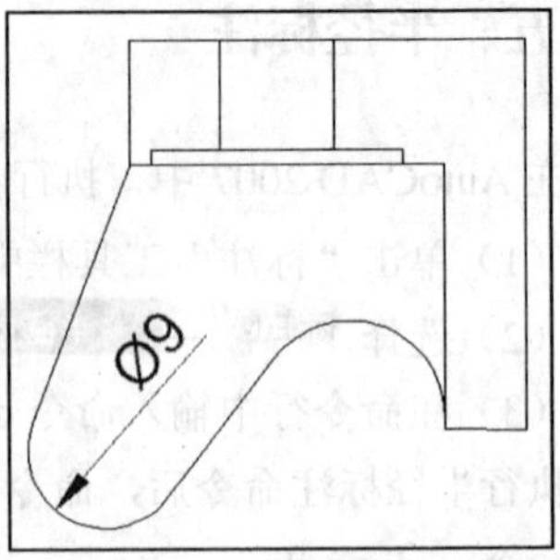

图 10.3.9　直径标注的效果

八、角度标注

在 AutoCAD 2007 中，执行角度标注命令的方法有以下 3 种：

（1）单击“标注”工具栏中的“角度标注”按钮。

（2）选择 标注(N) → 角度(A) 命令。

（3）在命令行中输入命令 dimangular。

执行角度标注命令后，命令行提示如下：

命令: _ dimangular

选择圆弧、圆、直线或 <指定顶点>:（选择要标注的对象）

选择的对象不同，命令行提示也不同。如果选择的对象为圆弧，则命令行提示如下：

指定标注弧线位置或 [多行文字(M)/文字(T)/角度(A)]:（选择圆弧）

标注文字 ＝180（系统显示测量数据）

如果选择的对象为圆，则命令行提示如下：

选择圆弧、圆、直线或 <指定顶点>:（选择圆）

指定角的第二个端点:（在该圆上指定另一个测量端点）

指定标注弧线位置或 [多行文字(M)/文字(T)/角度(A)]:（拖动鼠标确定尺寸线的位置）

标注文字 ＝172（系统显示测量数据）

如果选择的对象为直线，则命令行提示如下：

选择圆弧、圆、直线或 <指定顶点>:（选择角的一条边）

选择第二条直线:（选择角的另一条边）

指定标注弧线位置或 [多行文字(M)/文字(T)/角度(A)]:（拖动鼠标确定尺寸线的位置）

标注文字 ＝42（系统显示测量数据）

角度标注的效果如图 10.3.10 所示。

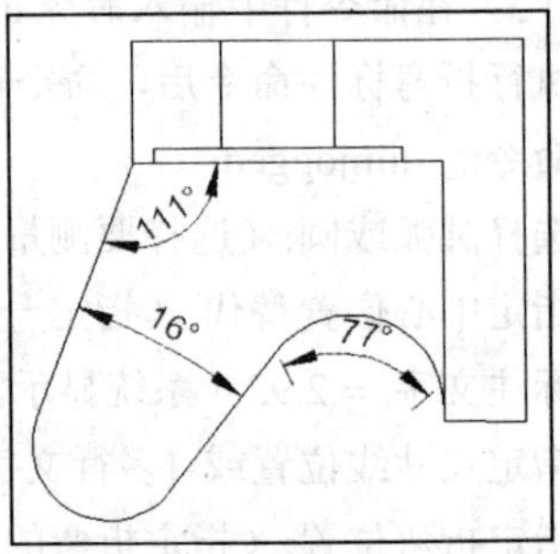

图 10.3.10　角度标注样式

九、基线标注

在 AutoCAD 2007 中，执行基线标注命令的方法有以下 3 种：

（1）单击“标注”工具栏中的“基线标注”按钮。

（2）选择 标注(N) → 基线(B) 命令。

（3）在命令行中输入命令 dimbaseline。

在进行基线标注之前，必须先建立或选择一个线性标注、坐标标注或角度标注作为基准标注，然后执行基线标注命令。命令行提示如下：

命令:_ dimbaseline

指定第二条尺寸界线原点或[放弃(U)/选择(S)]<选择>:（指定下一个尺寸标注原点）

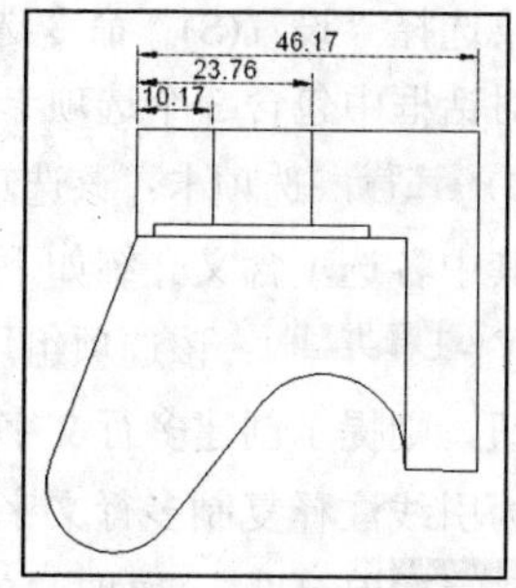

图 10.3.11　基线标注的效果

标注文字=23.76（系统显示测量数据）

其中各命令选项功能介绍如下：

（1）指定第二条尺寸界线原点：确定第二条尺寸界线。

（2）放弃(U)：选择此命令选项，返回到最近的上一次操作。

（3）选择(S)：命令行继续提示，提示如下：

选择基准标注:（用拾取框选择新的基准标注）

基线标注的效果如图 10.3.11 所示。

十、连续标注

在 AutoCAD 2007 中，执行连续标注命令的方法有以下 3 种：

（1）单击“标注”工具栏中的“连续标注”按钮。

（2）选择 标注(N) → 连续(C) 命令。

（3）在命令行中输入命令 dimcontinue。

和基线标注一样，在执行连续标注之前要建立或选择一个线性标注、坐标标注或角度标注作为基准标注，然后执行连续标注命令。命令行提示如下：

命令:_ dimcontinue

指定第二条尺寸界线原点或[放弃(U)/选择(S)]<选择>:（指定第二条尺寸界线原点）

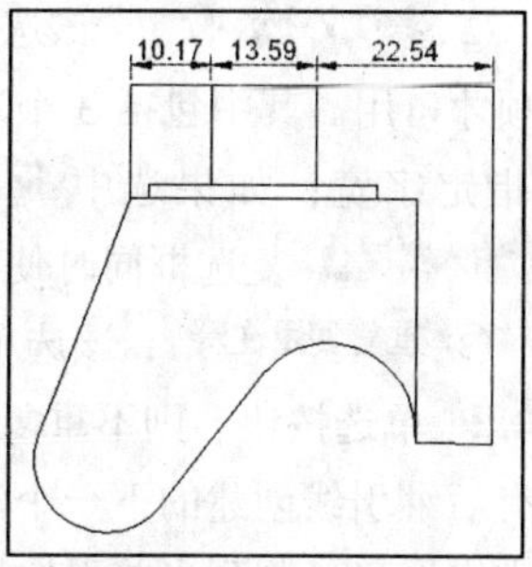

图 10.3.12　连续标注的效果

标注文字=63.64（系统显示测量数据）

其中各命令选项功能介绍如下：

（1）指定第二条尺寸界线原点：确定第二条尺寸界线。

（2）放弃(U)：返回到最近一次操作。

（3）选择(S)：选择此命令选项，命令行会继续提示，提示如下：

选择连续标注:（用拾取框选择新的连续标注）

连续标注的效果如图 10.3.12 所示。

十一、引线标注

在 AutoCAD 2007 中，执行引线标注命令的方法有以下 3 种：

（1）单击“标注”工具栏中的“快速引线”按钮。

（2）选择 标注(N) → 引线(E) 命令。

（3）在命令行中输入命令 qleader。

执行引线标注命令后，命令行提示如下：

指定第一个引线点或[设置(S)]<设置>:（指定引线的起点或对引线进行设置）

如果选择“指定第一个引线点”命令选项，则命令行提示如下：

指定下一点:（指定引线的转折点）

指定下一点:（指定引线的另一个端点）

指定文字宽度<0>:（指定文字的宽度）

输入注释文字的第一行<多行文字（M）>:（输入文字，按回车键结束标注）

如果选择“设置(S)”命令选项，则弹出 引线设置 对话框，如图 10.3.13 所示。

该对话框中包含 3 个选项卡，其功能介绍如下：

1） 注释 选项卡：该选项卡用于设置注释类型、多行文字和重复使用注释选项，如图 10.3.13 所示。其中各选项含义介绍如下：

① 注释类型 ：该选项组用于设置引线注释类型，其中包括 5 个选项。如果选中 ⊙ 多行文字(M) 单选按钮，则提示创建多行文字注释，并弹出多行文字编辑器；如果选中 ⊙ 复制对象(C) 单选按钮，则提示为引线注释复制多行文字、文字、公差或块参照对象；如果选中 ⊙ 公差(T) 单选按钮，则弹出 形位公差 对话框，如图 10.3.14 所示，用于创建要附着到引线上的特性控制框；如果选中 ⊙ 块参照(B) 单选按钮，则提示为引线注释插入块参照；如果选中 ⊙ 无(O) 单选按钮，则创建不包含注释的引线。

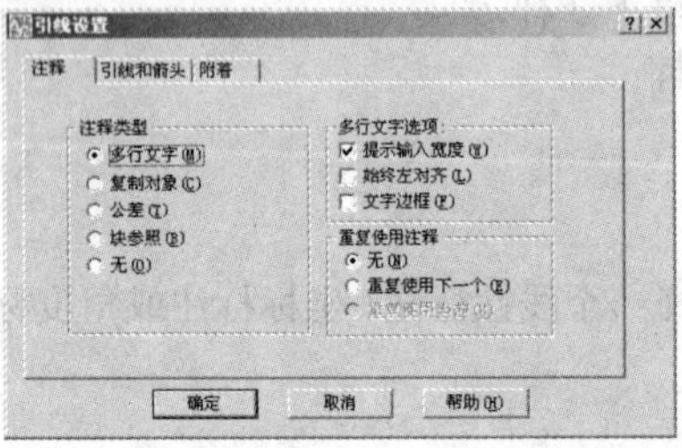

图 10.3.13　“引线设置”对话框

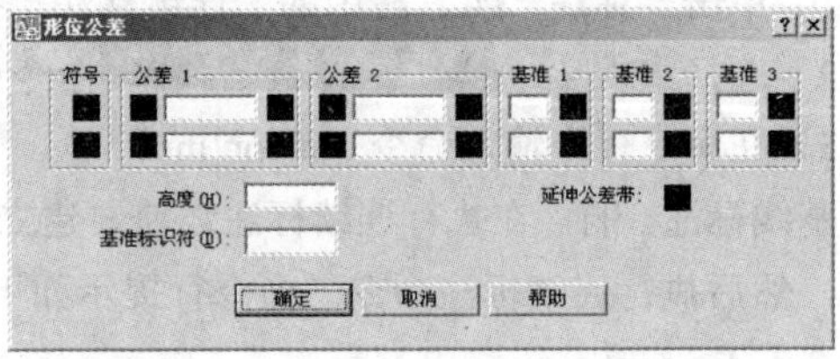

图 10.3.14　“形位公差”对话框

② 多行文字选项 ：该选项组用于对多行文字进行设置，并且只有选择了多行文字注释类型时，该选项才可用。其中包括 3 个选项，如果选中 ☑ 提示输入宽度(W) 复选框，在使用引线标注时，系统提示指定字宽；如果选中 ☑ 始终左对齐(L) 复选框，则多行文字采用左对齐方式，该选项不与 ☑ 提示输入宽度(W) 复选框同时使用；如果选中 ☑ 文字边框(F) 复选框，注释文字时在文字上加边框。

③ 重复使用注释 ：该选项组用于设置引线注释重复使用的选项。其中包括 3 个选项，如果选中 ⊙ 无(N) 单选按钮，则不重复使用引线注释；如果选中 ⊙ 重复使用下一个(E) 单选按钮，则重复使用为所有后继引线创建的下一个注释；如果选中 ⊙ 重复使用当前(U) 单选按钮，则系统自动将上一次创建的文字注释复制到当前引线标注中。

2） 引线和箭头 选项卡：该选项卡用于设置引线和箭头特性，如图 10.3.15 所示。

其中包括以下选项：

① 引线 ：该选项组用于设置引线格式。其中包括两种格式，如果选中 ⊙ 直线(S) 单选按钮，则标注的引线是直线；如果选中 ⊙ 样条曲线(P) 单选按钮，则标注的引线是样条曲线。

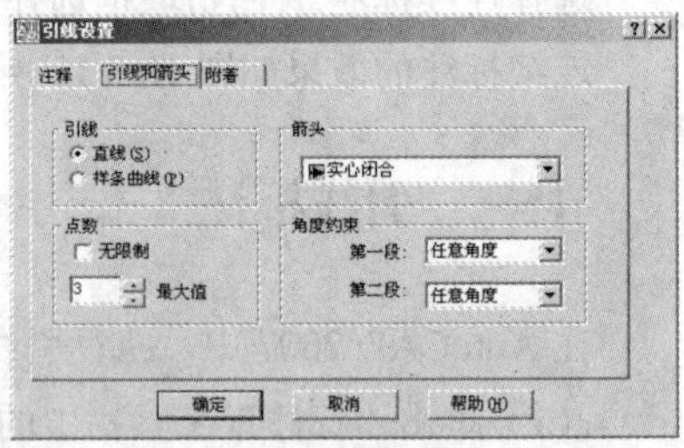

图 10.3.15　“引线和箭头”选项卡

② 点数 ：该选项组用于设置引线的节点数。系统默认为 3，最少为 2，即引线为一条线段，也可以在 最大值 微调框中输入节点数。如果选中 ☑ 无限制 复选框，则引线可以任意曲折。

③ 箭头 ：该选项组用于指定引线箭头的样式，系统提供了 21 种箭头样式。

④ 角度约束 ：该选项组用于设置第一条引线线段和第二条引线线段的角度约束。单击 第一段: 和 第二段: 下拉列表框右边的 ▼ 按钮，在弹出的下拉列表中选择合适的角度，系统分别提供了 6 种角度供用户选择。

3） 附着 选项卡：该选项卡用于设置引线附着到多行文字的位置，如图 10.3.16 所示。

该选项卡中包括 5 种文字与引线间的相对位置关系，这 5 种关系分别是“第一行顶部”、“第一行中间”、“多行文字中间”、“最后一行中间”和“最后一行底部”，这 5 个选项都有“文字在左边”和“文字在右边”之分。如果选中 ☑ 最后一行加下划线(U) 复选框，则前面这 5 项均不可用。

引线标注的效果如图 10.3.17 所示。

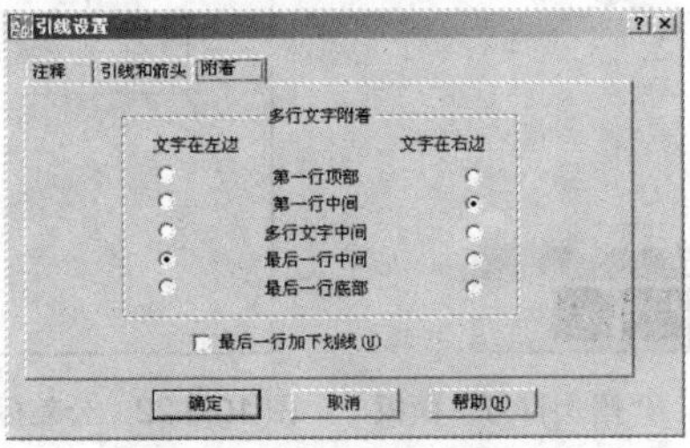

图 10.3.16　“附着”选项卡

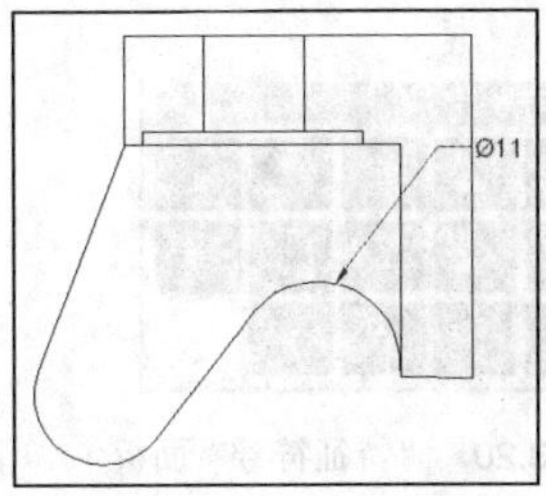

图 10.3.17　引线标注的效果

十二、公差标注

形位公差是表示图形特征的形状、轮廓、方向、位置和跳动的允许偏差等。AutoCAD 中形位公差的组成如图 10.3.18 所示。

在 AutoCAD 2007 中，执行公差标注命令的方法有以下 3 种：

（1）单击“标注”工具栏中的“公差引线”按钮。

（2）选择 标注(N) → 公差(T)... 命令。

（3）在命令行中输入命令 tolerance。

执行形位公差命令后，弹出 形位公差 对话框，如图 10.3.19 所示。

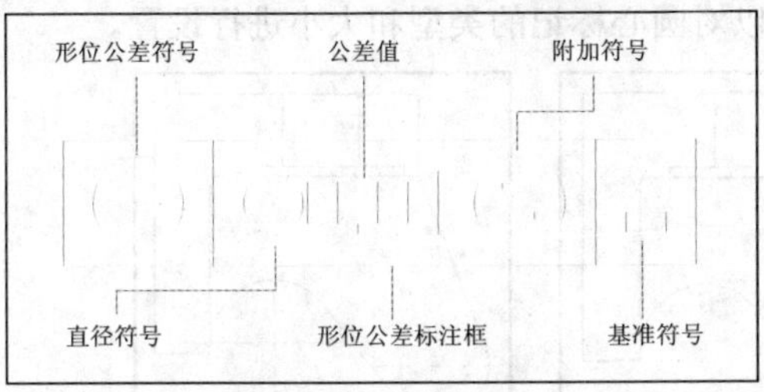

图 10.3.18　形位公差的组成

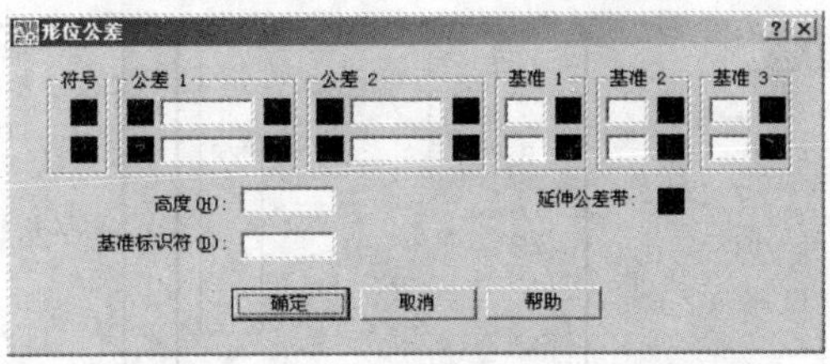

图 10.3.19　“形位公差”对话框

该对话框中各选项功能介绍如下：

1）符号 选项组：单击此选项组中的■图标，打开 特征符号 面板，如图 10.3.20 所示，在该面板中选择合适的特征符号。

2）公差 1 和 公差 2 文本框：单击文本框左边的■图标，添加直径符号，此时该图标变为Ø；可以在中间的文本框中输入公差值；单击文本框右边的■图标，打开 附加符号 面板，如图 10.3.21 所示，在该面板中选择合适的图标。

3）基准 1、基准 2 和 基准 3 选项组：该选项组中的文本框用于创建基准参照值，直接在文本框中输入数值即可。单击文本框右边的■图标，同样打开 附加符号 面板（见图 10.3.21），在该面板中选择合适的图标。

4）高度(H): 文本框：直接在文本框中输入数值，指定公差带的高度。

5）基准标识符(D): 文本框：在文本框中输入字母，创建由参照字母组成的基准标识符。

6）延伸公差带: 设置项：单击■图标，在投影公差带值的后面插入投影公差带符号，此时，该图标变为Ⓟ形状。

公差标注的效果如图 10.3.22 所示。

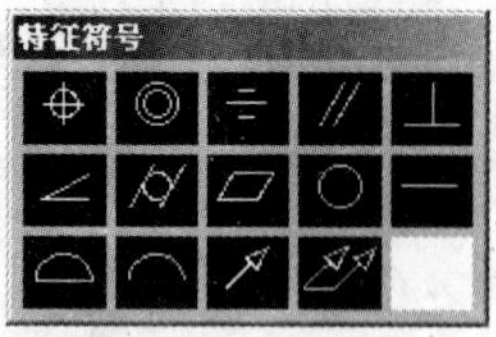

图 10.3.20 “特征符号”面板

图 10.3.21 “附加符号”面板

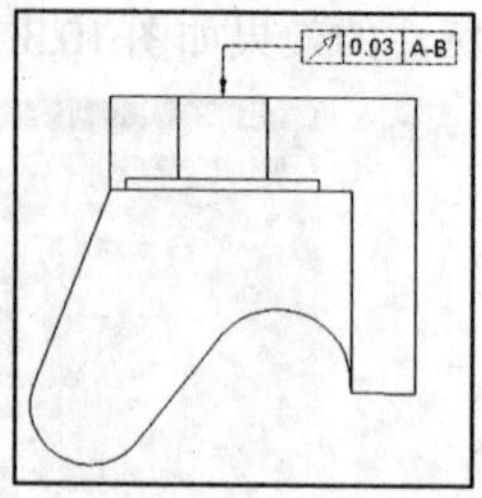

图 10.3.22 公差标注的效果

十三、圆心标记

在 AutoCAD 2007 中，执行圆心标记命令的方式有以下 3 种：

（1）单击“标注”工具栏中的“圆心标注”按钮。

（2）选择 标注(N) → 圆心标记(M) 命令。

（3）在命令行中输入命令 dimcenter。

执行圆心标记命令后，命令行提示如下：

命令：_ dimcenter

选择圆弧或圆:（选择要标记的圆弧或圆）

圆心标记的样式有 3 种，如图 10.3.23 所示。选择“新建标注样式”对话框中的“直线和箭头”选项卡，在该选项卡中的“圆心标记”选项组中可以对圆心标记的类型和大小进行设置。

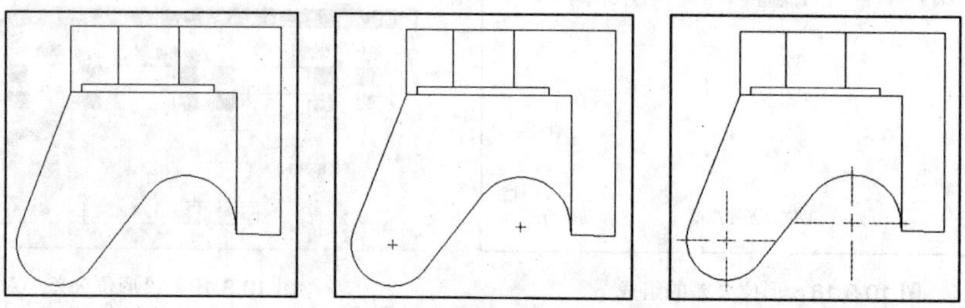

无　　标记　　直线

图 10.3.23 圆心标记的样式

十四、快速标注

使用快速标注一次可标注多个对象或者编辑现有标注，这种方式在创建系列基线或连续标注，以及为一系列圆或圆弧创建标注时特别有用。

执行快速标注命令的方式有以下 3 种：

（1）单击“标注”工具栏中的“快速标注”按钮。

（2）选择 标注(N) → 快速标注(Q) 命令。

（3）在命令行中输入命令 qdim。

执行快速标注命令后，命令行提示如下：

命令:_ qdim

关联标注优先级=端点:（系统提示）

选择要标注的几何图形:（选择要标注的对象）

选择要标注的几何图形:（按回车键结束对象选择）

指定尺寸线位置或[连续(C)/并列(S)/基线(B)/坐标(O)/半径(R)/直径(D)/基准点(P)/编辑(E)/设置(T)]<连续>:（拖动鼠标确定尺寸线的位置）

其中各命令选项功能介绍如下：

（1）指定尺寸线位置：拖动鼠标确定尺寸线的位置。

（2）连续(C)：指定多个标注对象，再选择此命令选项，即可创建一系列连续标注。

（3）并列(S)：指定多个标注对象，再选择此命令选项，即可创建一系列并列标注。

（4）基线(B)：指定多个标注对象，再选择此命令选项，即可创建一系列基线标注。

（5）坐标(O)：指定多个标注对象，再选择此命令选项，即可创建一系列坐标标注。

（6）半径(R)：指定多个标注对象，再选择此命令选项，即可创建一系列半径标注。

（7）直径(D)：指定多个标注对象，再选择此命令选项，即可创建一系列直径标注。

（8）基准点(P)：为基线和坐标标注设置新的基准点。选择此命令选项后，命令行提示“选择新的基准点”，指定新基准点后，返回到上一提示。

（9）编辑(E)：编辑一系列标注。选择此命令选项后，命令行提示“指定要删除的标注点或[添加(A)/退出(X)]<退出>”，指定点后返回到上一提示。

（10）设置(T)：为指定的尺寸界线原点设置默认的对象捕捉模式。选择此命令选项后，命令行提示“关联标注优先级[端点(E)/交点(I)]<端点>”，选择此命令选项后，按回车键返回到上一提示。

第四节　编辑尺寸标注

AutoCAD 允许对已经创建的尺寸标注进行编辑修改，包括修改标注文字的内容、改变其位置、使标注文字倾斜一定的角度等，还可以对尺寸界线进行编辑。编辑尺寸标注可以使用 DIMEDIT 命令和 DIMTEDIT 命令，二者功能各不相同，本节主要介绍如何使用这两个命令对尺寸标注进行编辑。

一、使用 DIMEDIT 命令编辑尺寸标注

通过 dimedit 命令可以修改已有尺寸标注的标注文字内容，把标注文字倾斜一定的角度，还可以对尺寸界线进行修改，使其旋转一定角度，标注一段线段在某一方向上的投影尺寸。使用该命令可以同时对多个尺寸标注进行编辑。在命令行中输入该命令后，命令行提示如下：

命令: dimedit

输入标注编辑类型 [默认(H)/新建(N)/旋转(R)/倾斜(O)] <默认>:

其中各命令选项功能介绍如下：

（1）默认(H)：将编辑后的标注文字设置为默认状态。

（2）新建(N)：选择此命令选项，打开**文字格式**编辑器，在该编辑器中可更改标注文字。

（3）旋转(R)：旋转标注文字。

（4）倾斜(O)：调整线性标注尺寸界线的倾斜角度，如图 10.4.1 所示。

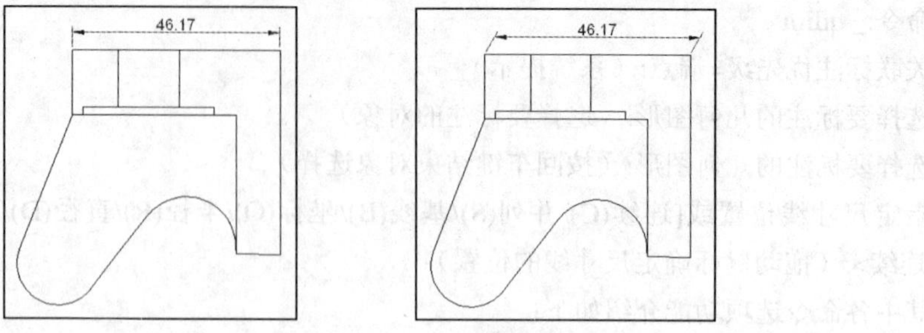

原始图形　　　　编辑后的图形

图 10.4.1　编辑尺寸界线的倾斜角度

二、使用 DIMTEDIT 命令编辑

通过 dimtedit 命令可以改变标注文字的位置，使其位于尺寸线上面左端、右端或中间，而且还可以使标注文字倾斜一定的角度。在命令行中输入该命令后，命令行提示如下：

命令: dimtedit

选择标注:（选择要编辑的尺寸标注）

指定标注文字的新位置或 [左(L)/右(R)/中心(C)/默认(H)/角度(A)]:（指定标注文字的新位置）

其中各命令选项功能介绍如下：

（1）左(L)：沿尺寸线左对正标注文字。本选项只适用于线性、直径和半径标注。

（2）右(R)：沿尺寸线右对正标注文字。本选项只适用于线性、直径和半径标注。

（3）中心(C)：将标注文字放在尺寸线的中间。

（4）默认(H)：将标注文字移回默认位置。

（5）角度(A)：修改标注文字的角度。

编辑尺寸的效果如图 10.4.2 所示。

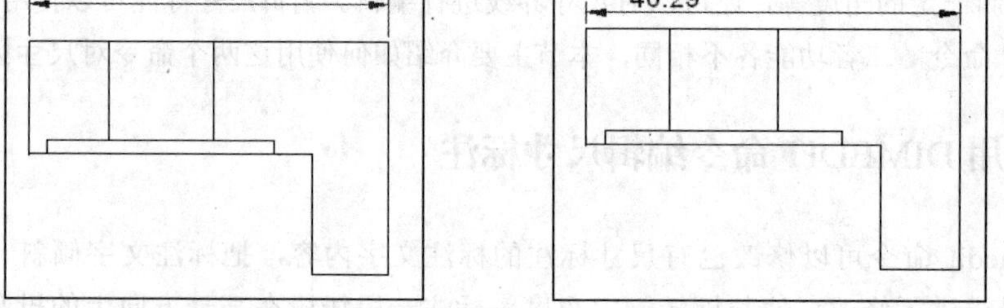

原始图形　　　　编辑后的图形

图 10.4.2　编辑尺寸的效果

第五节　应用实例

下面绘制并标注如图 10.5.1 所示的图形，以巩固本章所学的知识。

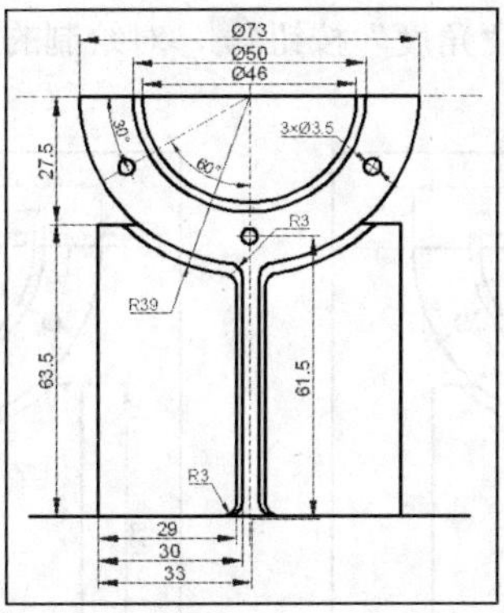

图 10.5.1 效果图

（1）单击“图层”工具栏中的“图层特性管理器”按钮，在弹出的“图层特性管理器”对话框中新建“轴线层”和“轮廓线”层，参数设置如图 10.5.2 所示。

（2）利用各种绘制与编辑图形的工具，参照如图 10.5.1 所示图形中的轮廓线进行绘制，效果如图 10.5.3 所示。

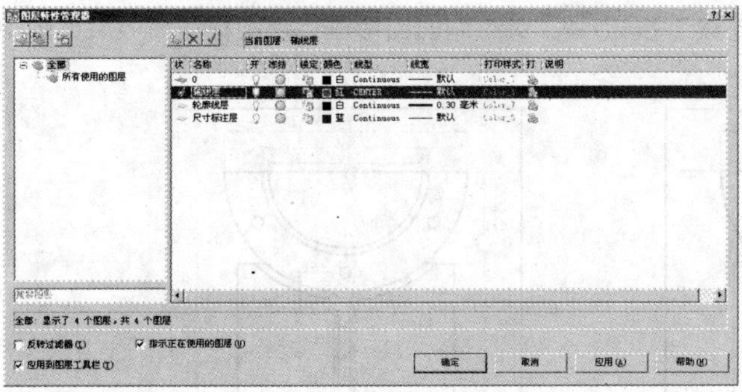

图 10.5.2 “图层特性管理器”对话框

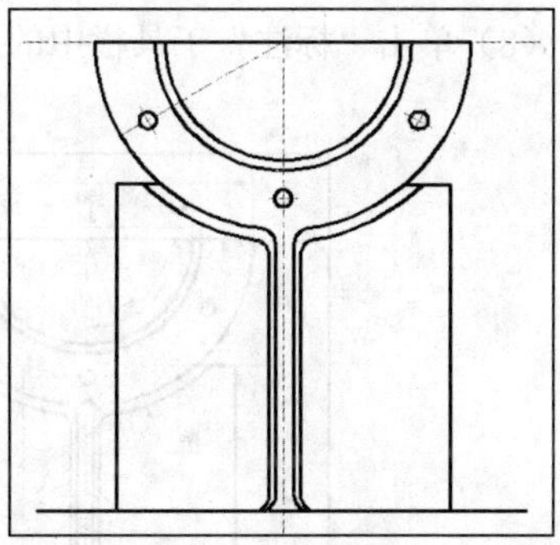

图 10.5.3 绘制轮廓

（3）设置“尺寸标注层”为当前图层，单击“标注”工具栏中的“线性”按钮，对绘制的图形进行线性标注，效果如图 10.5.4 所示。

（4）单击“标注”工具栏中的“半径”按钮，对绘制的图形中的圆弧进行半径标注，效果如图 10.5.5 所示。

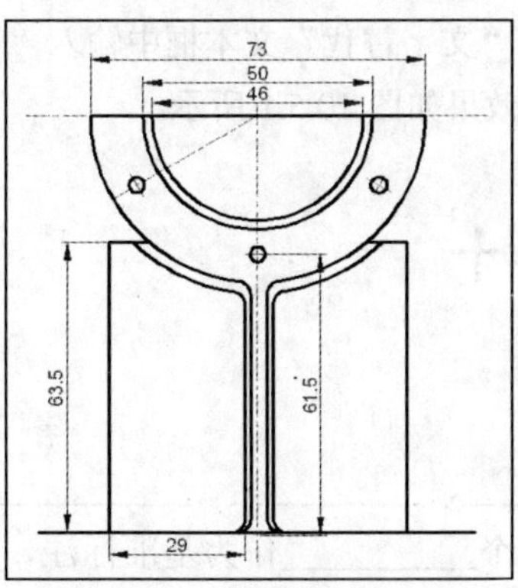

图 10.5.4 线性标注

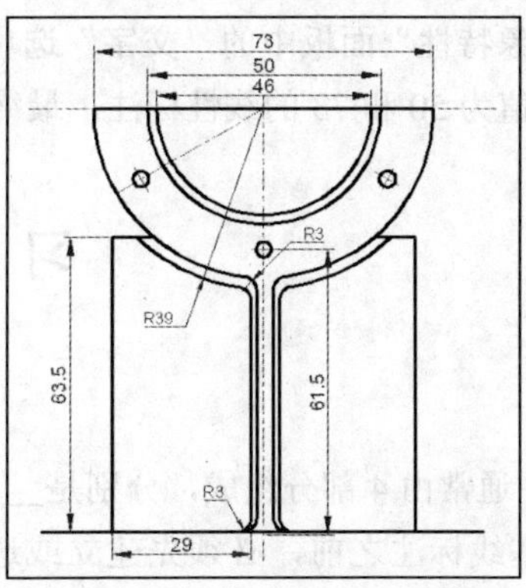

图 10.5.5 半径标注

（5）单击“标注”工具栏中的“直径”按钮，对绘制的图形中的圆进行直径标注。绘制的图形中的 3 个圆大小相同，直径标注的效果如图 10.5.6 所示。

（6）单击“标注”工具栏中的“角度”按钮，对绘制的图形进行角度标注，效果如图 10.5.7 所示。

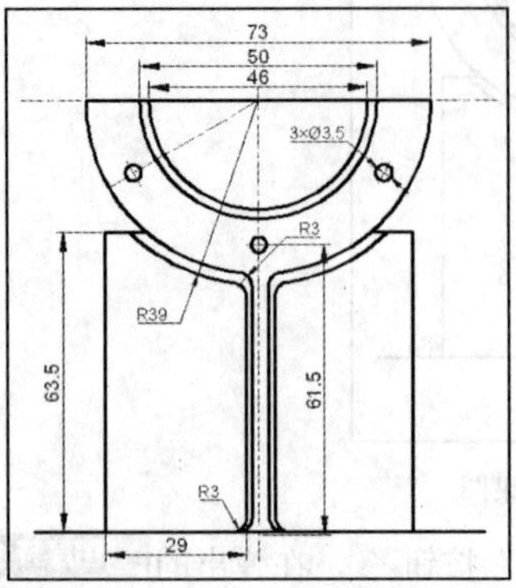

图 10.5.6　直径标注

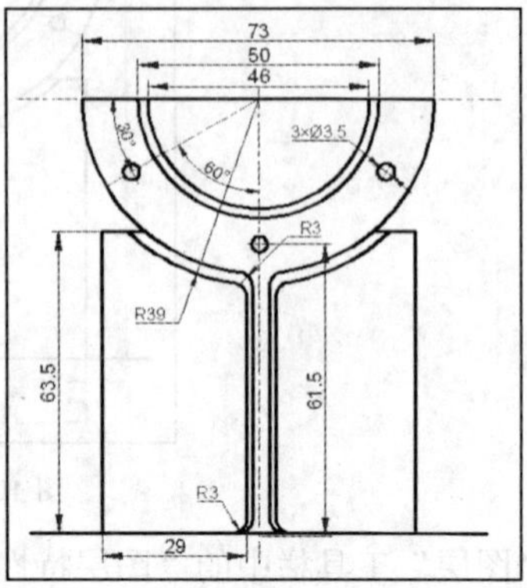

图 10.5.7　角度标注

（7）单击“标注”工具栏栏中的“基线”按钮，对绘制的图形进行基线标注，效果如图 10.5.8 所示。

（8）单击“标注”工具栏中的“连续”按钮，对绘制的图形进行连续标注，效果如图 10.5.9 所示。

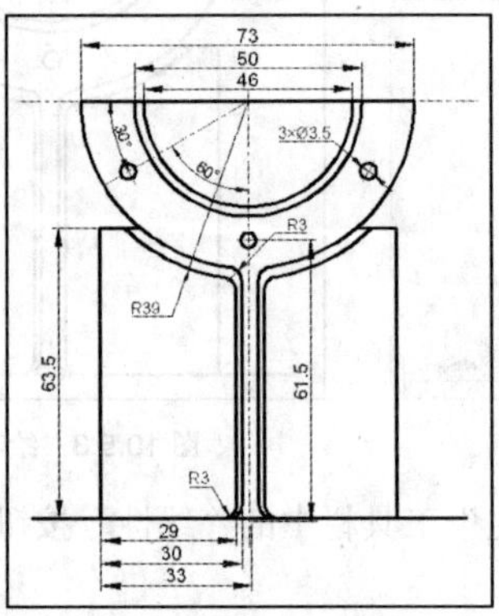

图 10.5.8　基线标注

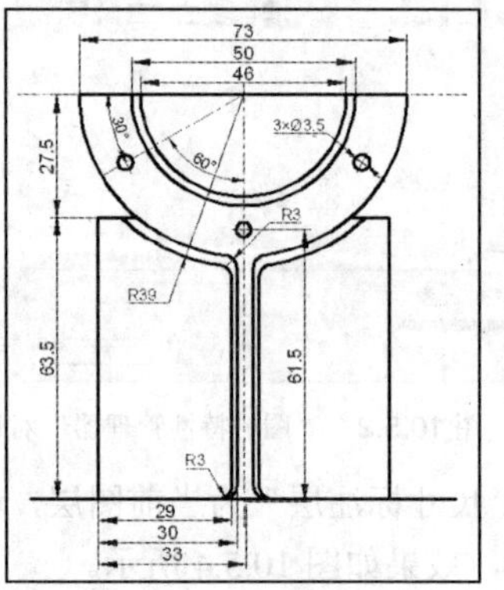

图 10.5.9　连续标注

（9）单击“标准”工具栏中的“对象特性”按钮，选中如图 10.5.9 所示图形中值为 46 的线性标注，在“对象特性”面板中的“文字”选项区的“文字替代”文本框中输入“%%C 46”，用同样的方法再替代值为 50 和 73 的线性标注，最终标注效果如图 10.5.1 所示。

习 题 十

一、填空题

1．尺寸标注通常由 4 部分组成，分别是__________、__________、__________和__________。

2．在进行基线标注之前，必须先建立或选择一个__________作为基准标注，然后执行基线标注命令。

3．使用__________命令可以编辑标注对象上的标注文字和尺寸界线。

二、简答题

1．尺寸标注的规则和组成分别是什么？

2．在 AutoCAD 2007 中，如何创建尺寸标注样式？

3．在 AutoCAD 2007 中，基本的尺寸标注命令有哪些？

4．在 AutoCAD 2007 中，如何对已经创建的尺寸标注进行编辑？

三、上机操作题

绘制如题图 10.1 所示的图形并标注尺寸。

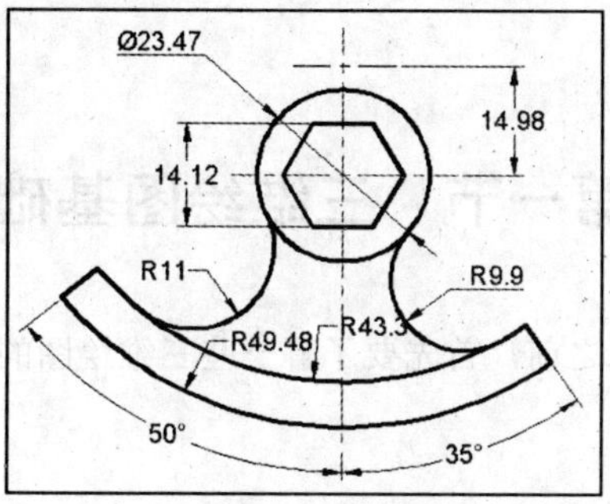

题图　10.1

第十一章　绘制基本三维对象

利用 AutoCAD 2007 不仅可以绘制二维图形，还可以绘制实体的三维模型，并可以对其进行各种编辑，创建出比二维图形更加逼真、直观的三维效果。本章主要介绍三维绘图的一些基础知识和一些简单三维对象的创建方法。

本章主要内容：

◆ 三维绘图基础

◆ 绘制三维点和线

第一节　三维绘图基础

在 AutoCAD 中创建三维对象之前，首先要了解一些三维绘图的基础知识，包括三维坐标系和三维图形的控制方法。

一、建立用户坐标系

前面已经详细介绍了平面坐标系的使用方法，该方法同样适用于三维坐标系。在绘制二维图形时，使用世界坐标系就足够了，但在绘制三维图形时，用户需要确定每个点在 3 个坐标轴上的坐标值，这时就需要改变坐标系的位置与坐标轴的方向，以提高绘图速度。用户根据自己的需要设定的坐标系称为用户坐标系（UCS）。合理地创建 UCS，可以方便地创建三维模型。

在命令行中输入命令 ucs 后按回车键，即可创建用户坐标系，命令行提示如下：

命令: ucs

当前 UCS 名称: *世界*（系统提示）

指定 UCS 的原点或 [面(F)/命名(NA)/对象(OB)/上一个(P)/视图(V)/世界(W)/X/Y/Z/Z 轴(ZA)] <世界>:（指定新坐标系的原点）

其中各命令选项功能介绍如下：

（1）指定 UCS 的原点：选择该命令选项，使用一点、两点或三点定义一个新的 UCS。如果指定单个点，当前 UCS 的原点将会移动而不会更改 X，Y，Z 轴的方向。

（2）面(F)：选择该命令选项，依据在三维实体中选中的面来定义 UCS。

（3）命名(NA)：选择该命令选项，按名称保存并恢复使用的 UCS。

（4）对象(OB)：选择该命令选项，根据选定三维对象定义新的坐标系。新建 UCS 的拉伸方向（Z 轴正方向）与选定对象的拉伸方向相同。

（5）上一个(P)：选择该命令选项，恢复上一次使用的 UCS。

（6）视图(V)：选择该命令选项，以垂直于观察方向的平面为 XY 平面，建立新的坐标系。

（7）世界(W)：选择该命令选项，将当前用户坐标系设置为世界坐标系。

（8）X/Y/Z：选择该命令选项，绕指定轴旋转当前 UCS。

（9）Z 轴(ZA)：选择该命令选项，用指定的 Z 轴正半轴定义 UCS。

二、设置视点

所谓视点，就是使用输入的 X，Y，Z 坐标确定的观察视图的位置。定义的视图是观察者在该点向原点（0，0，0）方向观察。在 AutoCAD 2007 中，视点又分为标准视点和自定义视点两种。

1. 标准视点

AutoCAD 为用户提供了 10 种标准视点，这些视点包括俯视、仰视、左视、右视、主视、后视、西南等轴测、东南等轴测、东北等轴测和西北等轴测，选择 视图(V) → 三维视图(D) 命令的子命令（见图 11.1.1），或单击“视图”工具栏中的相应按钮（见图 11.1.2），即可切换标准视点。

图 11.1.1 “三维视图”菜单子命令

图 11.1.2 “视图”工具栏

图 11.1.3 所示的为不同视点下的三维图形效果。

西南等轴测图　　东南等轴测图

图 11.1.3 不同视点下的三维图形

2. 自定义视点

虽然 AutoCAD 系统中有 10 个标准视点，但为了更好地观察三维模型，用户还可以精确地设置自定义视点。自定义视点的方法如下：

（1）视点预置。用户可以通过选择 视图(V) → 三维视图(D) → 视点预置(I)... 命令或在命令行中输入命令 ddvpoint，弹出 视点预置 对话框，如图 11.1.4 所示。

该对话框中各选项功能介绍如下：

1）设置观察角度 选项：此选项用于选择观察角度。如果选中 ⦿ 绝对于 WCS(W) 单选按钮，则相对于世界坐标系设置视点；如果选中 ⦿ 相对于 UCS(U) 单选按钮，则相对于当前用户坐标系设置视点。

2）自：在 X 轴(A): 315.0 或 XY 平面(P): 35.3 文本框中直接输入角度值，即可指定查看角度，也可以使用样例图像来指定查看角度。黑针指示新角度，灰针指示当前角度。通过选择圆或半圆的内部区域来指定一个角度，如果选择了边界外面的区域，那么就以该区域显示的角度值设置角度；如果选择了内弧或内弧中的区域，则角度可能是一个分数。

3）设置为平面视图(V)：单击此按钮，设置查看角度时，以相对于选定坐标系显示的平面视图为参照对象。

（2）视点。用户可以通过选择 视图(V) → 三维视图(D) → 视点(V) 命令，或在命令行输入命令 vpoint 执行视点设置命令，如图 11.1.5 所示。通过拖动鼠标移动十字光标，同时坐标系图标也随之变换方向，如果十字光标位于小圆以内，则视点落在 Z 轴正方向上；如果十字光标位于小圆与大圆之间，则视点落在 Z 轴负方向上。当十字光标处于适当位置时，单击鼠标左键即可确定视点。

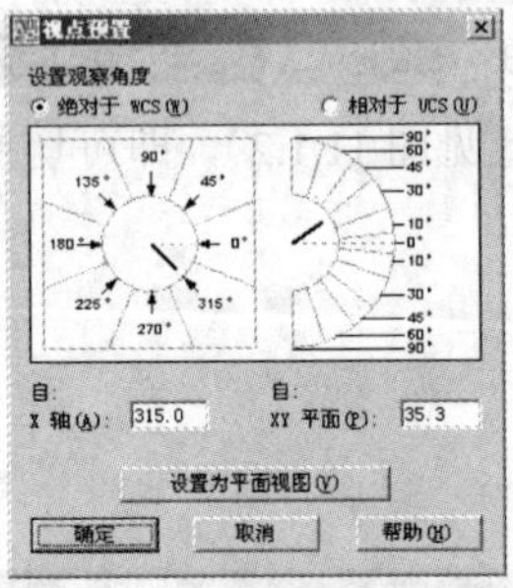

图 11.1.4　“视点预置”对话框

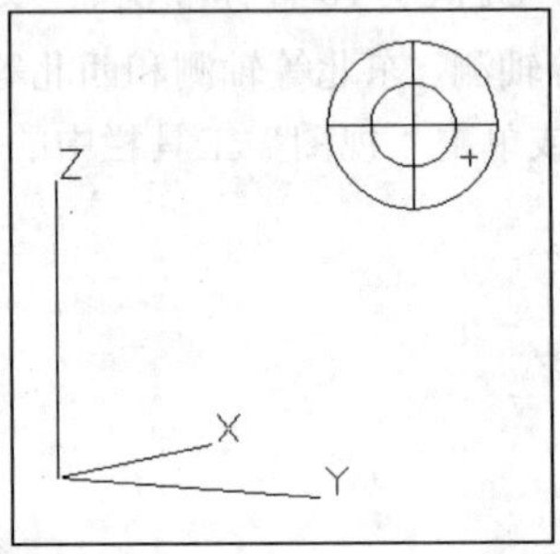

图 11.1.5　视点设置

三、动态观察

在 AutoCAD 2007 中，用户可以使用动态观察命令动态显示三维图形的效果。动态观察命令有 3 个，分别为“受约束的动态观察”、“自由动态观察”和“连续动态观察”，选择 视图(V) → 动态观察(B) 命令中的子命令（见图 11.1.6），或单击“动态观察”工具栏（见图 11.1.7）中的相应按钮，即可执行动态观察命令。

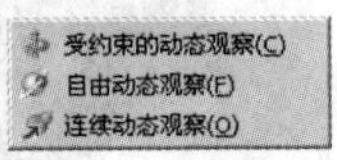

图 11.1.6　“动态观察”子菜单

图 11.1.7　“动态观察”工具栏

（1）受约束的动态观察：执行该命令后，即可激活三维动态观察视图，在视图中的任意位置拖动并移动鼠标，即可动态观察图形中的对象。释放鼠标后，对象保持静止。使用该命令观察三维图形时，视图的目标始终保持静止，而观察点将围绕目标移动，所以从用户的视点看起来就像三维模型正在随着鼠标光标拖动而旋转。拖动鼠标时，如果光标水平移动，视点将平行于世界坐标系的 XY 平面移动；如果光标垂直移动，视点将沿 Z 轴移动。

（2）自由动态观察：执行该命令后，激活三维自由动态观察视图，并显示一个导航球，它被更小的圆分成 4 个区域，拖动鼠标即可动态观察三维模型。在执行该命令前，用户可以选中查看整个图形，或者选择一个或多个对象进行观察。

（3）连续动态观察：执行该命令后，在绘图区域中单击并沿任意方向拖动鼠标，即可使对象沿着鼠标拖动方向移动。释放鼠标后，对象在指定方向上继续沿着轨迹运动。鼠标移动的速度决定了对象旋转的速度。

四、使用相机

在 AutoCAD 2007 中，用户可以在模型空间中放置一台或多台相机来控制三维图形的显示，并根据需要创建相机预览效果。

1. 创建相机

在视图中创建相机，可以从不同的视角观察三维对象，创建相机的方法为：选择 视图(V) → 创建相机(T) 命令，命令行提示如下：

命令: _camera

当前相机设置: 高度=0 镜头长度=50 毫米（系统提示）

指定相机位置:（拖动鼠标指定相机位置）

指定目标位置:（拖动鼠标指定目标位置）

输入选项 [?/名称(N)/位置(LO)/高度(H)/目标(T)/镜头(LE)/剪裁(C)/视图(V)/退出(X)] <退出>:（按回车键结束命令）

其中各命令选项功能介绍如下：

（1）?：选择此命令选项，列出当前已经定义的相机列表。

（2）名称(N)：选择此命令选项，为当前创建的相机设置名称。

（3）位置(LO)：选择此命令选项，指定相机的位置。

（4）高度(H)：选择此命令选项，指定相机的高度。

（5）目标(T)：选择此命令选项，指定相机的目标。

（6）镜头(LE)：选择此命令选项，改变相机的焦距。

（7）剪裁(C)：选择此命令选项，定义前后剪裁平面并设置它们的值。

（8）视图(V)：选择此命令选项，设置当前视图，以匹配相机设置。

（9）退出(X)：选择此命令选项，取消该命令。

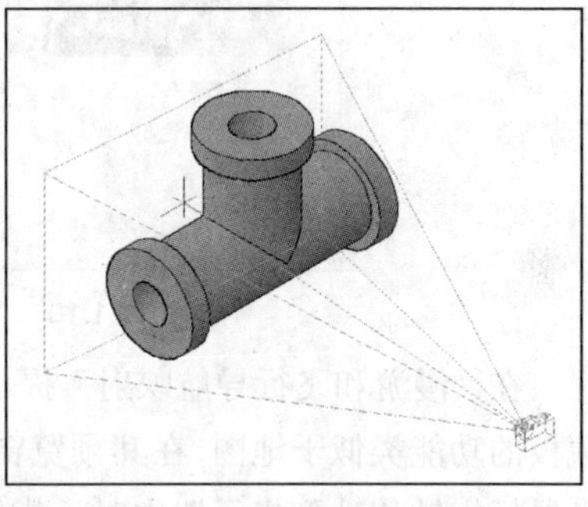

图 11.1.8　创建相机

创建相机的效果如图 11.1.8 所示。

2. 相机预览

在视图中创建相机后，当选中相机时，弹出 相机预览 对话框。在该对话框中的相机预览框中显示了使用相机观察到的视图效果。在 相机预览 对话框中的 视觉样式: 下拉列表中，可以设置预览窗口中视觉样式的模式，如图 11.1.9 所示。

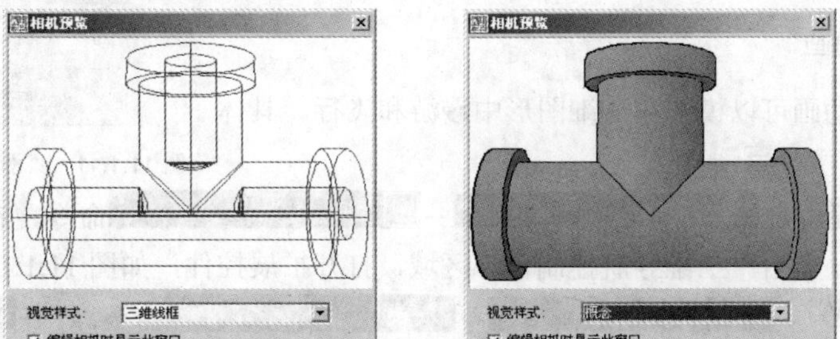

图 11.1.9　“三维线框”和“概念”视觉样式预览效果

在使用相机预览的过程中，还可以通过选择 视图(V) → 相机(C) → 调整视距(A) 命令或 视图(V) → 相机(C) → 回旋(S) 命令对相机的位置和显示效果进行设置。

五、漫游和飞行

在 AutoCAD 2007 中，用户可以在漫游或飞行模式下，通过键盘和鼠标来控制视图显示，并创建导航动画。

1. 漫游和飞行设置

选择 视图(V) → 漫游和飞行(K) → 漫游(K) 或 飞行(F) 命令，进入漫游或飞行环境，同时弹出 漫游和飞行导航映射 提示框和 定位器 选项板，如图 11.1.10 所示。

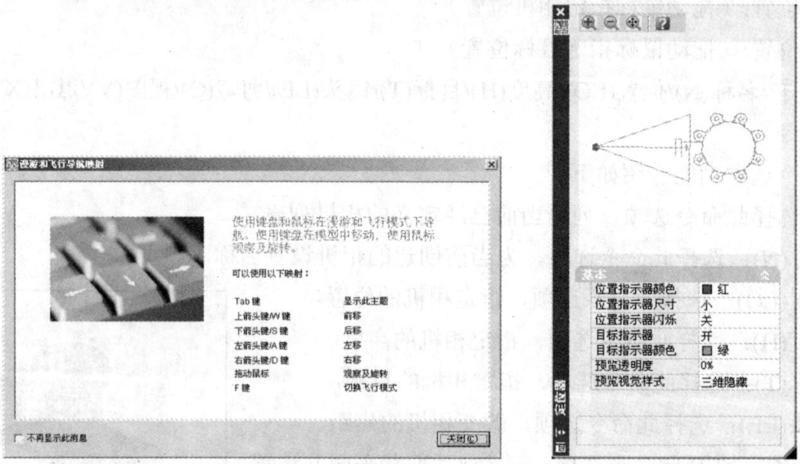

图 11.1.10　“漫游和飞行导航映射”提示框和“定位器”选项板

在“漫游和飞行导航映射”提示框中显示了用于导航的快捷键及其对应的功能。而“定位器”选项板的功能类似于地图，在其预览窗口中显示模型的俯视图，并显示了当前用户在模型中所处的位置。当鼠标指针移动到指示器中时，指针就会变成一个手的形状，拖动鼠标即可改变指示器的位置。“定位器”选项板中的“基本”选项区中可以设置指示器的颜色、尺寸、是否闪烁，目标指示器的开关状态、颜色、预览透明度和预览视觉样式等。

选择 视图(V) → 漫游和飞行(K) → 漫游和飞行设置(S)... 命令，弹出 漫游和飞行设置 对话框，如图 11.1.11 所示，在该对话框中可以设置显示指令窗口的时机、窗口显示的时间，以及当前图形设置的步长和每秒步数。

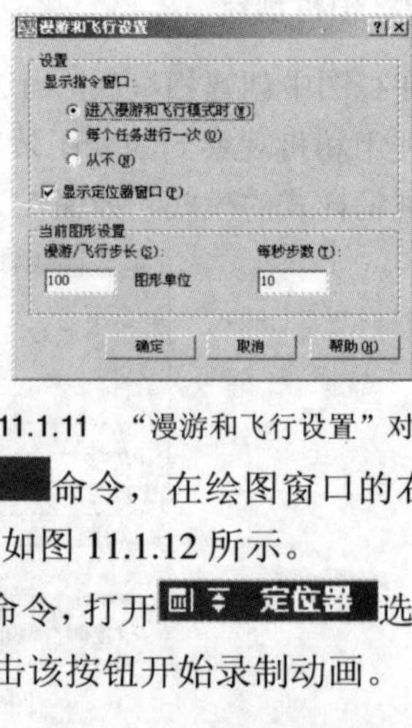

图 11.1.11　“漫游和飞行设置”对话框

2. 创建导航动画

通过创建导航动画可以模拟在三维图形中漫游和飞行。具体操作步骤如下：

（1）选择 工具(T) → 选项板 → 面板 命令，在绘图窗口的右侧弹出“面板”选项板，单击“三维导航控制台”区域，打开扩展控件，如图 11.1.12 所示。

（2）选择 视图(V) → 漫游和飞行(K) → 漫游(K) 命令，打开 定位器 选项板，此时，“面板”选项板中的“开始录制动画”按钮显示为红色，单击该按钮开始录制动画。

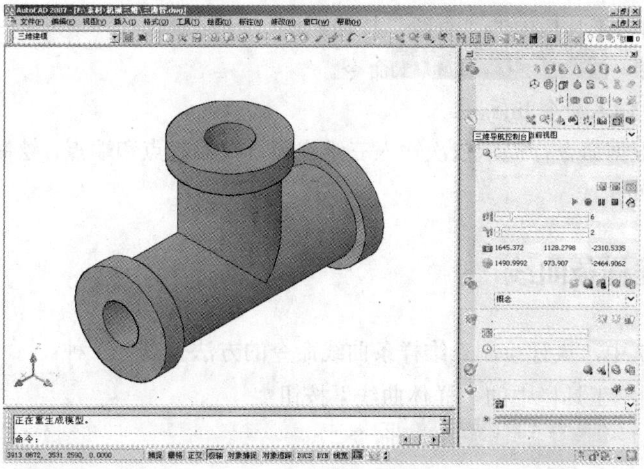

图 11.1.12　“面板”选项板

（3）在 定位器 选项板的预览窗口中拖动鼠标，调整指示器的位置，改变漫游显示效果。

（4）改变漫游显示效果后，单击“面板”选项板中的“播放动画”按钮，弹出 动画预览 对话框，该对话框中显示了漫游动画效果，如图 11.1.13 所示。

（5）在漫游模式下，用户可以按“F”键切换到飞行模式，在漫游和飞行模式下，均可以创建导航动画。创建导航动画结束后，可以单击“面板”选项板中的“保存动画”按钮，对创建的动画进行保存。

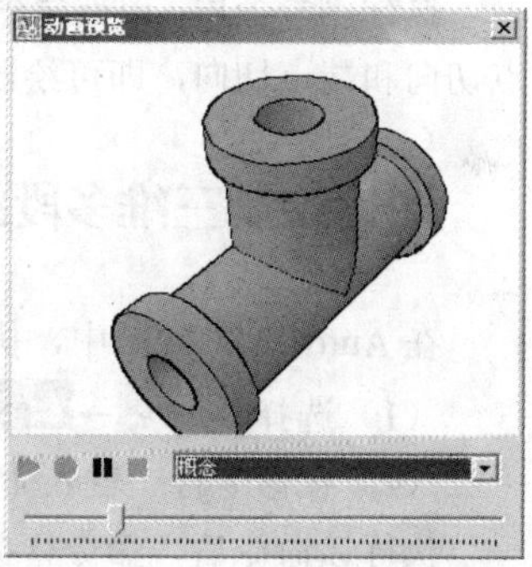

图 11.1.13　“动画预览”对话框

第二节　绘制三维点和线

所有的图形都是由点和线组成的，在三维图形中，也可以绘制三维点、三维直线、样条曲线、多段线和螺旋线等基本对象，本节将详细进行介绍。

一、绘制三维点

在 AutoCAD 2007 中，执行绘制三维点命令的方法有以下 3 种：

（1）单击“绘图”工具栏中的“点”按钮。

（2）选择 绘图(D) → 点(O) → 单点(S) 命令。

（3）在命令行中输入命令 point。

执行该命令后，在命令行的提示下直接输入三维坐标即可绘制三维点。在输入三维坐标时，用户可以采用绝对坐标或相对坐标输入，同时也可以使用对象捕捉来拾取特殊点。

二、绘制三维直线

在 AutoCAD 2007 中，执行绘制三维直线命令的方法有以下 3 种：

（1）单击“绘图”工具栏中的“直线”按钮。

（2）选择 绘图(D) → 直线(L) 命令。

（3）在命令行中输入命令 line。

执行该命令后，根据命令行提示依次输入三维空间直线的起点和端点，绘制三维直线。如果输入多个端点，则绘制空间折线。

三、绘制三维样条曲线

在 AutoCAD 2007 中，执行绘制三维样条曲线命令的方法有以下 3 种：

（1）单击“绘图”工具栏中的“样体曲线”按钮。

（2）选择 绘图(D) → 样条曲线(S) 命令。

（3）在命令行中输入命令 spline。

执行该命令后，根据命令行提示依次输入三维样条曲线的起点和端点，并确定三维样条曲线的起点切向和端点切向，即可绘制三维多段线。

四、绘制三维多段线

在 AutoCAD 2007 中，执行绘制三维多段线命令的方法有以下两种：

（1）选择 绘图(D) → 三维多段线(3) 命令。

（2）在命令行中输入命令 3dpoly。

执行该命令后，命令行提示如下：

命令: _ 3dpoly

指定多段线的起点:（指定三维多段线的起点）

指定直线的端点或 [放弃(U)]:（指定三维多段线的端点）

指定直线的端点或 [放弃(U)]:（指定下一段三维多段线的端点）

指定直线的端点或 [闭合(C)/放弃(U)]:（指定下一段三维多段线的端点）

指定直线的端点或 [闭合(C)/放弃(U)]:（按回车键结束命令）

注意：执行绘制三维多段线命令后，根据系统提示依次输入三维多段线在三维空间中的起点和端点即可。如果执行 pline 命令，则只能绘制二维多段线，不能绘制三维多段线。

五、绘制螺旋线

在 AutoCAD 2007 中，执行绘制螺旋线命令的方法有以下 3 种：

（1）单击“建模”工具栏中的“螺旋”按钮。

（2）选择 绘图(D) → 螺旋(X) 命令。

（3）在命令行中输入命令 helix。

执行该命令后，命令行提示如下：

命令: _ helix

圈数 = 3.0000　　扭曲=CCW（系统提示）

指定底面的中心点:（指定螺旋线底面的中心点）

指定底面半径或 [直径(D)] <1.0000>:（输入底面半径）

指定顶面半径或 [直径(D)] <6.9248>:（输入顶面半径）

指定螺旋高度或 [轴端点(A)/圈数(T)/圈高(H)/扭曲(W)] <1.0000>:（输入螺旋线的高度）

其中各命令选项功能介绍如下：

（1）轴端点(A)：选择该命令选项，在三维空间中的任意位置指定螺旋轴的端点。

（2）圈数(T)：选择该命令选项，输入螺旋的圈数。系统规定螺旋的圈数最多不能超过 500。

（3）圈高(H)：选择该命令选项，指定螺旋内一个完整圈的高度。

（4）扭曲(W)：选择该命令选项，指定以顺时针(CW)方向还是逆时针方向(CCW)绘制螺旋。螺旋扭曲的默认值是逆时针。

图 11.2.1 所示的为绘制的三维螺旋线。

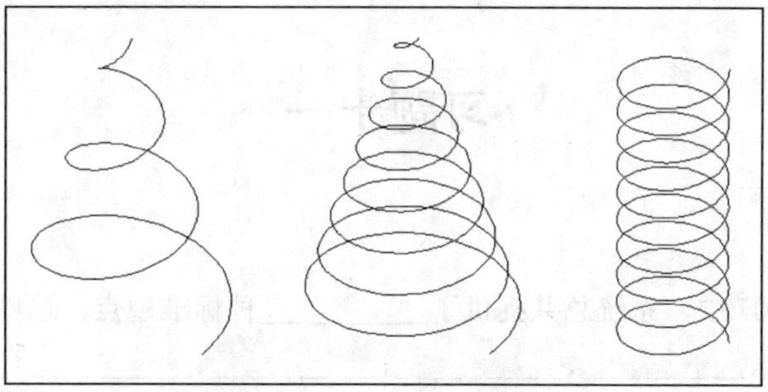

图 11.2.1 绘制三维螺旋线

第三节 应用实例

下面在绘图窗口中绘制一条底面半径为 10，顶面半径为 2，高为 30，顺时针旋转 10 圈的螺旋线，以巩固本章所学的知识，效果如图 11.3.1 所示。

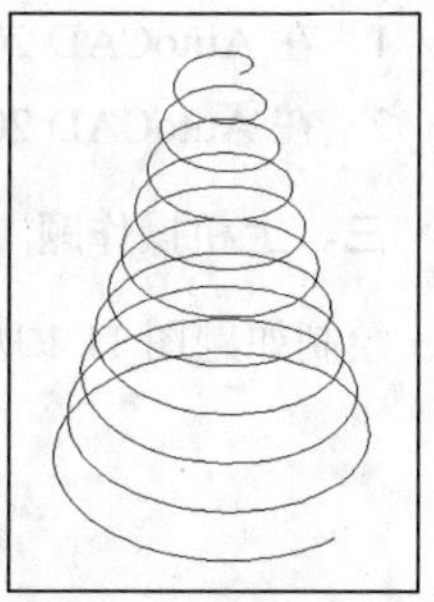

图 11.3.1 绘制的螺旋线

（1）单击“建模”工具栏中的“螺旋”按钮，命令行提示如下：

命令: _Helix

圈数 = 10.0000　　　扭曲=CCW（系统提示）

指定底面的中心点:（在绘图窗口中指定一点）

指定底面半径或 [直径(D)] <10.0000>:10（输入螺旋线底面半径）

指定顶面半径或 [直径(D)] <10.0000>:2（输入螺旋线顶面半径）

指定螺旋高度或 [轴端点(A)/圈数(T)/圈高(H)/扭曲(W)] <30.0000>:t（选择“圈数”命令选项）

输入圈数 <10.0000>:10（输入螺旋线的圈数）

指定螺旋高度或 [轴端点(A)/圈数(T)/圈高(H)/扭曲(W)] <30.0000>:w（选择“扭曲”命令选项）

输入螺旋的扭曲方向 [顺时针(CW)/逆时针(CCW)] <CCW>:cw（选择“顺时针”命令选项）

指定螺旋高度或 [轴端点(A)/圈数(T)/圈高(H):30（输入螺旋线的高度）

绘制的螺旋线效果如图 11.3.1 所示。

（2）选择 视图(V) → 动态观察(B) → 受约束的动态观察(C) 命令，鼠标指针状态如图 11.3.2 所示，拖动鼠标即可沿着鼠标移动方向旋转观测绘制的螺旋线，按回车键结束命令。

（3）选择 视图(V) → 动态观察(B) → 连续动态观察(O) 命令，鼠标指针状态如图 11.3.3 所示，拖动鼠标即可沿着鼠标移动方向旋转观察绘制的螺旋线，释放鼠标后，旋转继续，再次在绘图窗口中单击鼠标左键，旋转停止，按回车键结束命令。

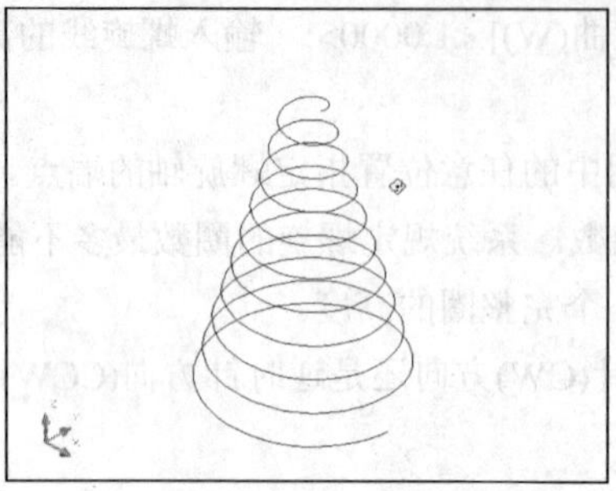

图 11.3.2　受约束的动态观察

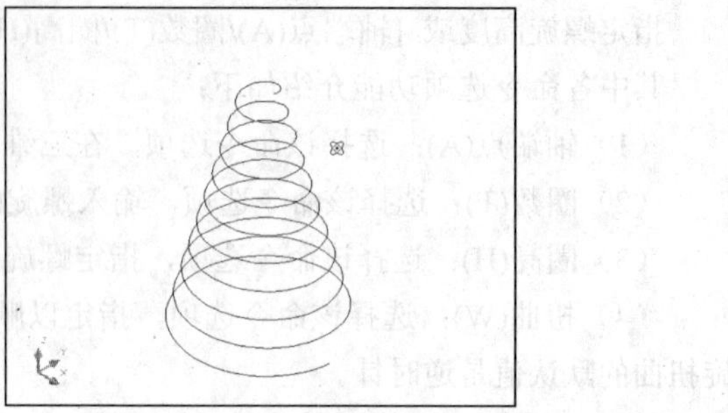

图 11.3.3　连续动态观察

习题十一

一、填空题

1．在 AutoCAD 2007 中，系统总共提供了__________种标准视点，这些视点包括__________、__________、__________、__________、__________、__________、__________、__________、__________和__________。

2．在 AutoCAD 2007 中，用户可以在__________模式下，通过键盘和鼠标来控制视图显示，并创建导航动画。

二、简答题

1．在 AutoCAD 2007 中，如何设置视点？

2．在 AutoCAD 2007 中，三维线都包括哪些对象？如何进行绘制？

三、上机操作题

绘制如题图 11.1 所示的图形，并用相机预览观察图形。

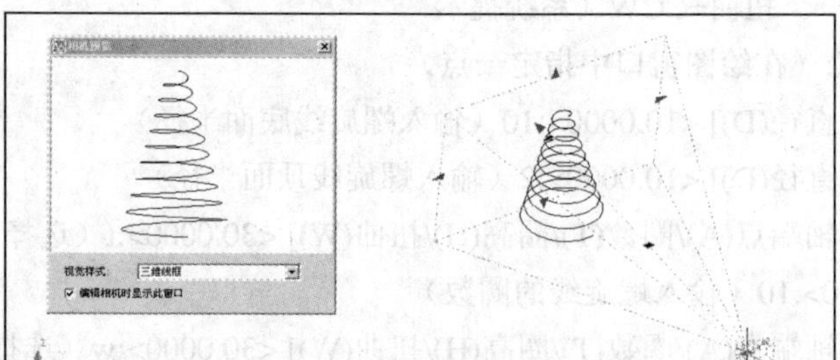

题图　11.1

第十二章　绘制三维对象

在 AutoCAD 2007 中，三维对象的表现形式有两种：一种是三维网格，它不仅定义了三维对象的边界，而且还定义了三维对象的表面；另一种是三维实体，它不仅具有线和面的特征，而且还具有体的特征。本节将详细介绍各种三维对象的创建方法。

本章主要内容：

- 绘制三维网格
- 绘制基本三维实体
- 通过二维图形创建实体

第一节　绘制三维网格

在 AutoCAD 中，用户可以用三维网格来描述三维对象。三维网格不仅可以定义三维对象的边界，而且还可以定义三维对象的面。本节将详细介绍在 AutoCAD 2007 中绘制三维网格的方法。

一、绘制平面曲面

平面曲面用于描述三维对象面的特性，在 AutoCAD 2007 中，执行绘制平面曲面命令的方法有以下 3 种：

（1）单击“建模”工具栏中的“平面曲面”按钮。

（2）选择 绘图(D) → 建模(M) → 平面曲面(F) 命令。

（3）在命令行中输入命令 planesurf。

执行该命令后，命令行提示如下：

命令: _ planesurf

指定第一个角点或 [对象(O)] <对象>:（指定平面曲面的第一个角点）

指定其他角点:（指定平面曲面的另一个角点）

如果选择“对象(O)”命令选项，则在命令行“选择对象”的提示下选择要转换为平面的对象即可，图 12.1.1 所示的为绘制的平面曲面。

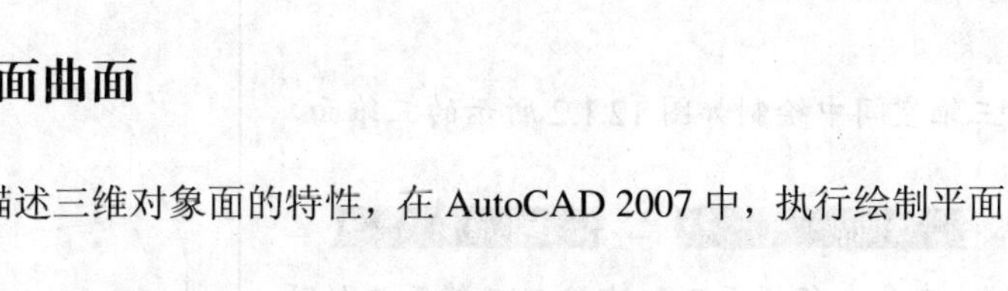

图 12.1.1　平面曲面

提示：系统变量 surfu 和 surfv 控制曲面的行数和列数，系统默认为 6。

二、绘制三维面

三维面是三维空间中的表面，它没有厚度，也没有质量属性。三维面的各个顶点可以不在一个平面上，但构成三维面的顶点数不能超过 4 个。在 AutoCAD 2007 中执行绘制三维面命令的方法有以下两种：

（1）选择 绘图(D) → 建模(M) → 网格(M) → 三维面(F) 命令。

（2）在命令行中输入命令 3dface。

执行该命令后，命令行提示如下：

命令: _ 3dface

指定第一点或 [不可见(I)]:（输入三维面的第一个顶点坐标）

指定第二点或 [不可见(I)]:（输入三维面的第二个顶点坐标）

指定第三点或 [不可见(I)] <退出>:（输入三维面的第三个顶点坐标）

指定第四点或 [不可见(I)] <创建三侧面>:（输入三维面的第四个顶点坐标）

指定第三点或 [不可见(I)] <退出>:（按回车键结束命令）

当命令行提示："指定第三点或 [不可见(I)] <退出>" 时，如果用户再次输入三维空间点坐标，则继续创建三维面。

习题：在三维空间中绘制如图 12.1.2 所示的三维面，具体操作步骤如下：

选择 绘图(D) → 建模(M) → 网格(M) → 三维面(F) 命令，在命令行提示下依次输入三维面上的顶点坐标（0，0，0）、（0，40，0）、（60，40，0）、（60，0，0）、（60，0，20）、（60，40，20）、（30，40，50）、（30，0，50）、（0，0，20）、（0，40，20）、（0，40，0）和（0，0，0），最后按回车键结束命令，绘制的三维面效果如图 12.1.2 所示。

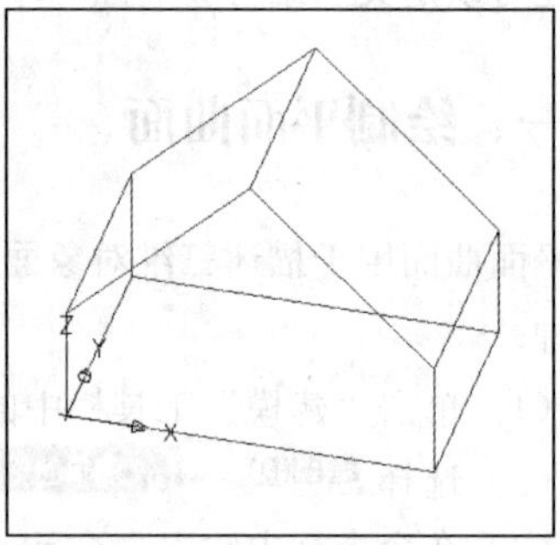

图 12.1.2　绘制三维面

三、绘制三维网格

在 AutoCAD 2007 中还可以使用三维网格绘制不规则的曲面，执行绘制三维网格命令的方法有以下两种：

（1）选择 绘图(D) → 建模(M) → 网格(M) → 三维网格(M) 命令。

（2）在命令行中输入命令 3dmesh。

执行该命令后，命令行提示如下：

命令: _ 3dmesh

输入 M 方向上的网格数量:（输入网格在 M 方向上的节点数）

输入 N 方向上的网格数量:（输入网格在 N 方向上的节点数）

指定顶点 (0, 0) 的位置:（指定网格第一行、第一列的顶点坐标）

指定顶点 (0, 1) 的位置:（指定网格第二行、第二列的顶点坐标）

……

指定顶点 (M+1,N+1) 的位置:（指定网格第 M 行、第 N 列的顶点坐标）

指定所有的定点后，系统将自动生成一组多边形网格曲面，如图 12.1.3 所示为绘制的三维网格。

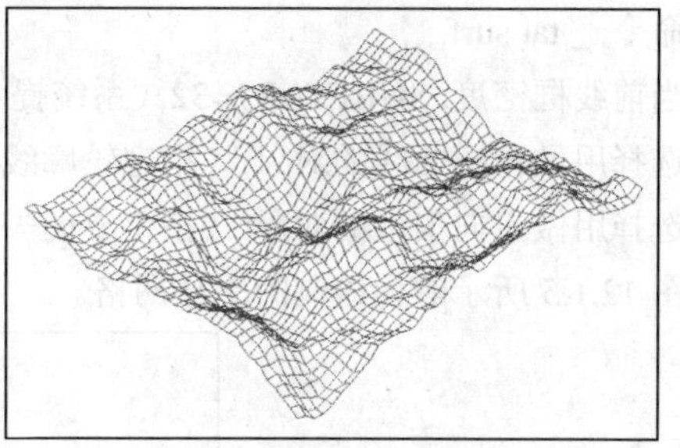

图 12.1.3　绘制三维网格

提示：复杂的不规则网格需要确定的顶点数很多，所以用 3dmesh 命令绘制三维网格时多采用程序生成的方式。

四、绘制旋转网格

在 AutoCAD 2007 中，可以将曲线绕旋转轴旋转一定角度，形成旋转网格。执行创建旋转网格命令的方法有以下两种：

（1）选择 绘图(D) → 建模(M) → 网格(M) → 旋转网格(M) 命令。

（2）在命令行中输入命令 revsurf。

执行旋转网格命令后，命令行提示如下：

命令: _revsurf

当前线框密度: SURFTAB1=6　SURFTAB2=6（系统提示）

选择要旋转的对象:（选择被旋转的对象）

选择定义旋转轴的对象:（选择旋转轴）

指定起点角度 <0>:（确定起点角度）

指定包含角 (+=逆时针，-=顺时针) <360>:（确定旋转角度）

其中，SURFTAB1 和 SURFTAB2 的值决定了曲线沿旋转方向和轴线方向的线框密度，值越大，旋转形成的网格越光滑。图 12.1.4 所示的为绘制的旋转网格。

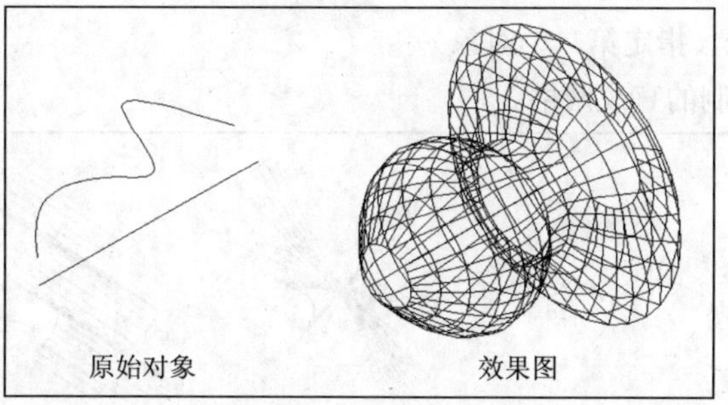

图 12.1.4　旋转网格

五、绘制平移网格

在 AutoCAD 2007 中，可以将对象沿路径曲线或方向矢量平移来创建三维网格。执行创建平移网格命令的方法有以下两种：

（1）选择 绘图(D) → 建模(M) → 网格(M) → 平移网格(T) 命令。

（2）在命令行中输入命令 tabsurf。

启动平移网格命令后，命令行提示如下：

命令: _ tabsurf

当前线框密度: SURFTAB1=32（系统提示）

选择用做轮廓曲线的对象:（指定轮廓线对象）

选择用做方向矢量的对象:（指定方向矢量对象）

图 12.1.5 所示的为绘制的平移网格。

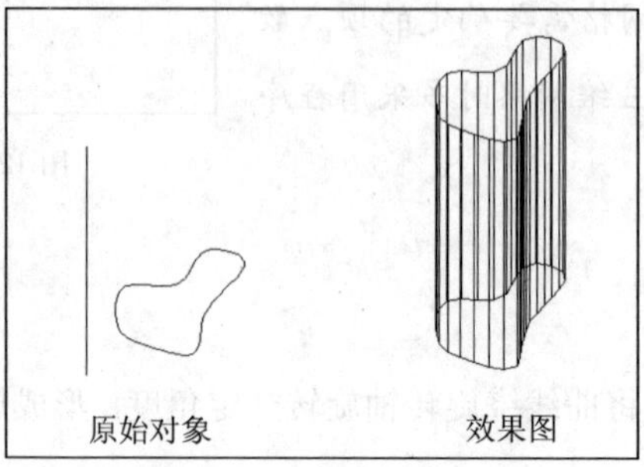

图 12.1.5　平移网格

六、绘制直纹网格

在 AutoCAD 2007 中，可以在两条曲线之间构造一个表示直纹网格的多边形网格，两个对象必须同时闭合或打开，且不能同时为点。执行创建直纹网格命令的方法有以下两种：

（1）选择 绘图(D) → 建模(M) → 网格(M) → 直纹网格(R) 命令。

（2）在命令行中输入命令 rulesurf。

执行直纹网格命令后，命令行提示如下：

命令: _ rulesurf

当前线框密度: SURFTAB1=32（系统提示）

选择第一条定义曲线:（指定第一个对象）

选择第二条定义曲线:（指定第二个对象）

图 12.1.6 所示的为绘制的直纹网格。

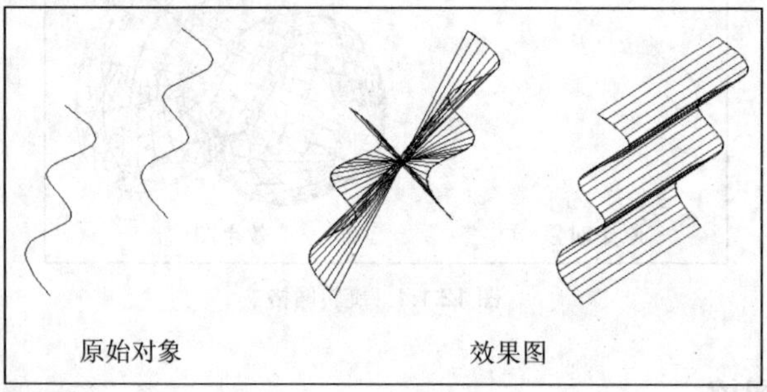

图 12.1.6　绘制直纹网格

七、绘制边界网格

在 AutoCAD 2007 中，可以使用 4 条首尾连接的边创建三维多边形网格。执行创建边界网格命令的方法有以下两种：

（1）选择 绘图(D) → 建模(M) → 网格(M) → 边界网格(E) 命令。

（2）在命令行中输入命令 edgesurf。

执行边界网格命令后，命令行提示如下：

命令: _edgesurf

当前线框密度: SURFTAB1=20　SURFTAB2=20（系统提示）

选择用做曲面边界的对象 1:（选择第一个边界对象）

选择用做曲面边界的对象 2:（选择第二个边界对象）

选择用做曲面边界的对象 3:（选择第三个边界对象）

选择用做曲面边界的对象 4:（选择第四个边界对象）

图 12.1.7 所示的为绘制的边界网格。

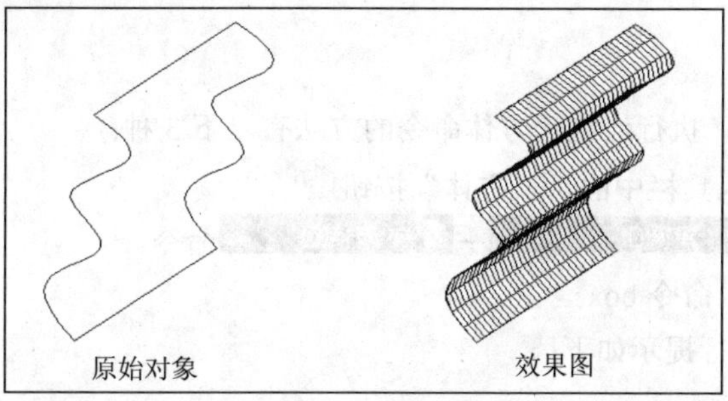

图 12.1.7　边界网格

第二节　绘制基本三维实体

三维实体是 AutoCAD 绘图过程中另一种重要的对象，用实体建模比网格更能完整地描述对象的三维特性，如分析实体的质量特性、体积、质心等。

在 AutoCAD 2007 中，系统提供了多种基本三维实体的创建命令，利用这些命令可以非常方便地创建多段体、长方体、楔体、圆柱体、圆锥体、球体、圆环体和棱锥面等基本三维实体。

一、绘制多段体

在 AutoCAD 2007 中，执行绘制多段体命令的方法有以下 3 种：

（1）单击“建模”工具栏中的“多段体”按钮。

（2）选择 绘图(D) → 建模(M) → 多段体(P) 命令。

（3）在命令行中输入命令 polysolid。

执行该命令后，命令行提示如下：

命令: _polysolid

指定起点或 [对象(O)/高度(H)/宽度(W)/对正(J)] <对象>:（指定多段体的起点）

指定下一个点或 [圆弧(A)/放弃(U)]:（指定多段体的下一点）

指定下一个点或 [圆弧(A)/放弃(U)]:（按回车键结束命令）

其中各命令选项功能介绍如下：

（1）对象(O)：选择此命令选项，指定将二维图形转换成多段体。

（2）高度(H)：选择此命令选项，为绘制的多段体设置高度。

（3）宽度(W)：选择此命令选项，为绘制的多段体设置宽度。

（4）对正(J)：选择此命令选项，为绘制的多段体设置对齐方式，系统默认为居中对齐，还可以根据需要设置为左对齐或右对齐。

（5）圆弧(A)：选择此命令选项，创建圆弧多段体。

（6）放弃(U)：选择此命令选项，放弃上一步的操作。

图 12.2.1 所示的为绘制的多段体。

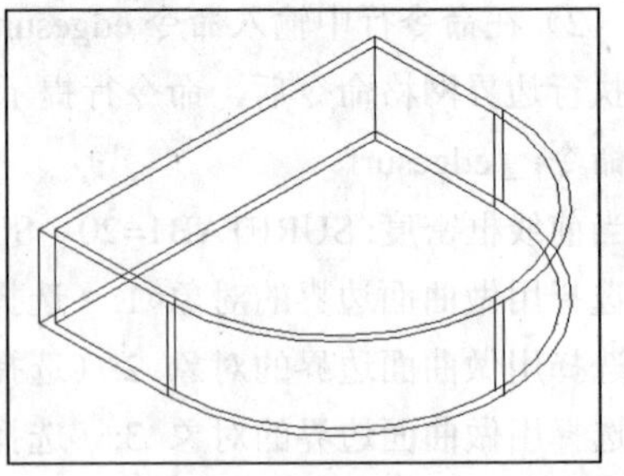

图 12.2.1　绘制多段体

二、绘制长方体

在 AutoCAD 2007 中，执行绘制长方体命令的方法有以下 3 种：

（1）单击“建模”工具栏中的“长方体”按钮。

（2）选择 绘图(D) → 建模(M) → 长方体(B) 命令。

（3）在命令行中输入命令 box。

执行该命令后，命令行提示如下：

命令: _ box

指定第一个角点或 [中心(C)]:（指定长方体底面的第一个角点）

指定其他角点或 [立方体(C)/长度(L)]:（指定长方体底面的第二个角点）

指定高度或 [两点(2P)]:（输入长方体的高）

其中各命令选项功能介绍如下：

（1）中心点(C)：选择此命令选项，使用指定的中心点创建长方体。

（2）立方体(C)：选择此命令选项，创建一个长、宽、高相同的长方体。

（3）长度(L)：选择此命令选项，按照指定长、宽、高创建长方体。

（4）两点(2P)：选择此命令选项，指定两点确定长方体的高。

图 12.2.2 所示的为绘制的长方体和立方体。

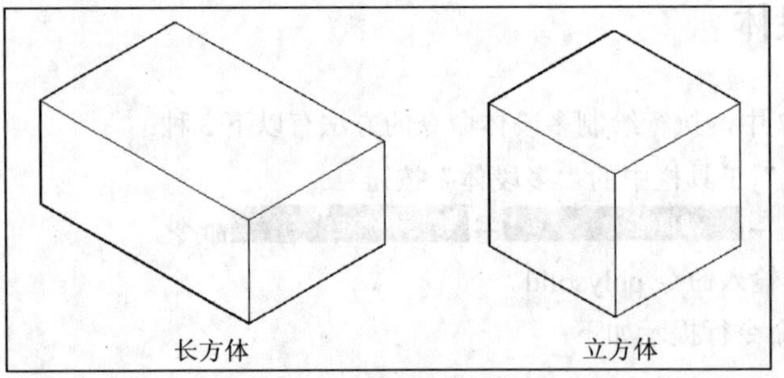

图 12.2.2　绘制的长方体和立方体

三、绘制楔体

在 AutoCAD 2007 中，执行绘制楔体命令的方法有以下 3 种：

（1）单击“建模”工具栏中的“楔体”按钮。

（2）选择 绘图(D) → 建模(M) → 楔体(W) 命令。

（3）在命令行中输入命令 wedge。

执行该命令后，命令行提示如下：

命令: _ wedge

指定第一个角点或 [中心(C)]:（指定楔体底面的第一个角点）

指定其他角点或 [立方体(C)/长度(L)]:（指定楔体底面的第二个角点）

指定高度或 [两点(2P)] <64.3589>:（输入楔体的高度）

其中各命令选项功能介绍如下：

（1）中心点(C)：选择此命令选项，使用指定中心点创建楔体。

（2）立方体(C)：选择此命令选项，创建等边楔体。

（3）长度(L)：选择此命令选项，创建指定长度、宽度和高度值的楔体。

（4）两点(2P)：选择此命令选项，通过指定两点来确定楔体的高度。

图 12.2.3 所示的为绘制的楔体。

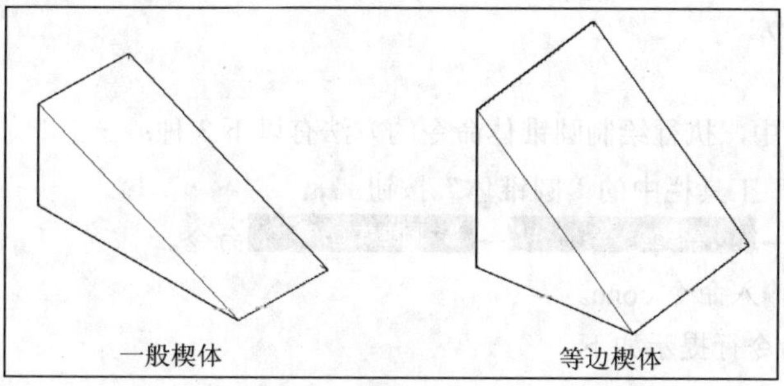

图 12.2.3　绘制楔体

四、绘制圆柱体

在 AutoCAD 2007 中，执行绘制圆柱体命令的方法有以下 3 种：

（1）单击“建模”工具栏中的“圆柱体”按钮。

（2）选择 绘图(D) → 建模(M) → 圆柱体(C) 命令。

（3）在命令行中输入命令 cylinder。

执行该命令后，命令行提示如下：

命令: _ cylinder

指定底面的中心点或[三点(3P)/两点(2P)/相切、相切、半径(T)/椭圆(E)]:（指定圆柱体底面中心点）

指定底面半径或 [直径(D)] <35.0000>:（输入圆柱体底面半径）

指定高度或 [两点(2P)/轴端点(A)] <63.1425>:（输入圆柱体高度）

其中各命令选项功能介绍如下：

（1）三点(3P)：选择此命令选项，通过指定三点来确定圆柱体的底面。

（2）两点(2P)：选择此命令选项，通过指定两点来确定圆柱体的底面。

（3）相切、相切、半径(T)：选择此命令选项，通过指定圆柱体底面的两个切点和半径来确定圆柱体的底面。

（4）椭圆(E)：选择此命令选项，创建具有椭圆底的圆柱体。

（5）直径(D)：选择此命令选项，通过输入直径来确定圆柱体的底面。

（6）两点(2P)：选择此命令选项，通过两点来确定圆柱体的高。

（7）轴端点(A)：选择此命令选项，指定圆柱体轴的端点位置。

图 12.2.4 所示的为绘制的圆柱体。

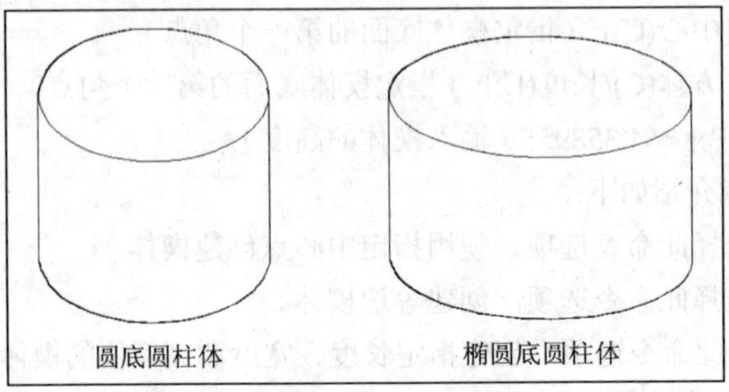

图 12.2.4　绘制圆柱体

五、绘制圆锥体

在 AutoCAD 2007 中，执行绘制圆锥体命令的方法有以下 3 种：

（1）单击“建模”工具栏中的“圆锥体”按钮。

（2）选择 绘图(D) → 建模(M) → 圆锥体(O) 命令。

（3）在命令行中输入命令 cone。

执行该命令后，命令行提示如下：

命令: _ cone

指定底面的中心点或 [三点(3P)/两点(2P)/相切、相切、半径(T)/椭圆(E)]:（指定圆锥体底面的中心点）

指定底面半径或 [直径(D)] <35.0000>:（输入圆锥体底面的半径）

指定高度或 [两点(2P)/轴端点(A)/顶面半径(T)] <62.1347>:（输入圆锥体的高度）

其中各命令选项功能介绍如下：

（1）三点(3P)：选择此命令选项，通过指定三点来确定圆锥体的底面。

（2）两点(2P)：选择此命令选项，通过指定两点来确定圆锥体的底面，两点的连线为圆锥体底面圆的直径。

（3）相切、相切、半径(T)：选择此命令选项，通过指定圆锥体底面圆的两个切点和半径来确定圆锥体的底面。

（4）椭圆(E)：选择此命令选项，创建具有椭圆底的圆锥体。

（5）直径(D)：选择此命令选项，通过输入直径来确定圆锥体的底面。

（6）两点(2P)：选择此命令选项，通过指定两点来确定圆锥体的高。

（7）轴端点(A)：选择此命令选项，指定圆锥体轴的端点位置。

（8）顶面半径(T)：选择此命令选项，输入圆锥体顶面圆的半径。

图 12.2.5 所示的为绘制的圆锥体。

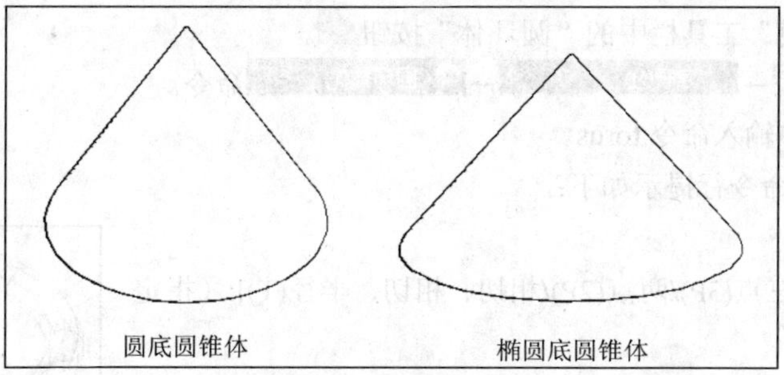

图 12.2.5　绘制圆锥体

六、绘制球体

在 AutoCAD 2007 中，执行绘制球体命令的方法有以下 3 种：

（1）单击“建模”工具栏中的“球体”按钮。

（2）选择 绘图(D) → 建模(M) → 球体(S) 命令。

（3）在命令行中输入命令 sphere。

执行该命令后，命令行提示如下：

命令: _ sphere

指定中心点或 [三点(3P)/两点(2P)/相切、相切、半径(T)]:（指定球体的球心）

指定半径或 [直径(D)]:（输入球体的半径或直径）

其中各命令选项功能介绍如下：

（1）三点(3P)：选择此命令选项，通过指定三点来确定球体的大小和位置。

（2）两点(2P)：选择此命令选项，通过指定两点来确定球体的大小和位置，两点的端点为球体一条直径的端点。

（3）相切、相切、半径(T)：选择此命令选项，通过指定球体表面的两个切点和半径来确定球体的大小和位置。

（4）直径(D)：选择此命令选项，通过指定球体的直径来确定球体的大小。

系统变量 ISOLINES 控制实体的线框密度，确定实体表面上的网格线数，不同线框密度的球体效果如图 12.2.6 所示。

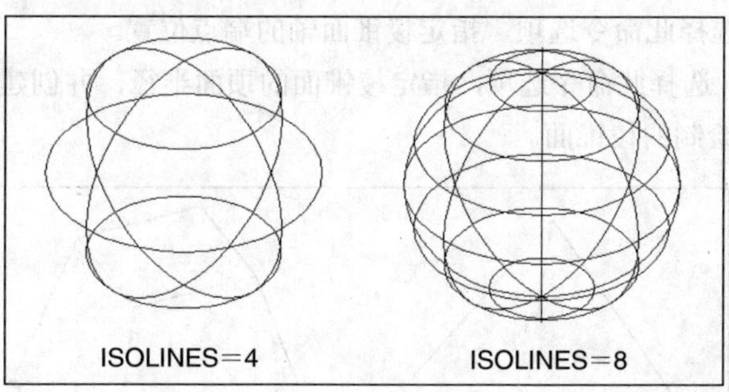

图 12.2.6　绘制球体

七、绘制圆环体

在 AutoCAD 2007 中，执行绘制圆环体命令的方法有以下 3 种：

（1）单击“建模”工具栏中的“圆环体”按钮。

（2）选择 绘图(D) → 建模(M) → 圆环体(T) 命令。

（3）在命令行中输入命令 torus。

执行该命令后，命令行提示如下：

命令: _ torus

指定中心点或 [三点(3P)/两点(2P)/相切、相切、半径(T)]:（指定圆环体的中心）

指定半径或 [直径(D)] <35.2457>:（输入圆环体的半径或直径）

指定圆管半径或 [两点(2P)/直径(D)]:（输入圆管的半径或直径）

图 12.2.7 所示的为绘制的圆环体。

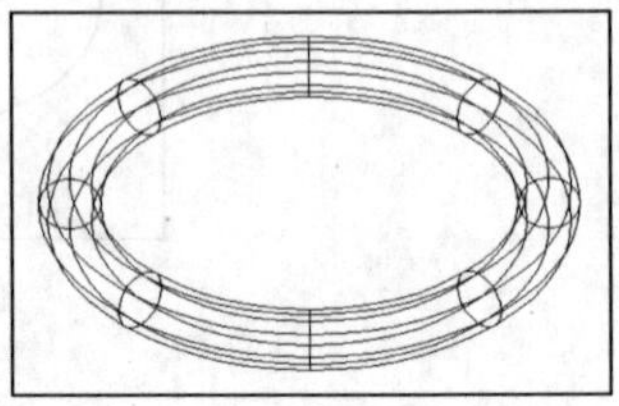

图 12.2.7　绘制圆环体

八、绘制棱锥面

在 AutoCAD 2007 中，执行绘制棱锥面命令的方法有以下 3 种：

（1）单击“建模”工具栏中的“棱锥面”按钮。

（2）选择 绘图(D) → 建模(M) → 棱锥面(Y) 命令。

（3）在命令行中输入命令 pyramid。

执行该命令后，命令行提示如下：

命令: _ pyramid

4 个侧面　外切（系统提示）

指定底面的中心点或 [边(E)/侧面(S)]:（指定棱锥面底面的中心点）

指定底面半径或 [内接(I)] <35.3762>:（输入棱锥面底面的半径）

指定高度或 [两点(2P)/轴端点(A)/顶面半径(T)] <62.6425>:（输入棱锥面的高度）

其中各命令选项功能介绍如下：

（1）边(E)：选择此命令选项，通过指定棱锥面底面的边长来确定棱锥面的底面。

（2）侧面(S)：选择此命令选项，确定棱锥面的侧面数。

（3）内接(I)：选择此命令选项，指定棱锥面底面内接于棱锥面的底面半径。

（4）两点(2P)：选择此命令选项，通过两点来确定棱锥面的高。

（5）轴端点(A)：选择此命令选项，指定棱锥面轴的端点位置。

（6）顶面半径(T)：选择此命令选项，指定棱锥面的顶面半径，并创建棱锥体平截面。

图 12.2.8 所示的为绘制的棱锥面。

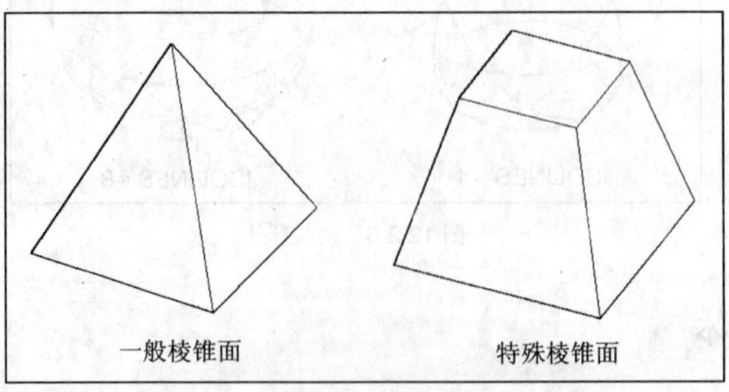

图 12.2.8　绘制棱锥面

第三节 通过二维图形创建实体

在 AutoCAD 2007 中，不仅可以直接创建基本实体，而且还可以通过对二维图形进行拉伸、旋转、扫掠或放样等操作来创建实体对象，本节将详细介绍这些特殊三维实体的创建方法。

一、拉伸创建实体

在 AutoCAD 2007 中，用户可以将封闭的二维图形按指定高度或路径进行拉伸，来创建实体对象。在 AutoCAD 2007 中，执行拉伸命令的方法有以下 3 种：

（1）单击“建模”工具栏中的“拉伸”按钮。

（2）选择 绘图(D) → 建模(M) → 拉伸(X) 命令。

（3）在命令行中输入命令 extrude。

执行该命令后，命令行提示如下：

命令: _ extrude

当前线框密度: ISOLINES=8（系统提示）

选择要拉伸的对象:（选择可拉伸的二维图形）

选择要拉伸的对象:（按回车键结束对象选择）

指定拉伸的高度或 [方向(D)/路径(P)/倾斜角(T)] <64.3246>:（指定拉伸高度）

其中各命令选项功能介绍如下：

（1）方向(D)：选择此命令选项，通过指定两个点来确定拉伸的高度和方向。

（2）路径(P)：选择此命令选项，将沿选定的对象进行拉伸。

（3）倾斜角(T)：选择此命令选项，输入拉伸对象时倾斜的角度。

图 12.3.1 所示的为拉伸创建的三维实体。

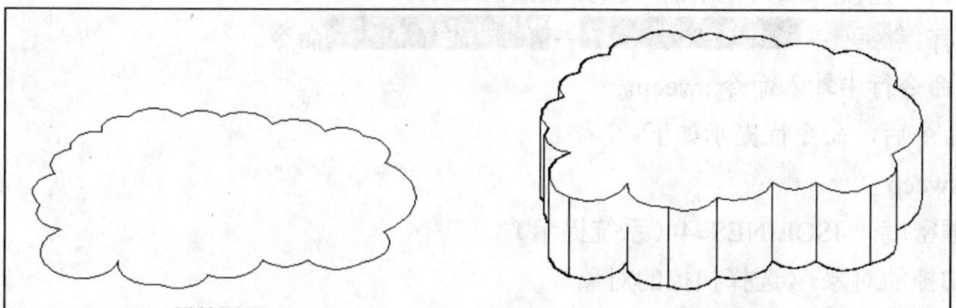

图 12.3.1 拉伸创建的三维实体

二、旋转创建实体

在 AutoCAD 2007 中，用户还可以通过绕旋转轴旋转二维对象来创建三维实体，执行旋转命令的方法有以下 3 种：

（1）单击“建模”工具栏中的“旋转”按钮。

（2）选择 绘图(D) → 建模(M) → 旋转(R) 命令。

（3）在命令行中输入命令 revolve。

执行旋转命令后，命令行提示如下：

命令: _ revolve

当前线框密度:　ISOLINES=4（系统提示）

选择要旋转的对象:（选择旋转的对象）

选择要旋转的对象:（按回车键结束对象选择）

指定轴起点或根据以下选项之一定义轴 [对象(O)/X/Y/Z] <对象>:（指定旋转轴的起点）

指定轴端点:（指定旋转轴的端点）

指定旋转角度或 [起点角度(ST)] <360>:（输入旋转角度）

其中各命令选项功能介绍如下：

（1）对象(O)：选择此命令选项，选择现有的直线或多段线中的单条线段定义轴，这个对象将绕该轴旋转。

（2）X：选择此命令选项，使用当前 UCS 的正向 X 轴作为轴的正方向。

（3）Y：选择此命令选项，使用当前 UCS 的正向 Y 轴作为轴的正方向。

（4）Z：选择此命令选项，使用当前 UCS 的正向 Z 轴作为轴的正方向。

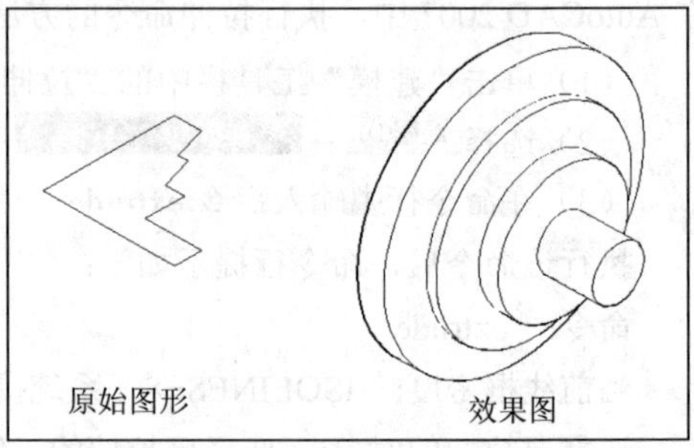

图 12.3.2　旋转创建的三维实体

图 12.3.2 所示的为旋转创建的三维实体。

三、扫掠创建实体

在 AutoCAD 2007 中，用户可以使用扫掠命令创建网格面或三维实体。如果扫掠的平面曲线不闭合，则生成三维曲面，否则生成三维实体。执行扫掠命令的方法有以下 3 种：

（1）单击“建模”工具栏中的“扫掠”按钮。

（2）选择 绘图(D) → 建模(M) → 扫掠(P) 命令。

（3）在命令行中输入命令 sweep。

执行该命令后，命令行提示如下：

命令: _ sweep

当前线框密度:　ISOLINES=4（系统提示）

选择要扫掠的对象:（选择扫掠的对象）

选择要扫掠的对象:（按回车键结束对象选择）

选择扫掠路径或 [对齐(A)/基点(B)/比例(S)/扭曲(T)]:（选择扫掠的路径）

其中各命令选项功能介绍如下：

（1）对齐(A)：选择此命令选项，确定是否对齐垂直于路径的扫掠对象。

（2）基点(B)：选择此命令选项，指定扫掠的基点。

（3）比例(S)：选择此命令选项，指定扫掠的比例因子。

（4）扭曲(T)：选择此命令选项，指定扫掠的扭曲度。

图 12.3.3 所示的为扫掠创建的三维网格和实体。

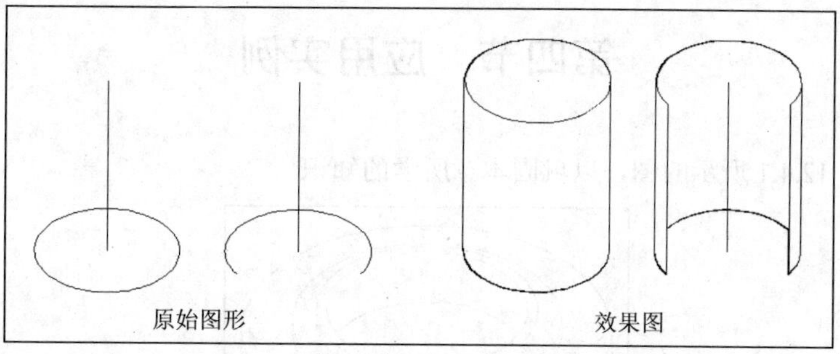

图 12.3.3　扫掠创建的三维网格和实体

四、放样创建实体

在 AutoCAD 2007 中，还可以使用放样命令将二维图形放样生成三维实体。执行放样命令的方法有以下 3 种：

（1）单击“建模”工具栏中的“放样”按钮。

（2）选择 绘图(D) → 建模(M) → 放样(L) 命令。

（3）在命令行中输入命令 loft。

执行该命令后，命令行提示如下：

命令: _ loft

按放样次序选择横截面:（选择第一个放样横截面）

按放样次序选择横截面:（选择下一个放样横截面）

按放样次序选择横截面:（按回车键结束对象选择）

输入选项 [导向(G)/路径(P)/仅横截面(C)] <仅横截面>（选择放样方式）

其中各命令选项功能介绍如下：

（1）导向(G)：选择此命令选项，为放样曲面或实体指定导向曲线，每条导向曲线均与放样曲面相交，且开始于第一个截面，终止于最后一个截面。

（2）路径(P)：选择此命令选项，为放样曲面或实体指定放样路径，路径必须与每个截面相交。

（3）仅横截面(C)：选择此命令选项，弹出 放样设置 对话框，如图 12.3.4 所示，在该对话框中可以设置放样横截面上的曲面控制选项。

图 12.3.5 所示的为放样生成的三维实体和曲面。

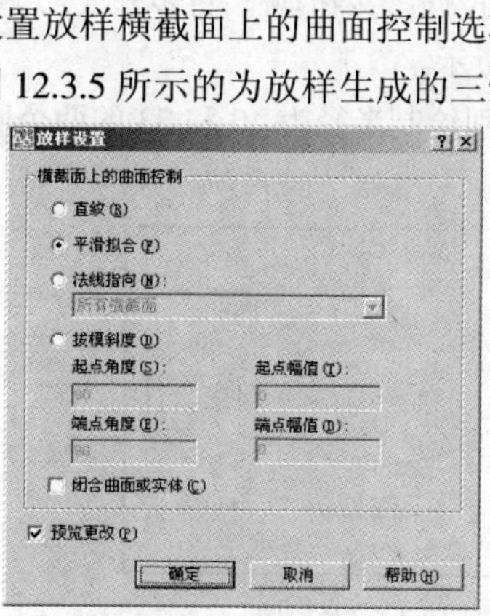

图 12.3.4　“放样设置”对话框

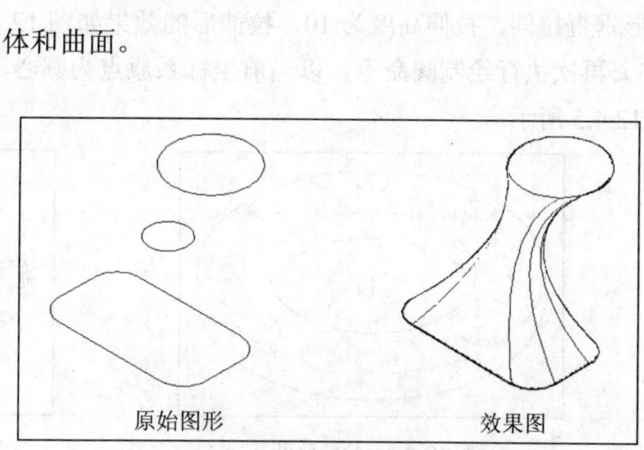

图 12.3.5　放样生成的三维实体和曲面

第四节　应用实例

下面绘制如图 12.4.1 所示的图，以巩固本章所学的知识。

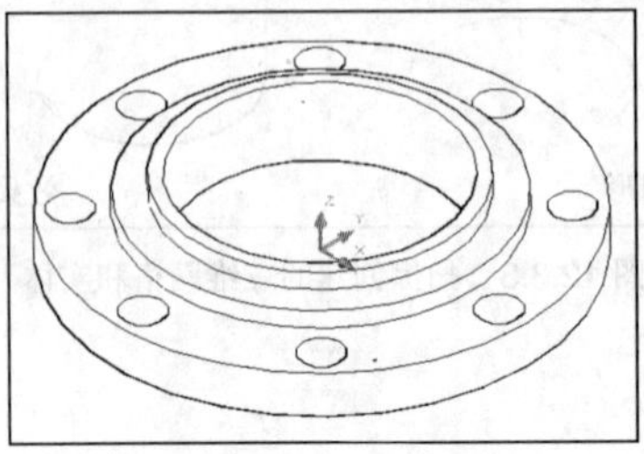

图 12.4.1　效果图

（1）单击“绘图”工具栏中的“圆”按钮，以坐标系原点为圆心，分别绘制半径为 55 和 33 的两个圆，效果如图 12.4.2 所示。

（2）再次执行绘制圆命令，以点（48，0）为圆心，绘制半径为 5 的圆，然后单击“修改”工具栏中的“阵列”按钮，以坐标系原点为中心，环形阵列半径为 5 的圆，阵列的个数为 8，效果如图 12.4.3 所示。

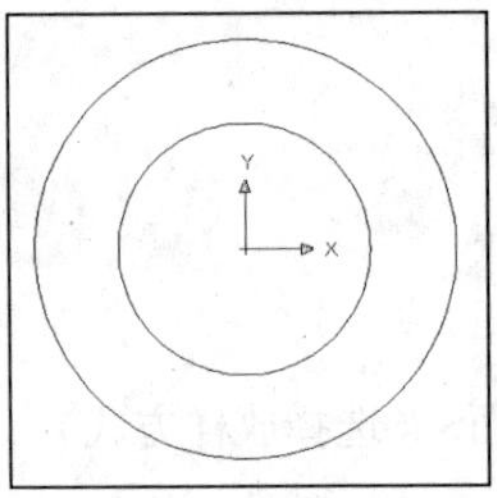

图 12.4.2　绘制圆

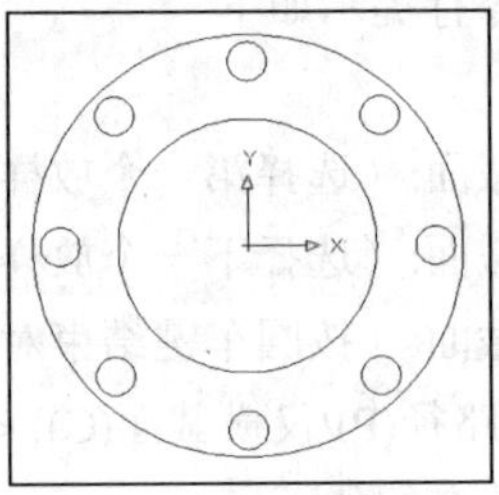

图 12.4.3　阵列圆

（3）单击“绘图”工具栏中的“面域”按钮，将如图 12.4.3 所示图形创建成面域。然后对生成的面域图形进行布尔运算，具体操作为：用半径为 55 的面域图形减去半径为 33 的面域图形，再用生成的面域图形减去 8 个半径为 5 的面域图形。

（4）切换视图到东南等轴测，单击“建模”工具栏中的“拉伸”按钮，将步骤（2）生成的面域图形垂直拉伸，拉伸高度为 10，拉伸后的效果如图 12.4.4 所示。

（5）再次执行绘制圆命令，以当前坐标系原点为圆心，分别绘制半径为 40 和 33 的两个圆，效果如图 12.4.5 所示。

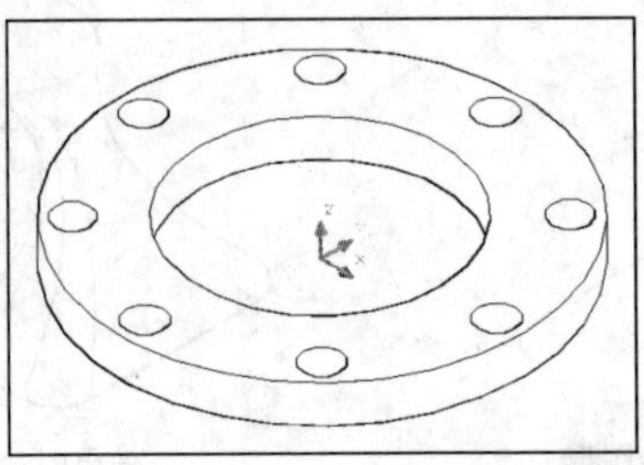

图 12.4.4　拉伸效果

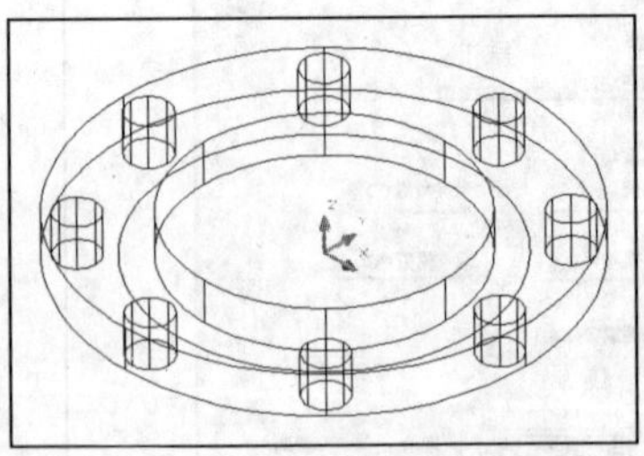

图 12.4.5　绘制圆

（6）单击“绘图”工具栏中的“面域”按钮，将半径为 40 和 33 的两个圆创建成面域对象，然后对其进行差集运算。

（7）单击“建模”工具栏中的“拉伸”按钮，将步骤（6）生成的面域图形垂直拉伸，拉伸高度为 14，效果如图 12.4.6 所示。

（8）再次执行绘制圆命令，以坐标系原点为圆心，分别绘制半径为 33 和 30 的两个圆，参照以上操作步骤，将其拉伸成高为 18 的实体，效果如图 12.4.7 所示。

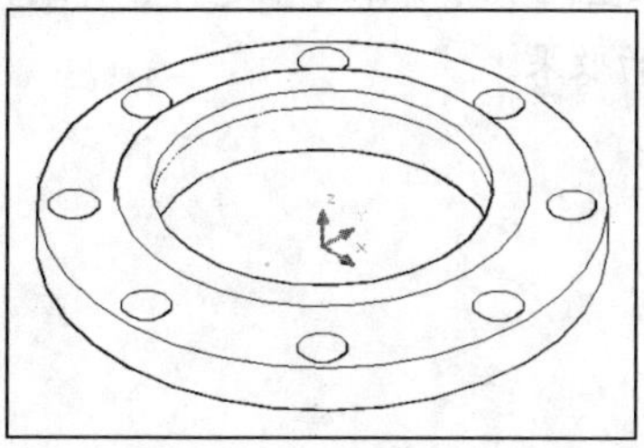

图 12.4.6　拉伸创建实体

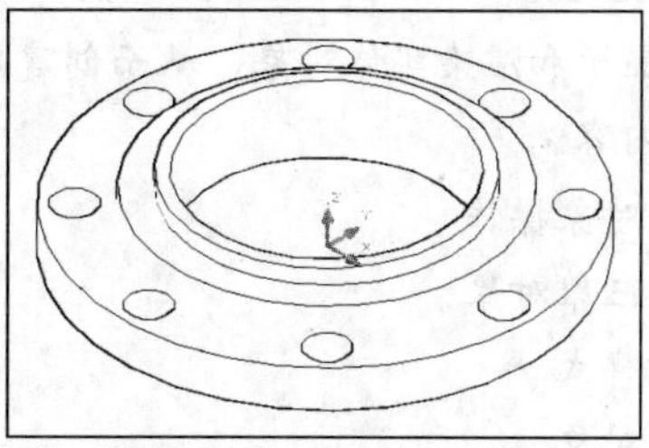

图 12.4.7　拉伸创建实体

（9）执行并集命令，对创建的实体对象进行并集运算，效果如图 12.4.1 所示。

习题十二

一、填空题

1. 在 AutoCAD 2007 中，三维对象的表现形式有两种：一种是__________；另一种是__________。

2. 在 AutoCAD 2007 中，可以将曲线__________，形成旋转网格。

3. 在 AutoCAD 2007 中，可以将二维图形通过__________、__________、扫掠或__________等操作创建生成实体。

二、简答题

1. 在 AutoCAD 2007 中，如何绘制三维网格？

2. 在 AutoCAD 2007 中，系统提供了哪些基本三维实体？如何进行绘制？

三、上机操作题

绘制如题图 12.1 所示的图形。

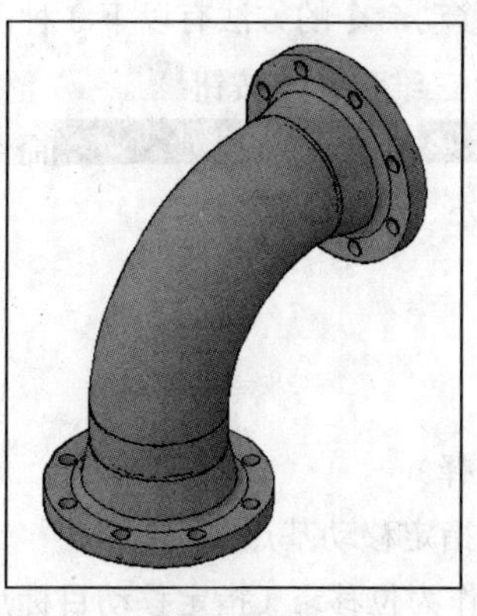

题图　12.1

第十三章　编辑三维实体

在 AutoCAD 2007 中，可以使用三维编辑命令在三维空间中对实体对象进行各种编辑，并采用不同的视觉样式显示和渲染实体对象，从而创建更加逼真的效果。

本章主要内容：

◆ 三维对象操作
◆ 编辑三维对象
◆ 视觉样式
◆ 渲染对象

第一节　三维对象操作

在 AutoCAD 2007 中，可以使用三维移动、三维旋转、三维对齐、三维镜像和三维阵列等命令对三维对象进行操作，单击“建模”工具栏（见图 13.1.1）中的相应按钮，或选择 修改(M) → 三维操作(3) 菜单子命令（见图 13.1.2），即可执行这些操作。

图 13.1.1　“建模”工具栏

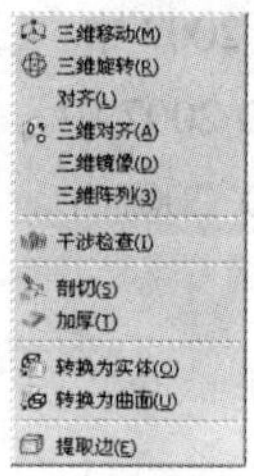

图 13.1.2　“三维操作”子菜单

一、三维移动

在 AutoCAD 2007 中，执行三维移动命令的方法有以下 3 种：

（1）单击“建模”工具栏中的“三维移动”按钮。

（2）选择 修改(M) → 三维操作(3) → 三维移动(M) 命令。

（3）在命令行中输入命令 3dmove

执行该命令后，命令行提示如下：

命令: _3dmove

选择对象:（选择要移动的对象）

选择对象:（按回车键结束对象选择）

指定基点或 [位移(D)] <位移>:（指定移动基点）

指定第二个点或 <使用第一个点作为位移>:（指定移动目标点）

在 AutoCAD 2007 中，用户可以将选定的三维对象沿坐标轴和坐标平面进行移动。选中三维对象后，会显示如图 13.1.3 所示的坐标轴，移动鼠标指针到该坐标轴的轴或面上，即可将选中的对象约束到指定的轴或面上。

二、三维旋转

在 AutoCAD 2007 中，执行三维旋转命令的方法有以下 3 种：

（1）单击“建模”工具栏中的“三维旋转”按钮。

（2）选择 修改(M) → 三维操作(3) → 三维旋转(R) 命令。

（3）在命令行中输入命令 3drotate。

执行该命令后，命令行提示如下：

命令: _ 3drotate

UCS 当前的正角方向:　ANGDIR=逆时针　ANGBASE=0（系统提示）

选择对象:（选择需要旋转的对象）

选择对象:（按回车键结束对象选择）

指定基点:（指定对象上的基点）

拾取旋转轴:（捕捉旋转轴）

指定角的起点:（指定三维旋转的起点）

指定角的端点:（指定三维旋转的终点）

执行三维旋转命令并选中要旋转的对象后，系统会显示如图 13.1.4 所示的三维旋转图标，指定旋转基点并确定旋转轴和旋转角度后，即可按指定的设置在三维空间中旋转选定的对象。

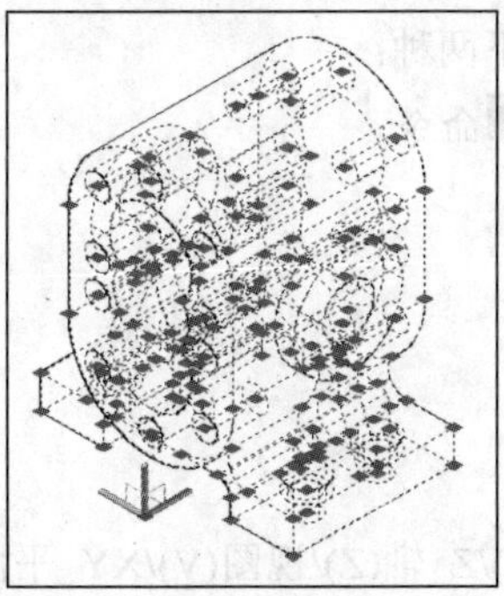

图 13.1.3　三维移动

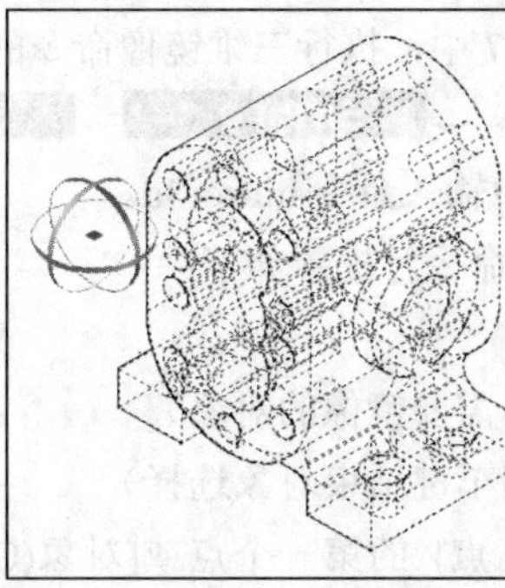

图 13.1.4　三维旋转

三、三维对齐

在 AutoCAD 2007 中，执行三维对齐命令的方法有以下 3 种：

（1）单击“建模”工具栏中的“三维对齐”按钮。

（2）选择 修改(M) → 三维操作(3) → 三维对齐(A) 命令。

（3）在命令行中输入命令 3dalign。

执行该命令后，命令行提示如下：

命令: _ 3dalign

选择对象:（选择要对齐的对象）

选择对象:（按回车键结束对象选择）

指定源平面和方向 ...（系统提示）

指定基点或 [复制(C)]:（指定对象上的基点）

指定第二个点或 [继续(C)] <C>:（指定对象上的第二个源点）

指定第三个点或 [继续(C)] <C>:（指定对象上的最后一个源点）

指定目标平面和方向 ...（系统提示）

指定第一个目标点:（指定第一个目标点）

指定第二个目标点或 [退出(X)] <X>:（指定第二个目标点）

指定第三个目标点或 [退出(X)] <X>:（指定第三个目标点）

三维对齐命令使用 3 个源点和 3 个目标点对齐三维空间中的对象，效果如图 13.1.5 所示。

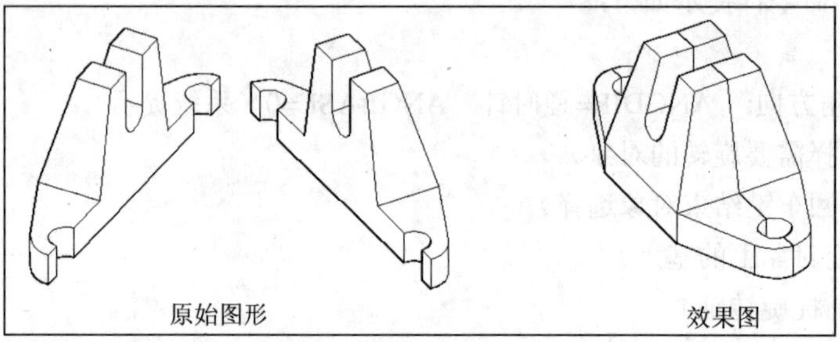

图 13.1.5　三维对齐

四、三维镜像

在 AutoCAD 2007 中，执行三维镜像命令的方法有以下两种：

（1）选择 修改(M) → 三维操作(3) → 三维镜像(M) 命令。

（2）在命令行中输入命令 mirror3d。

执行此命令后，命令行提示如下：

命令: _ mirror3d

选择对象:（选择需要镜像的对象）

选择对象:（按回车键结束对象选择）

指定镜像平面(三点) 的第一个点或[对象(O)/最近的(L)/Z 轴(Z)/视图(V)/XY 平面(XY)/YZ 平面(YZ)/ZX 平面(ZX)/三点(3)] <三点>:

其中各命令选项功能介绍如下：

（1）对象(O)：选择此命令选项，使用选定的平面对象作为镜像平面。可用于选择的对象包括圆、圆弧或二维多段线。

（2）最近的(L)：选择此命令选项，使用上一次指定的平面作为镜像平面进行镜像操作。

（3）Z 轴(Z)：选择此命令选项，根据平面上的一个点和平面法线上的一个点定义镜像平面。

（4）视图(V)：选择此命令选项，将镜像平面与当前视口中通过指定点的视图平面对齐。

（5）XY 平面(XY) /YZ 平面(YZ) /ZX 平面(ZX)：选择相应的命令选项，将镜像平面与一个通过指定点的标准平面（XY，YZ 或 ZX）对齐。

（6）三点(3)：选择此命令选项，通过指定三点来确定镜像平面。

三维镜像的效果如图 13.1.6 所示。

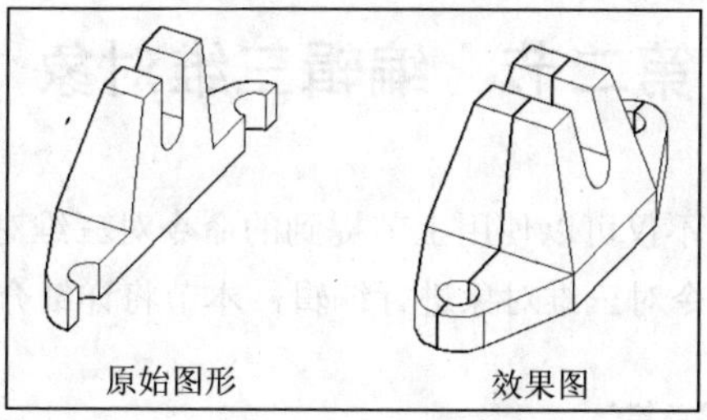

图 13.1.6　三维镜像效果

五、三维阵列

在 AutoCAD 2007 中，执行三维阵列命令的方法有以下两种：

（1）选择 修改(M) → 三维操作(3) → 三维阵列(3) 命令。

（2）在命令行中输入命令 3darray 后按回车键。

执行该命令后，命令行提示如下：

命令: _ 3darray

选择对象:（选择需要阵列的对象）

选择对象:（按回车键结束对象选择）

输入阵列类型 [矩形(R)/环形(P)] <矩形>:（选择阵列的类型）

如果选择矩形阵列，则命令行提示如下：

输入行数 (---) <1>:（指定阵列的行数）

输入列数 (|||) <1>:（指定阵列的列数）

输入层数 (...) <1>:（指定阵列的层数）

指定行间距 (---):（指定行间距）

指定列间距 (|||):（指定列间距）

指定层间距 (...):（指定层间距）

如果选择环形阵列，则命令行提示如下：

输入阵列中的项目数目:（指定环形阵列的数目）

指定要填充的角度 (+=逆时针, -=顺时针) <360>:（指定环形阵列的填充角度）

旋转阵列对象？ [是(Y)/否(N)] <Y>:（选择环形阵列的同时是否旋转阵列的对象）

指定阵列的中心点:（指定环形阵列旋转轴上的第一点）

指定旋转轴上的第二点:（指定环形阵列旋转轴上的第二点）

矩形阵列与环形阵列的效果如图 13.1.7 所示。

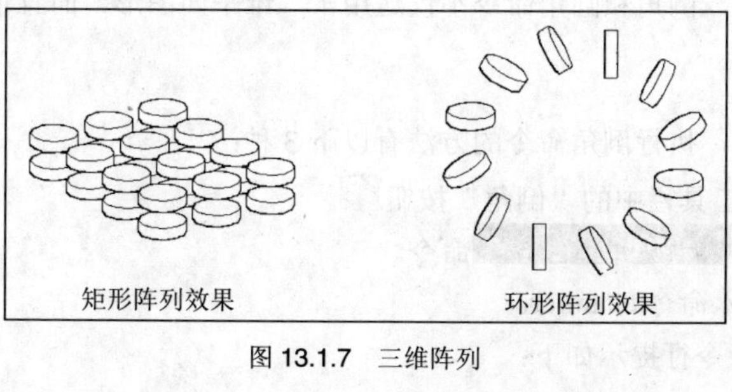

图 13.1.7　三维阵列

第二节　编辑三维对象

在 AutoCAD 2007 中，用户不仅可以使用上节提到的命令对三维对象进行操作，而且还可以使用 AutoCAD 2007 中的三维编辑命令对三维对象进行编辑，本节将详细介绍这些编辑命令的使用方法。

一、三维实体的布尔运算

在 AutoCAD 2007 中，布尔运算不仅适用于面域对象，而且还适用于实体对象。对三维基本实体进行布尔运算可以创建出更多复杂的三维实体。有关布尔运算的具体操作详见第七章“面域的运算”一节。

二、分解实体

在 AutoCAD 2007 中，用户可以使用分解命令将实体分解成各种面域对象，继续使用分解命令，还可以将其分解成图形的基本元素，如直线、圆及圆弧等。执行分解命令的方法有以下 3 种：

（1）单击“修改”工具栏中的“分解”按钮。

（2）选择 修改(M) → 分解(X) 命令。

（3）在命令行中输入命令 explode 后按回车键。

图 13.2.1 所示的为分解实体的效果。

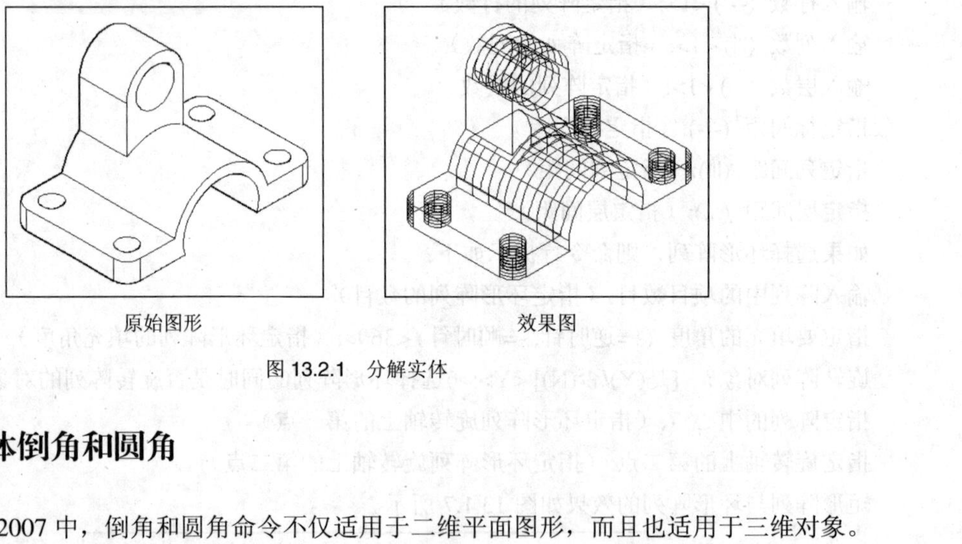

原始图形　　效果图

图 13.2.1　分解实体

三、对实体倒角和圆角

在 AutoCAD 2007 中，倒角和圆角命令不仅适用于二维平面图形，而且也适用于三维对象。

1. 倒角

在 AutoCAD 2007 中，执行倒角命令的方法有以下 3 种：

（1）单击“修改”工具栏中的“倒角”按钮。

（2）选择 修改(M) → 倒角(C) 命令。

（3）在命令行中输入命令 chamfer。

执行倒角命令后，命令行提示如下：

命令: _ chamfer

(“修剪”模式) 当前倒角距离 1 = 10.0000，距离 2 = 10.0000（系统提示）

选择第一条直线或 [放弃(U)/多段线(P)/距离(D)/角度(A)/修剪(T)/方式(E)/多个(M)]:（选择三维实体模型）

基面选择...（系统提示）

输入曲面选择选项 [下一个(N)/当前(OK)] <当前>:（选择曲面）

指定基面的倒角距离 <10.0000>:（指定基面倒角距离）

指定其他曲面的倒角距离 <10.0000>:（指定其他曲面的倒角距离）

选择边或 [环(L)]:（指定用于倒角的边）

选择边或 [环(L)]:（按回车键结束命令）

其中各命令选项功能介绍如下：

（1）下一个(N)：选择此命令选项，更换选择基面。

（2）当前(OK)：选择此命令选项，指定当前选择的面为基面。

（3）选择边：选择此命令选项，表示选择基面上的一条或多条边。

（4）环(L)：选择此命令选项，表示一次选择基面上的所有边。

2. 圆角

在 AutoCAD 2007 中，执行圆角命令的方法有以下 3 种：

（1）单击“修改”工具栏中的“圆角”按钮。

（2）选择 修改(M) → 圆角(F) 命令。

（3）在命令行中输入命令 fillet。

执行该命令后，命令行提示如下：

命令: _ fillet

当前设置: 模式 = 修剪，半径 = 0.0000（系统提示）

选择第一个对象或 [放弃(U)/多段线(P)/半径(R)/修剪(T)/多个(M)]:（选择要进行圆角处理的边）

输入圆角半径:（指定圆角的半径）

选择边或 [链(C)/半径(R)]:（指定圆角的边）

选择边或 [链(C)/半径(R)]:（按回车键结束命令）

其中各命令选项功能介绍如下：

（1）选择边：此命令选项为默认选项，可以选取三维对象的多条边，同时对其进行圆角操作。

（2）链(C)：选择此命令选项，当选取三维对象的一条边时，同时选取与其相切的边。

（3）半径(R)：选择此命令选项，可重新设置圆角的半径。

图 13.2.2 所示的为倒角和圆角的效果。

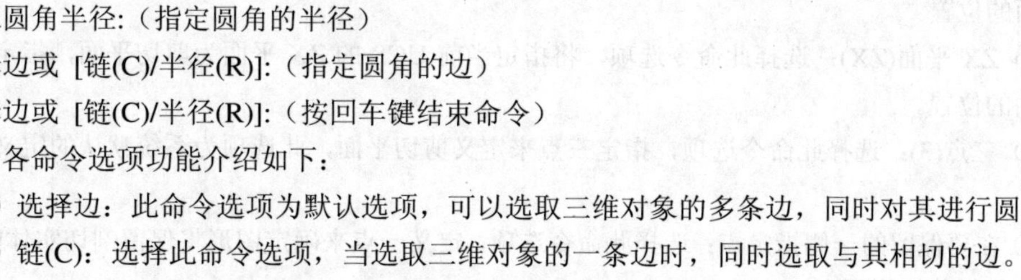

图 13.2.2　倒角和圆角效果

四、剖切实体

在 AutoCAD 2007 中，执行剖切命令的方法有以下两种：

（1）选择 修改(M) → 三维操作(3) → 剖切(S) 命令。

（2）在命令行中输入命令 slice。

执行该命令后，命令行提示如下：

命令: _ slice

选择对象:（选择要进行剖切的实体对象）

选择对象:（按回车键结束对象选择）

指定切面上的第一个点，依照 [对象(O)/Z 轴(Z)/视图(V)/XY 平面(XY)/YZ 平面(YZ)/ZX 平面(ZX)/三点(3)] <三点>:（指定切面上的第一个点）

指定平面上的第二个点:（指定切面上的第二个点）

指定平面上的第三个点:（指定切面上的第三个点）

在要保留的一侧指定点或 [保留两侧(B)]:（指定要保留的一侧实体）

其中各命令选项功能介绍如下：

（1）对象(O)：选择此命令选项，将指定圆、椭圆、圆弧、椭圆弧、二维样条曲线或二维多段线为剪切面。

（2）Z 轴(Z)：选择此命令选项，通过在平面上指定一点和在平面的 Z 轴（法向方向）上指定另一点来定义剪切平面。

（3）视图(V)：选择此命令选项，将指定当前视口的视图平面为剪切平面，指定一点定义剪切平面的位置。

（4）XY 平面(XY)：选择此命令选项，将指定当前用户坐标系(UCS)的 XY 平面为剪切平面。指定一点定义剪切平面的位置。

（5）YZ 平面(YZ)：选择此命令选项，将指定当前 UCS 的 YZ 平面为剪切平面，指定一点定义剪切平面的位置。

（6）ZX 平面(ZX)：选择此命令选项，将指定当前 UCS 的 ZX 平面为剪切平面，指定一点定义剪切平面的位置。

（7）三点(3)：选择此命令选项，指定三点来定义剪切平面，此选项为系统默认的定义剪切面的方法。

（8）在要保留的一侧指定点：选择此命令选项，定义一点来确定图形将保留剖切实体的哪一侧，该点不能位于剪切平面上。

（9）保留两侧(B)：选择此命令选项，将剖切实体的两侧均保留。

图 13.2.3 所示的为剖切实体的效果。

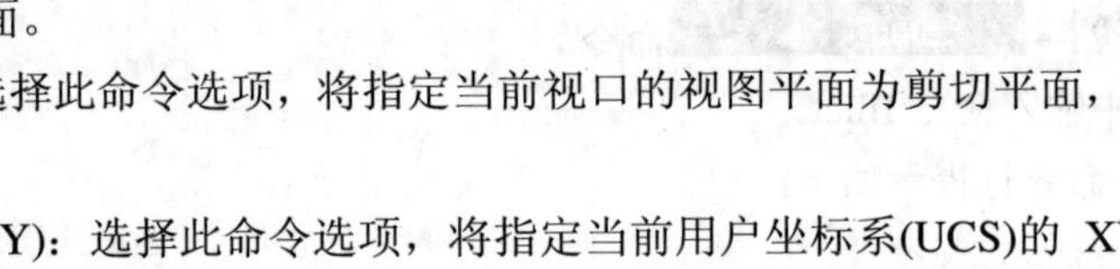

图 13.2.3　剖切效果

五、加厚

在 AutoCAD 2007 中，可以使用加厚命令为曲面对象指定厚度，从而生长实体，执行加厚命令的方法有以下两种：

（1）选择 修改(M) → 三维操作(3) → 加厚(T) 命令。

（2）在命令行中输入命令 thicken。

命令: _ thicken

选择要加厚的曲面:（选择要加厚的曲面）

选择要加厚的曲面:（按回车键结束对象选择）

指定厚度 <0.0000>:（输入厚度值）

图 13.2.4 所示的为加厚实体的效果。

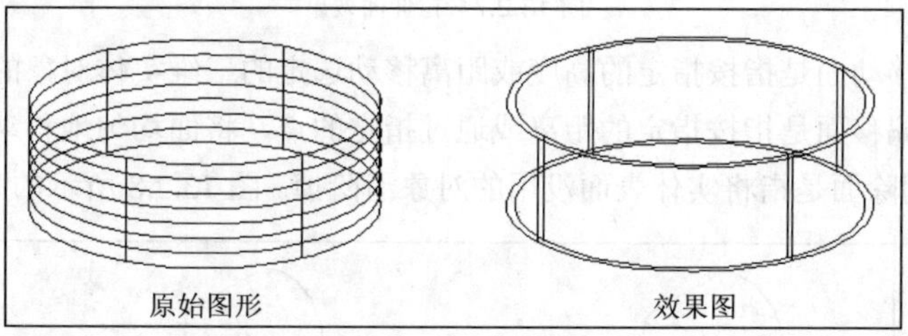

图 13.2.4　加厚效果

六、编辑实体的面

在 AutoCAD 2007 中，可以对实体的面进行各种编辑，单击“实体编辑”工具栏（见图 13.2.5）中的相应按钮，或选择 修改(M) → 实体编辑(N) 菜单子命令（见图 13.2.6）即可执行相应的操作。

图 13.2.5　“实体编辑”工具栏

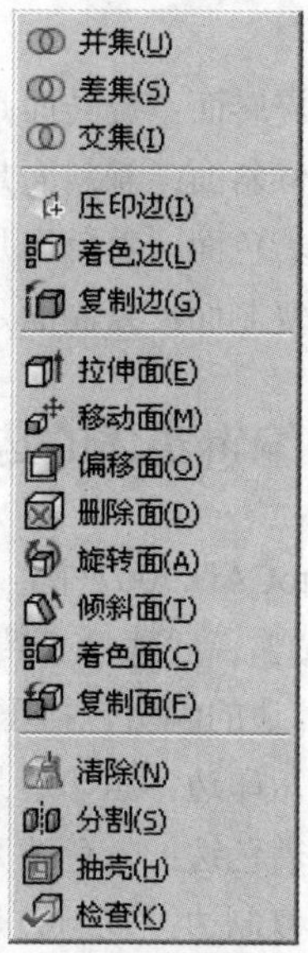

图 13.2.6　“实体编辑”子菜单

对实体面的编辑主要包括以下 8 种：

（1）拉伸面：拉伸面是指将选定的三维实体对象的面拉伸到指定的高度或沿路径拉伸。图 13.2.7 所示的为实体拉伸面的效果。

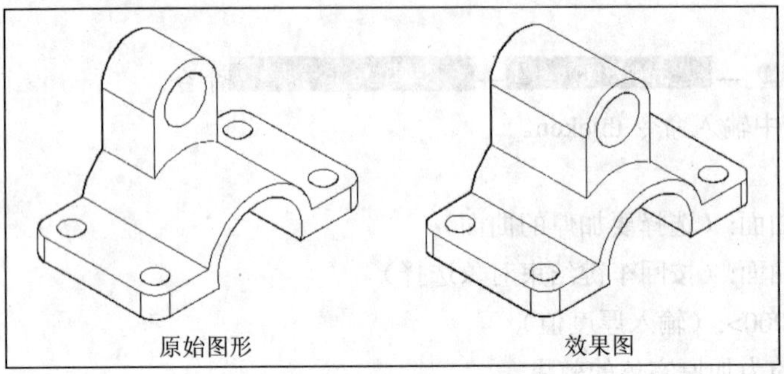

图 13.2.7　拉伸面效果

（2）移动面：移动面是指按指定的高度或距离移动选定的三维实体对象的面。

（3）偏移面：偏移面是指按指定的距离或通过指定的点，将面均匀地移动。

（4）删除面：删除面是指将实体表面没用的对象清除掉。图 13.2.8 所示的为删除圆孔 A 的效果。

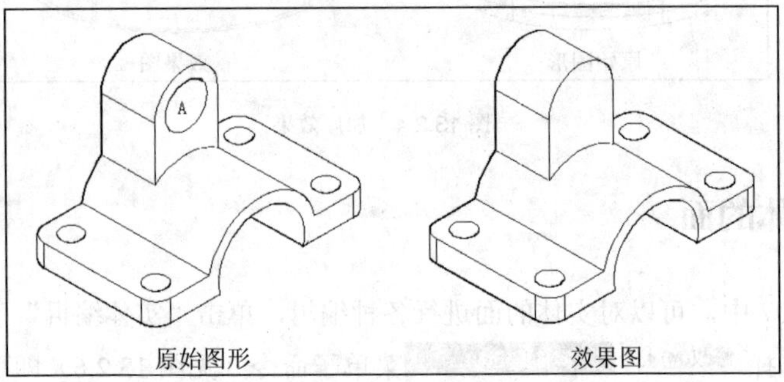

图 13.2.8　删除面效果

（5）旋转面：旋转面是指绕指定的轴旋转一个或多个面或实体的某些部分。

（6）倾斜面：倾斜面是指将实体的面按指定的角度进行倾斜。

（7）着色面：着色面是指为实体的面选择指定的颜色。

（8）复制面：复制面是指为三维实体的面创建副本。

七、编辑实体的边

在 AutoCAD 2007 中，可以对实体的边进行各种编辑，单击“实体编辑”工具栏（见图 13.2.5）中的相应按钮，或选择 修改(M) → 实体编辑(N) 菜单子命令（见图 13.2.6），即可执行相应的操作。

对实体边的编辑包括压印边、着色边和复制边，分别介绍如下：

（1）压印边：压印边是指在实体的表面压制出一个对象。

（2）着色边：着色边是指通过修改实体边的颜色来编辑实体。

（3）复制边：复制边是指通过创建实体的边来编辑三维实体。

第三节 视觉样式

视觉样式用于控制三维空间中实体对象的显示效果，在 AutoCAD 2007 中，单击“视觉样式”工具栏（见图 13.3.1）中的相应按钮，或选择 视图(V) → 视觉样式(S) 菜单子命令（见图 13.3.2），即可以不同的视觉样式显示实体对象。

图 13.3.1 “视觉样式”工具栏

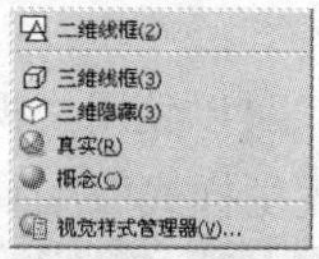

图 13.3.2 “视觉样式”子菜单

一、应用视觉样式

在 AutoCAD 2007 中，可使用的视觉样式有 5 种，分别为“二维线框”、“三维线框”、“三维隐藏”、“真实”和“概念”，各模式功能介绍如下：

（1）二维线框：该模式用于显示用直线和曲线表示边界的对象。光栅和 OLE 对象、线型和线宽均可见，如图 13.3.3 所示。

（2）三维线框：该模式用于显示用直线和曲线表示边界的对象，同时显示三维坐标球和已经使用的材质颜色，如图 13.3.4 所示。

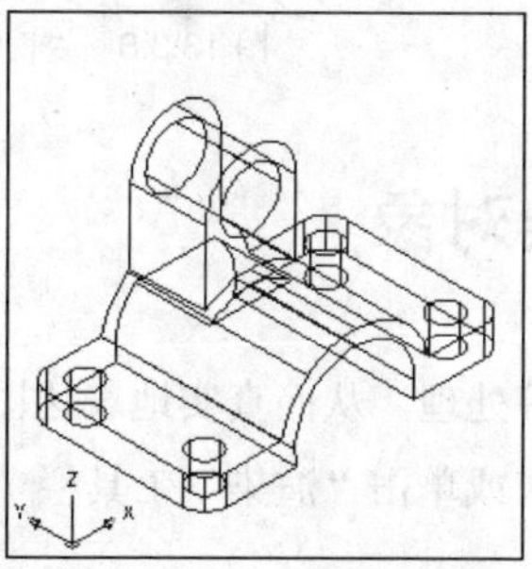

图 13.3.3 “二维线框”模式

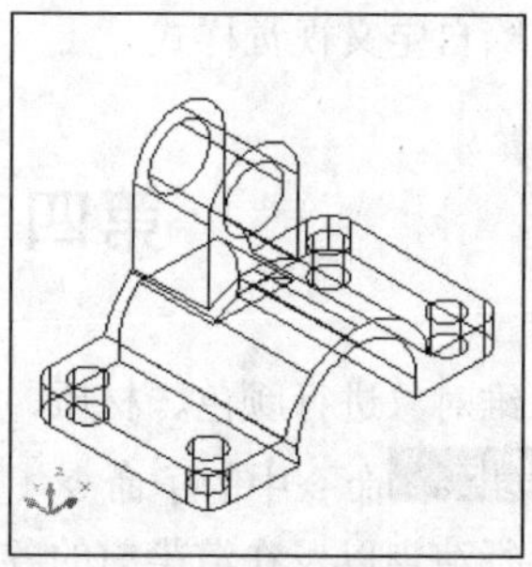

图 13.3.4 “三维线框”模式

（3）三维隐藏：该模式用于显示用三维线框表示的对象，并隐藏当前视图中看不到的直线，如图 13.3.5 所示。

（4）真实：该模式用于给多边形平面间的表面着色，并使对象的边平滑化，同时将显示已附着到对象上的材质，如图 13.3.6 所示。

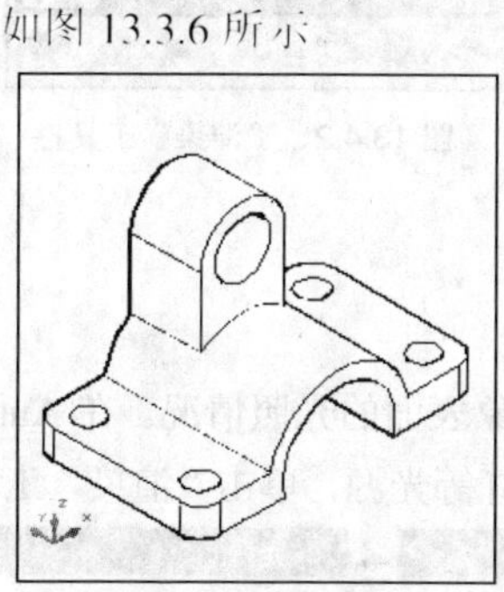

图 13.3.5 “三维隐藏”模式

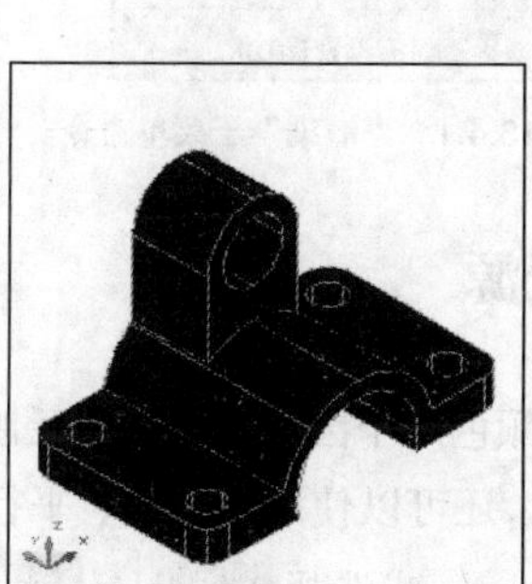

图 13.3.6 “真实”模式

（5）概念：该模式用于给多边形平面间的对象着色，并使对象的边平滑化。着色使用古氏面样式，该样式是一种冷色和暖色之间的过渡，而不是从深色到浅色的过渡。该模式下显示的对象效果缺乏真实感，但可以更方便地查看模型的细节，如图 13.3.7 所示。

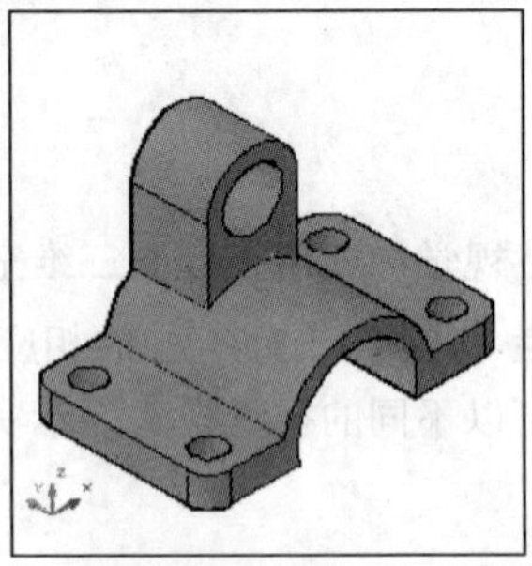

图 13.3.7　“概念”模式

二、管理视觉样式

在 AutoCAD 2007 中，可以使用“视觉样式管理器”对所有的视觉样式进行管理。单击“视觉样式”工具栏中的“管理视觉样式”按钮，或选择 视图(V) → 视觉样式(S) → 视觉样式管理器(V)... 命令，打开 视觉样式管理器 选项板，如图 13.3.8 所示。

视觉样式管理器 选项板中的 图形中的可用视觉样式 列表框中显示了当前图形中的可用视觉样式。当选中某一视觉样式后，单击该列表框下边的“将选定的视觉样式应用于当前视口”按钮，或用鼠标双击选中的视觉样式，即可应用选定的视觉样式到当前视口。另外，还可以将选定的视觉样式添加到工具选项板，这样也可以方便地应用视觉样式。

视觉样式管理器 选项板的参数选项区中显示了选定样式的面设置、环境设置、边设置等参数，可以进一步设置视觉样式。另外，用户还可以创建和删除自定义视觉样式。

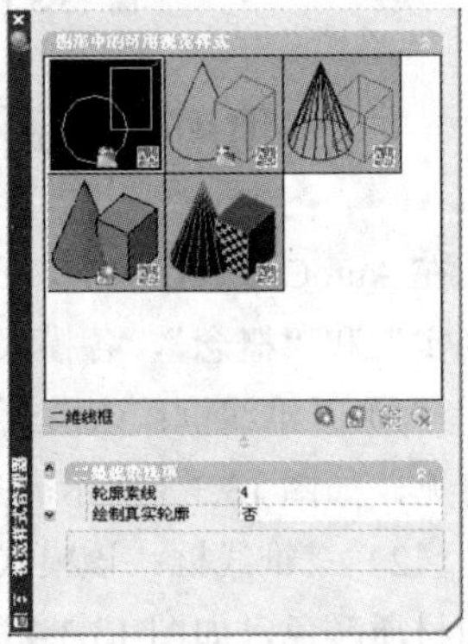

图 13.3.8　“视觉样式管理器”选项板

第四节　渲染对象

渲染是指对三维对象进行颜色、材质、光源和贴图等处理，从而真实地表达图形的外观和纹理。选择 视图(V) → 渲染(E) 命令中的子命令（见图 13.4.1），或单击“渲染”工具栏（见图 13.4.2）中的相应按钮，即可执行渲染以及在渲染前的各项操作。

图 13.4.1　“渲染”子菜单命令

图 13.4.2　“渲染”工具栏

一、设置光源

光源由强度和颜色两个因素决定，它反映了三维对象表面的光照情况。在 AutoCAD 2007 中，不仅可以使用自然光，还可以使用点光源、平行光和聚光灯等光源，单击“渲染”工具栏（见图 13.4.3）中的“光源”按钮，或选择 视图(V) → 渲染(E) → 光源(L) 菜单子命令（见图 13.4.4），可以创建和管理光源。

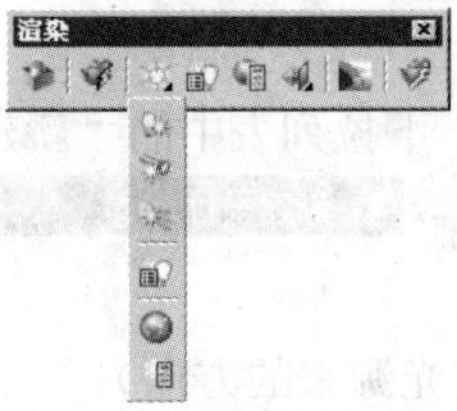

图 13.4.3　“渲染”工具栏

图 13.4.4　“光源”子菜单

1. 创建光源

AutoCAD 系统默认的光源为自然光，如果要突出表现三维对象的光照效果，还可以创建点光源、聚光灯或平行光，具体操作方法如下：

（1）创建点光源：单击“渲染”工具栏中“光源”下拉列表中的“新建点光源”按钮，或选择 视图(V) → 渲染(E) → 光源(L) → 新建点光源(P) 命令，命令行提示如下：

命令: _ pointlight

指定源位置 <0,0,0>:（用鼠标指定光源位置或直接输入光源位置）

输入要更改的选项 [名称(N)/强度(I)/状态(S)/阴影(W)/衰减(A)/颜色(C)/退出(X)] <退出>:（按回车键结束命令或选择设置其他选项）

其中各命令选项功能介绍如下：

1）名称(N)：选择该命令选项，为创建的点光源设置名称。

2）强度(I)：选择该命令选项，设置点光源的强度或亮度。

3）状态(S)：选择该命令选项，设置点光源的开启和关闭状态。

4）阴影(W)：选择该命令选项，设置是否启用阴影设置。

5）衰减(A)：选择该命令选项，设置光源衰减的启用，以及光源衰减类型和边界。

6）颜色(C)：选择该命令选项，设置光源的颜色。

7）退出(X)：选择该命令选项，退出命令。

（2）创建聚光灯：单击“渲染”工具栏中“光源”下拉列表中的“新建聚光灯”按钮，或选择 视图(V) → 渲染(E) → 光源(L) → 新建聚光灯(S) 命令，命令行提示如下：

命令: _ spotlight

指定源位置 <0,0,0>:（指定光源位置）

指定目标位置 <0,0,-10>:（指定目标对象位置）

输入要更改的选项 [名称(N)/强度(I)/状态(S)/聚光角(H)/照射角(F)/阴影(W)/衰减(A)/颜色(C)/退出(X)]:（按回车键结束命令）

其中各选项功能介绍如下：

1）名称(N)：选择该命令选项，为创建的聚光灯设置名称。

2）强度(I)：选择该命令选项，设置聚光灯的强度或亮度。

3）状态(S)：选择该命令选项，设置聚光灯的开启或关闭状态。

4）聚光角(H)：选择该命令选项，指定最亮光锥的角度。

5）照射角(F)：选择该命令选项，指定完整光锥的角度。

6）阴影(W)：选择该命令选项，设置阴影的开启与关闭。

7）衰减(A)：选择该命令选项，设置光源衰减的启用，以及光源衰减类型和边界。

8）颜色(C)：选择该命令选项，设置光源的颜色。

9）退出(X)：选择该命令选项，退出命令。

（3）创建平行光：单击“渲染”工具栏中“光源”下拉列表中的“新建平行光”按钮，或选择 视图(V) → 渲染(E) → 光源(L) → 新建平行光(D) 命令，命令行提示如下：

命令: _distantlight

指定光源方向 FROM <0,0,0> 或 [矢量(V)]:（指定光源来的方向）

指定光源方向 TO <1,1,1>:（指定光源照射的方向）

输入要更改的选项 [名称(N)/强度(I)/状态(S)/阴影(W)/颜色(C)/退出(X)] <退出>:（按回车键退出命令）

其中各选项功能介绍如下：

1）名称(N)：选择该命令选项，为创建的平行光设置名称。

2）强度(I)：选择该命令选项，设置平行光的强度和亮度。

3）状态(S)：选择该命令选项，设置平行光的开启和关闭状态。

4）阴影(W)：选择该命令选项，设置阴影的开启与关闭。

5）颜色(C)：选择该命令选项，设置光源的颜色。

6）退出(X)：选择该命令选项，退出命令。

2. 管理光源

当在图形中创建多个光源时，可以通过单击“渲染”工具栏中“光源”下拉列表中的“光源列表”按钮，或选择 视图(V) → 渲染(E) → 光源(L) → 光源列表(L) 命令，在弹出的 模型中的光源 选项板中查看和管理所有光源，如图 13.4.5 所示。

二、设置材质

在渲染对象时，可以为对象附着合适的材质，增强渲染对象的真实感。单击“渲染”工具栏中的“材质”按钮，或选择 视图(V) → 渲染(E) → 材质(M)... 命令，在弹出的 材质 选项板中可以为对象附着材质，如图 13.4.6 所示。

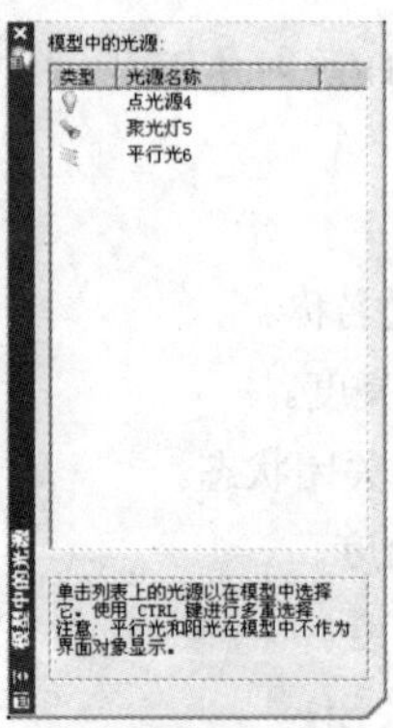

图 13.4.5　“模型中的光源”选项板

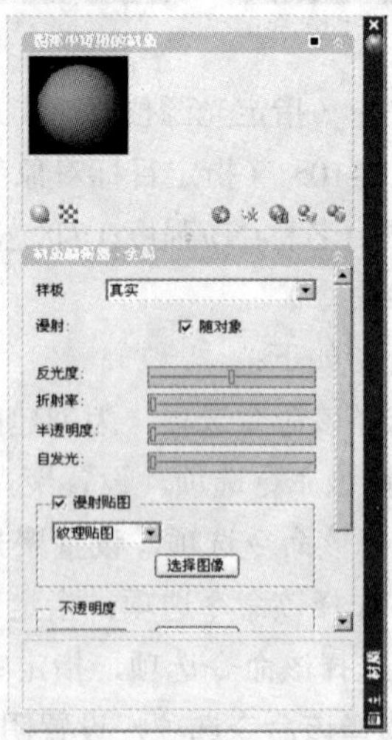

图 13.4.6　“材质”选项板

三、设置贴图

贴图是指在渲染对象时将材质映射到对象上。在 AutoCAD 2007 中，贴图的方式有 4 种，分别为平面贴图、长方体贴图、柱面贴图和球面贴图，单击“渲染”工具栏中的“贴图”下拉列表（见图 13.4.7）中的相应按钮，或选择 视图(V) → 渲染(E) → 贴图(A) 菜单子命令（见图 13.4.8），即可设置贴图方式。

四、渲染环境

使用渲染环境可以在渲染对象时进行雾化和深度设置，单击“渲染”工具栏中的“渲染环境”按钮，或选择 视图(V) → 渲染(E) → 渲染环境(E)... 命令，在弹出的 渲染环境 对话框中可以设置雾化和深度的启用或关闭，以及颜色、背景和距离等，如图 13.4.9 所示。

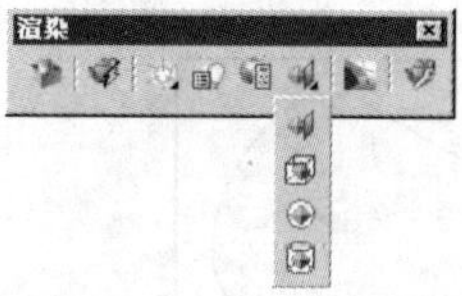

图 13.4.7　“贴图”下拉列表

图 13.4.8　“贴图”子菜单

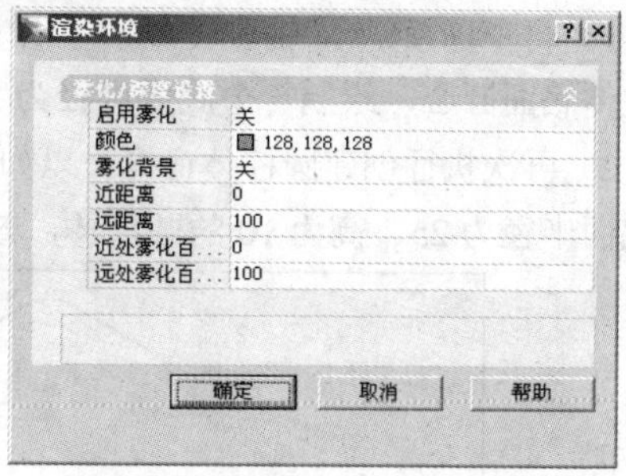

图 13.4.9　“渲染环境”对话框

五、高级渲染设置

渲染环境设置只对雾化和深度进行设置，如果要进一步对渲染环境进行设置，可以单击“渲染”工具栏中的“高级渲染设置”按钮，或选择 视图(V) → 渲染(E) → 高级渲染设置(D)... 命令，在弹出的 高级渲染设置 选项板中进行设置，如图 13.4.10 所示。

高级渲染设置包括了渲染类型的基本、光线跟踪间接发光、诊断、处理等参数设置。高级渲染设置可以分为“草稿”、“低”、“中”、“高”和“演示”5 种，同时还可以在“选择渲染预设”下拉列表中选择“管理渲染预设”选项，在弹出的 渲染预设管理器 对话框中自定义渲染预设，如图 13.4.11 所示。

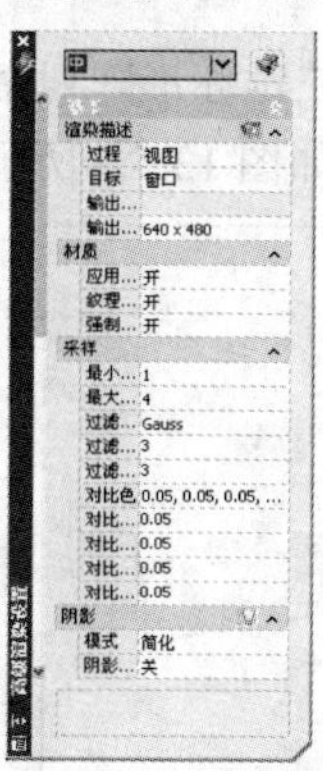

13.4.10　“高级渲染设置”选项板

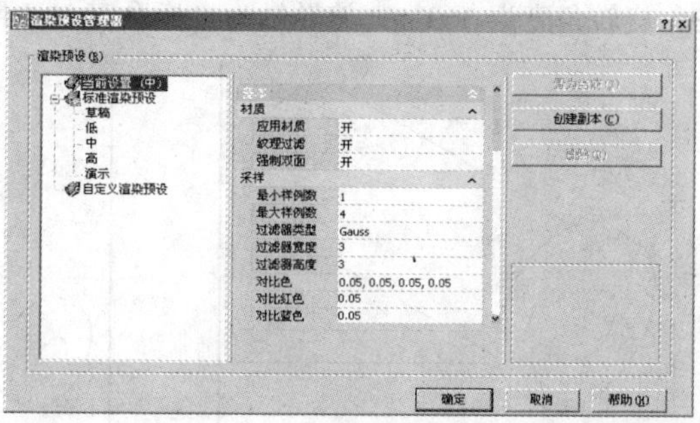

图 13.4.11　“渲染预设管理器”对话框

第五节　应用实例

下面绘制如图 13.5.1 所示的图形，以巩固本章所学的知识。

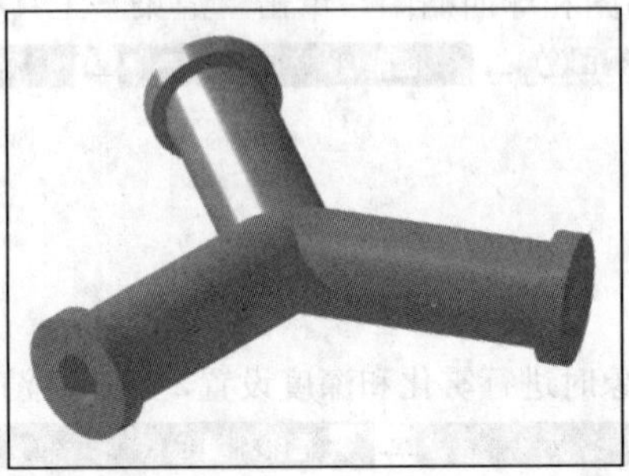

图 13.5.1　三通接头

（1）将坐标系统 X 轴旋转 90°。单击“建模”工具栏中的“圆柱体”按钮，以坐标系原点为圆柱体底面圆心，绘制一个底面半径为 20，高为 100 的圆柱体，效果如图 13.5.2 所示。

（2）再次执行创建圆柱体命令，以如图 13.5.2 所示图形中的中心点 A 为圆柱体底面圆心，绘制一个底面半径为 25，高为 10 的圆柱体，效果如图 13.5.3 所示。

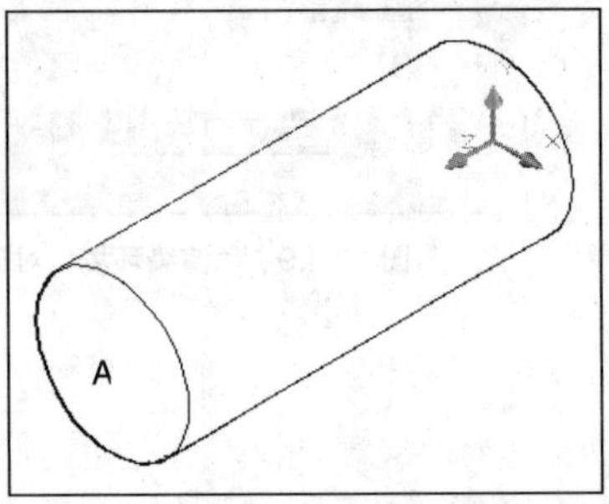

图 13.5.2　绘制管径

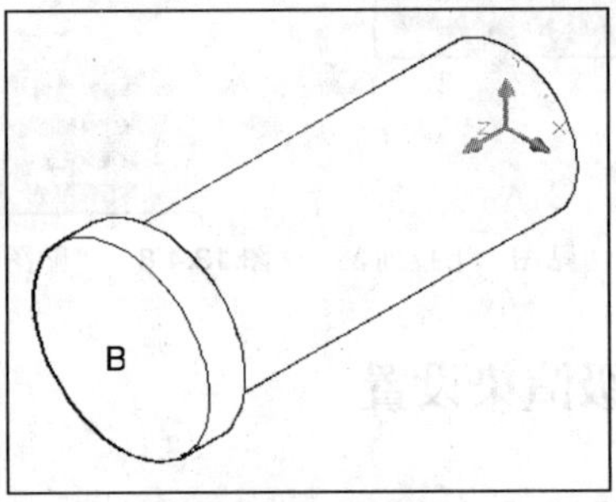

图 13.5.3　绘制管盖

（3）单击“实体编辑”工具栏中的“并集”按钮，对绘制的两个圆柱体进行并集操作。

（4）再次执行绘制圆柱体命令，以如图 13.5.3 所示图形中的 B 点为圆柱体底面圆心，绘制一个底面半径为 10，高为-110 的圆柱体。

（5）单击“实体编辑”工具栏中的“差集”按钮，用步骤（3）生成的实体对象减去步骤（4）创建的圆柱体，效果如图 13.5.4 所示。

（6）选择 修改(M) → 三维操作(3) → 三维阵列(3) 命令，执行三维环形阵列命令，设置阵列的数目为 3，旋转角度为 360°，旋转轴为坐标系 Y 轴，阵列后的效果如图 13.5.5 所示。

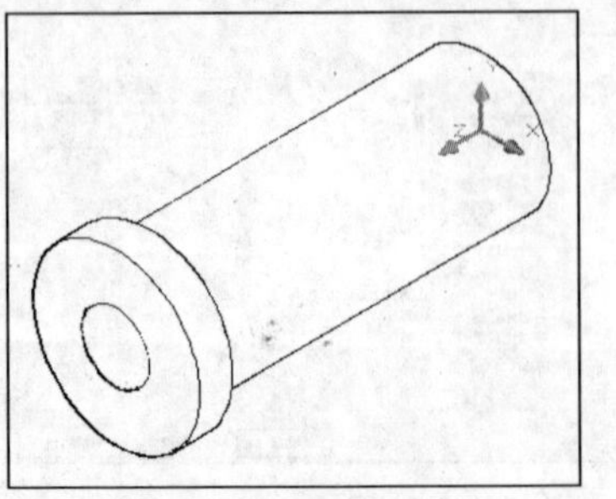

图 13.5.4　差集运算

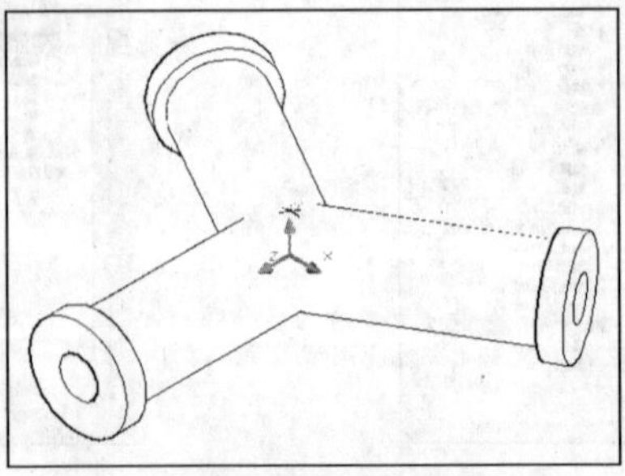

图 13.5.5　环形阵列

（7）执行并集命令，对如图 13.5.5 所示图形进行并集运算，渲染后的效果如图 13.5.1 所示。

习题十三

一、填空题

1．在 AutoCAD 2007 中，对三维对象的操作包括__________、__________、__________、三维镜像和__________。

2．在 AutoCAD 2007 中，可以使用__________、__________、__________、__________、和__________等 5 种视觉样式显示三维对象。

二、简答题

1．在 AutoCAD 2007 中，可以对三维对象进行哪些编辑？

2．在 AutoCAD 2007 中渲染对象时，如何设置光源、材质、贴图和渲染环境？

三、上机操作题

绘制如题图 13.1 所示的图形。

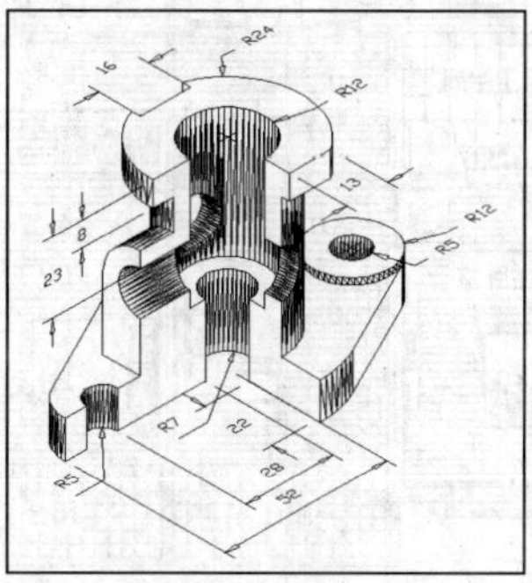

题图　13.1

第十四章　建筑设计行业应用实例

建筑设计是 AutoCAD 的重要应用领域之一。本章将结合前面所学的知识，精选三个典型实例，并对其设计过程进行全面、精确的讲解，帮助读者理解和掌握 AutoCAD 2007 在建筑设计行业的应用。

实例 1　常见户型平面图设计

1. 实例效果

本例绘制常见户型平面图，效果如图 14.1.1 所示。

图 14.1.1　常见户型平面图

2. 实例目的

练习常见户型平面图形的设计方法。

3. 本例知识点

在本例的绘制过程中将用到直线、多线、多线编辑、偏移、修剪命令，以及创建与插入块、文字标注、图案填充、多段线和尺寸标注等命令。

4. 制作过程

（1）单击“标准”工具栏中的“新建”按钮，在弹出的选择样板对话框中的样板列表框中选择一个图形样板，如图 14.1.2 所示，单击打开(O)按钮创建一个空白图形文件。

（2）单击“标准”工具栏中的“保存”按钮，弹出图形另存为对话框，如图 14.1.3 所示，在该对话框中的文件名(N):文本框中输入文件名称“常见户型平面图设计”，单击保存(S)按钮进行保存。

图 14.1.2　“选择样板”对话框

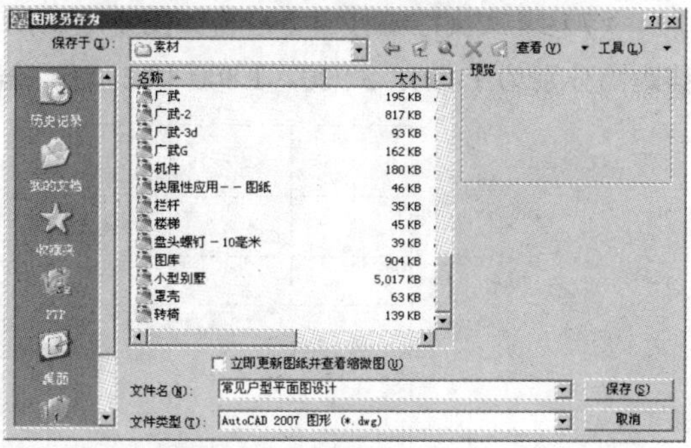

图 14.1.3　“图形另存为”对话框

提示：在绘制图形的过程中，要养成经常保存文件的习惯，这样可以减少因断电或其他意外情况造成的数据丢失。

（3）单击“图层”工具栏中的“图层特性管理器”按钮，在弹出的图层特性管理器对话框中创建“轴线”、“墙线”、“门窗线”、“室内家具”、“图案填充”、“文字标注”和“尺寸标注”7个图层，各图层属性设置如图 14.1.4 所示。

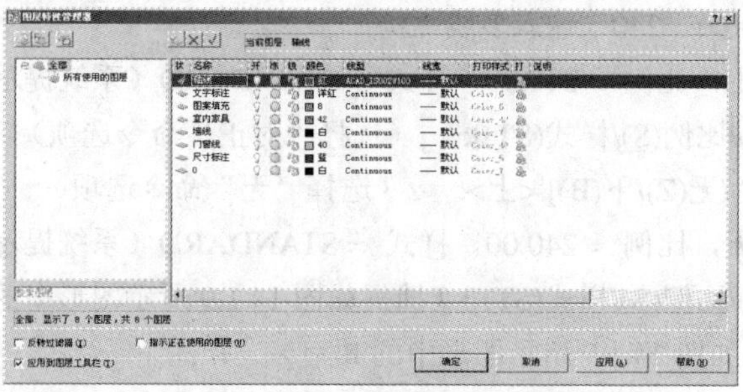

图 14.1.4　“图层特性管理器”对话框

（4）设置“轴线”层为当前图层，单击“绘图”工具栏中的“直线”按钮，在绘图窗口中分别绘制两条相互垂直的辅助线，其中，水平辅助线长为 10 800，垂直辅助线长为 12 460，效果如图 14.1.5 所示。

（5）单击“修改”工具栏中的“偏移”按钮，将水平辅助线依次向上偏移，偏移距离分别为 1 060，600，4 500，900，1 500，1 800 和 2 100，偏移后的效果如图 14.1.6 所示。

图 14.1.5　绘制辅助线

图 14.1.6　偏移水平辅助线

（6）再次执行偏移命令，设置偏移距离为 3600，将如图 14.1.6 所示图形中的垂直辅助线依次向右偏移三次，效果如图 14.1.7 所示。

（7）再次执行偏移命令，将如图 14.1.7 所示图形中最左边的垂直辅助线依次向右进行偏移，偏移距离分别为 1 400，3 900，1 800 和 2 400，偏移后的效果如图 14.1.8 所示。

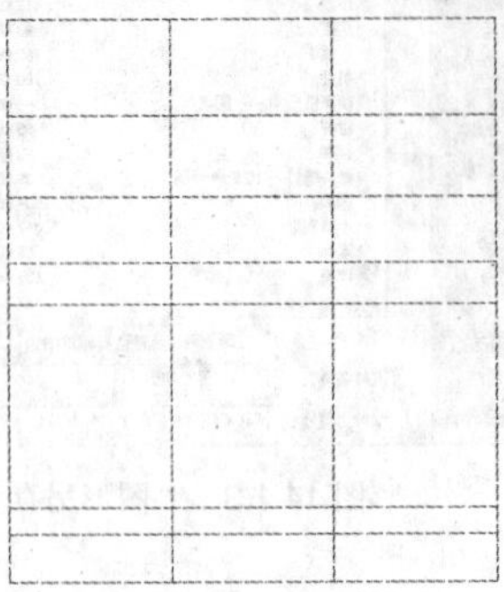
图 14.1.7　偏移垂直辅助线

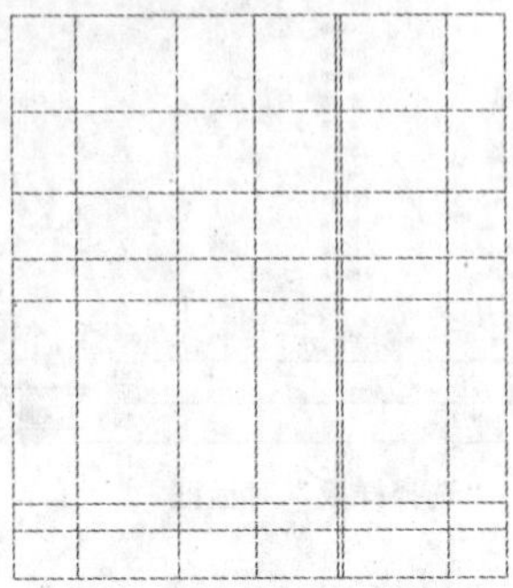
图 14.1.8　偏移辅助线

（8）设置“墙线”层为当前图层，选择 绘图(D) → 多线(M) 命令，命令行提示如下：

命令：_mline

当前设置：对正 = 上，比例 = 20.00，样式 = STANDARD（系统提示）

指定起点或 [对正(J)/比例(S)/样式(ST)]:　s（选择“比例”命令选项）

输入多线比例 <20.00>:　240（输入多线比例）

当前设置：对正 = 上，比例 = 240.00，样式 = STANDARD（系统提示）

指定起点或 [对正(J)/比例(S)/样式(ST)]:　j（选择“对正”命令选项）

输入对正类型 [上(T)/无(Z)/下(B)] <上>:　z（选择“无”命令选项）

当前设置：对正 = 无，比例 = 240.00，样式 = STANDARD（系统提示）

指定起点或 [对正(J)/比例(S)/样式(ST)]:（捕捉如图 14.1.9 所示图形中的 A 点）

指定下一点：（捕捉如图 14.1.9 所示图形中的 B 点）

指定下一点或 [放弃(U)]:（捕捉如图 14.1.9 所示图形中的 C 点）

指定下一点或 [闭合(C)/放弃(U)]:（捕捉如图 14.1.9 所示图形中的 D 点）

指定下一点或 [闭合(C)/放弃(U)]: c（选择“闭合”命令选项闭合绘制的多线）

绘制的多线效果如图 14.1.9 所示。

（9）继续执行绘制多线命令，绘制如图 14.1.10 所示的其他多线。

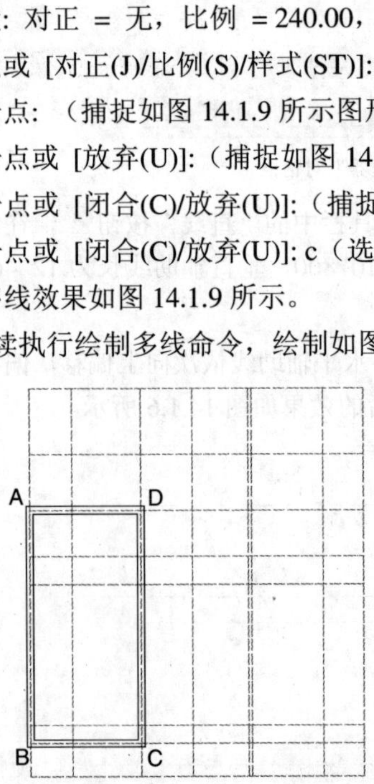

图 14.1.9　多线效果

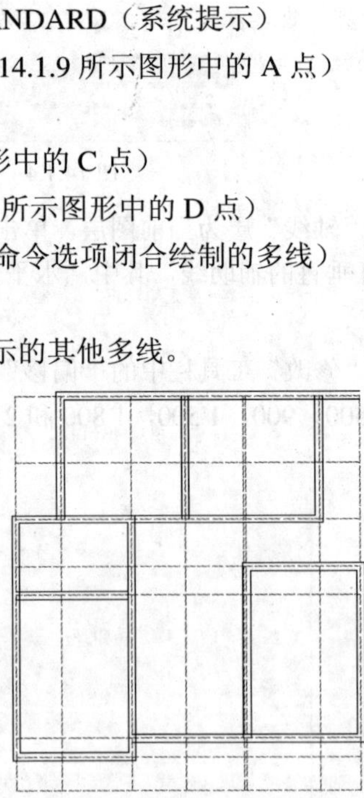
图 14.1.10　其他多线效果

（10）继续执行绘制多线命令，命令行提示如下：

命令: _ mline

当前设置: 对正 = 无，比例 = 240.00，样式 = STANDARD（系统提示）

指定起点或 [对正(J)/比例(S)/样式(ST)]:　s（选择“比例”命令选项）

输入多线比例 <240.00>:　120（输入多线比例）

当前设置: 对正 = 无，比例 = 120.00，样式 = STANDARD（系统提示）

指定起点或 [对正(J)/比例(S)/样式(ST)]:（捕捉如图 14.1.11 所示图形中的 E 点）

指定下一点:（捕捉如图 14.1.11 所示图形中的 F 点）

指定下一点或 [闭合(C)/放弃(U)]:（按回车键结束命令）

绘制的多线效果如图 14.1.11 所示。

（11）继续执行绘制多线命令，绘制其他几处多线比例为 120 的墙线，关闭轴线层后的效果如图 14.1.12 所示。

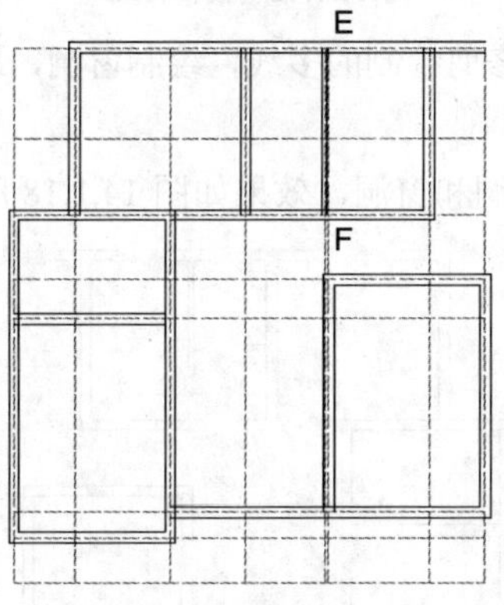

图 14.1.11　多线效果

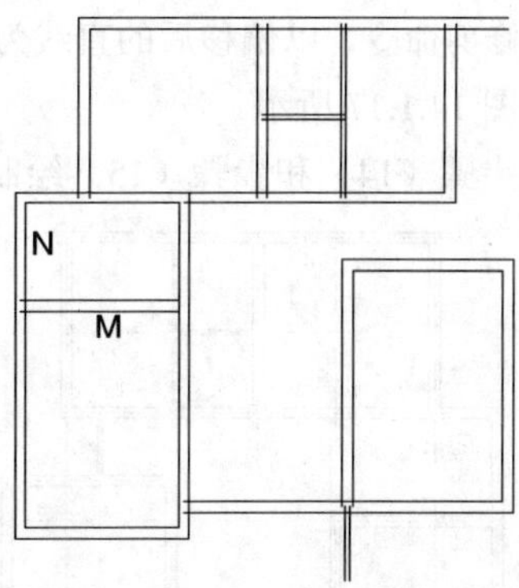

图 14.1.12　关闭轴线层后的效果

（12）选择 修改(M) → 对象(O) → 多线(M)... 命令，弹出 多线编辑工具 对话框，如图 14.1.13 所示，在该对话框中单击“T 形打开”按钮，然后在命令行的提示下依次选择如图 14.1.12 所示图形中多线上的 M 点和 N 点，编辑多线后的效果如图 14.1.14 所示。

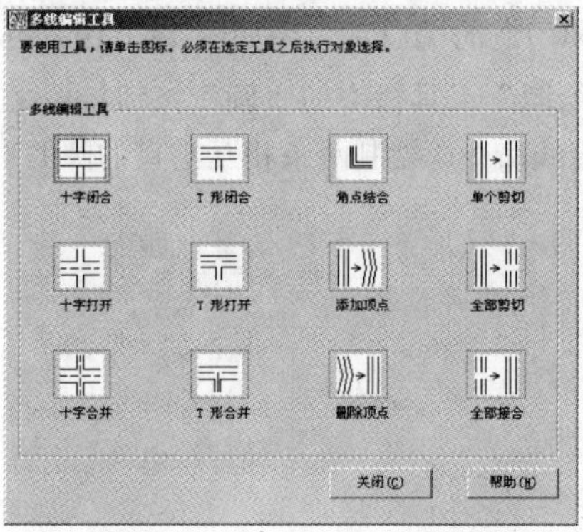

图 14.1.13　“多线编辑工具”对话框

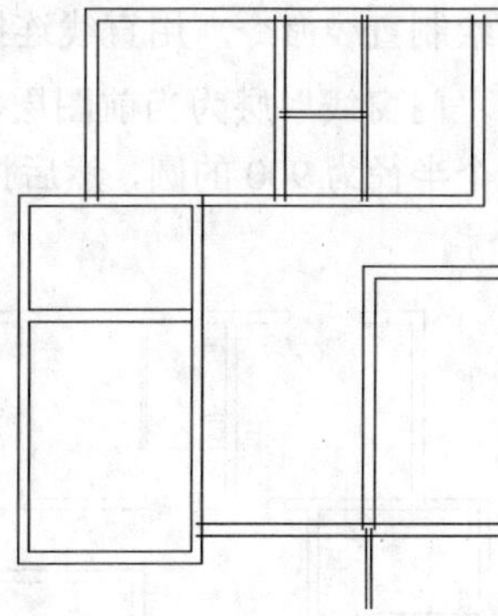

图 14.1.14　编辑多线后的效果

（13）继续执行多线编辑命令，对其他多线进行编辑，编辑后的效果如图 14.1.15 所示。

提示：用鼠标双击绘制的多线可以快速打开 多线编辑工具 对话框，执行一次多线编辑命令后，可以对多个类型相同的多线进行编辑。

（14）打开轴线层，执行偏移命令，将如图 14.1.16 所示图形中最左边的垂直直线依次向右进行偏移，偏移距离分别为 900 和 1800，效果如图 14.1.16 所示。

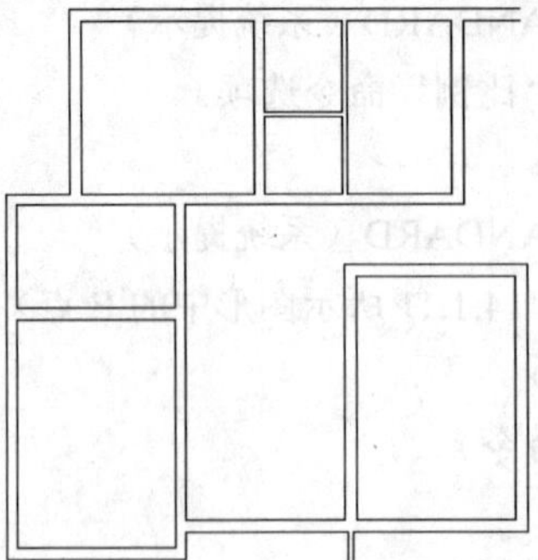

图 14.1.15　偏移其他多线

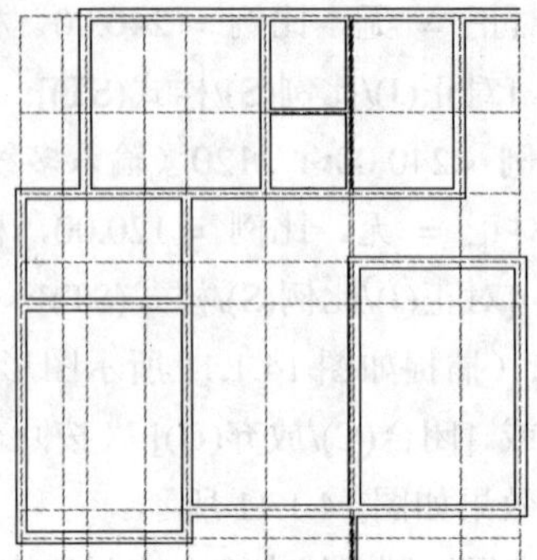

图 14.1.16　偏移直线

（15）执行修剪命令，以偏移后的直线为修剪边，修剪绘制的多线，绘制窗洞，最后删除偏移后的直线，效果如图 14.1.17 所示。

（16）参照步骤（14）和步骤（15）绘制其他的门洞和窗洞，效果如图 14.1.18 所示图形。

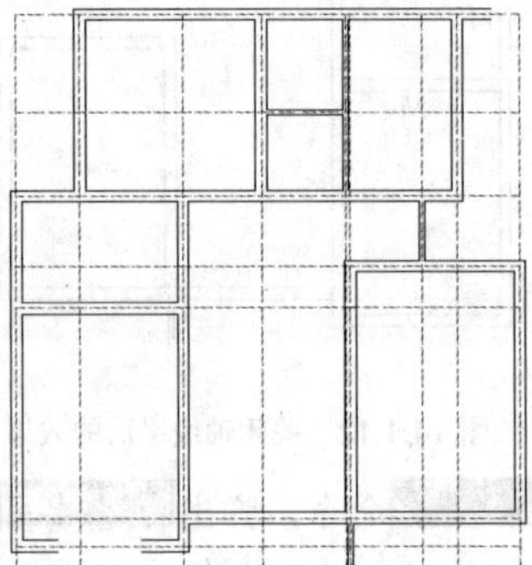

图 14.1.17　修剪多线并绘制窗洞

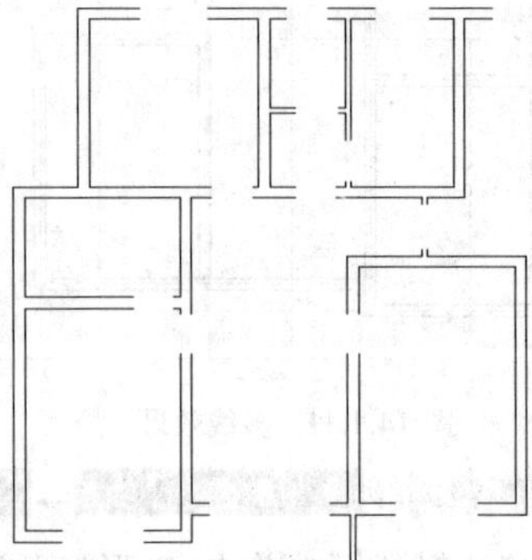

图 14.1.18　绘制它门洞和窗洞

（17）执行绘制直线命令，用直线连接各窗洞和门洞的端口，效果如图 14.1.19 所示。

（18）设置“门窗线”层为当前图层，单击“绘图”工具栏中的“圆”按钮，在绘图窗口的空白区域绘制一个半径为 900 的圆，然后执行绘制直线命令，绘制两条相互垂直的圆的直径，效果如图 14.1.20 所示。

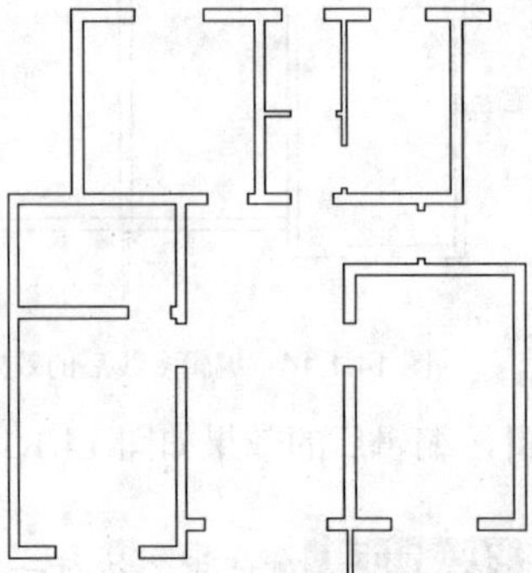

图 14.1.19　绘制直线

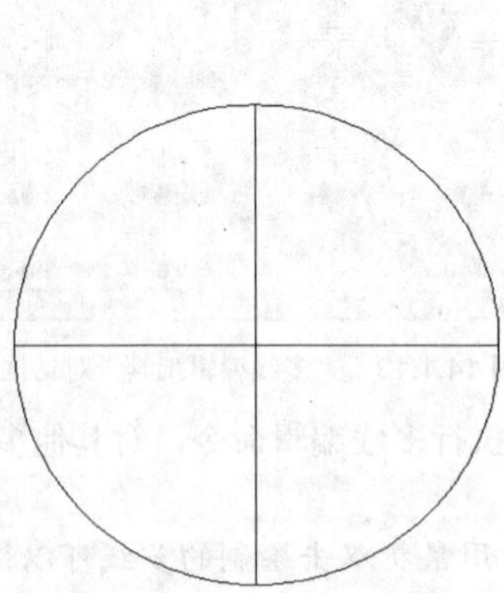

图 14.1.20　绘制圆和直线

（19）单击“绘图”工具栏中的“矩形”按钮，以垂直直径与圆的交点为起点，绘制一个长为 40，宽为-900 的矩形，效果如图 14.1.21 所示。

（20）执行修剪命令，对如图 14.1.21 所示图形进行修剪，修剪后的效果如图 12.1.22 所示。

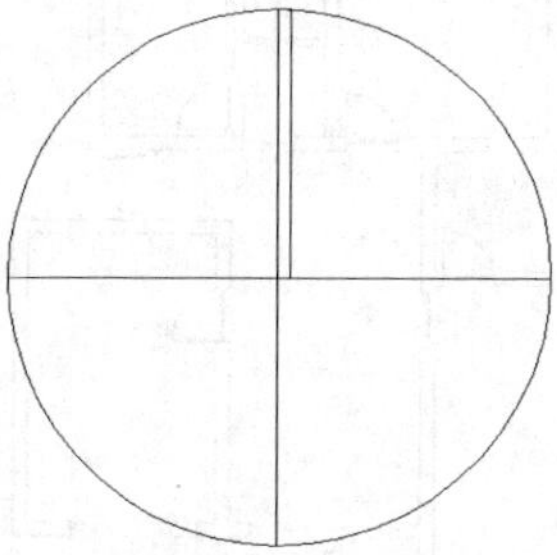

图 14.1.21　绘制矩形

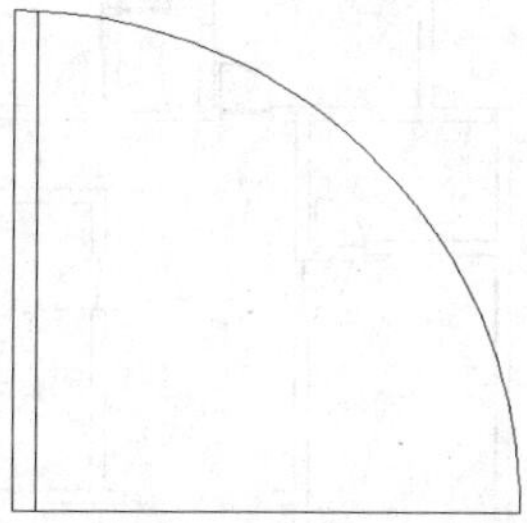

图 14.1.22　修剪后的效果

（21）单击“绘图”工具栏中的“创建块”按钮，弹出块定义对话框，在该对话框中设置各项参数如图 14.1.23 所示，将修剪后的图形创建成块并保存。

（22）单击“绘图”工具栏中的“插入块”按钮，在弹出的插入对话框中选择创建的块“门”，如图 14.1.24 所示，然后将其插入到如图 14.1.25 所示的位置。

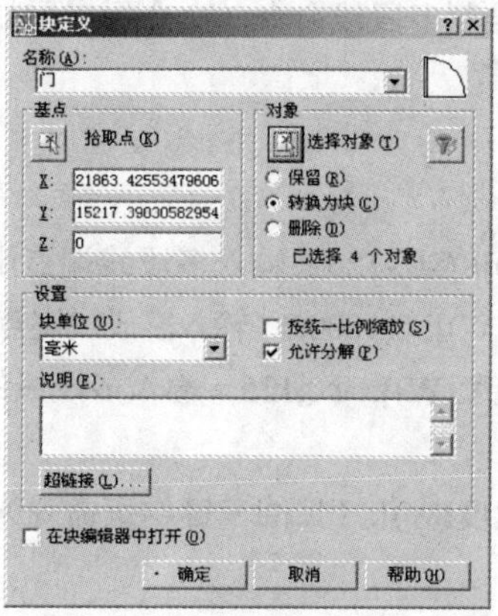

图 14.1.23　“块定义”对话框

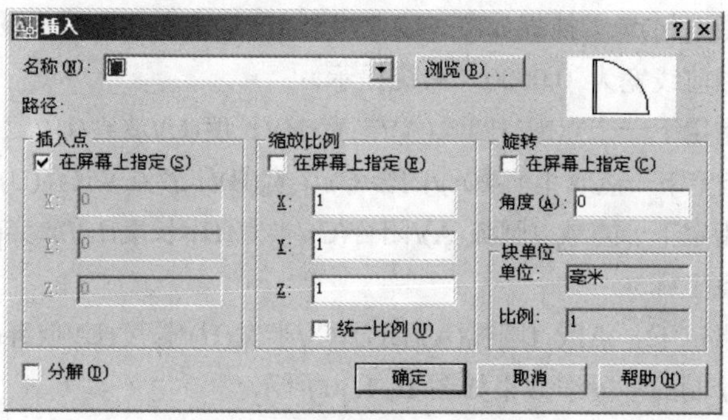

图 14.1.24　“插入”对话框

（23）参照步骤（18）～步骤（20）绘制大门，并将其创建成块插入到如图 14.1.26 所示位置。

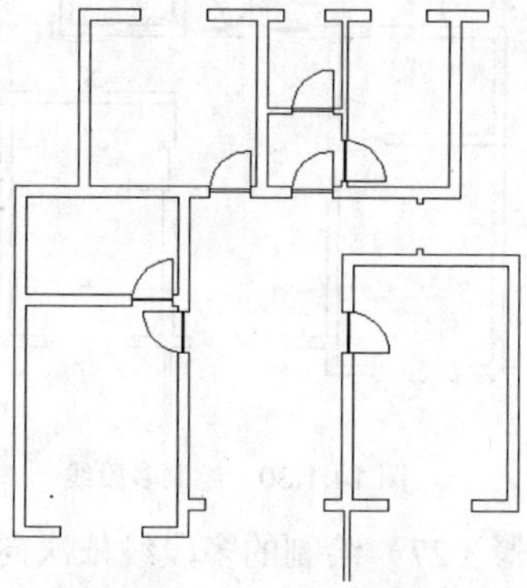

图 14.1.25　插入“门”

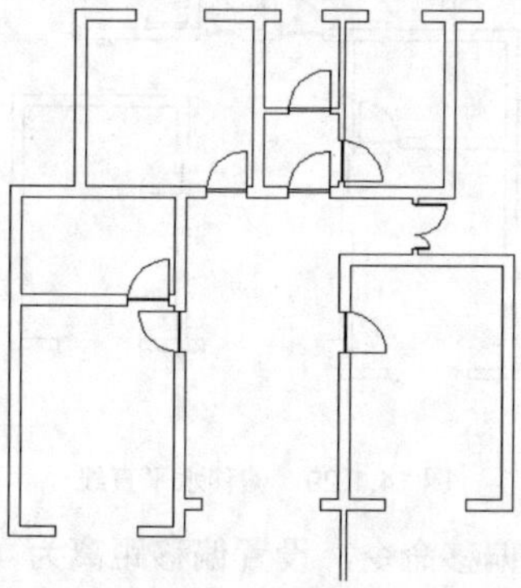

图 14.1.26　插入“大门”

（24）执行绘制直线命令，用直线连接如图 14.1.26 所示图形中左上角的窗洞端口，然后执行偏移命令，将绘制的直线依次向下进行偏移，偏移距离为 60，绘制窗户，效果如图 14.1.27 所示。

（25）参照步骤（24）绘制其他窗户，效果如图 14.1.28 所示。

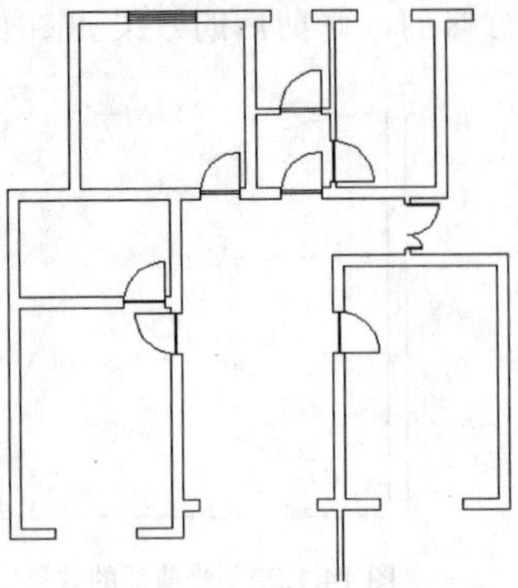

图 14.1.27　绘制窗户

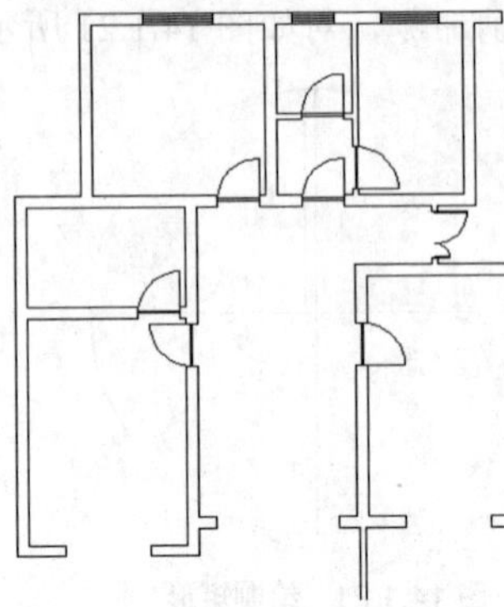

图 14.1.28　绘制其他窗户

（26）执行绘制直线命令，以如图 14.1.28 所示图形右上角墙线端口为起点，向右绘制一条长为 600 的水平直线，然后执行偏移命令，设置偏移距离为 60，将绘制的水平直线依次向下进行偏移，偏移后的效果如图 14.1.29 所示。

（27）单击“绘图”工具栏中的“多段线”按钮，执行绘制多段线命令，命令行提示如下：

命令: _ pline

指定起点:（捕捉如图 14.1.29 所示图形中左下角窗洞的端口）

当前线宽为 0.0000（系统提示）

指定下一个点或 [圆弧(A)/半宽(H)/长度(L)/放弃(U)/宽度(W)]: @0,-125（输入多段线端点坐标）

指定下一点或 [圆弧(A)/闭合(C)/半宽(H)/长度(L)/放弃(U)/宽度(W)]: @1800,0（输入多段线端点坐标）

指定下一点或 [圆弧(A)/闭合(C)/半宽(H)/长度(L)/放弃(U)/宽度(W)]: @0,125（输入多段线的下一个端点坐标）

指定下一点或 [圆弧(A)/闭合(C)/半宽(H)/长度(L)/放弃(U)/宽度(W)]:（按回车键结束命令）

绘制的多段线效果如图 14.1.30 所示。

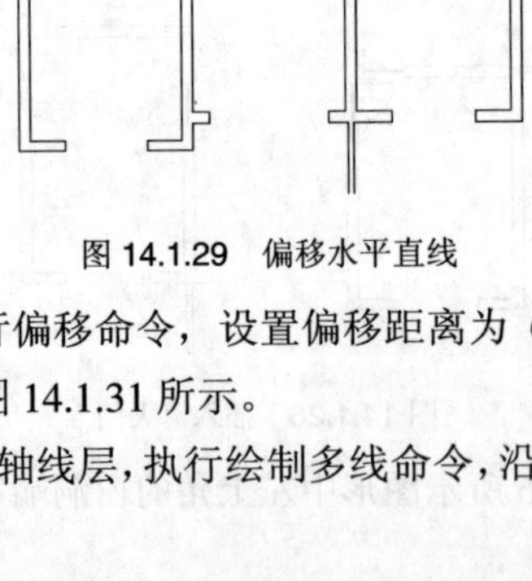

图 14.1.29　偏移水平直线

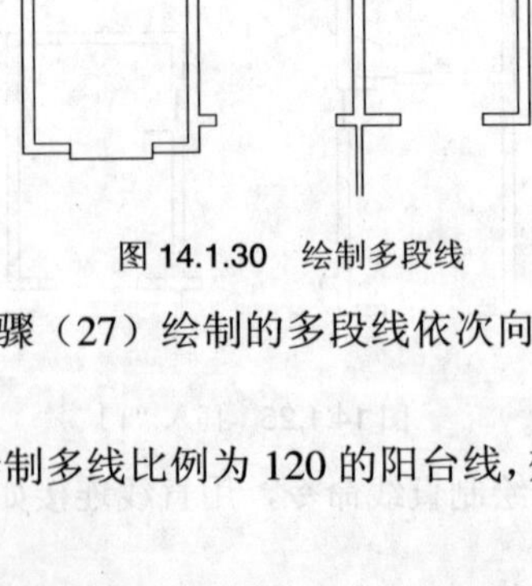

图 14.1.30　绘制多段线

（28）执行偏移命令，设置偏移距离为 60，将步骤（27）绘制的多段线依次向下偏移两次，偏移后的效果如图 14.1.31 所示。

（29）打开轴线层，执行绘制多线命令，沿着轴线绘制多线比例为 120 的阳台线，效果如图 14.1.32 所示。

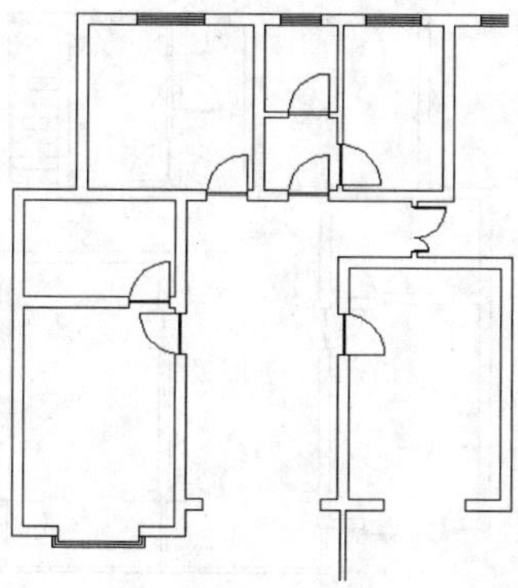

图 14.1.31　偏移多段线

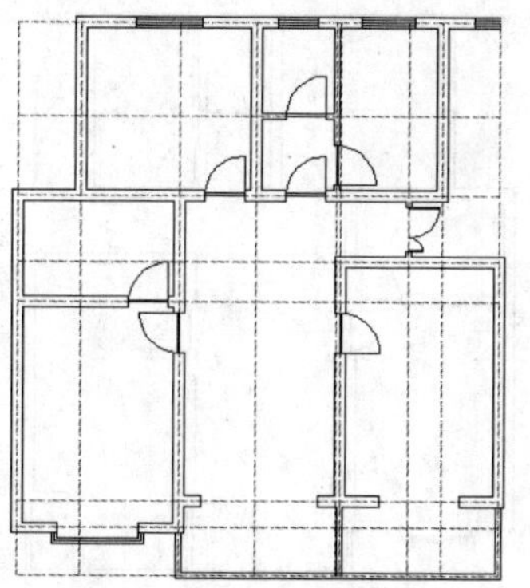

图 14.1.32　绘制阳台线

（30）关闭轴线层，用多线编辑命令对步骤（29）绘制的阳台线进行编辑，编辑后的效果如图 14.1.33 所示。

（31）执行绘制多段线命令，命令行提示如下：

命令: _ pline

指定起点:（按住"Shift"键，单击鼠标右键，在弹出的快捷菜单中选择 自(F) 命令）

_ from 基点:（捕捉如图 14.1.33 所示图形中右上角窗线的下端点）

<偏移>: @0,-1200（输入偏移距离）

当前线宽为 0.0000（系统提示）

指定下一个点或 [圆弧(A)/半宽(H)/长度(L)/放弃(U)/宽度(W)]: @-80,0（输入多段线的端点坐标）

指定下一点或 [圆弧(A)/闭合(C)/半宽(H)/长度(L)/放弃(U)/宽度(W)]: @0,-2400（输入多段线的下一个端点坐标）

指定下一点或 [圆弧(A)/闭合(C)/半宽(H)/长度(L)/放弃(U)/宽度(W)]: @80,0（输入多段线的下一个端点坐标）

指定下一点或 [圆弧(A)/闭合(C)/半宽(H)/长度(L)/放弃(U)/宽度(W)]:（按回车键结束命令）

绘制的多段线效果如图 14.1.34 所示。

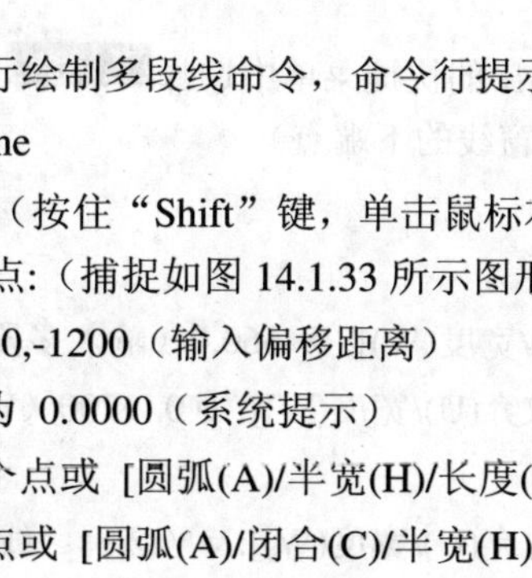

图 14.1.33　编辑多段线

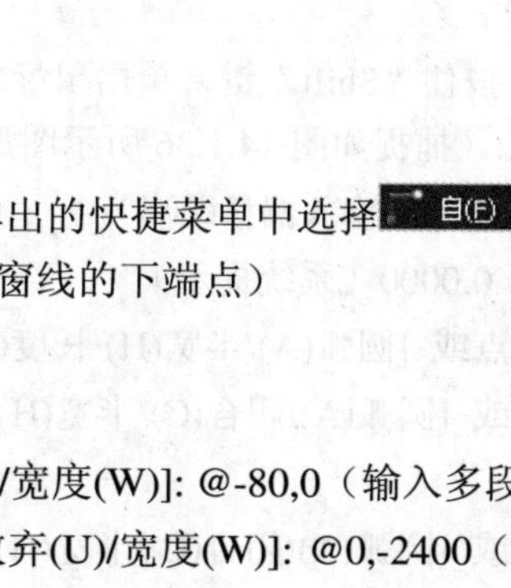

图 14.1.34　绘制多段线

（32）执行偏移命令，将步骤（31）绘制的多段线向内进行偏移，偏移距离为 60，绘制楼梯扶手，效果如图 14.1.35 所示。

（33）执行绘制直线命令，在楼梯扶手和墙线之间绘制一条水平直线，然后单击"修改"工具栏中的"阵列"按钮，矩形阵列绘制的水平直线，绘制楼梯，效果如图 14.1.36 所示。

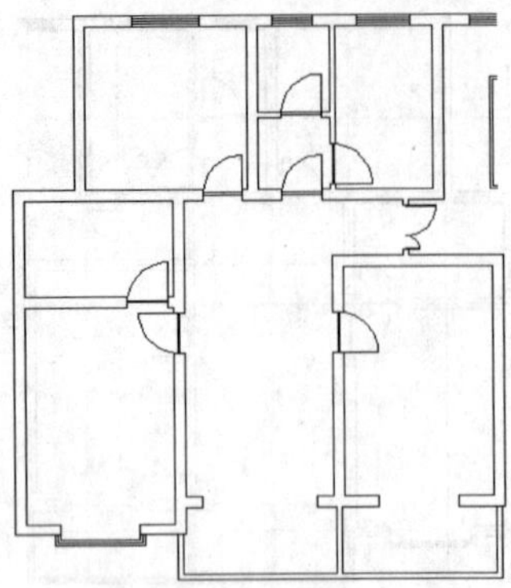

图 14.1.35　绘制楼梯扶手

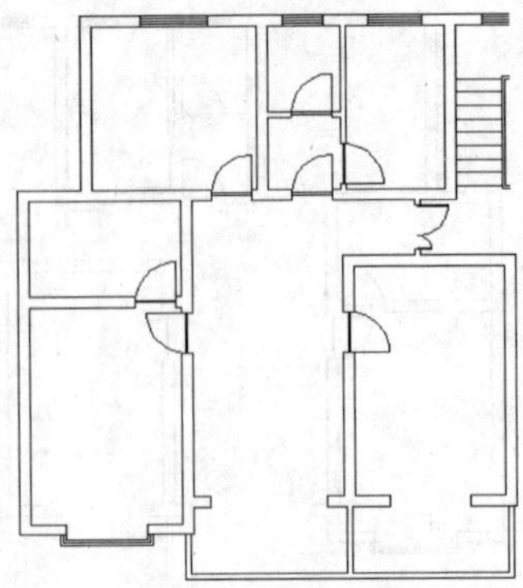

图 14.1.36　绘制楼梯

（34）执行绘制多段线命令，命令行提示如下：

命令: _ pline

指定起点:（按住“Shift”键，单击鼠标右键，在弹出的快捷菜单中选择 自(F) 命令）

_ from 基点:（捕捉如图 14.1.36 所示图形中右上角窗线的下端点）

<偏移>: @0,-570（输入偏移距离）

当前线宽为 0.0000（系统提示）

指定下一个点或 [圆弧(A)/半宽(H)/长度(L)/放弃(U)/宽度(W)]: @-660,0（输入多段线端点坐标）

指定下一点或 [圆弧(A)/闭合(C)/半宽(H)/长度(L)/放弃(U)/宽度(W)]: @0,-1700（输入多段线端点坐标）

指定下一点或 [圆弧(A)/闭合(C)/半宽(H)/长度(L)/放弃(U)/宽度(W)]: w（选择“线宽”命令选项）

指定起点宽度 <0.0000>: 100（输入起点线宽宽度）

指定端点宽度 <100.0000>: 0（输入端点线宽宽度）

指定下一点或 [圆弧(A)/闭合(C)/半宽(H)/长度(L)/放弃(U)/宽度(W)]: @0,-240（输入多段线下一个端点坐标）

指定下一点或 [圆弧(A)/闭合(C)/半宽(H)/长度(L)/放弃(U)/宽度(W)]: @0,-1200（输入多段线下一个端点坐标）

指定下一点或 [圆弧(A)/闭合(C)/半宽(H)/长度(L)/放弃(U)/宽度(W)]:（按回车键结束命令）

绘制的楼梯方向线效果如图 14.1.37 所示。

（35）单击“绘图”工具栏中的“矩形”按钮，命令行提示如下：

命令: _ rectang

指定第一个角点或 [倒角(C)/标高(E)/圆角(F)/厚度(T)/宽度(W)]:（捕捉如图 14.1.37 所示图形中左边阳台的左端口线中点）

指定另一个角点或 [面积(A)/尺寸(D)/旋转(R)]: d（选择“尺寸”命令选项）

指定矩形的长度 <100.0000>: 1500（输入矩形的长度）

指定矩形的宽度 <40.0000>: 80（输入矩形的宽度）

指定另一个角点或 [面积(A)/尺寸(D)/旋转(R)]:（向右上角拖动鼠标，并单击鼠标左键确定另一个角点的位置）

绘制的矩形效果如图 14.1.38 所示。

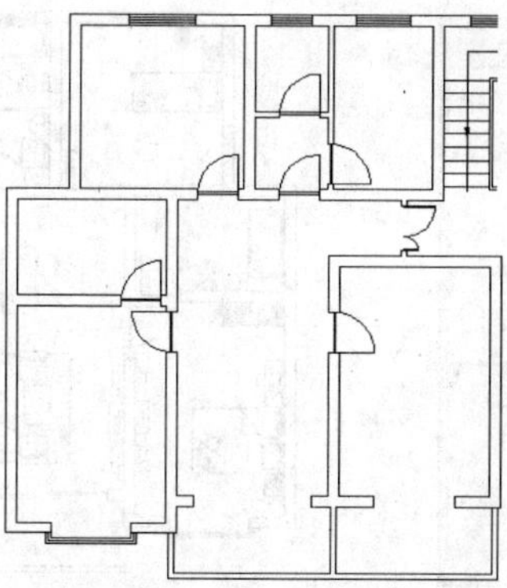
图 14.1.37　绘制楼梯方向线

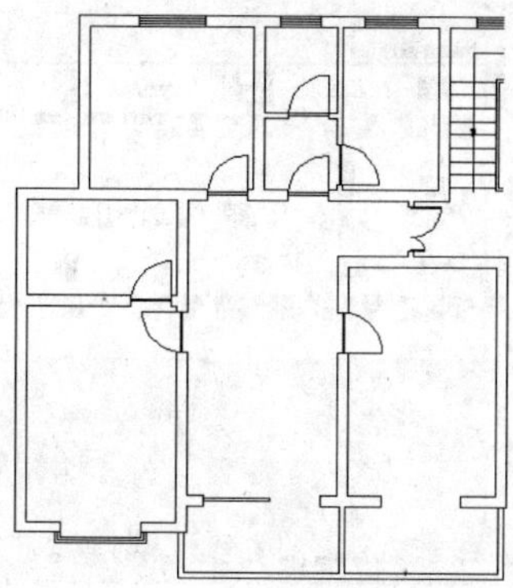
图 14.1.38　绘制矩形

（36）执行复制命令，以步骤（34）绘制的矩形的右上角点为基点，以如图 14.1.38 所示图形中左边阳台的右端口线的中点为目标点，复制一个矩形，绘制推拉门，效果如图 14.1.39 所示。

（37）参照步骤（35）和步骤（36），绘制右边阳台的推拉门，效果如图 14.1.40 所示。

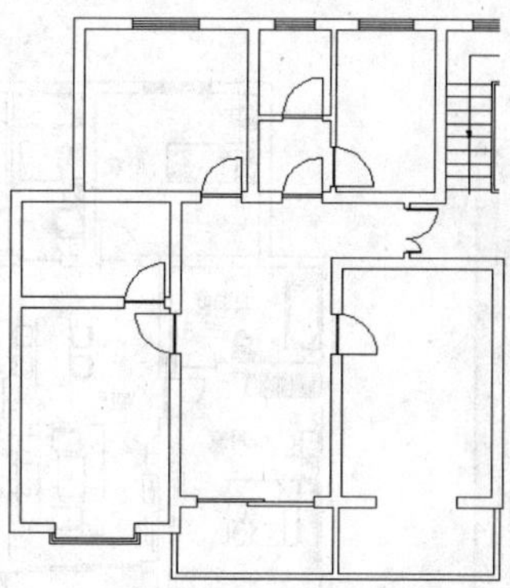
图 14.1.39　绘制推拉门

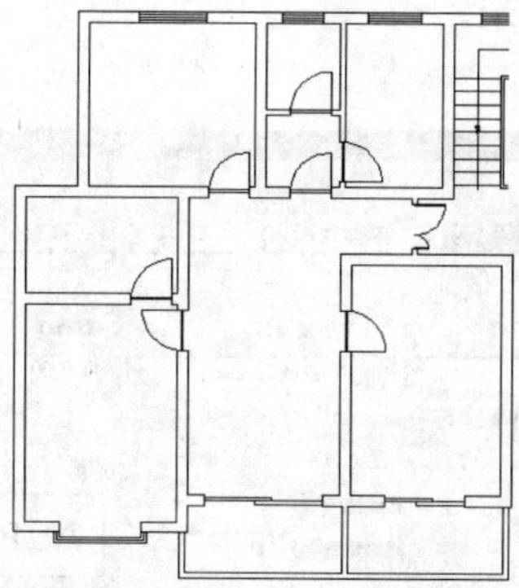
图 14.1.40　绘制右边阳台的推拉门

（38）设置“室内家具”层为当前图层。利用直线、矩形和修剪命令绘制卧室和客厅的电视柜、电视，效果如图 14.1.41 所示。

（39）利用直线、矩形、圆弧和修剪等命令绘制客厅的餐桌和沙发，效果如图 14.1.42 所示。

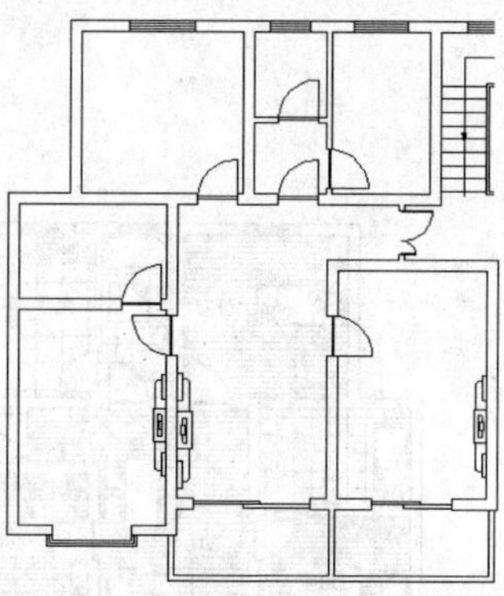
图 14.1.41　绘制电视柜和电视

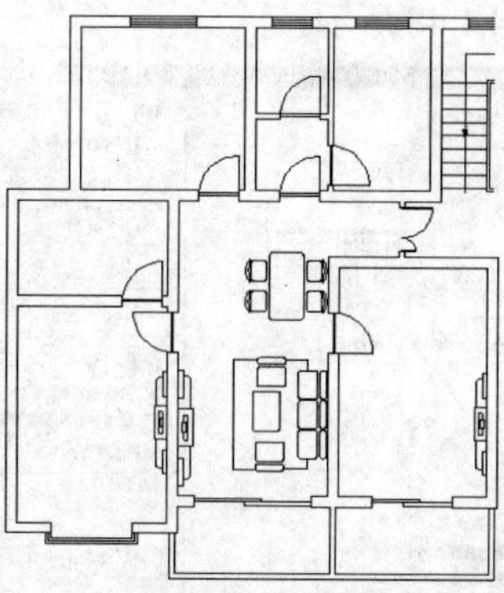
图 14.1.42　绘制餐桌和沙发

（40）单击“标准”工具栏中的“设计中心”按钮，弹出 设计中心 选项板，如图 14.1.43 所示，在该选项板中选择合适的室内家具，插入到如图 14.1.42 所示图形中，效果如图 14.1.44 所示。

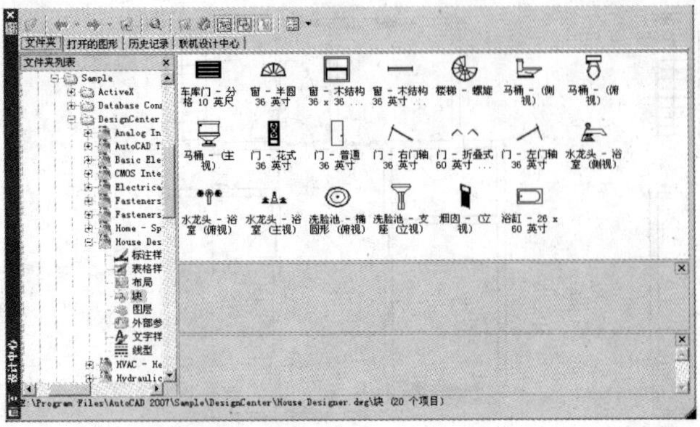

图 14.1.43　“设计中心”选项板

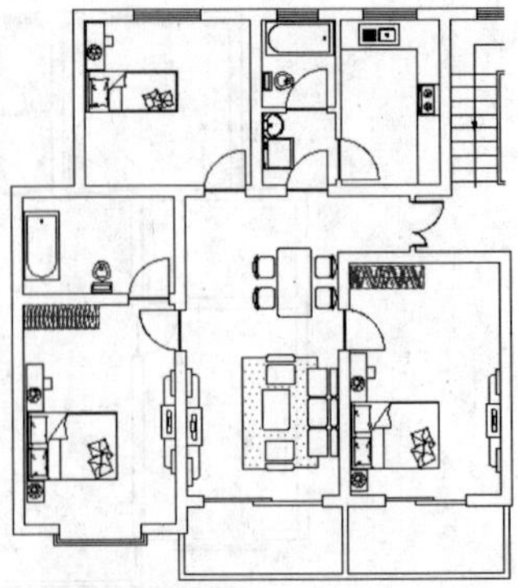

图 14.1.44　插入其他家具

（41）设置“文字标注”层为当前图层。选择 格式(O) → 文字样式(S)... 命令，弹出 文字样式 对话框，如图 14.1.45 所示。在该对话框中新建一个文字样式，设置字体为宋体，文字高度为 300。

（42）选择 绘图(D) → 文字(X) → 单行文字(S) 命令，为绘制的图形添加文字标注，效果如图 14.1.46 所示。

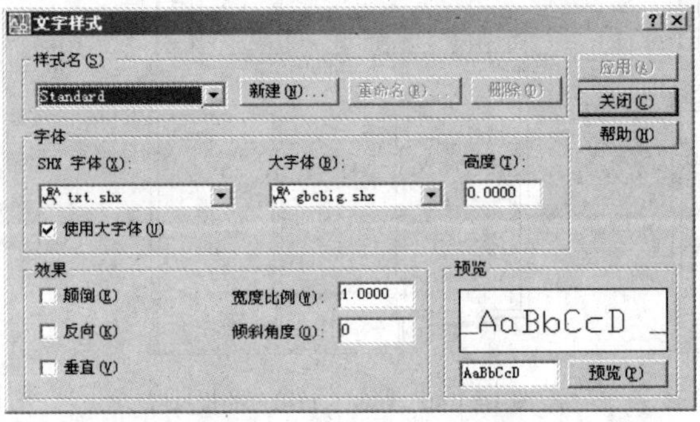

图 14.1.45　“文字样式”对话框

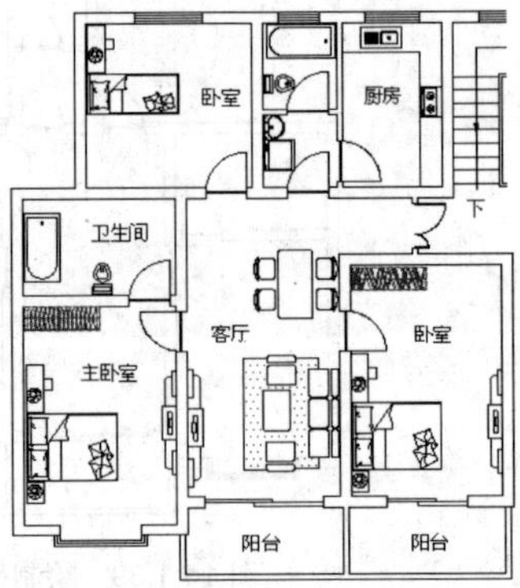

图 14.1.46　添加文字标注

（43）设置“图案填充”层为当前图层。单击“绘图”工具栏中的“图案填充”按钮，弹出 图案填充和渐变色 对话框，如图 14.1.47 所示，在该对话框中选择合适的图案，对绘制的图形填充图案，效果如图 14.1.48 所示。

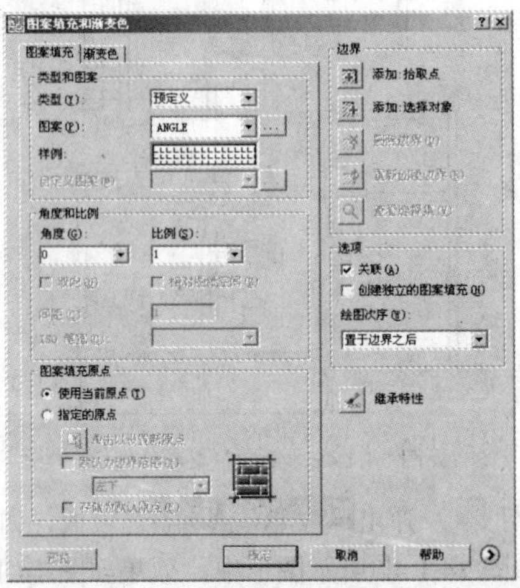

图 14.1.47　“图案填充和渐变色”对话框

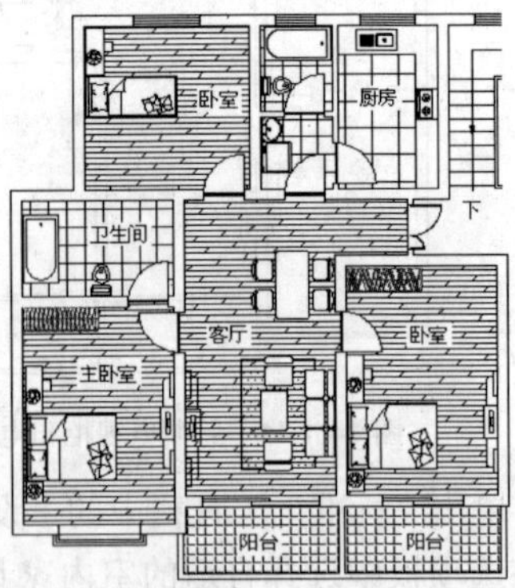

图 14.1.48　填充图案

（44）只打开“轴线”层，关闭其他所有图层。执行偏移命令，将最外面的 4 条轴线依次向外进行偏移，偏移距离为 300 和 80，偏移后的效果如图 14.1.49 所示。

（45）单击“修改”工具栏中的“延伸”按钮，以最外边的轴线为延伸边界，延伸其他水平和垂直的轴线，效果如图 14.1.50 所示。

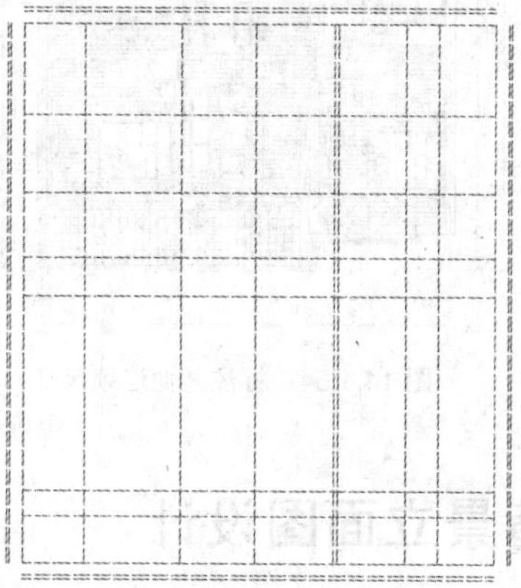

图 14.1.49　偏移轴线

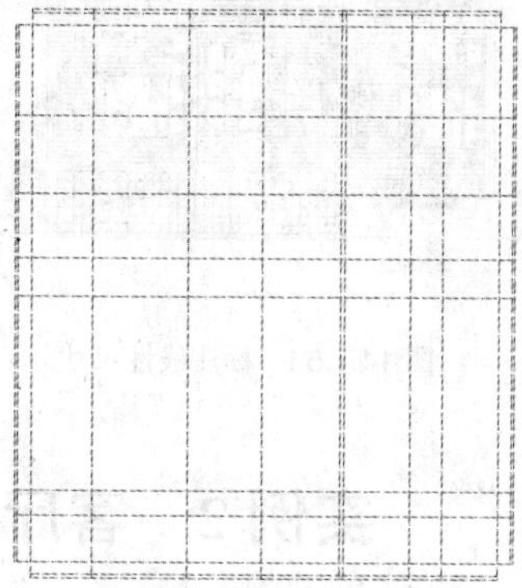

图 14.1.50　延伸轴线

（46）单击“修改”工具栏中的“修剪”按钮，对延伸后的轴线进行修剪，然后删除步骤（44）绘制的轴线，效果如图 14.1.51 所示。

（47）设置“尺寸标注”层为当前图层。选择 格式(O) → 标注样式(D)... 命令，弹出 标注样式管理器 对话框，如图 14.1.52 所示，在该对话框中创建新的标注样式，并设置新建的标注样式为当前样式。

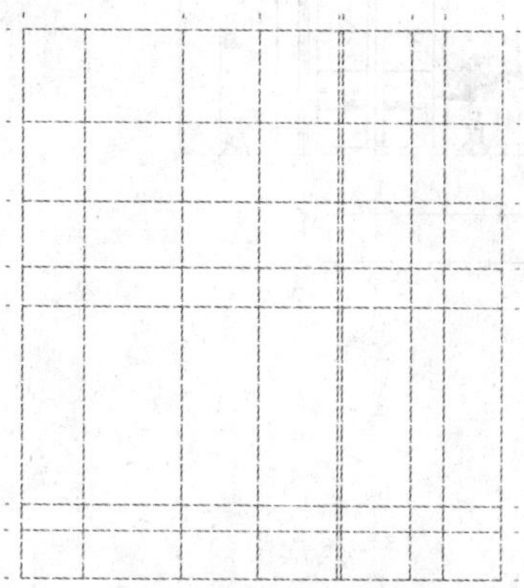

图 14.1.51　修剪轴线

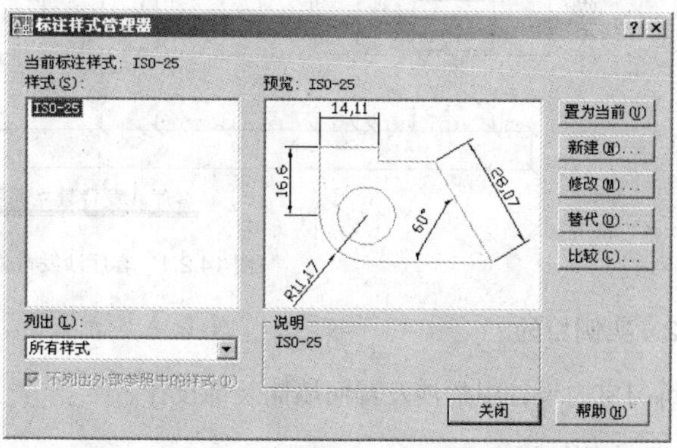

图 14.1.52　“标注样式管理器”对话框

（48）打开所有图层，单击“标注”工具栏中的“线性”按钮，标注图形的线性尺寸，效果如图 14.1.53 所示。

（49）单击“标注”工具栏中的“连续”按钮，标注图形中的其他连续尺寸，效果如图 14.1.54 所示。

（50）关闭“轴线”层，设置“文字标注”层为当前图层。选择 绘图(D) → 文字(X) → 单行文字(S) 命令，在绘制的图形正下方创建图名“常见户型平面图”。

（51）执行绘制多段线命令，设置多段线的宽度为 50，在创建的图名下方绘制两条平行的水平直线，最终效果如图 14.1.1 所示。

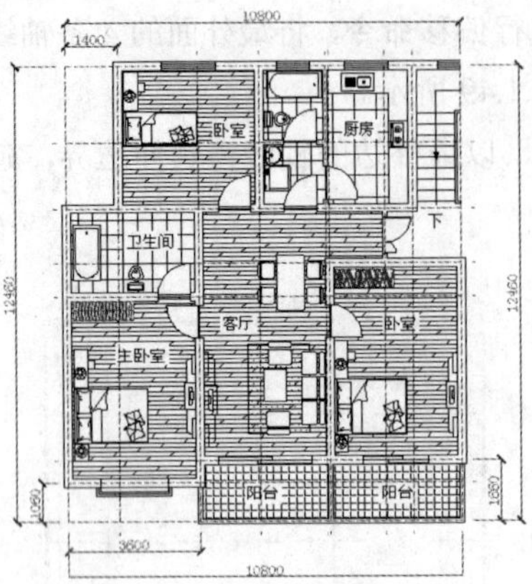

图 14.1.53 标注线性尺寸

图 14.1.54 标注其他连续尺寸

实例 2 客厅沙发背景立面图设计

1. 实例效果

本例绘制客厅沙发背景立面图，效果如图 14.2.1 所示。

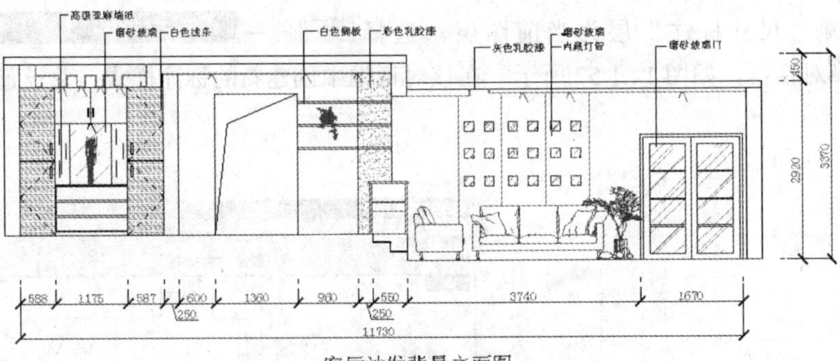

客厅沙发背景立面图

图 14.2.1 客厅沙发背景立面图

2. 实例目的

练习室内设计中的沙发背面墙面装饰设计。

3. 本例知识点

在本例的创作过程中将用到直线、多段线、矩形、圆角、偏移、修剪命令，以及图案填充、文字标注和尺寸标注等命令。

4. 制作过程

（1）单击“标准”工具栏中的“新建”按钮，在弹出的 选择样板 对话框中的样板列表框中选择一个图形样板，如图 14.2.2 所示，单击 打开(O) 按钮创建一个空白图形文件。

（2）单击“标准”工具栏中的“保存”按钮，弹出 图形另存为 对话框，如图 14.2.3 所示，在该对话框中的 文件名(N): 文本框中输入文件名称“客厅沙发背景立面图”，单击 保存(S) 按钮进行保存。

图 14.2.2　“选择样板”对话框

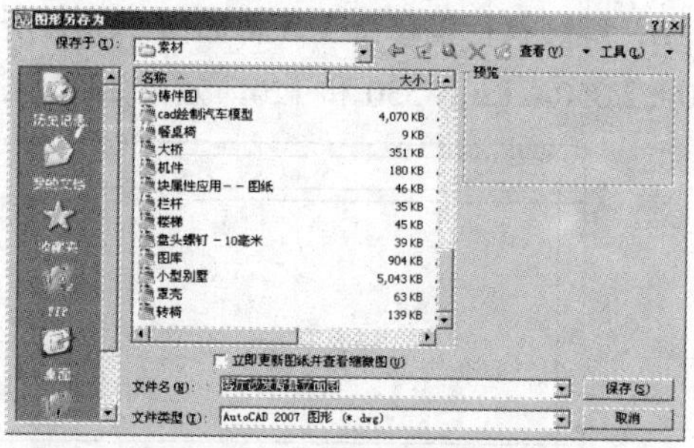

图 14.2.3　“图形另存为”对话框

（3）单击“图层”工具栏中的“图层特性管理器”按钮，在弹出的图层特性管理器对话框中创建“墙线”、“家具”、“图案填充”、“文字标注”和“尺寸标注”5 个图层，各图层属性设置如图 14.2.4 所示。

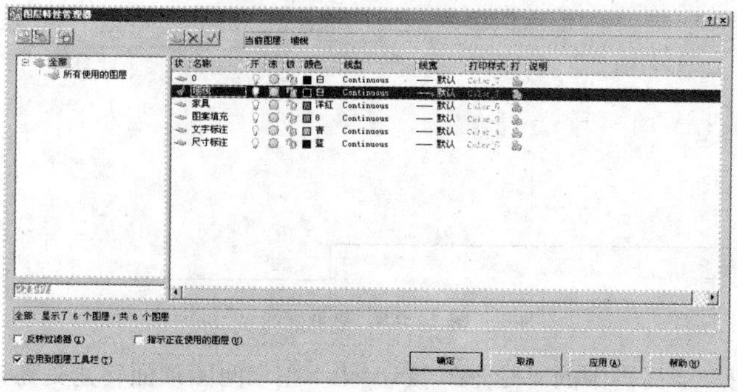

图 14.2.4　“图层特性管理器”对话框

（4）设置“墙线”层为当前图层。执行绘制直线命令，在绘图窗口中绘制两条相互垂直的直线，水平直线长为 12 290，垂直直线长为 3 370，效果如图 14.2.5 所示。

图 14.2.5　绘制直线

（5）单击“修改”工具栏中的“偏移”按钮，将垂直辅助线依次向右偏移，偏移的距离分别为 250，6 320，5 470 和 250，效果如图 14.2.6 所示。

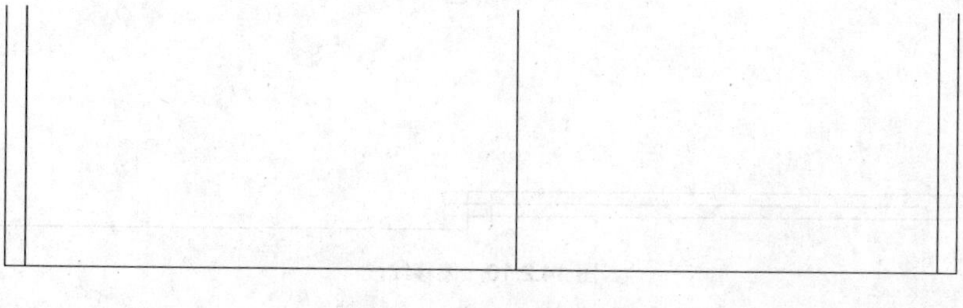

图 14.2.6　偏移垂直辅助线

（6）继续执行偏移命令，将如图 14.2.6 所示图形中的水平直线依次向上偏移，偏移的距离分别为 450，2 350，120，330 和 120，效果如图 14.2.7 所示。

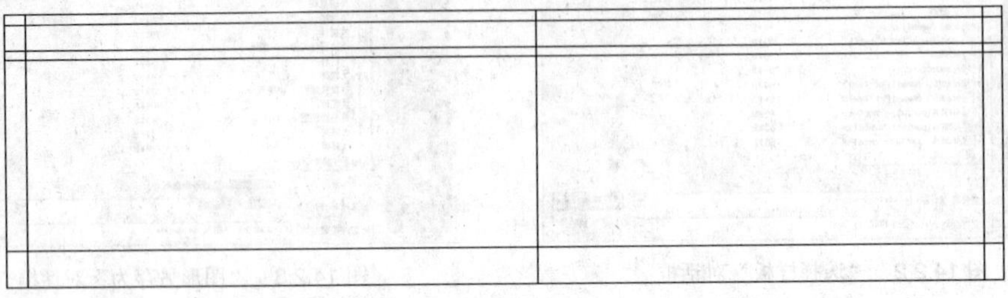

图 14.2.7　偏移水平直线

（7）单击“修改”工具栏中的“修剪”按钮，对偏移后的直线进行修剪，修剪后的效果如图 14.2.8 所示。

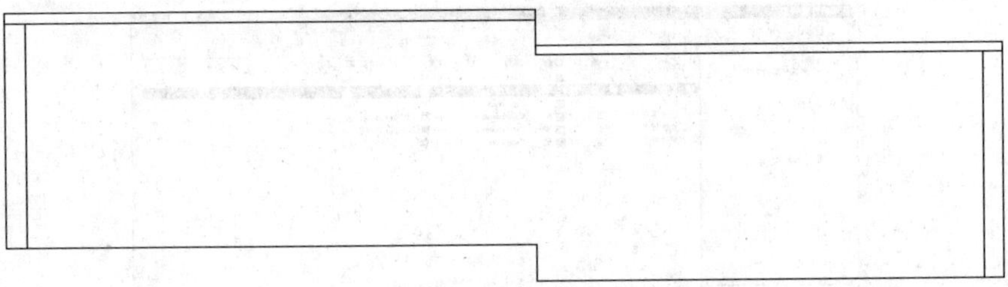

图 14.2.8　修剪直线

（8）单击“绘图”工具栏中的“矩形”按钮，在立面图顶面转角处绘制一个长为 550，宽为 250 的矩形框，确定梁的位置和大小，效果如图 14.2.9 所示。

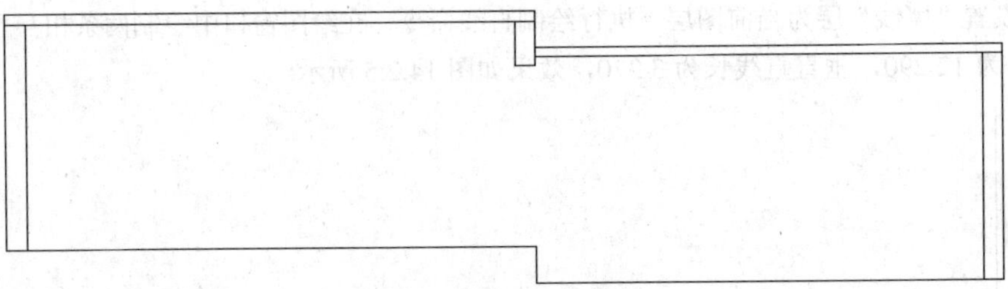

图 14.2.9　绘制矩形

（9）执行偏移命令，将如图 14.2.9 所示图形中地面转角处的垂直线段依次向右偏移，偏移距离分别为 270 和 270，然后再将水平方向的线段依次向下偏移，偏移距离分别 150 和 150，确定错层踏步的高度，效果如图 14.2.10 所示。

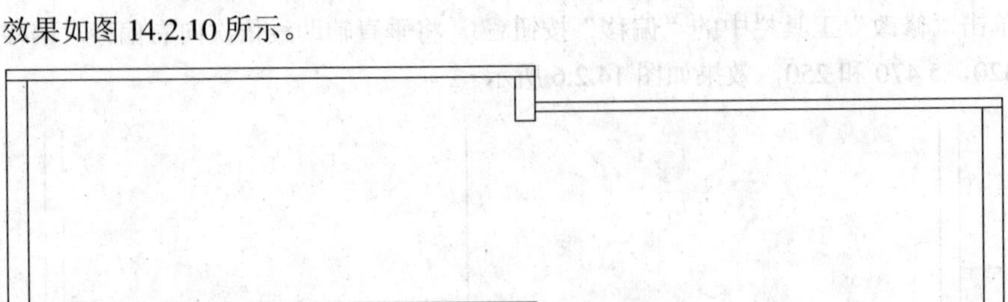

图 14.2.10　偏移线段

（10）执行修剪命令，对偏移后的直线进行修剪，绘制踏步，效果如图 14.2.11 所示。

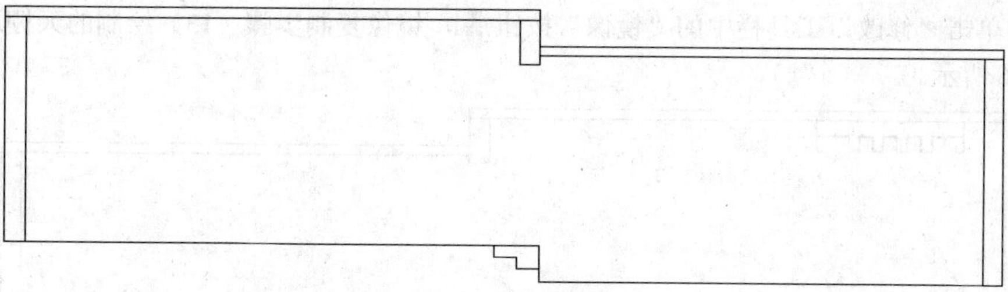

图 14.2.11　绘制踏步

（11）局部放大图形中的错层踏步部分，执行偏移命令，设置偏移距离为 10，将踏步的水平线分别向上进行偏移，偏移后的效果如图 14.2.12 所示。

（12）单击“修改”工具栏中的“圆角”按钮，设置圆角半径为 5，对偏移后的踏步进行圆角操作，效果如图 14.2.13 所示。

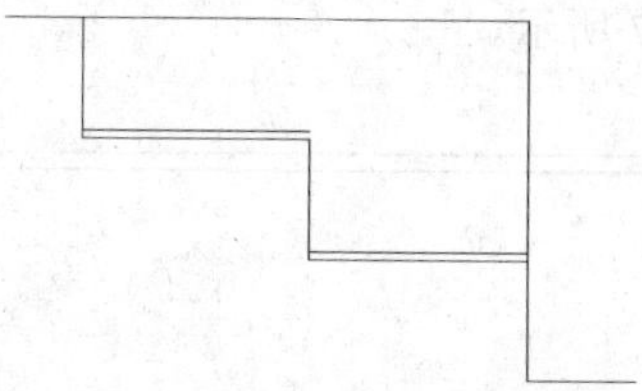

图 14.2.12　偏移踏步的水平线

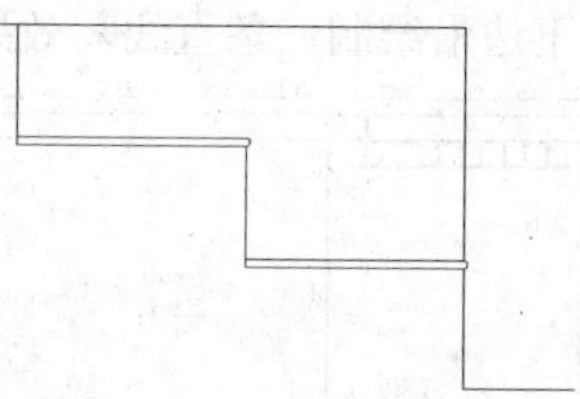

图 14.2.13　圆角处理后的效果

（13）恢复视图。执行绘制多线命令，设置多线比例为 10，多线的对正方式为无，以距左边内墙线上端点 270 处为起点，依次指定多线的端点坐标为（@0，-370），（@100，0）和（@0，70），绘制天棚局部造型，删除偏移后的内墙线，效果如图 14.2.14 所示。

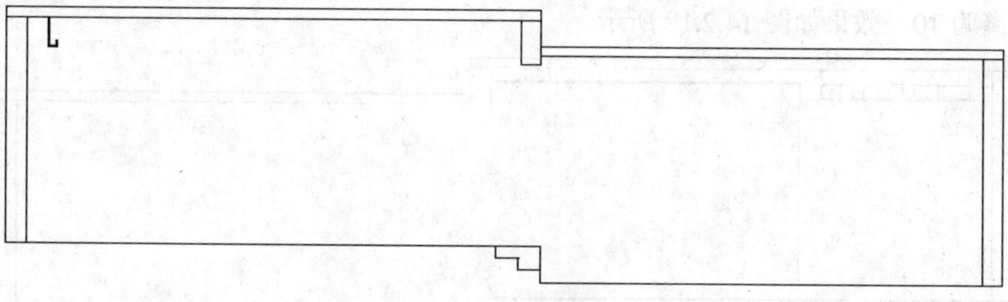

图 14.2.14　绘制天棚局部造型

（14）继续执行绘制多线命令，以如图 14.2.14 所示图形中垂直多线的中点为起点，依次输入多线的端点坐标（@385，0），（@0，-185），（@130，0），（@0，185），（@170，0），（@0，-185），（@130，0），（@0，185），（@170，0），（@0，-185），（@130，0），（@0，185），（@170，0），（@0，-185），（@130，0），（@0，185）和（@385，0），效果如图 14.2.15 所示。

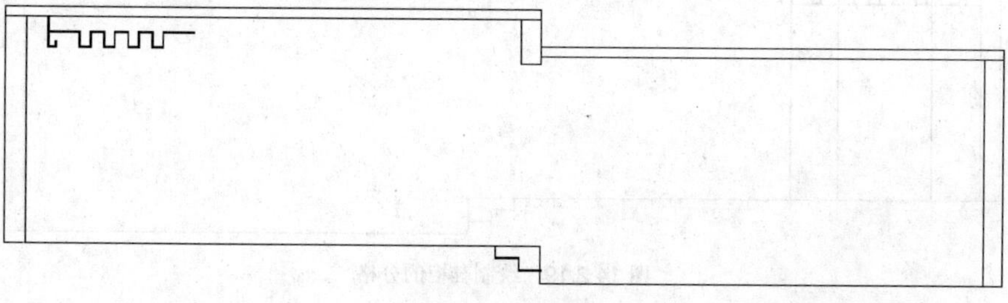

图 14.2.15　效果图

（15）单击“修改”工具栏中的“镜像”按钮，镜像复制步骤（13）绘制的天棚造型，效果如图 14.2.16 所示。

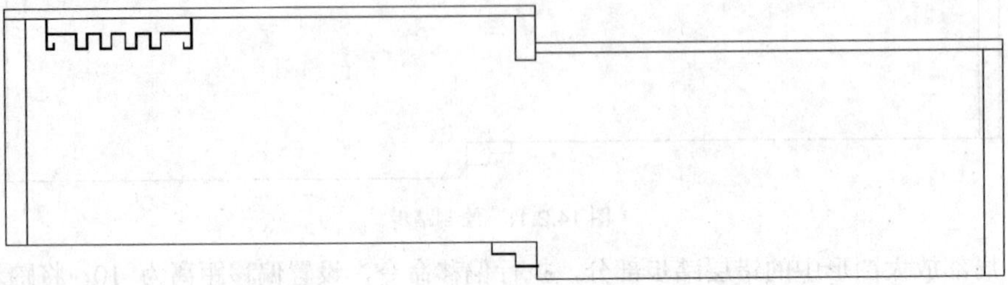

图 14.2.16　复制天棚造型

（16）执行偏移命令，将如图 14.2.16 所示图形中左边的内墙线向右进行偏移，偏移距离为 2 350，继续执行偏移命令，将顶面的下底面直线向下进行偏移，偏移距离为 180，然后执行绘制直线命令，沿着天棚造型的下边沿绘制一条直线，效果如图 14.2.17 所示。

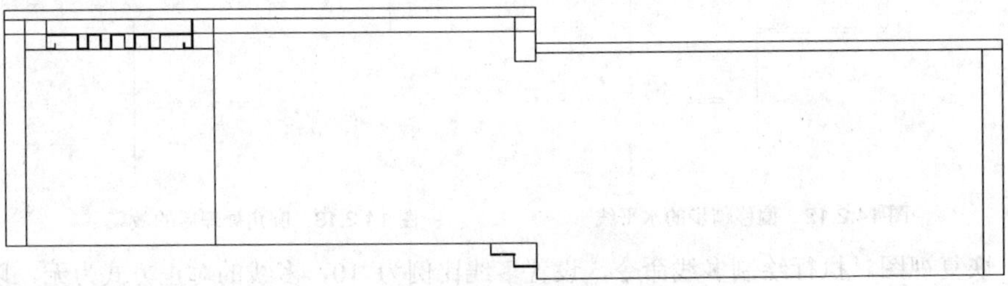

图 14.2.17　效果图

（17）执行修剪命令，对偏移后的直线进行修剪，然后再将修剪后的直线分别向上和向左进行偏移，偏移距离为 10，效果如图 14.2.18 所示。

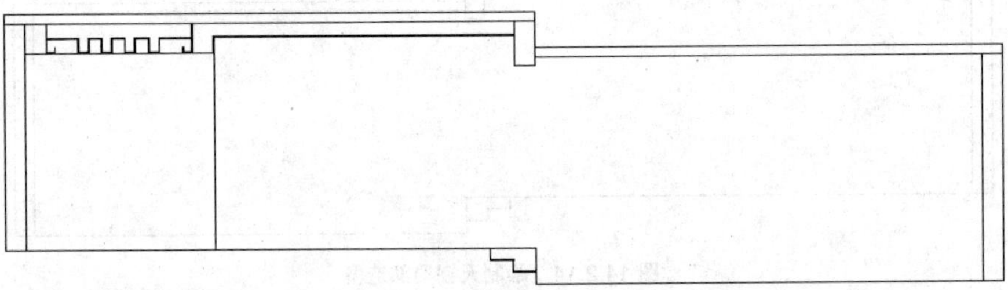

图 14.2.18　修剪直线并偏移

（18）执行偏移命令，将左边的内墙线依次向右进行偏移，偏移距离分别为 588 和 1 175，绘制鞋柜的分格，效果如图 14.2.19 所示。

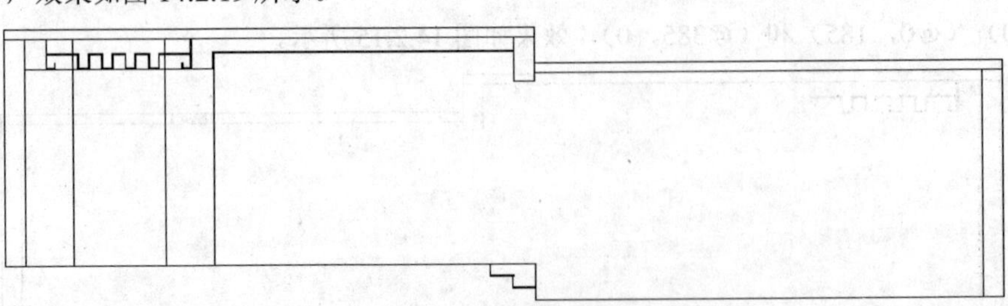

图 14.2.19　绘制鞋柜的分格

（19）执行修剪命令，对偏移后的线段进行修剪，效果如图 14.2.20 所示。

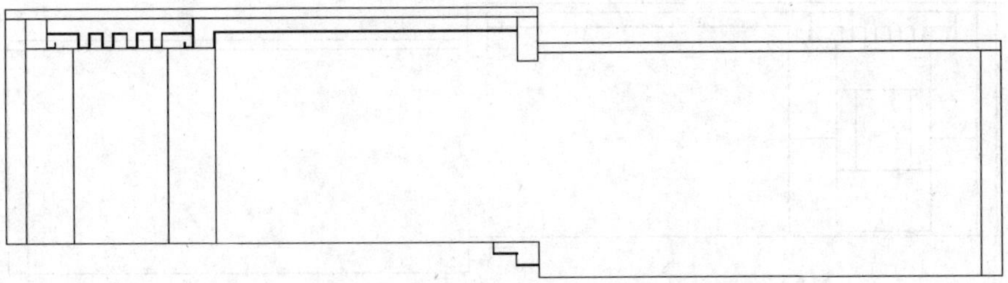

图 14.2.20　修剪后的效果

(20)执行偏移命令，将天棚造型底下的水平直线依次向下进行偏移，偏移距离分别为 600，1 000，20，750 和 60，偏移后的效果如图 14.2.21 所示。

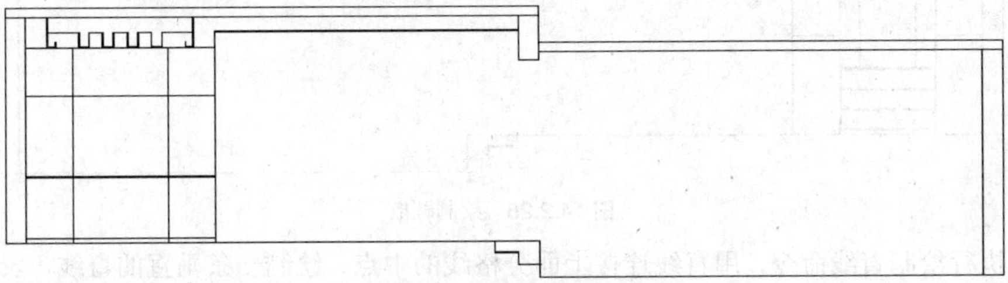

图 14.2.21　偏移后的效果

(21) 执行修剪命令，对偏移后的直线进行修剪，效果如图 14.2.22 所示。

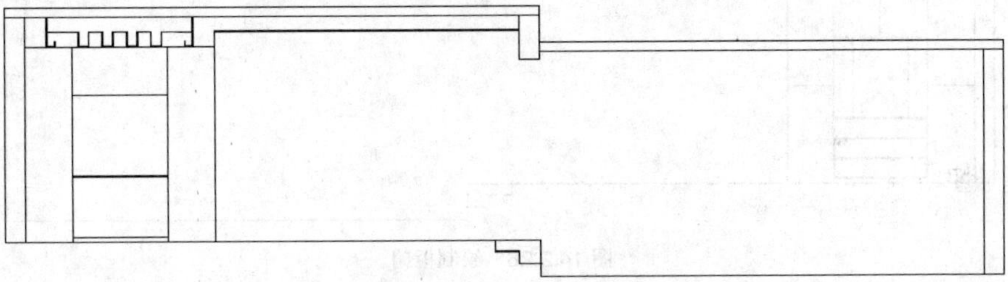

图 14.2.22　修剪后的效果

(22) 执行绘制直线命令，以垂直分格线的中点为起点，分别向左和向右绘制两条水平的垂线，表示柜门的分格，效果如图 14.2.23 所示。

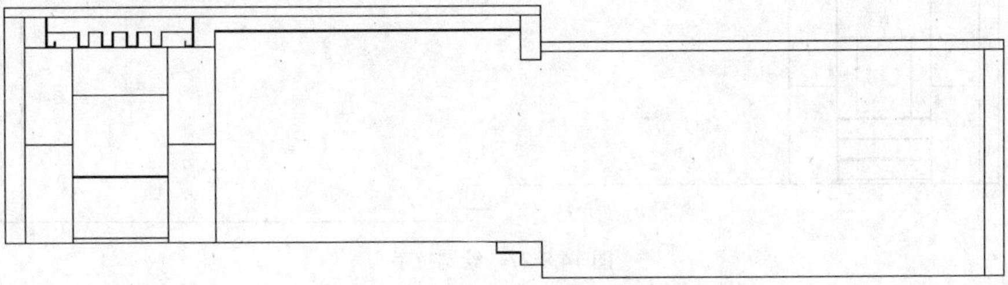

图 14.2.23　绘制柜门的分格

(23) 执行偏移命令，将两条垂直的分格线分别向中间进行偏移，偏移的距离为 250，然后执行修剪命令，对偏移后的直线进行修剪，效果如图 14.2.24 所示。

(24) 单击“绘图”工具栏中的“矩形”按钮，在如图 14.2.24 所示图形的下边分格中绘制 3 个长为 1 155，宽为 230 的矩形，表示鞋柜，效果如图 14.2.25 所示。

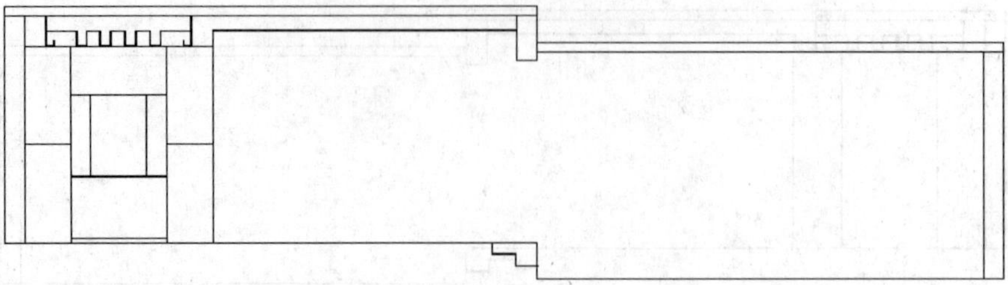

图 14.2.24　效果图

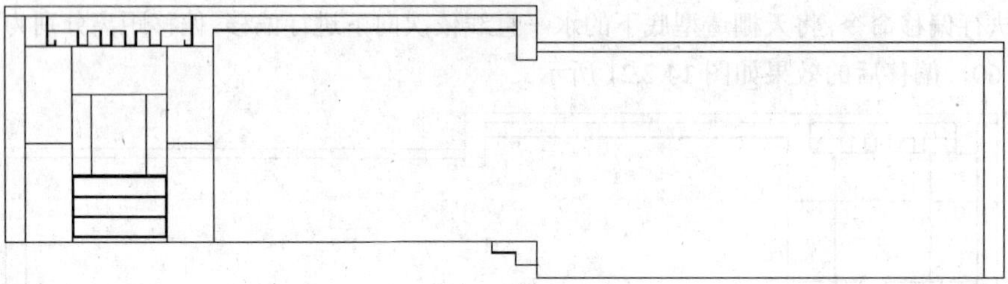

图 14.2.25　绘制鞋柜

（25）执行绘制直线命令，用直线连接上面分格线的中点，绘制一条垂直的直线，表示储物柜的柜门，效果如图 14.2.26 所示。

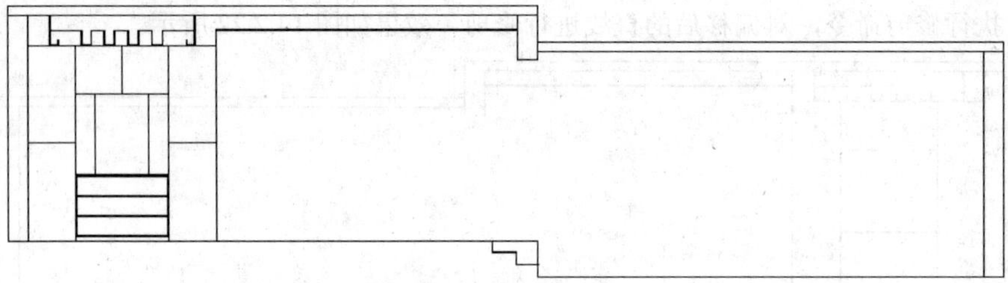

图 14.2.26　绘制柜门

（26）执行绘制矩形命令，在图形中绘制 6 个长为 24，宽为 177 的的矩形，表示储物柜、鞋柜的拉手，效果如图 14.2.27 所示。

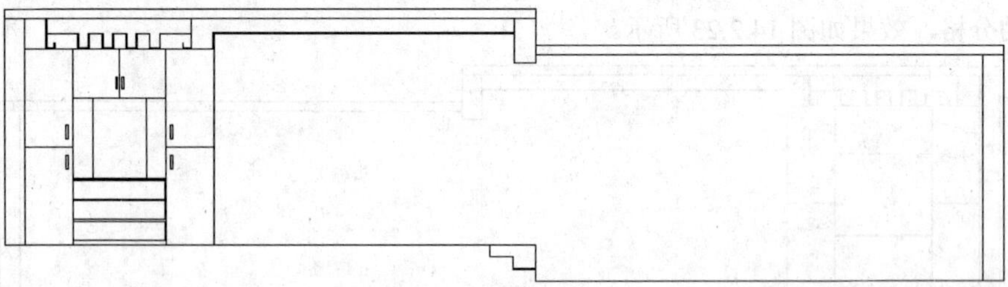

图 14.2.27　绘制拉手

（27）设置“图案填充”层为当前图层。单击“绘图”工具栏中的“图案填充”按钮，弹出图案填充和渐变色对话框，如图 14.2.28 所示，在该对话框中选择合适的填充图案，对绘制的储物柜进行填充，效果如图 14.2.29 所示。

（28）继续执行图案填充命令，选择合适的填充图案，对储物柜和储物柜的柜门进行填充，填充后的效果如图 14.2.30 所示。

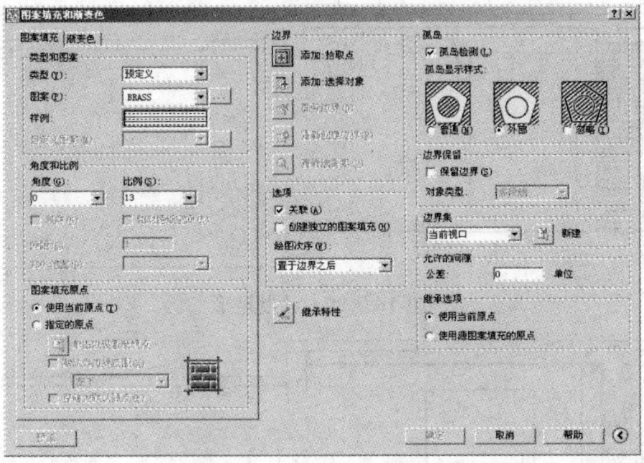

图 14.2.28　“图案填充和渐变色”对话框

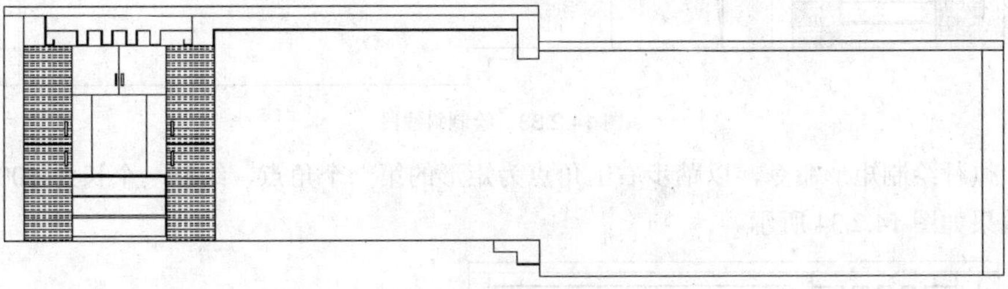

图 14.2.29　填充储物柜

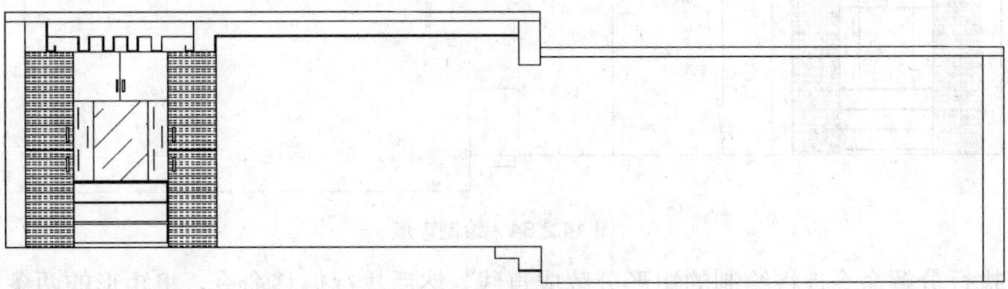

图 14.2.30　填充后的效果

（29）执行绘制直线命令，在储物柜的柜门处绘制虚线线段，表示柜门的开启方向，效果如图 14.2.31 所示。

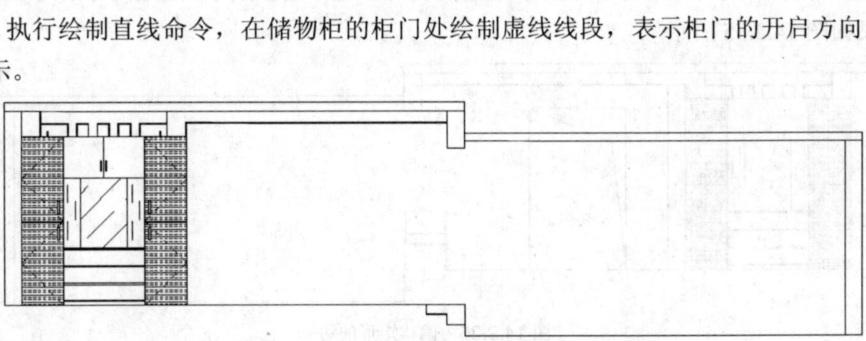

图 14.2.31　绘制虚线线段

（30）执行偏移命令，将如图 14.2.31 所示图形中柜右边的垂直直线向右进行偏移，偏移距离为 250，然后执行绘制矩形命令，以偏移后直线的下端点为矩形的第一个角点，绘制一个长为 1 360，宽为 2 300 的矩形，效果如图 14.2.32 所示。

（31）单击“修改”工具栏中的“移动”按钮，将绘制的矩形向右进行移动，移动的距离为 600，然后执行绘制直线命令，在矩形中绘制斜线段，表示门洞，效果如图 14.2.33 所示。

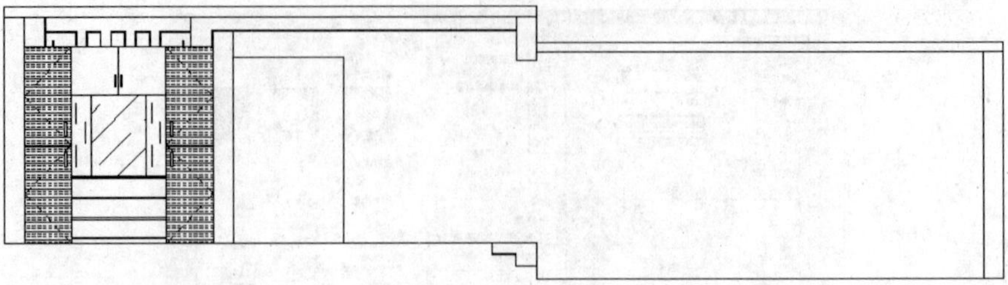

图 14.2.32　绘制矩形

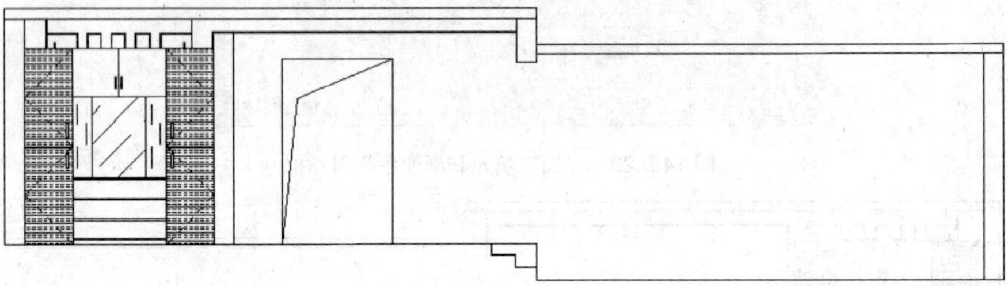

图 14.2.33　绘制斜线段

（32）执行绘制矩形命令，以踏步右上角点为矩形的第一个角点，绘制一个长为-600，宽为 820 的矩形，效果如图 14.2.34 所示。

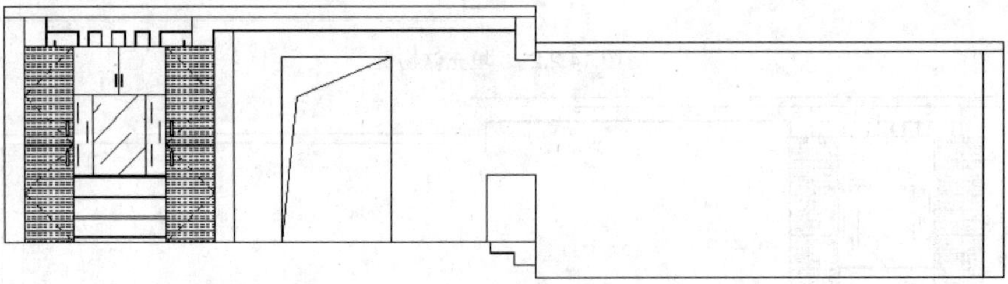

图 14.2.34　绘制矩形

（33）执行分解命令，将绘制的矩形分解成直线。然后执行偏移命令，将矩形的两条垂直边分别向内进行偏移，偏移距离为 30，将上边的水平边依次向下进行偏移，偏移的距离分别为 300，10，140，和 10，效果如图 14.2.35 所示。

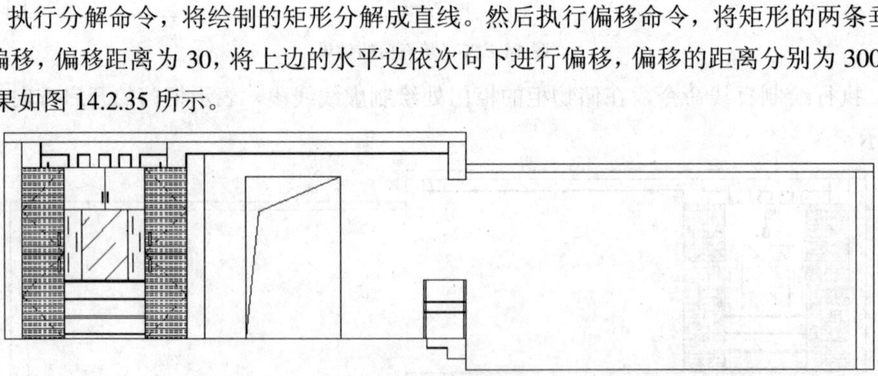

图 14.2.35　偏移矩形的边

（34）执行修剪命令，对偏移后的直线进行修剪，表示装饰柜，修剪后的效果如图 14.2.36 所示。

（35）执行绘制矩形命令，在修剪后装饰柜的上方绘制一个长为 650，宽为 30 的矩形，表示装饰柜的柜顶，效果如图 14.2.37 所示。

（36）执行绘制直线命令，以餐厅天棚承重梁左下端点为起点，向下绘制一条垂直的直线，并将其向左进行偏移，距离为 550，延伸和修剪后的效果如图 14.2.38 所示。

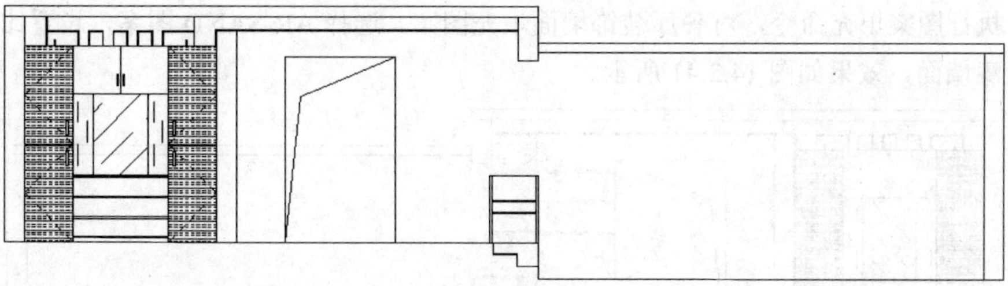

图 14.2.36　修剪后的效果

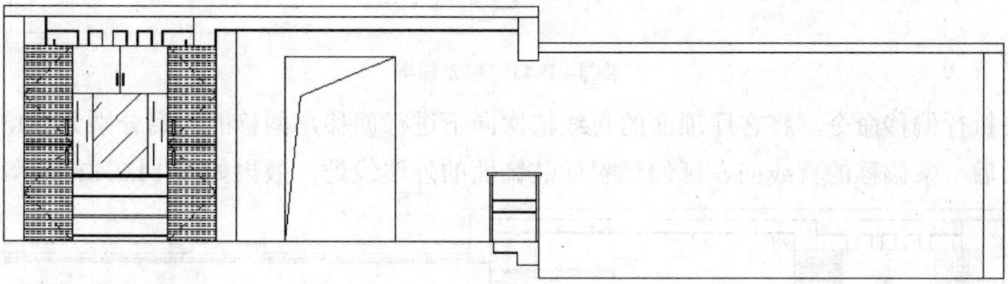

图 14.2.37　绘制矩形

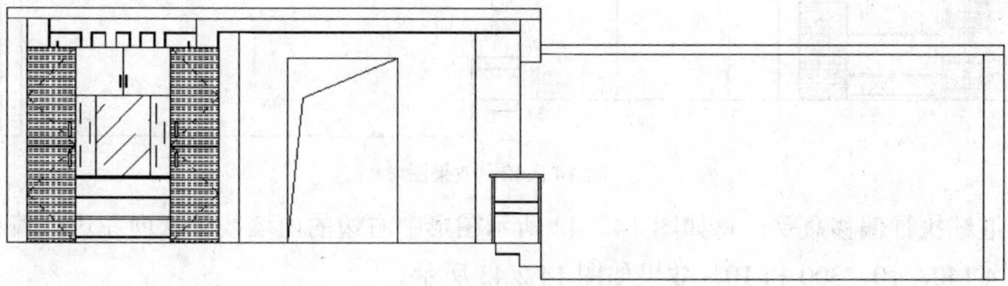

图 14.2.38　延伸和修剪后的效果

（37）执行偏移命令，将餐厅天棚线段向下偏移 450，并对其进行修剪，效果如图 14.2.39 所示。

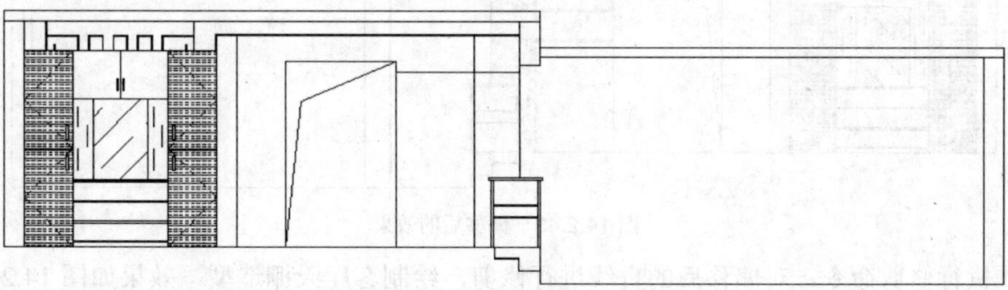

图 14.2.39　偏移天棚线段并修剪

（38）继续执行偏移命令，将步骤（37）修剪后的直线依次向下进行偏移，偏移的距离分别为 30，350，30，350 和 30，绘制餐厅装饰墙面，效果如图 14.2.40 所示。

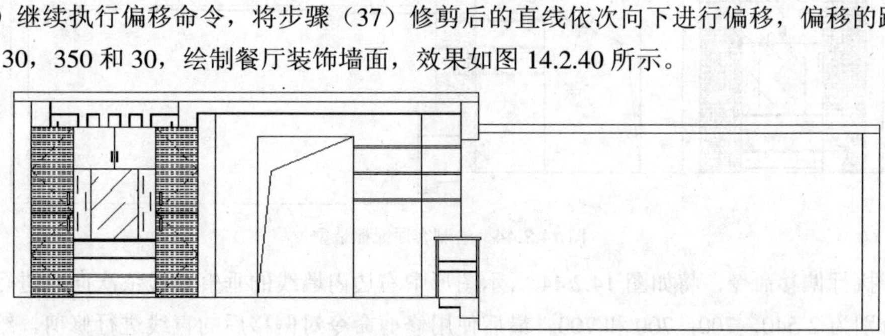

图 14.2.40　绘制餐厅装饰墙面

（39）执行图案填充命令，对餐厅装饰墙面填充图案，选择 AR-SAND 图案，设置比例为 2，表示彩色乳胶漆墙面，效果如图 14.2.41 所示。

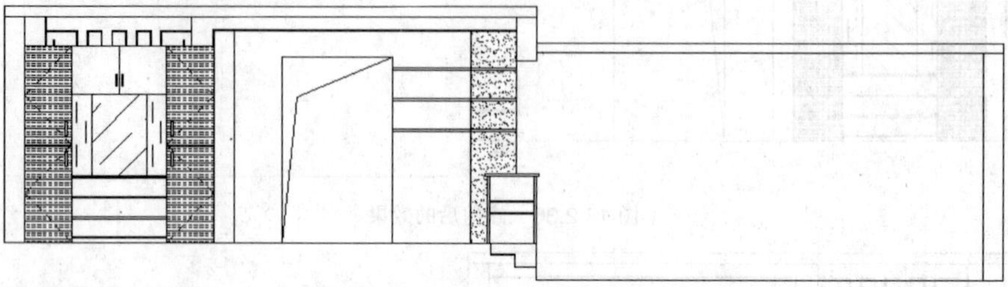

图 14.2.41　填充图案

（40）执行偏移命令，将客厅顶面的直线依次向下进行偏移，偏移的距离分别为 50，10，40 和 10，并将最后一条偏移的直线向左延伸至餐厅装饰面的外墙线处，效果如图 14.2.42 所示。

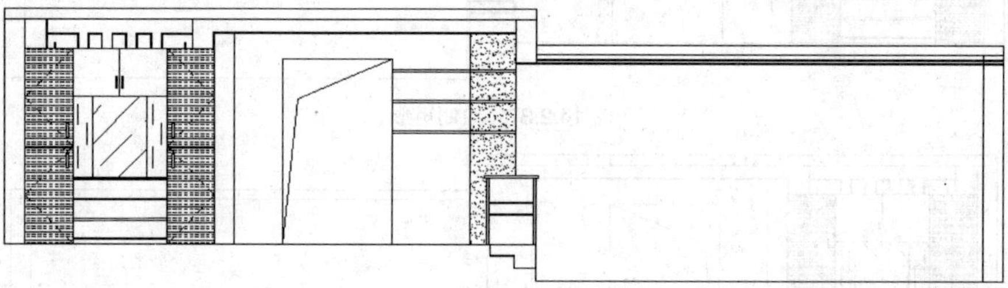

图 14.2.42　效果图

（41）继续执行偏移命令，将如图 14.2.42 所示图形中右边的内墙线依次向左进行偏移，偏移的距离分别为 4 140，10，300 和 10，效果如图 14.2.43 所示。

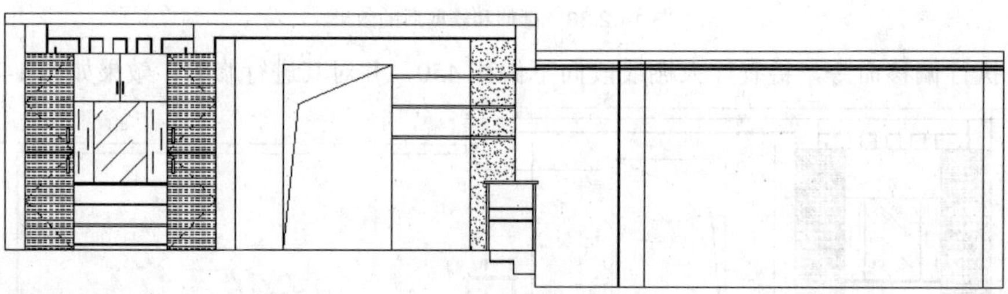

图 14.2.43　偏移后的效果

（42）执行修剪命令，对偏移后的直线进行修剪，绘制客厅天棚造型，效果如图 14.2.44 所示。

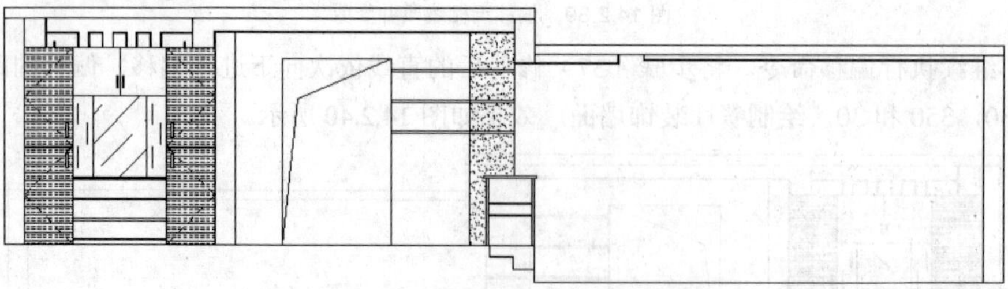

图 14.2.44　绘制客厅天棚造型

（43）执行偏移命令，将如图 14.2.44 所示图形中右边内墙线的垂直直线依次向左进行偏移，偏移的距离分别为 2 540，700，700 和 700，最后使用修剪命令对偏移后的直线进行修剪，绘制沙发背景墙装饰的分格线，效果如图 14.2.45 所示。

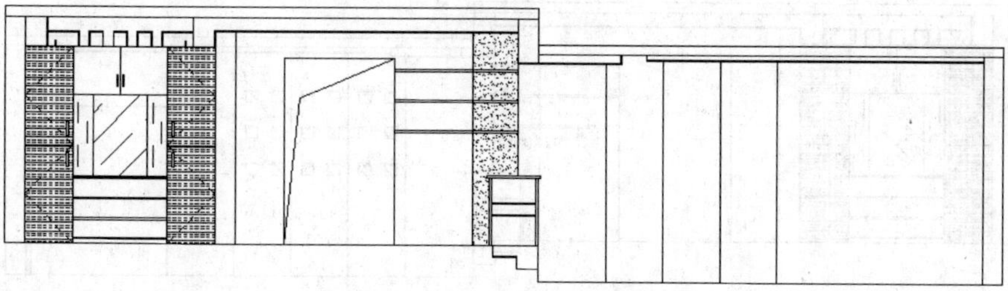

图 14.2.45　绘制沙发背景墙装饰的分格线

（44）执行绘制矩形命令，在如图 14.2.46 所示位置绘制一个长为 150，宽为 150 的矩形，表示沙发背景造型框，效果如图 14.2.46 所示。

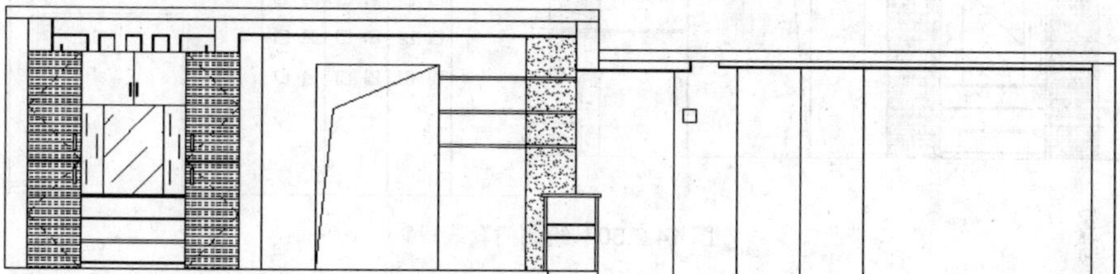

图 14.2.46　绘制矩形

（45）执行复制命令，复制步骤（44）绘制的沙发背景造型框，效果如图 14.2.47 所示。

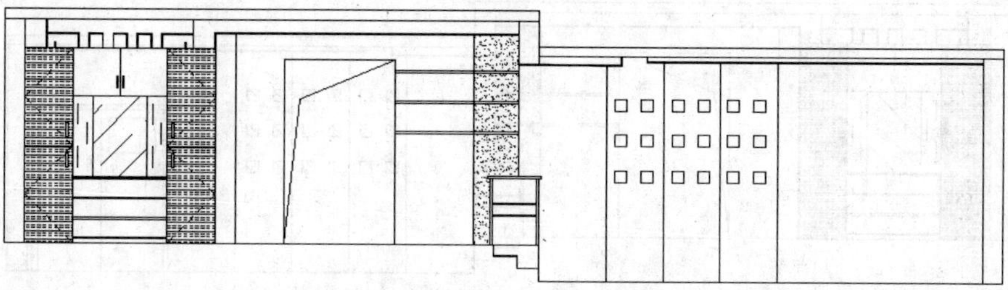

图 14.2.47　复制沙发背景造型框

（46）执行图案填充命令，选择 AR-RROOF 图案，设置填充角度为 45°，比例为 100，对墙面造型填充磨砂玻璃材质，效果如图 14.2.48 所示。

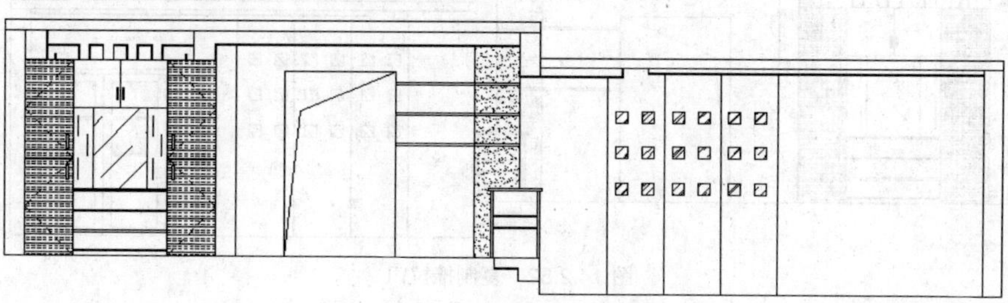

图 14.2.48　填充墙面

（47）执行绘制多段线命令，在距右边内墙线 60 处绘制客厅立面推拉门，推拉门的门套宽为 1 670，门高为 2 060，效果如图 14.2.49 所示。

（48）执行偏移命令，设置偏移距离为 60，将绘制的推拉门的外框向内进行偏移，绘制门套线段，效果如图 14.2.50 所示。

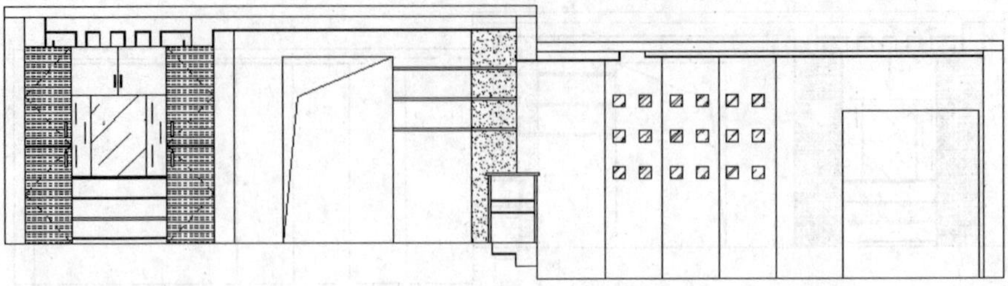

图 14.2.49　绘制推拉门

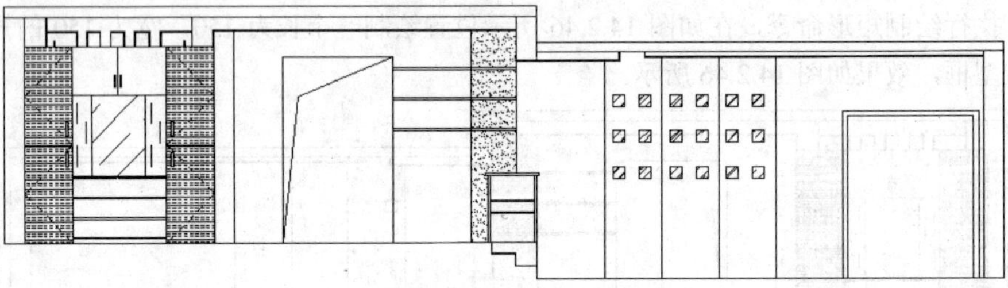

图 14.2.50　绘制门套线段

（49）执行绘制直线命令，捕捉门套中点，绘制一条垂直的直线，表示推拉门的门框线。然后执行绘制矩形命令，在左边门框中绘制一个长为 575，宽为 440 的矩形框，表示立面推拉门的造型，效果如图 14.2.51 所示。

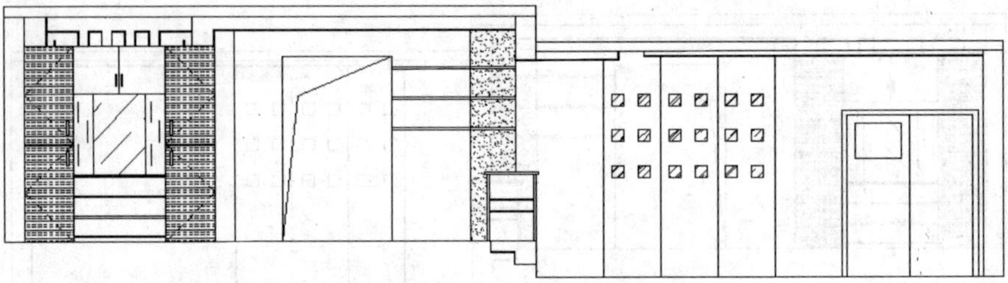

图 14.2.51　绘制推拉门

（50）执行复制命令，复制绘制的立面推拉门的造型，效果如图 14.2.52 所示。

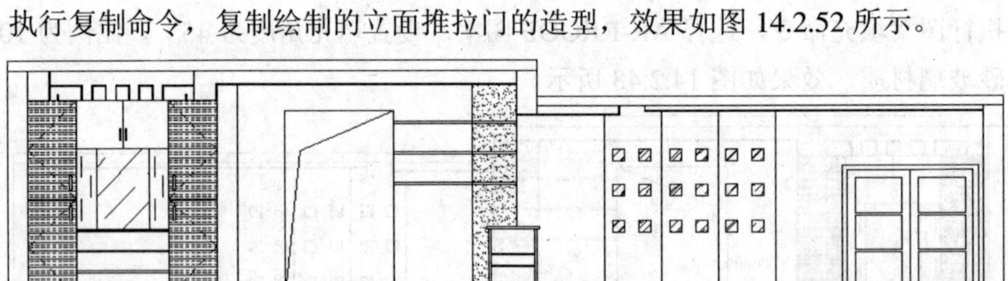

图 14.2.52　复制推拉门

（51）执行图案填充命令，选择 AR-RROOF 图案，设置填充角度为 45°，比例为 15，对绘制的立面推拉门造型填充玻璃材质，效果如图 14.2.53 所示。

（52）单击“标准”工具栏中的“设计中心”按钮，弹出 设计中心 选项板，在该选项板中选择合适的图块，在鞋柜立面图中插入装饰品，餐厅立面图中插入立面装饰品，在客厅中插入沙发侧立面图，花盆立面图，并用修剪命令对多余的线段进行修剪操作，效果如图 14.2.54 所示。

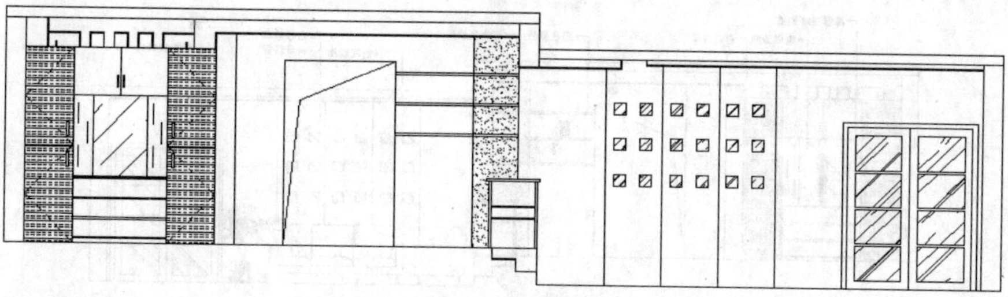

图 14.2.53　填充推拉门

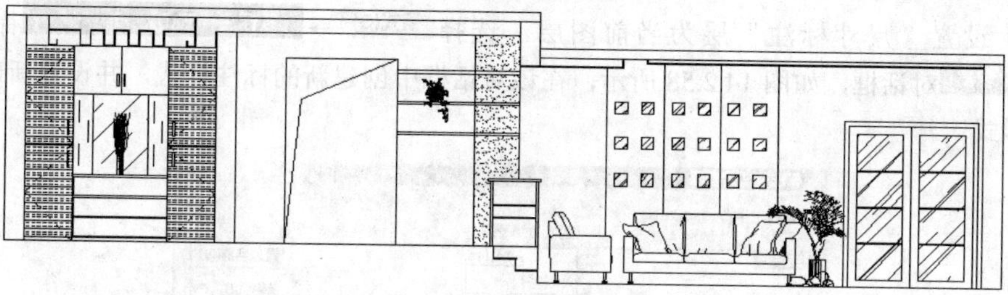

图 14.2.54　效果图

（53）执行绘制矩形命令，在绘图窗口的空白处绘制一个长为 42，宽为 10 的矩形，然后执行绘制直线命令，以矩形两边端点为起点，分别绘制任意长度的斜线段，绘制射灯，最后执行复制命令，复制绘制的射灯到其他位置，效果如图 14.2.55 所示。

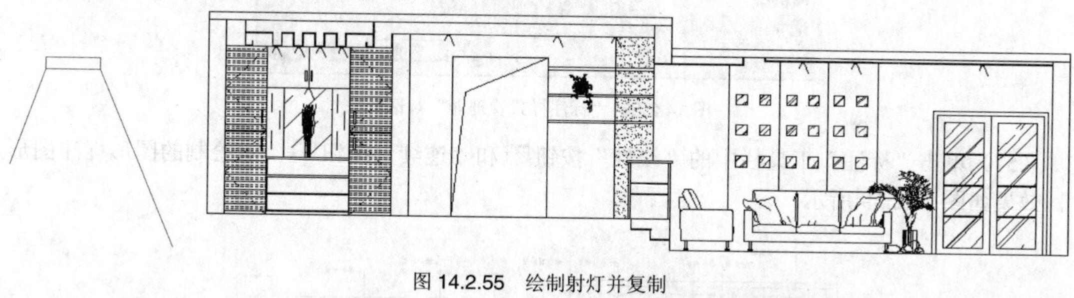

图 14.2.55　绘制射灯并复制

（54）设置“文字标注”层为当前图层。选择 格式(O) → 文字样式(S)... 命令，弹出 文字样式 对话框，如图 14.2.56 所示。在该对话框中新建一个文字样式，设置字体为宋体，文字高度为 120。

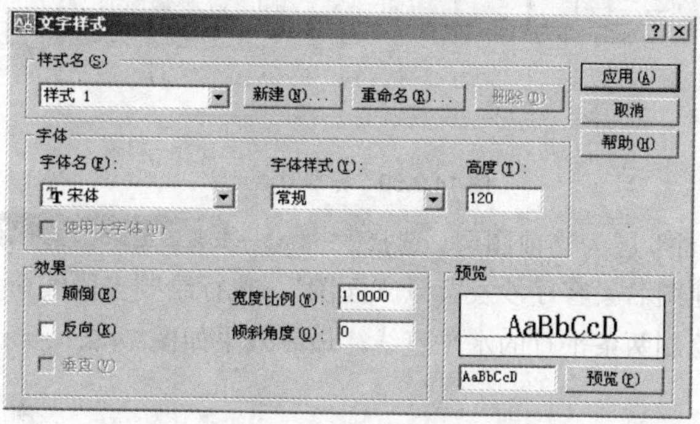

图 14.2.56　“文字样式”对话框

（55）执行绘制多段线命令，在需要文字标注的地方绘制文字说明的图形引出线，然后选择 绘图(D) → 文字(X) → 单行文字(S) 命令，为绘制的图形添加文字标注，效果如图 14.2.57 所示。

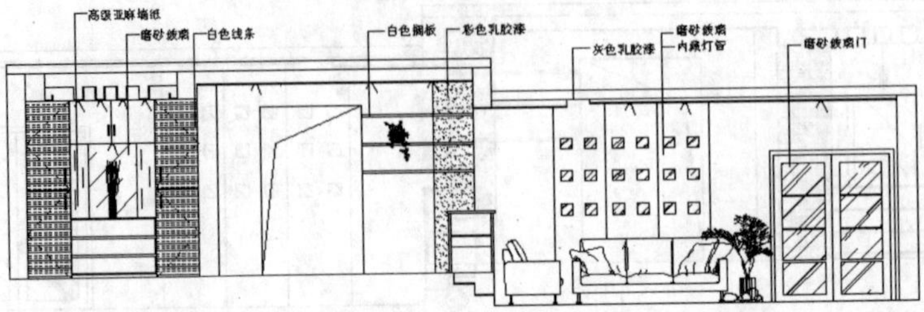

图 14.2.57　添加文字标注

（56）设置“尺寸标注”层为当前图层。选择 格式(O) → 标注样式(D)... 命令，弹出 标注样式管理器 对话框，如图 14.2.58 所示，在该对话框中创建新的标注样式，并设置新建的标注样式为当前样式。

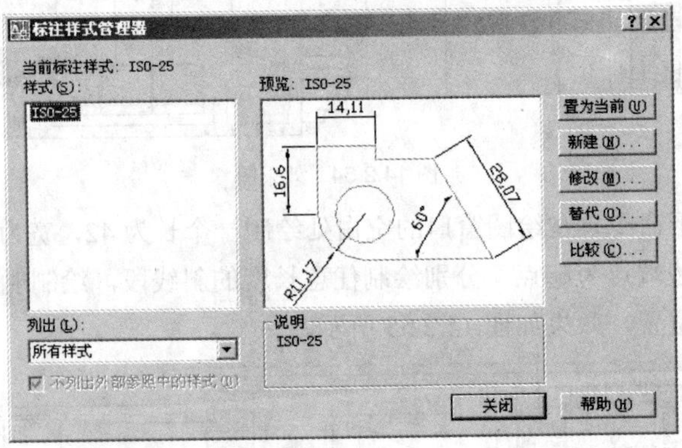

图 14.2.58　“标注样式管理器”对话框

（57）单击“标注”工具栏中的“线性”按钮和“连续”按钮，对绘制的图形标注图形尺寸，效果如图 14.2.59 所示。

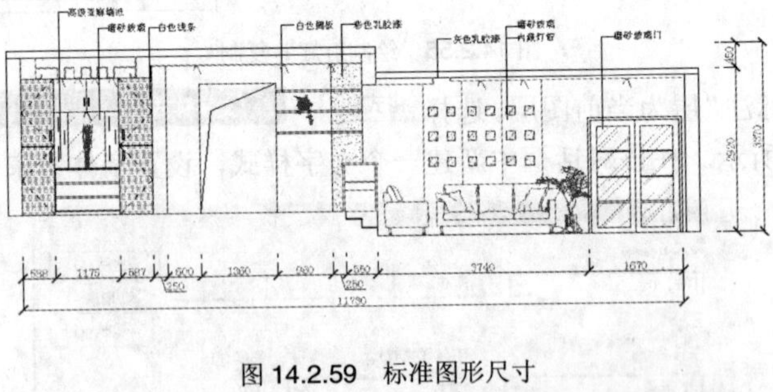

图 14.2.59　标准图形尺寸

（58）设置“文字标注”层为当前图层。选择 绘图(D) → 文字(X) → 单行文字(S) 命令，在绘制的图形正下方创建图名“客厅沙发背景立面图”。执行绘制多段线命令，设置多段线的宽度为 50，在创建的图名下方绘制两条平行的水平直线，最终效果如图 14.2.1 所示。

实例 3　复式户型方案设计

1. 实例效果

本例绘制复式户型图，效果如图 14.3.1 所示。

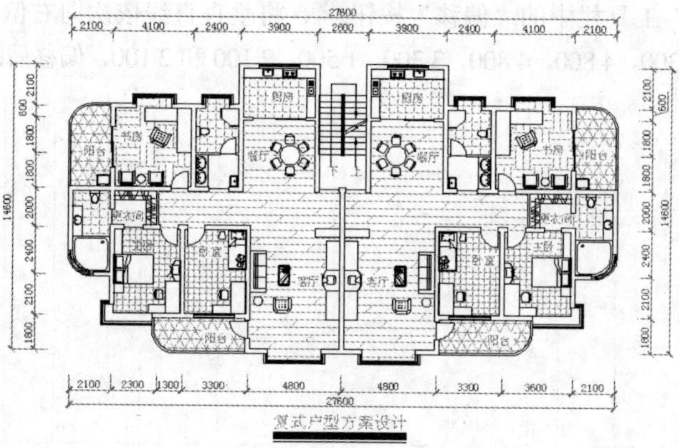

图 14.3.1　复式户型图

2．实例目的

练习复式户型方案设计。

3．本例知识点

在本例的制作过程中将用到直线、多线、多线编辑、偏移、修剪命令，以及文字标注、图案填充和尺寸标注等命令。

4．制作过程

（1）新建一个图形文件，单击“图层”工具栏中的“图层特性管理器”按钮，在弹出的图层特性管理器对话框中创建“轴线”、“墙线”、“门窗”、“室内家具”、“楼梯”、“阳台线”、“文字标注”和“尺寸标注”8 个图层，各图层属性设置如图 14.3.2 所示。

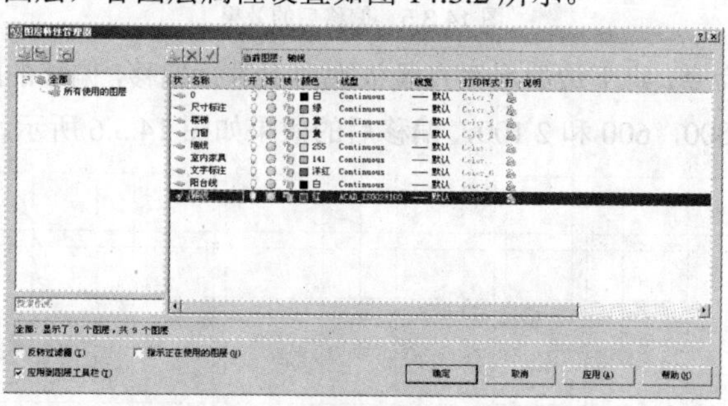

图 14.3.2　“图层特性管理器”对话框

（2）设置“轴线”层为当前图层。单击“绘图”工具栏中的“直线”按钮，在绘图窗口中绘制两条相互垂直的直线，水平直线长为 27 600，垂直直线长为 14 600，效果如图 14.3.3 所示。

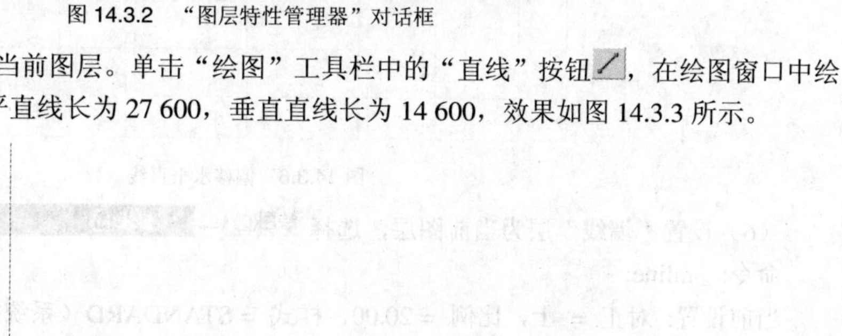

图 14.3.3　绘制直线

（3）单击“修改”工具栏中的“偏移”按钮，将垂直直线依次向右偏移，偏移的距离分别为 2 100，2 100，1 500，3 300，4 800，4 800，3 300，1 500，2 100 和 2 100，偏移后的效果如图 14.3.4 所示。

图 14.3.4　偏移垂直直线

（4）继续执行偏移命令，将最左边的垂直直线依次向右进行偏移，偏移的距离分别为 6 200，2 400，3 900，2 600，3 900，2 400，4 100 和 2 100，偏移后的效果如图 14.3.5 所示。

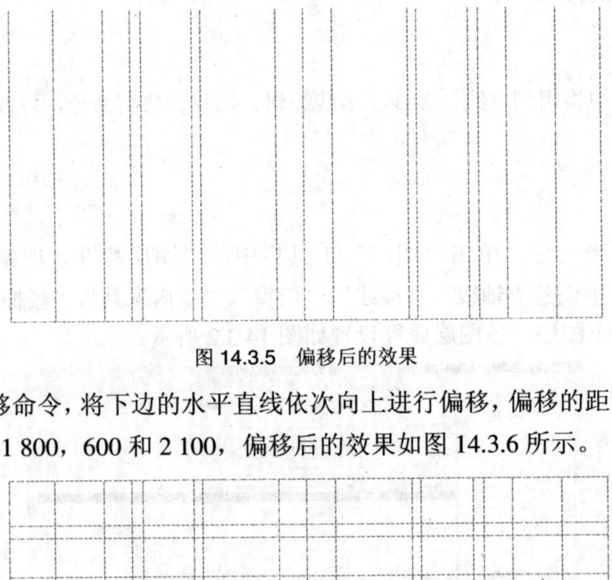

图 14.3.5　偏移后的效果

（5）继续执行偏移命令，将下边的水平直线依次向上进行偏移，偏移的距离分别为 1 800，2 100，2 400，2 000，1 800，1 800，600 和 2 100，偏移后的效果如图 14.3.6 所示。

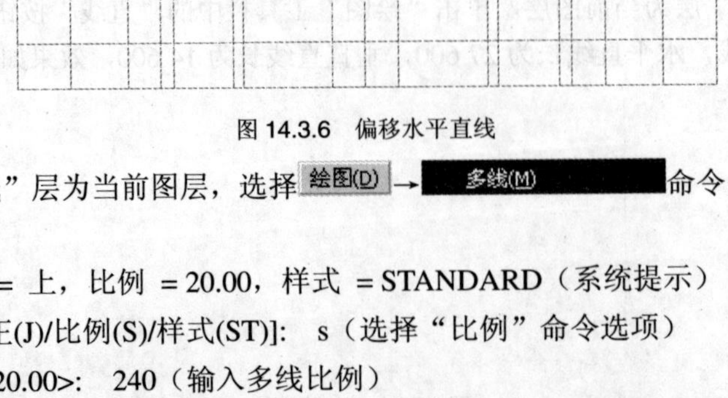

图 14.3.6　偏移水平直线

（6）设置“墙线”层为当前图层，选择 绘图(D) → 多线(M) 命令，命令行提示如下：

命令: _ mline

当前设置: 对正 = 上，比例 = 20.00，样式 = STANDARD（系统提示）

指定起点或 [对正(J)/比例(S)/样式(ST)]: s（选择“比例”命令选项）

输入多线比例 <20.00>: 240（输入多线比例）

当前设置: 对正 = 上，比例 = 240.00，样式 = STANDARD（系统提示）

指定起点或 [对正(J)/比例(S)/样式(ST)]: j（选择“对正”命令选项）

输入对正类型 [上(T)/无(Z)/下(B)] <上>: z（选择“无”命令选项）

当前设置: 对正 = 无，比例 = 240.00，样式 = STANDARD（系统提示）

指定起点或 [对正(J)/比例(S)/样式(ST)]:（捕捉如图 14.3.7 所示图形中的 A 点）

指定下一点: （捕捉如图 14.3.7 所示图形中的 B 点）

指定下一点或 [放弃(U)]:（捕捉如图 14.3.7 所示图形中的 C 点）

指定下一点或 [闭合(C)/放弃(U)]:（捕捉如图 14.3.7 所示图形中的 D 点）

指定下一点或 [闭合(C)/放弃(U)]:（按回车键结束绘制多线命令）

绘制的多线效果如图 14.3.7 所示。

图 14.3.7　绘制多线

（7）继续执行绘制多线命令，绘制如图 14.3.8 所示的其他多线。

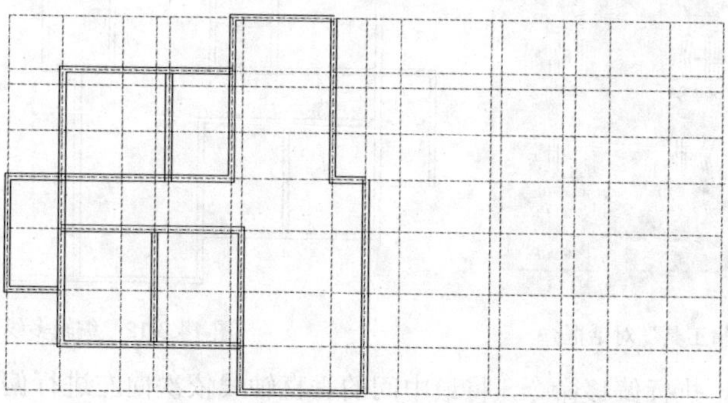

图 14.3.8　绘制其他多线

（8）继续执行绘制多线命令，设置多线比例为 120，绘制更衣室、卫生间和厨房的内墙线，效果如图 14.3.9 所示。

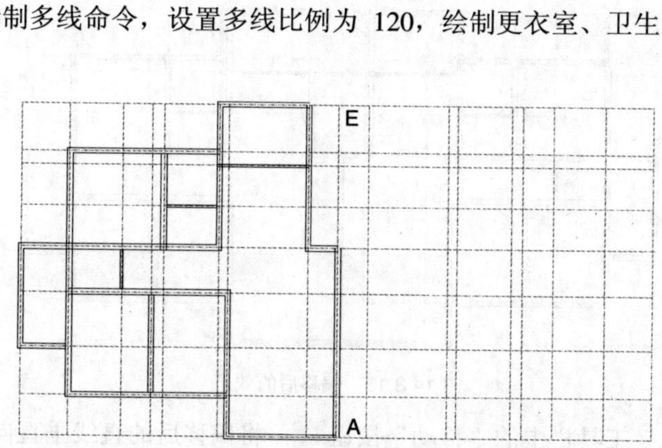

图 14.3.9　绘制内墙线

（9）单击“修改”工具栏中的“镜像”按钮，以如图 14.3.9 所示图形中的垂直轴线 AE 为镜像线，镜像绘制的多线，关闭轴线层后的效果如图 14.3.10 所示。

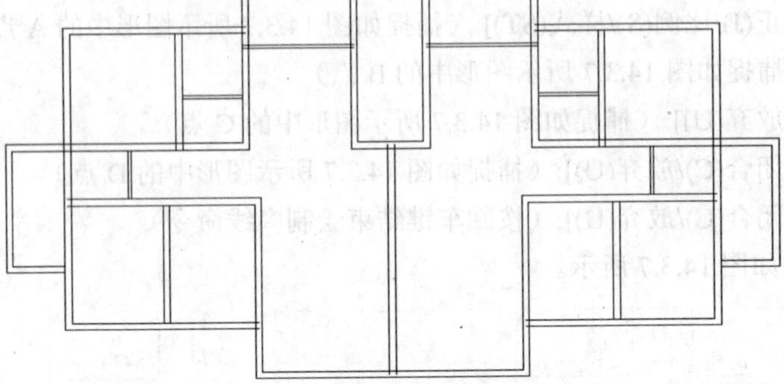

图 14.3.10　关闭轴线层后的效果

（10）选择 修改(M) → 对象(O) → 多线(M)... 命令，弹出 多线编辑工具 对话框，如图 14.3.11 所示。在该对话框中选择合适的多线编辑工具，对绘制的多线进行编辑，编辑后的效果如图 14.3.12 所示。

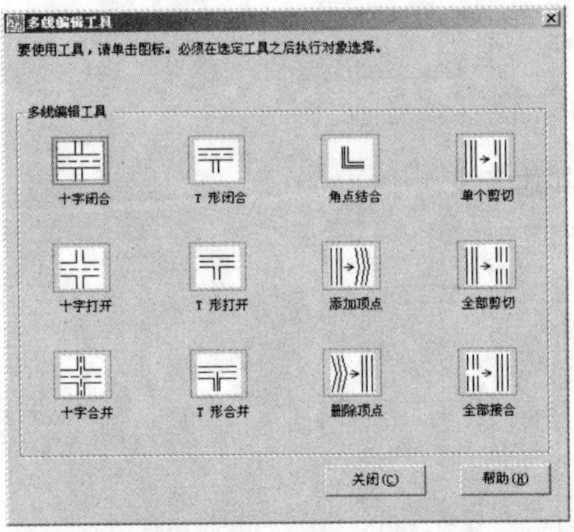

图 14.3.11　“多线编辑工具”对话框

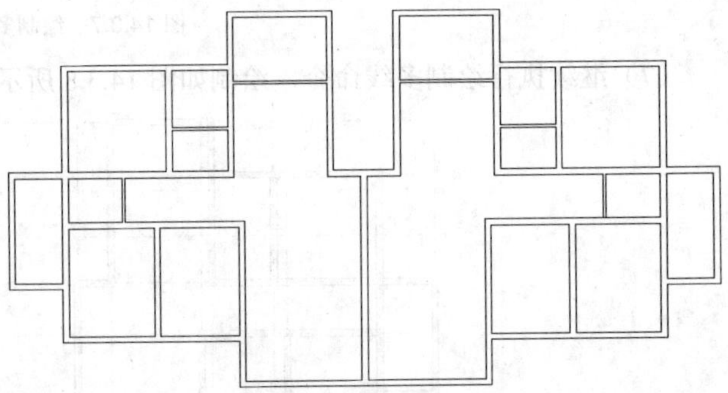

图 14.3.12　编辑多线后的效果

（11）打开轴线层，执行偏移命令，将最中间的垂直轴线依次向左进行偏移，偏移的距离分别为 1 050 和 2 700，效果如图 14.3.13 所示。

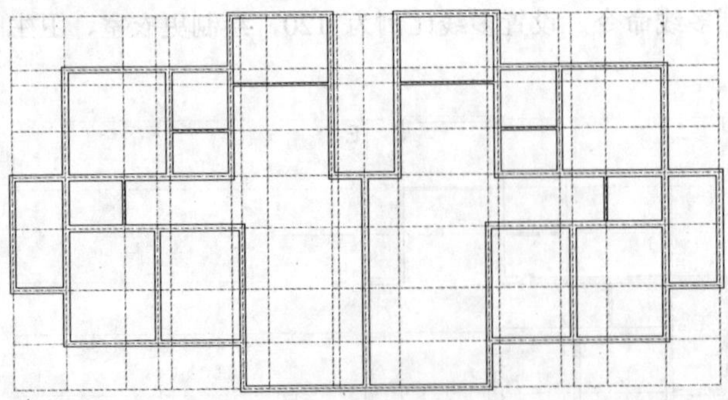

图 14.3.13　偏移后的效果

（12）单击“修改”工具栏中的“移动”按钮，将偏移后的直线垂直向下进行移动，移动距离为 300，然后单击“修改”工具栏中的“修剪”按钮，以移动后的垂直直线为修剪边，对绘制的多线进行修剪，删除偏移后的直线，绘制阳台洞，效果如图 14.3.14 所示。

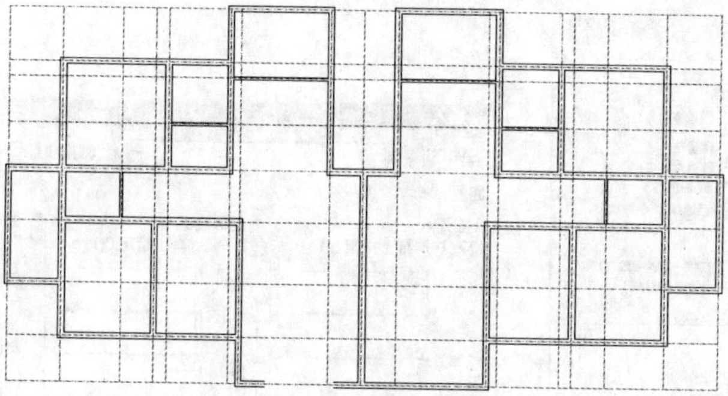

图 14.3.14　绘制阳台洞

（13）参照步骤（12），绘制其他阳台洞、门洞和窗洞，然后用直线连接各洞的端口，关闭轴线层后的效果如图 14.3.15 所示。

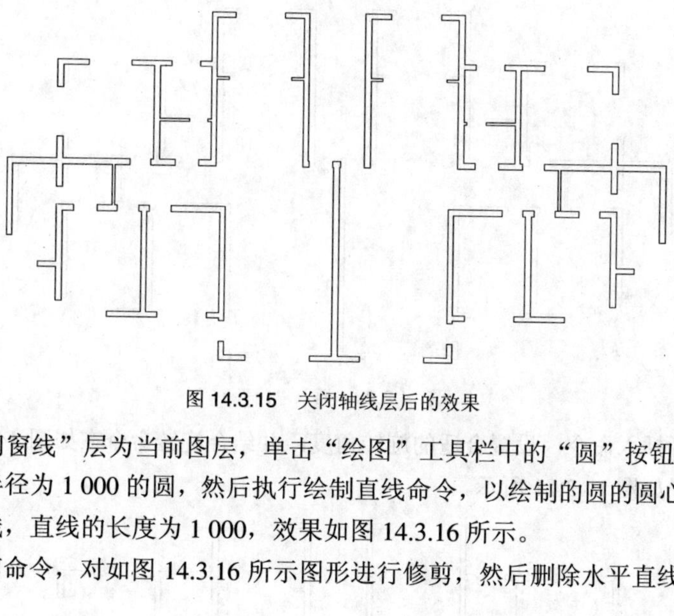

图 14.3.15　关闭轴线层后的效果

（14）设置“门窗线”层为当前图层，单击“绘图”工具栏中的“圆”按钮，在绘图窗口的空白区域绘制一个半径为 1 000 的圆，然后执行绘制直线命令，以绘制的圆的圆心为起点，分别绘制两条相互垂直的直线，直线的长度为 1 000，效果如图 14.3.16 所示。

（15）执行修剪命令，对如图 14.3.16 所示图形进行修剪，然后删除水平直线，绘制门，效果如图 14.3.17 所示。

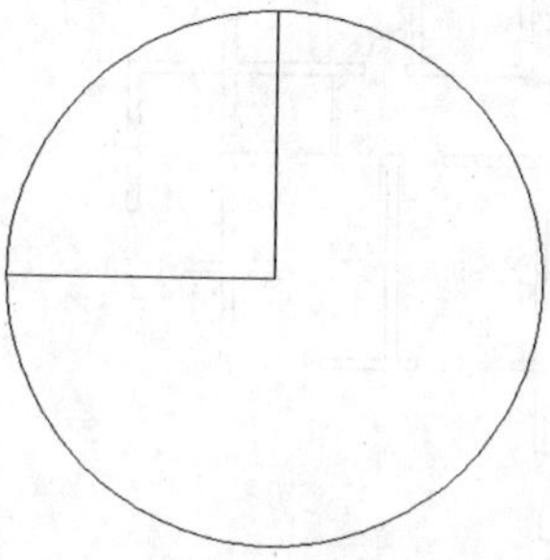

图 14.3.16　绘制圆和直线

图 14.3.17　绘制门

（16）单击“绘图”工具栏中的“创建块”按钮，弹出 块定义 对话框，在该对话框中设置各项参数如图 14.3.18 所示，将绘制的门创建成块。

（17）单击“绘图”工具栏中的“插入块”按钮，弹出插入对话框，在该对话框中设置各项参数如图 14.3.19 所示，将创建的块“门”插入到如图 14.3.20 所示位置。

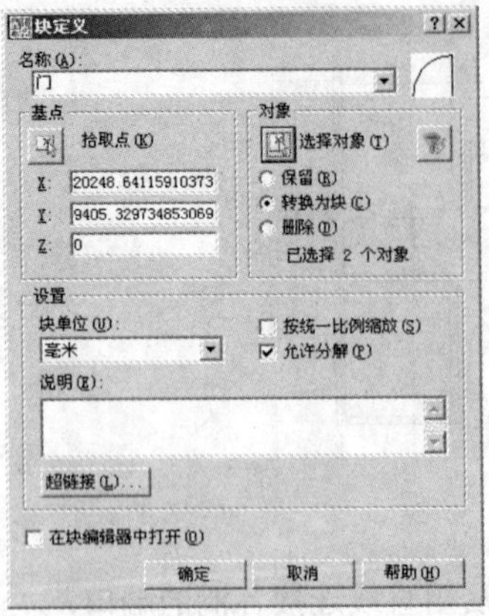

图 14.3.18　“块定义”对话框

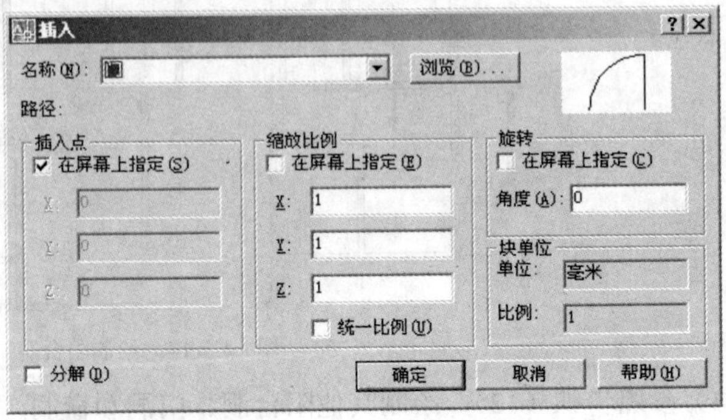

图 14.3.19　“插入”对话框

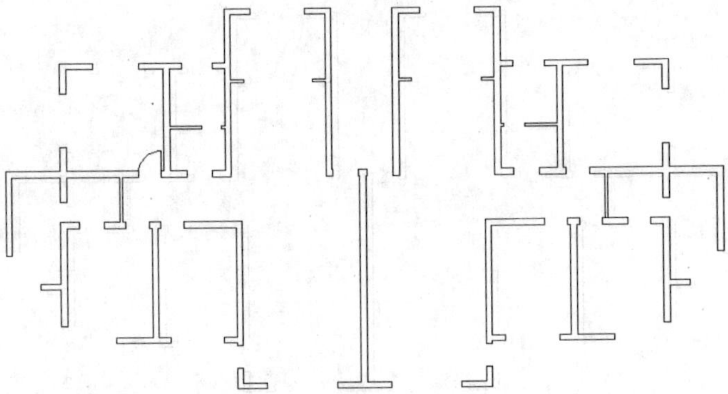

图 14.3.20　插入“门”

（18）继续执行插入命令，设置合适的旋转角度，并结合旋转命令在如图 14.3.20 所示的图形中插入其他的门，效果如图 14.3.21 所示。

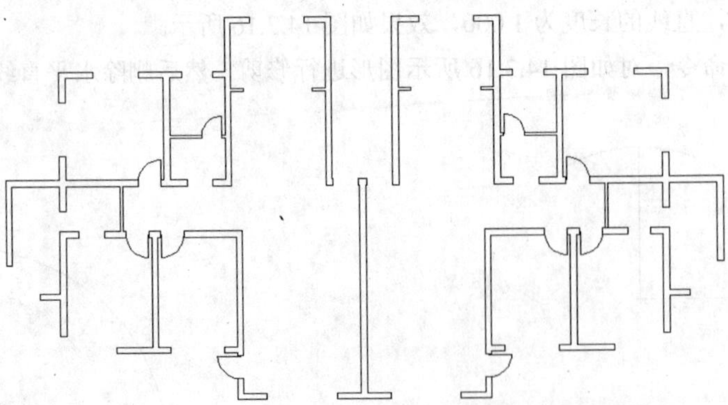

图 14.3.21　插入其他的门

（19）执行绘制直线命令，用直线连接厨房窗洞的上端口线，然后执行偏移命令，设置偏移距离为 60，将绘制的直线依次向下进行偏移，绘制厨房的窗户，效果如图 14.3.22 所示。

（20）参照步骤（19）的操作绘制其他的窗户，效果如图 14.3.23 所示。

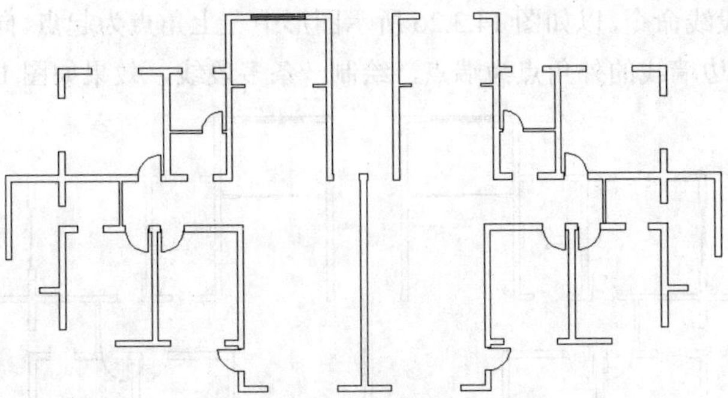

图 14:3.22 绘制窗户

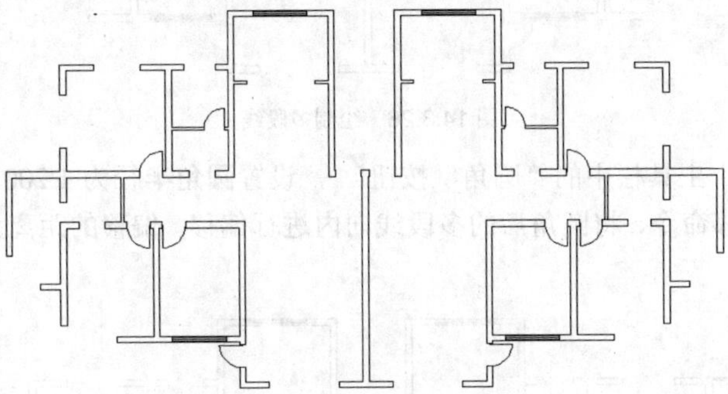

图 14.3.23 绘制其他窗户

（21）单击“绘图”工具栏中的“矩形”按钮，在厨房的门洞处分别绘制两个长为 1 500，宽为 40 的矩形，表示厨房的推拉门，效果如图 14.3.24 所示。

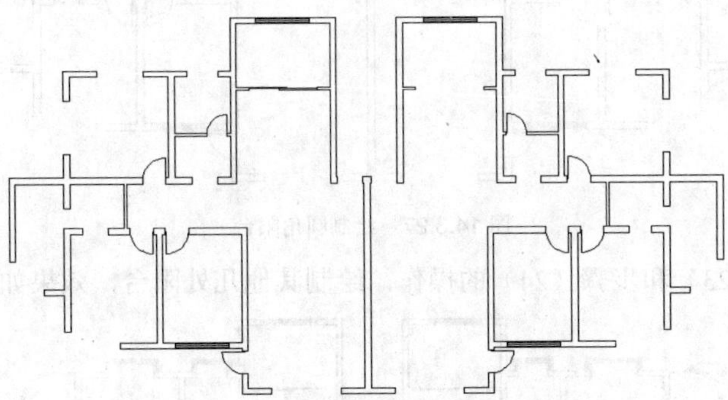

图 14.3.24 绘制推拉门

（22）参照步骤（21）绘制其他几处推拉门，效果如图 14.3.25 所示。

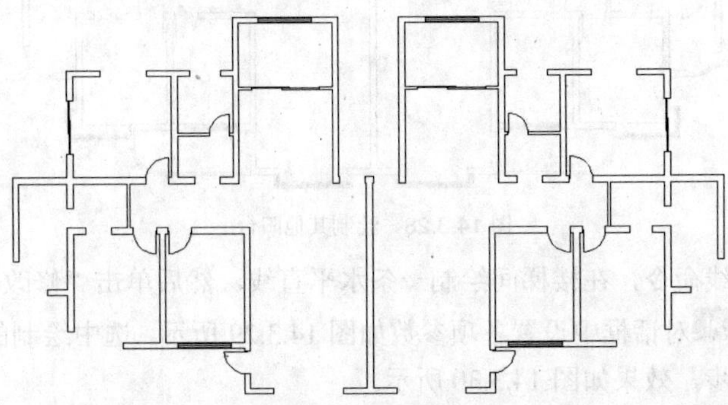

图 14.3.25 绘制其他推拉门

（23）执行绘制多段线命令，以如图 14.3.26 所示图形中左上角点为起点，向左绘制一条长为 2 100 的多段线，然后捕捉下边墙线的外角点为端点，绘制一条多段线，效果如图 14.3.26 所示。

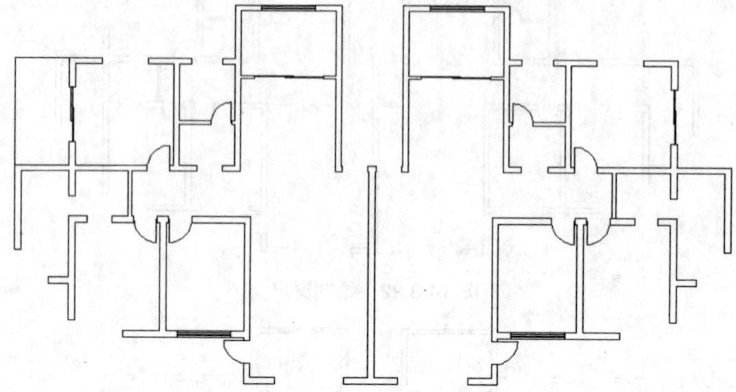

图 14.3.26　绘制多段线

（24）单击“修改”工具栏中的“圆角”按钮，设置圆角半径为 1 200，对绘制的多段线进行圆角操作，然后执行偏移命令，将圆角后的多段线向内进行偏移，偏移的距离为 100，绘制圆角阳台，效果如图 14.3.27 所示。

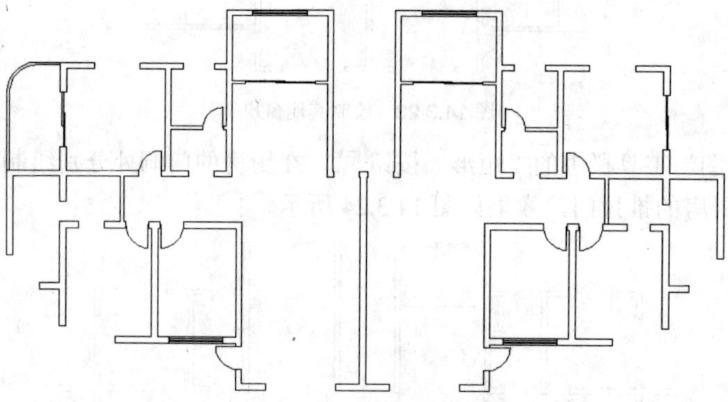

图 14.3.27　绘制圆角阳台

（25）参照步骤（23）和步骤（24）的操作，绘制其他几处阳台，效果如图 14.3.28 所示。

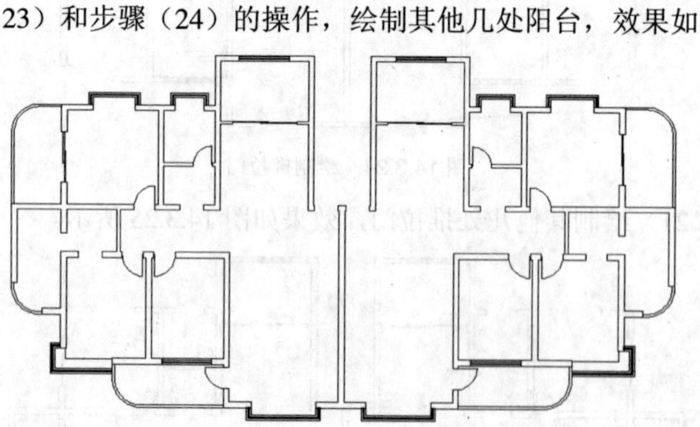

图 14.3.28　绘制其他阳台

（26）执行绘制直线命令，在楼梯间绘制一条水平直线，然后单击“修改”工具栏中的“阵列”按钮，在弹出的阵列对话框中设置各项参数如图 14.3.29 所示。选中绘制的水平直线，对其进行矩形阵列，绘制楼梯踏步，效果如图 14.3.30 所示。

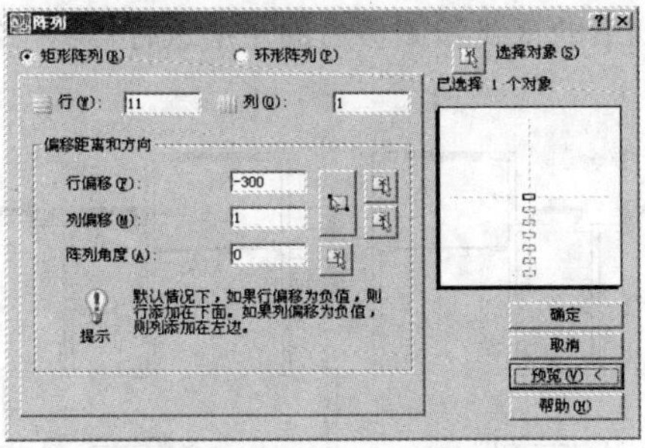

图 14.3.29 “阵列”对话框

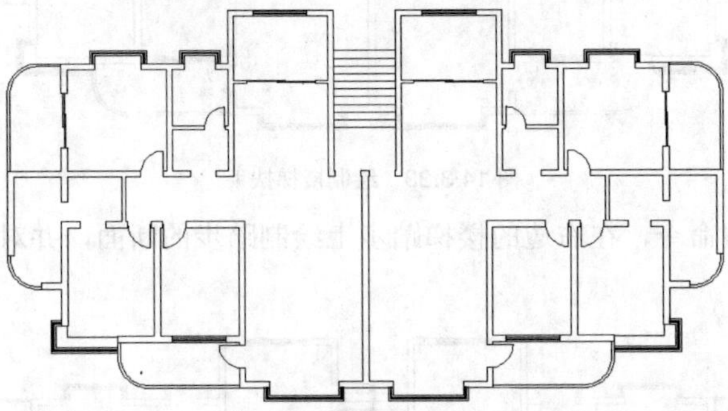

图 14.3.30 绘制楼梯踏步

（27）执行绘制矩形命令，在阵列后直线的中间绘制一个长为 180，宽为 3 120 的矩形，效果如图 14.3.31 所示。

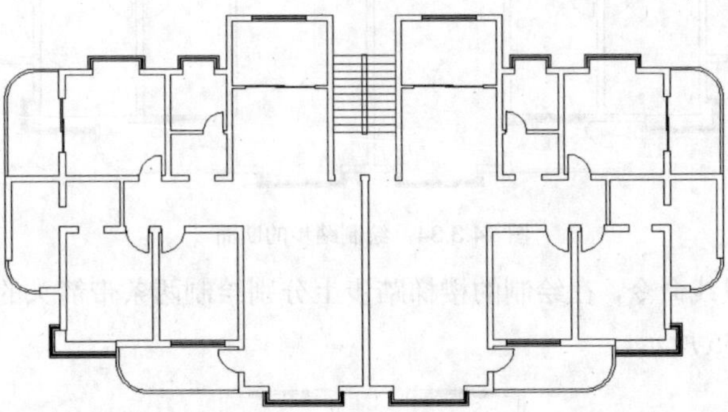

图 14.3.31 绘制矩形

（28）执行偏移命令，设置偏移距离为 60，将绘制的矩形向内进行偏移，偏移后的效果如图 14.3.32 所示。

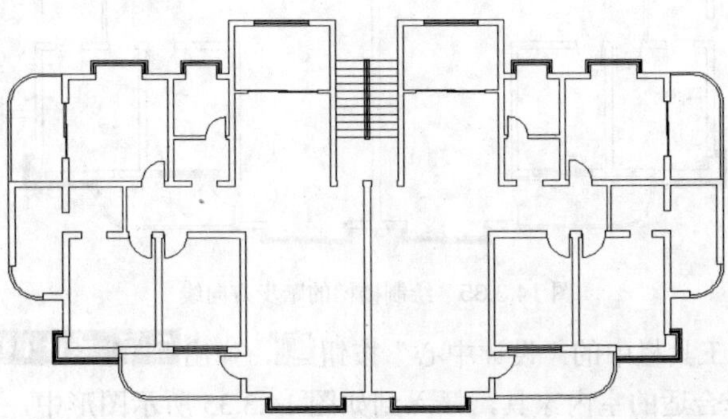

图 14.3.32 偏移矩形

(29)执行修剪命令，对阵列后的直线和偏移后的矩形进行修剪，绘制楼梯扶手，效果如图 14.3.33 所示。

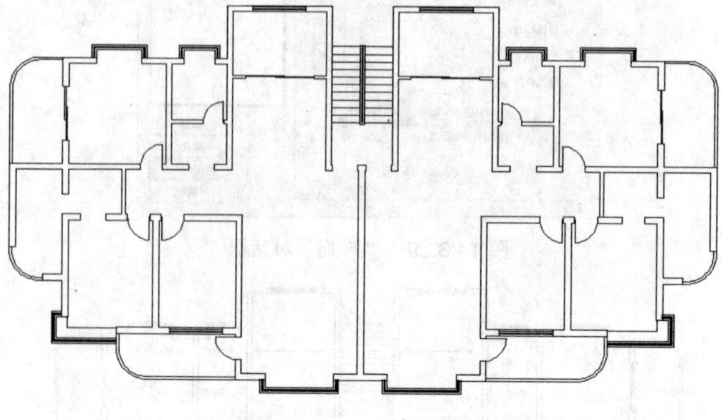

图 14.3.33　绘制楼梯扶手

（30）执行绘制直线命令，在右边的楼梯踏步上绘制踏步的断面，并对其进行修剪，效果如图 14.3.34 所示。

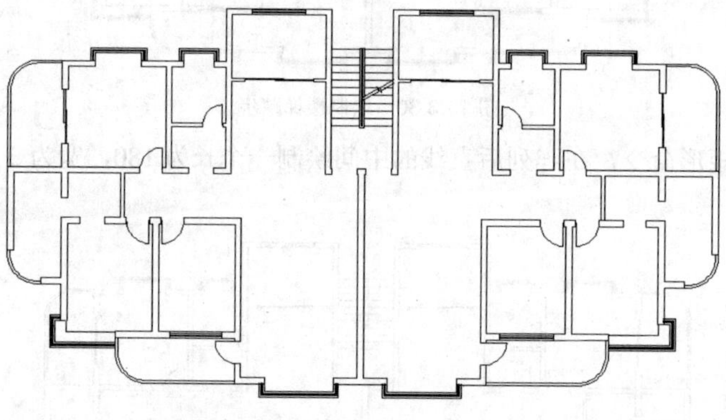

图 14.3.34　绘制踏步的断面

（31）执行绘制多段线命令，在绘制的楼梯踏步上分别绘制两条带箭头的多段线，表示楼梯的踏步方向，效果如图 14.3.35 所示。

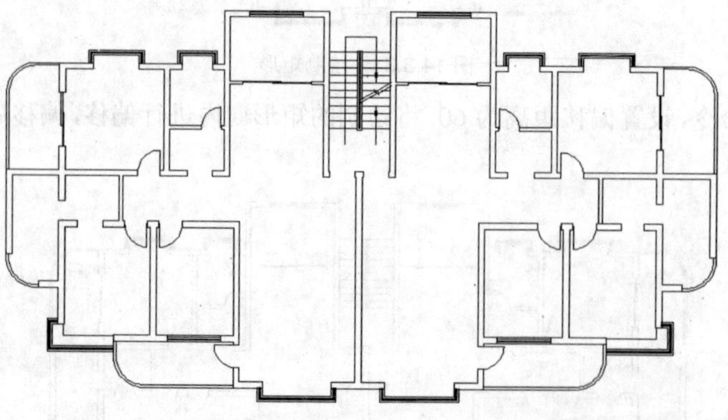

图 14.3.35　绘制楼梯的踏步方向线

（32）单击“标准”工具栏中的“设计中心”按钮，弹出设计中心选项板，如图 14.3.36 所示，在该选项板中选择合适的室内家具，插入到如图 14.3.35 所示图形中，效果如图 14.3.37 所示。

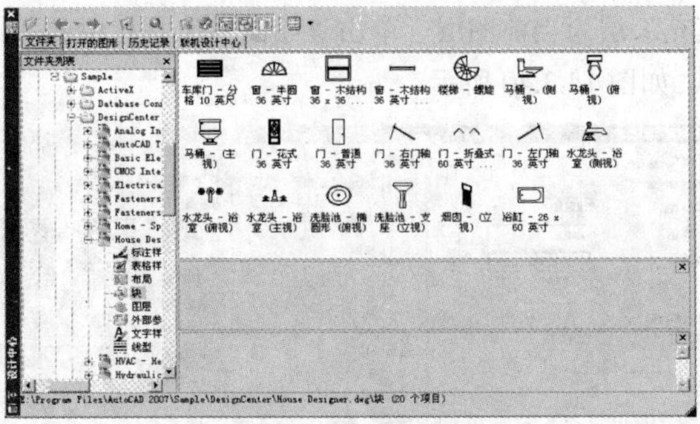

图 14.3.36　“设计中心”选项板

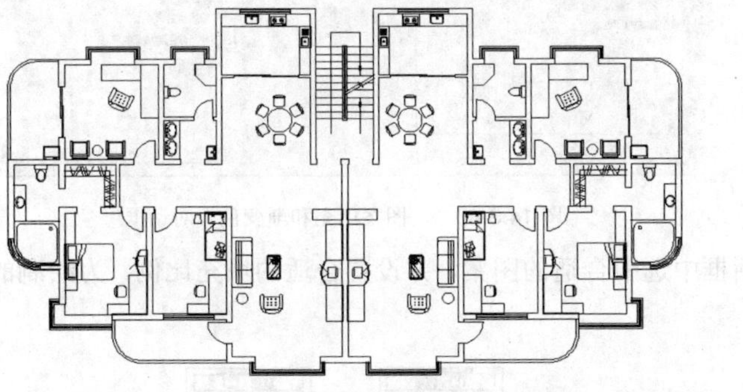

图 14.3.37　插入室内家具

（33）设置“文字标注”层为当前图层。选择 格式(O) → 文字样式(S)... 命令，弹出 文字样式 对话框，如图 14.3.38 所示。在该对话框中新建一个文字样式，设置字体为宋体，文字高度为 300。

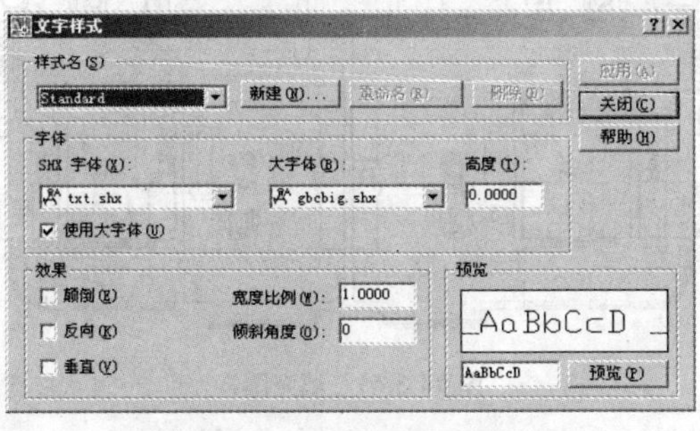

图 14.3.38　“文字样式”对话框

（34）选择 绘图(D) → 文字(X) → 单行文字(S) 命令，为绘制的图形添加文字标注，效果如图 14.3.39 所示。

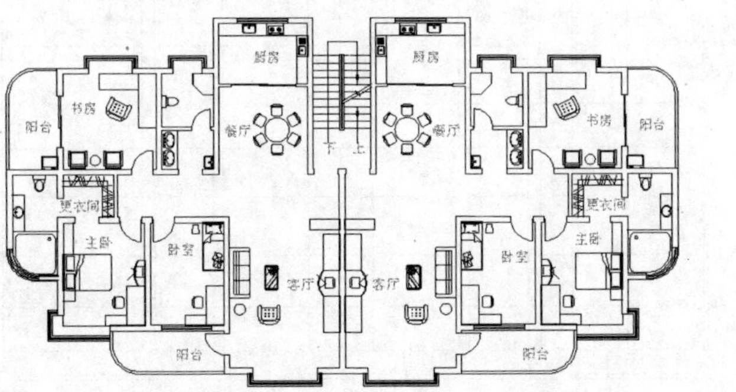

图 14.3.39　添加文字标注

（35）设置“图案填充”层为当前图层。单击“绘图”工具栏中的“图案填充”按钮，弹出图案填充和渐变色对话框，如图 14.3.40 所示。

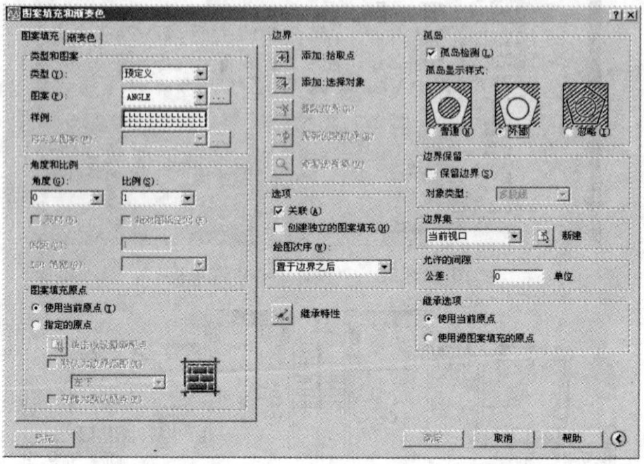

图 14.3.40 “图案填充和渐变色”对话框

（36）在该对话框中选中合适的图案，并设置合适的填充比例，为绘制的图形填充图案，效果如图 14.3.41 所示。

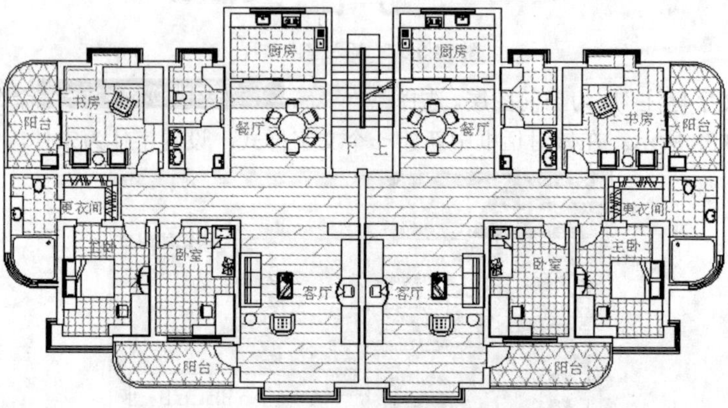

图 14.3.41 填充图案

（37）关闭除轴线层以外的所有图层，执行偏移命令，将最外边的轴线分别向外进行偏移，偏移的距离分别为 1 000 和 200，偏移后的效果如图 14.3.42 所示。

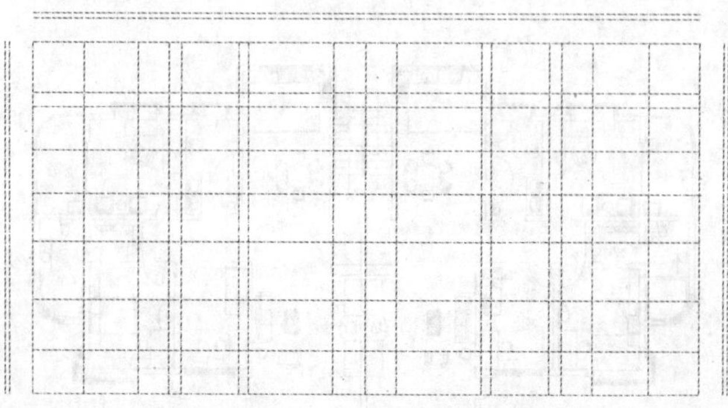

图 14.3.42 偏移后的效果

（38）单击“修改”工具栏中的“延伸”按钮，以如图 14.3.42 所示图形中最外边的轴线为延伸边，延伸所有水平和垂直的轴线，效果如图 14.3.43 所示。

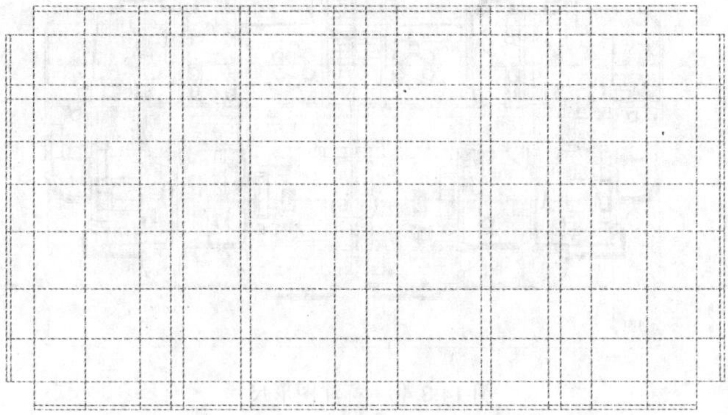

图 14.3.43　延伸轴线

（39）执行修剪命令，对延伸后的轴线进行修剪，最后删除多余的轴线，效果如图 14.3.44 所示。

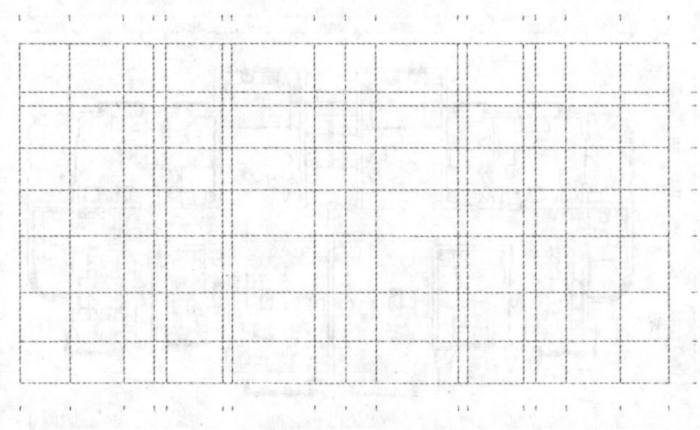

图 14.3.44　效果图

（40）打开其他关闭的图层，设置“尺寸标注”层为当前图层。选择 格式(O) → 标注样式(D)... 命令，弹出 标注样式管理器 对话框，如图 14.3.45 所示。

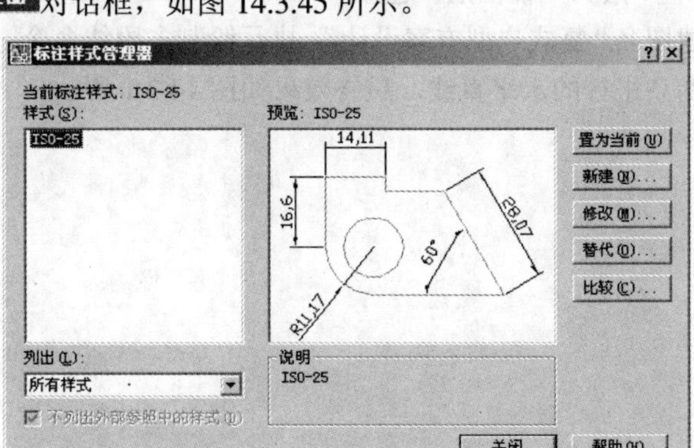

图 14.3.45　“标注样式管理器”对话框

（41）新建一个尺寸标注样式，设置尺寸标注的文字高度为 400，文字从尺寸线偏移的距离为 100，箭头格式选择“建筑标记”，大小设置为 300，然后单击“标注”工具栏中的“线性”按钮，标注如图 14.3.46 所示的图形尺寸。

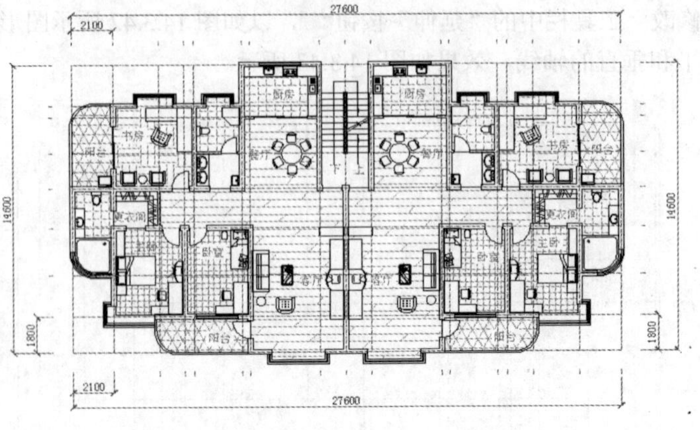

图 14.3.46　标注图形尺寸

（42）单击“标注”工具栏中的“连续”按钮，标注如图 14.3.47 所示的连续尺寸，关闭轴线层后的效果如图 14.3.47 所示。

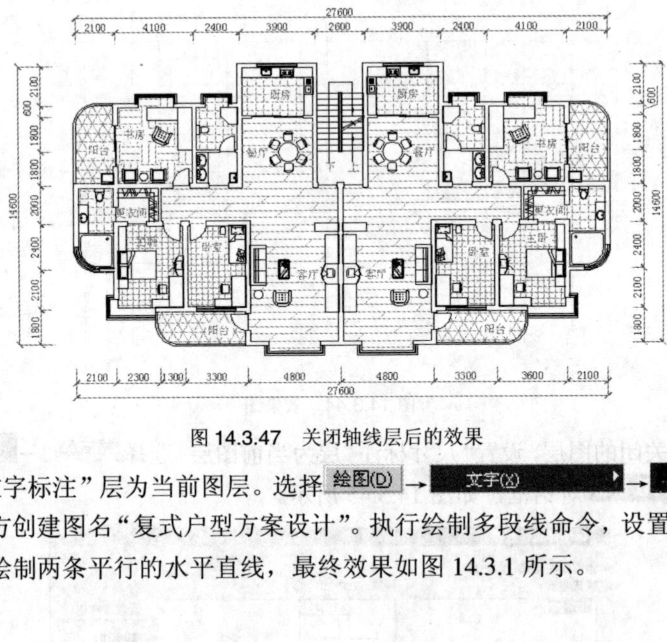

图 14.3.47　关闭轴线层后的效果

（43）设置“文字标注”层为当前图层。选择 绘图(D) → 文字(X) → 单行文字(S) 命令，在绘制的图形正下方创建图名“复式户型方案设计”。执行绘制多段线命令，设置多段线的宽度为 50，在创建的图名下方绘制两条平行的水平直线，最终效果如图 14.3.1 所示。

第十五章　机械设计行业应用实例

机械设计是AutoCAD的重要应用领域之一。本章将结合前面所学的知识，精选三个典型实例，并对其设计过程进行全面、精确的讲解，帮助读者理解和掌握AutoCAD 2007在机械设计行业的应用。

实例1　虎钳螺母三视图

1．实例效果

本例绘制虎钳螺母三视图，效果如图15.1.1所示。

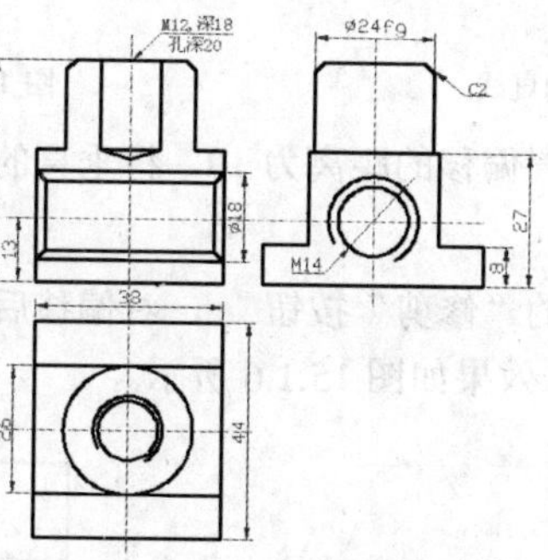

图15.1.1　虎钳螺母三视图

2．实例目的

练习在AutoCAD 2007中绘制三视图。

3．本例知识点

在本例的绘制过程中将用到绘制直线和圆的命令，以及偏移和修剪等命令。

4．制作过程

（1）单击“图层”工具栏中的“图层特性管理器”按钮，弹出图层特性管理器对话框，在该对话框中新建“中心线”、“轮廓线”和“尺寸标注”3个图层，各图层属性设置如图15.1.2所示。

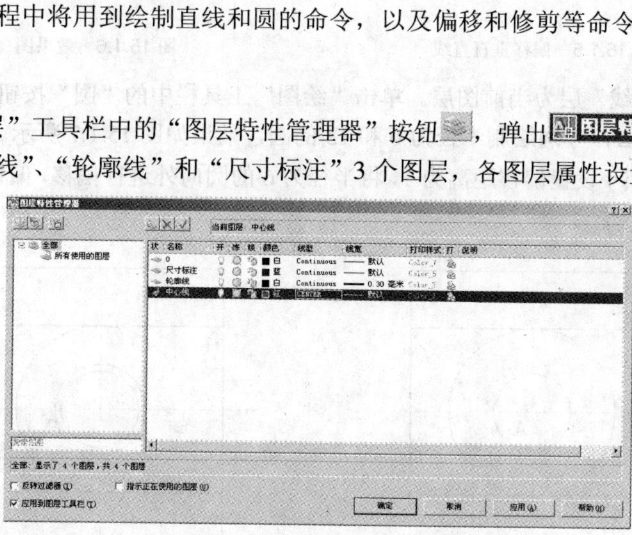

图15.1.2　“图层特性管理器”对话框

（2）设置“中心线”层为当前图层。单击“绘图”工具栏中的“直线”按钮，在绘图窗口中绘制两条相互垂直的直线，效果如图 15.1.3 所示。

（3）设置“中心线”层为当前图层。单击“修改”工具栏中的“偏移”按钮，将水平直线分别依次向上和向下进行偏移，偏移的距离分别为 13 和 9，效果如图 15.1.4 所示。

图 15.1.3　绘制直线

图 15.1.4　偏移水平直线

（4）继续执行偏移命令，设置偏移的距离为 19，将垂直的直线依次向左右两边进行偏移，偏移后的效果如图 15.1.5 所示。

（5）单击“修改”工具栏中的“修剪”按钮，对偏移后的直线进行修剪，然后用特性匹配命令将修剪后的直线匹配到轮廓线，效果如图 15.1.6 所示。

图 15.1.5　偏移垂直直线

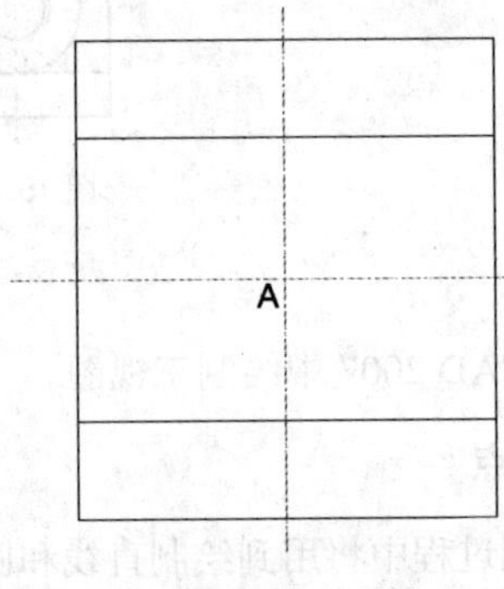

图 15.1.6　效果图

（6）设置“轮廓线”层为当前图层。单击“绘图”工具栏中的“圆”按钮，以如图 15.1.6 所示图形中的 A 点为圆心，分别绘制半径为 6 和 13 的圆，效果如图 15.1.7 所示。

（7）执行偏移命令，设置偏移距离为 1，将半径为 6 的圆向外进行偏移，偏移后的效果如图 15.1.8 所示。

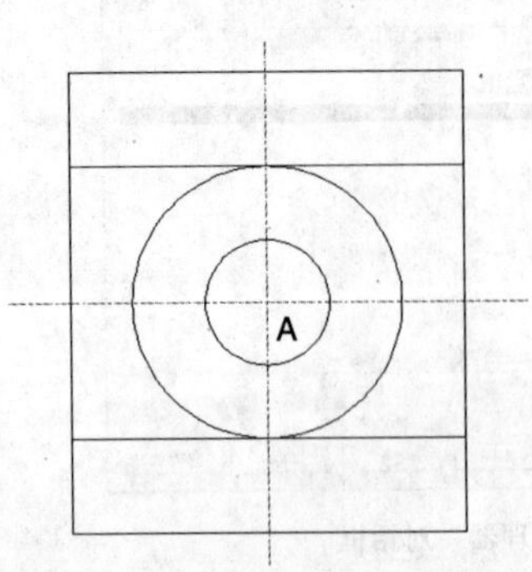

图 15.1.7　绘制圆

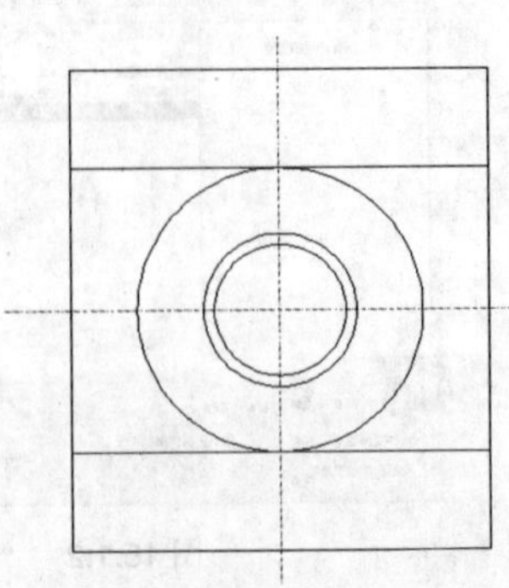

图 15.1.8　偏移后的效果

（8）单击“修改”工具栏中的“打断”按钮，执行打断命令，将步骤（7）中偏移的圆打断，效果如图 15.1.9 所示。

（9）执行偏移命令，设置偏移的距离为 80，将如图 15.1.9 所示图形中的水平直线向上进行偏移，然后再将偏移后的直线向下进行偏移，偏移的距离分别为 5 和 45，效果如图 15.1.10 所示。

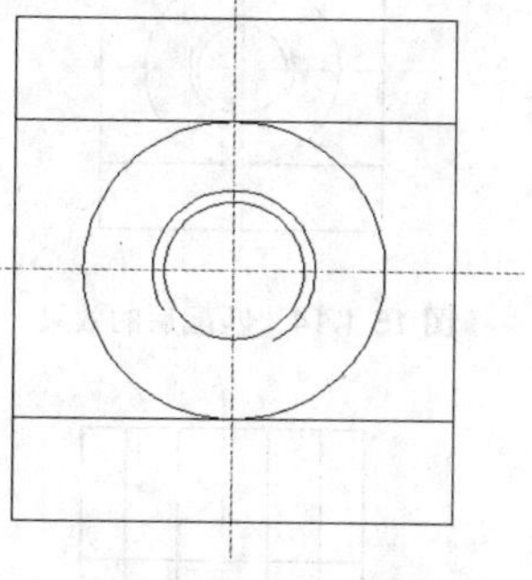

图 15.1.9 将圆打断

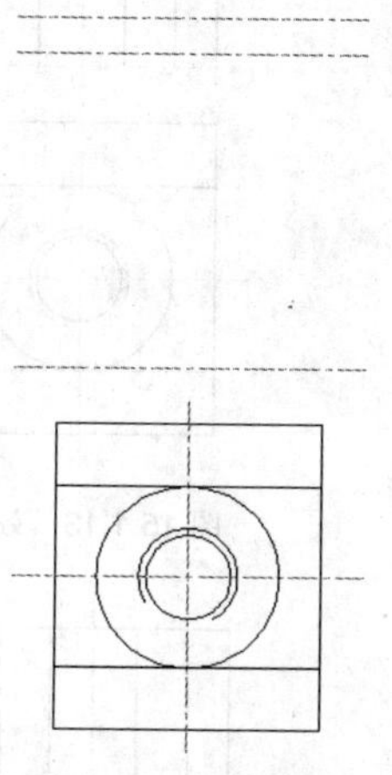

图 15.1.10 偏移直线

（10）单击“修改”工具栏中的“延伸”按钮，以最上边的水平直线为延伸边，延伸垂直中心线，效果如图 15.1.11 所示。

（11）单击“绘图”工具栏中的“构造线”按钮，在命令行的提示下绘制垂直构造线，效果如图 15.1.12 所示。

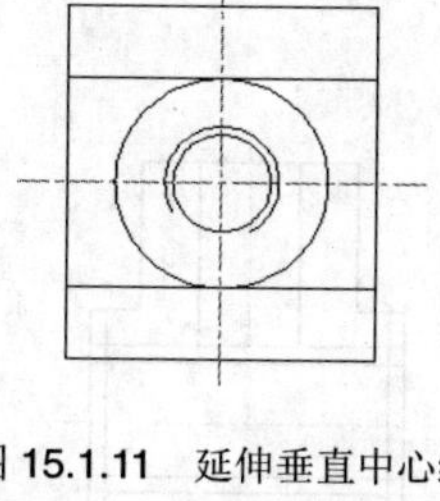

图 15.1.11 延伸垂直中心线

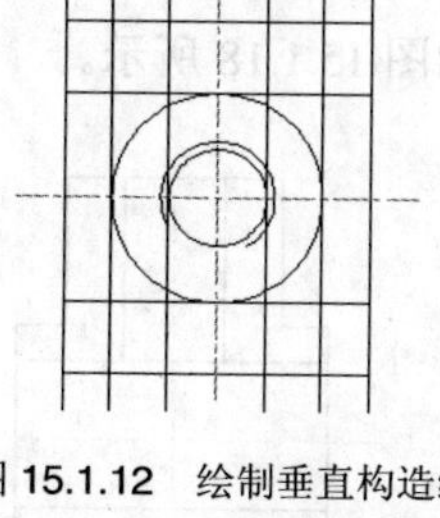

图 15.1.12 绘制垂直构造线

（12）执行修剪命令，对绘制的构造线进行修剪，然后删除多余的直线，效果如图 15.1.13 所示。

（13）执行特性匹配命令，将如图 15.1.13 所示图形中上边两条水平直线匹配到轮廓线层，效果如图 15.1.14 所示。

（14）执行偏移命令，设置偏移距离为 43，将水平中心线向上进行偏移，偏移后的效果如图 15.1.15 所示。

（15）执行偏移命令，将如图 15.1.15 所示图形中最上边的水平直线依次向下进行偏移，偏移的距离分别为 18，4.5 和 18，效果如图 15.1.16 所示。

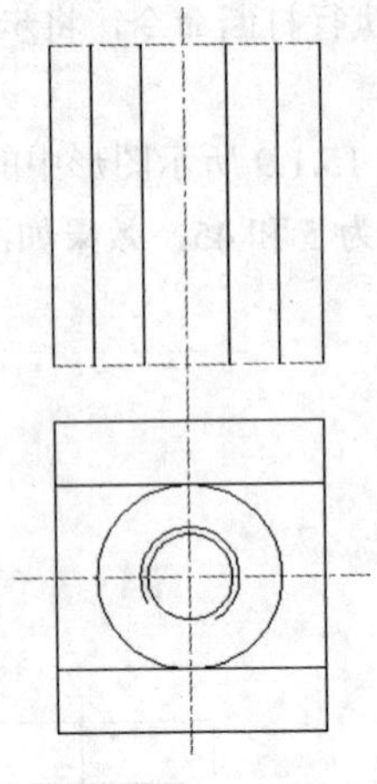

图 15.1.13　效果图

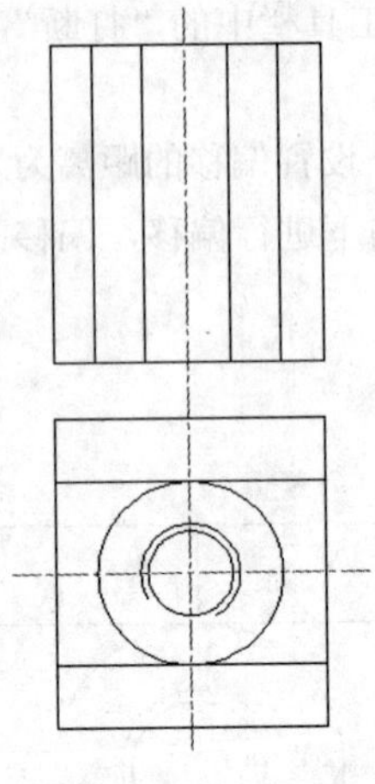

图 15.1.14　匹配后的效果

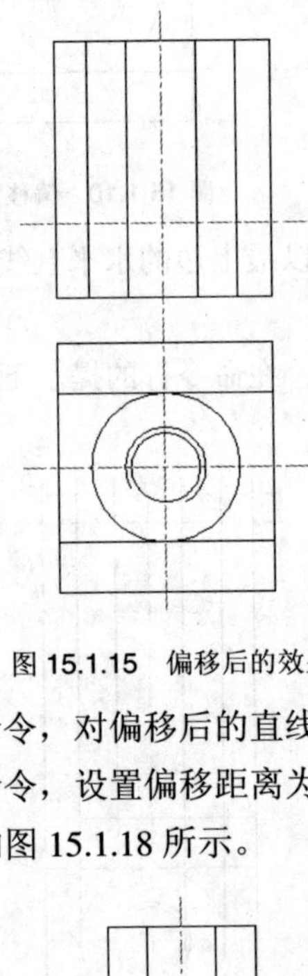

图 15.1.15　偏移后的效果

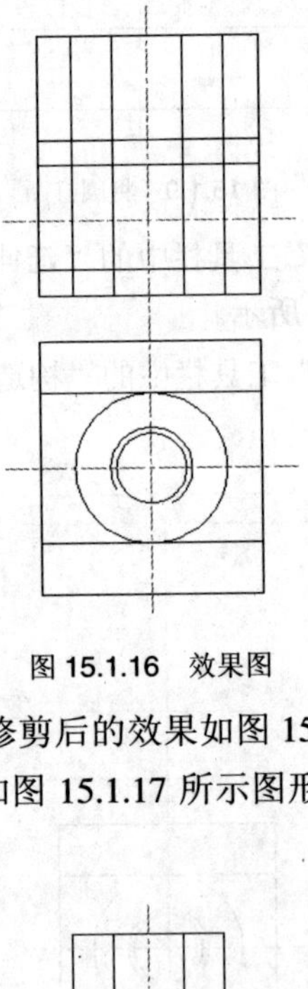

图 15.1.16　效果图

（16）执行修剪命令，对偏移后的直线进行修剪，修剪后的效果如图 15.1.17 所示。

（17）执行偏移命令，设置偏移距离为 2，分别将如图 15.1.17 所示图形中的 4 条直线向内进行偏移，偏移后的效果如图 15.1.18 所示。

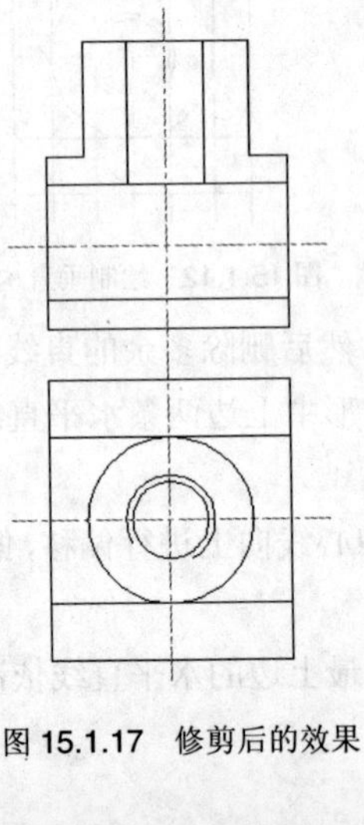

图 15.1.17　修剪后的效果

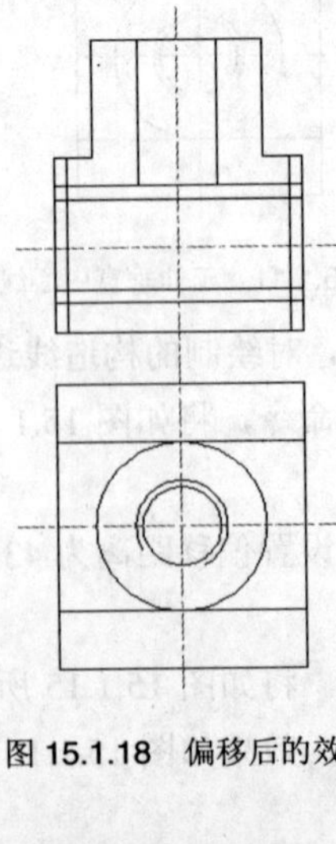

图 15.1.18　偏移后的效果

（18）执行修剪命令，对步骤（17）中偏移后的直线进行修剪，修剪出一个矩形，表示内孔，效果如图 15.1.19 所示。

（19）执行绘制直线命令，用直线连接矩形的角点和上下直线的端点，效果如图 15.1.20 所示。

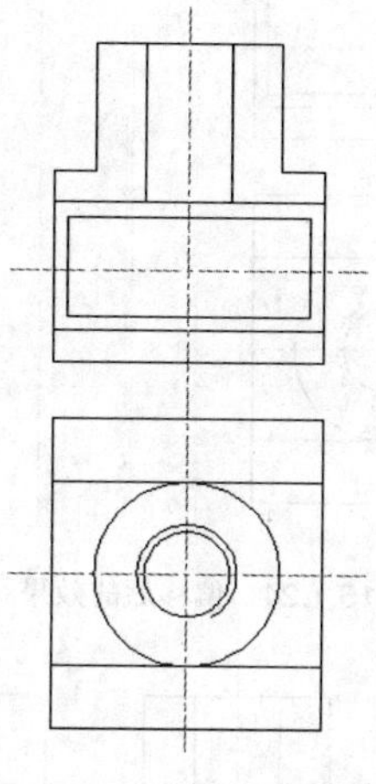

图 15.1.19　修剪出的矩形

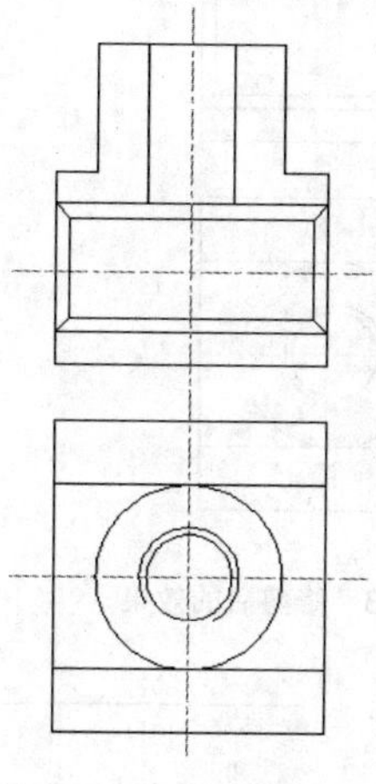

图 15.1.20　效果图

（20）执行偏移命令，将最上边的水平直线依次向下进行偏移，偏移的距离分别为 18 和 20，偏移后的效果如图 15.1.21 所示。

（21）执行绘制直线命令，绘制如图 15.1.22 所示图形中的直线，效果如图 15.1.22 所示。

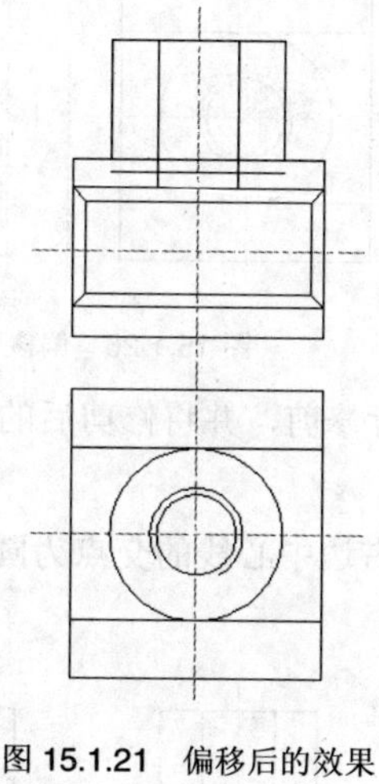

图 15.1.21　偏移后的效果

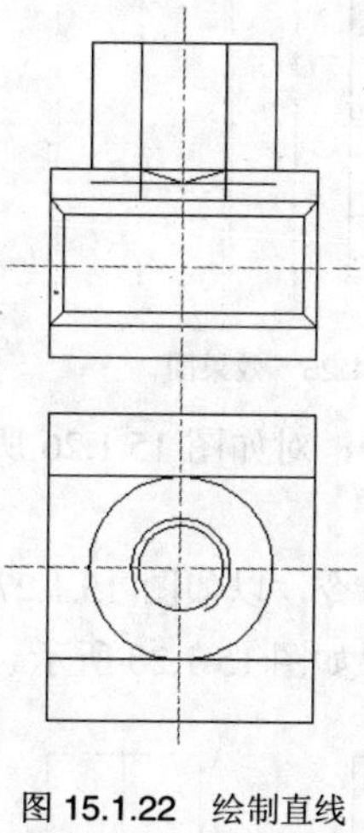

图 15.1.22　绘制直线

（22）执行修剪命令，对如图 15.1.22 所示图形进行修剪，修剪后的效果如图 15.1.23 所示。

（23）执行偏移命令，将如图 15.1.23 所示图形中的垂直直线向右进行偏移，偏移的距离为 49，继续执行偏移命令，将偏移后的直线分别向左右两边进行偏移，偏移距离分别为 12，13 和 9，效果如图 15.1.24 所示。

（24）执行延伸命令，以如图 15.1.24 所示图形中最右边的垂直直线为延伸边，延伸左边图形中最上边的水平直线和水平中心线，并对延伸后的直线进行修剪，效果如图 15.1.25 所示。

（25）执行偏移命令，将步骤（23）中绘制的直线依次向下进行偏移，偏移的距离分别为 18 和 19，效果如图 15.1.26 所示。

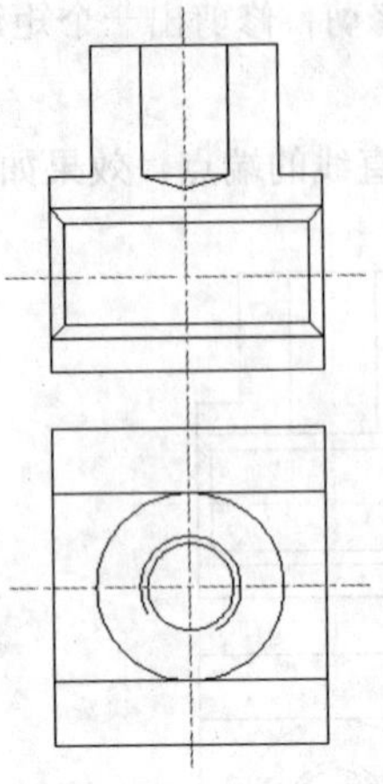

图 15.1.23　修剪后的效果

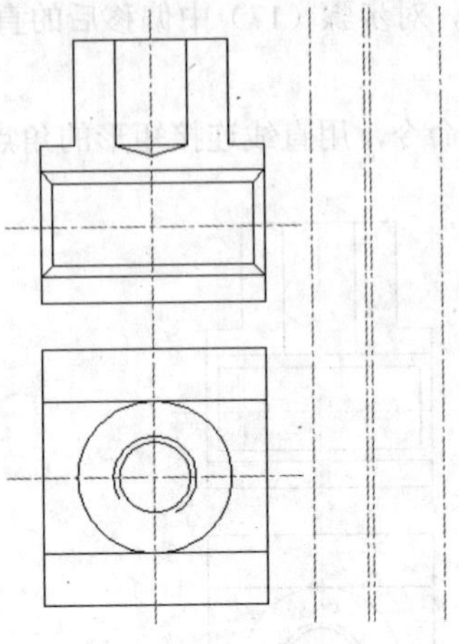

图 15.1.24　偏移后的效果

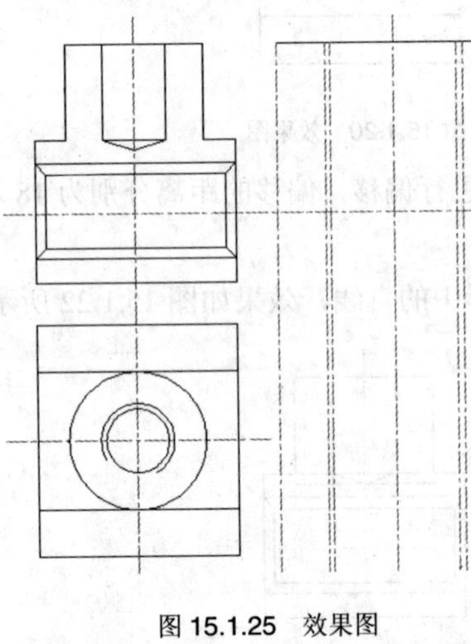

图 15.1.25　效果图

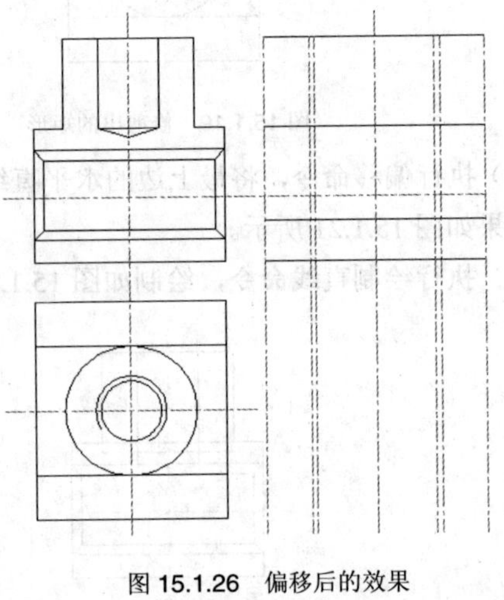

图 15.1.26　偏移后的效果

（26）执行修剪命令，对如图 15.1.26 所示图形进行修剪，并将修剪后的图形匹配到轮廓线层，效果如图 15.1.27 所示。

（27）执行绘制圆命令，以如图 15.1.27 所示图形右边中心线的交点为圆心，分别绘制半径为 7 和 9 的两个同心圆，效果如图 15.1.28 所示。

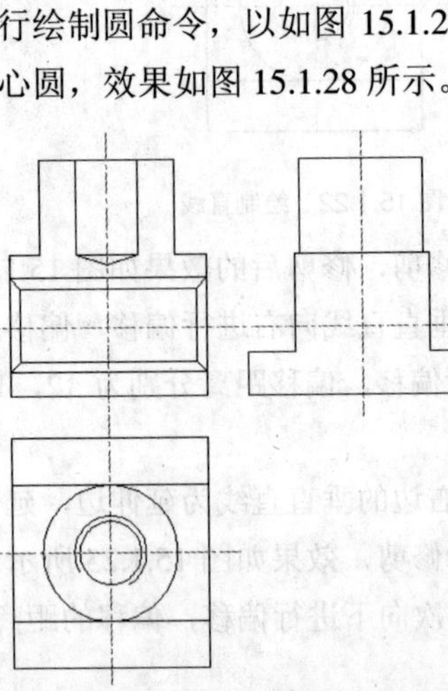

图 15.1.27　效果图

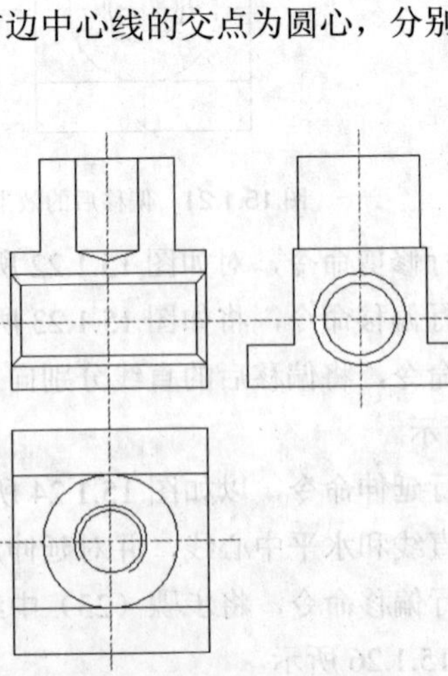

图 15.1.28　绘制同心圆

（28）执行打断命令，将步骤（26）中绘制的半径为 9 的圆打断，效果如图 15.1.29 所示。

（29）单击“修改”工具栏中的“倒角”按钮，设置倒角距离为 2，对主视图和左视图进行倒角操作，效果如图 15.1.30 所示。

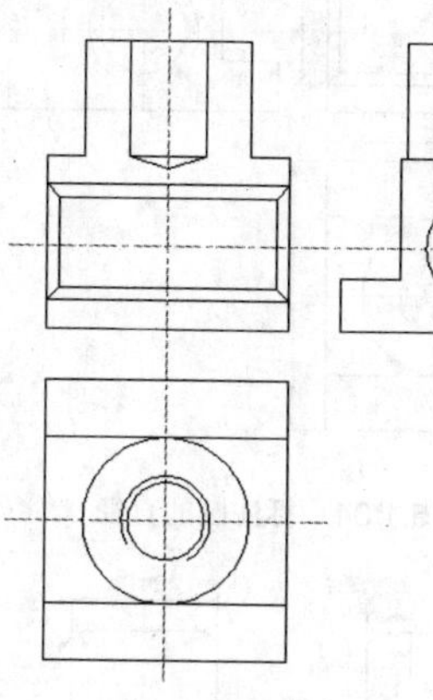
图 15.1.29　将圆打断

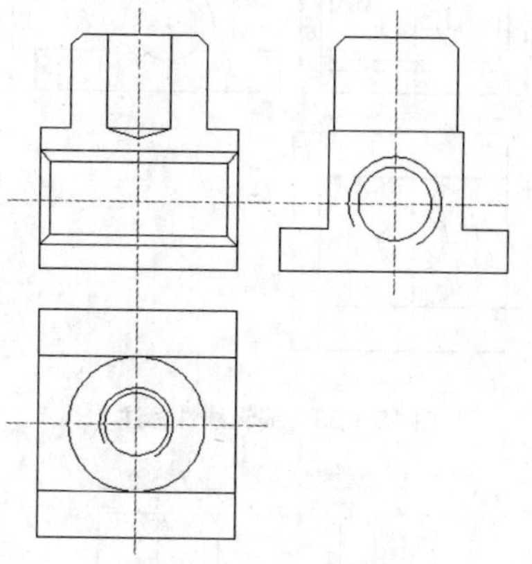
图 15.1.30　倒角后的效果

（30）设置“尺寸标注”层为当前图层。单击“标注”工具栏中的“线性”按钮，给绘制的图形标注尺寸，效果如图 15.1.31 所示。

（31）选中主视图中标注尺寸为 18 的线性标注，单击“标准”工具栏中的“对象特性”按钮，弹出特性选项板，选中该选项板中的文字选项组，在该选项组中的文字替代选项后面的文本框中输入“%%C18”，如图 15.1.32 所示，用相同的方法对左视图中标注尺寸为 24 的线性标注进行编辑，效果如图 15.1.33 所示，

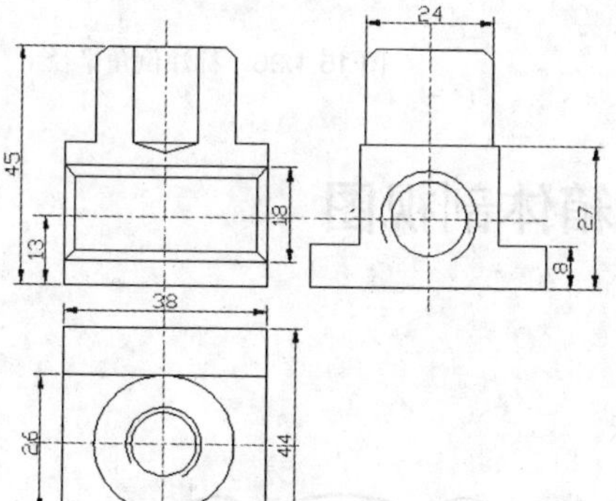

图 15.1.31　标注尺寸

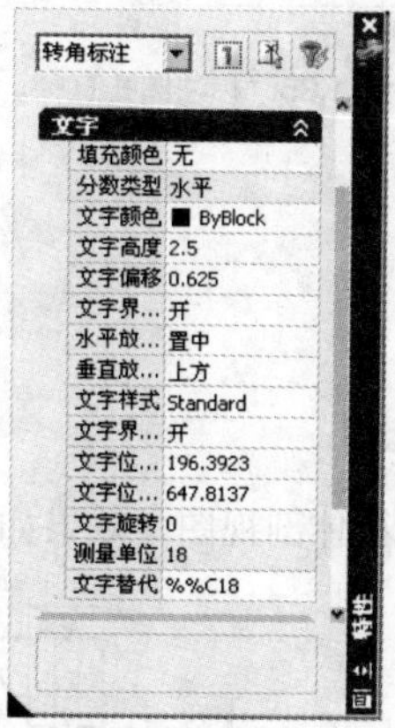

图 15.1.32　“特性”选项板

（32）单击“标注”工具栏中的“直径”按钮，标注左视图中圆的直径，然后参照步骤（31）的操作，对标注后的尺寸进行文字替代，效果如图 15.1.34 所示。

（33）单击“标注”工具栏中的“快速引线”按钮，对主视图中圆孔的直径、深度和孔深进行标注，效果如图 15.1.35 所示。

（34）继续执行快速引线标注，对左视图中的倒角半径进行引线标注，效果如图 15.1.36 所示。

（35）单击状态栏中的线宽按钮，打开线宽显示，最终效果如图 15.1.1 所示。

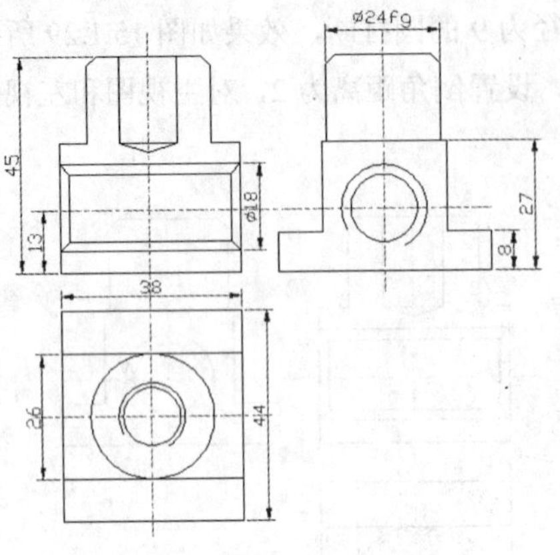

图 15.1.33　编辑线性标注

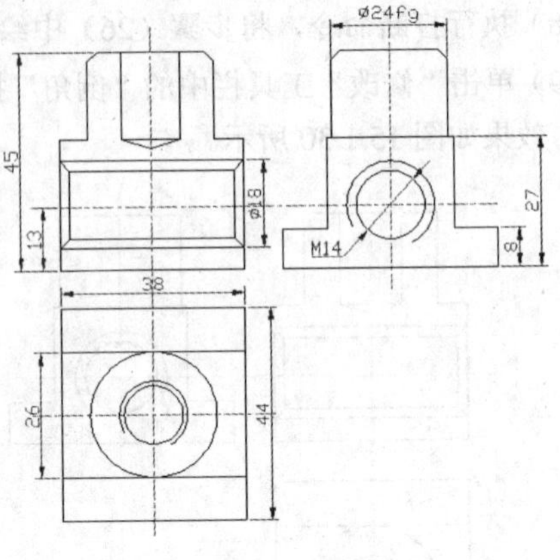

图 15.1.34　标注圆的直径

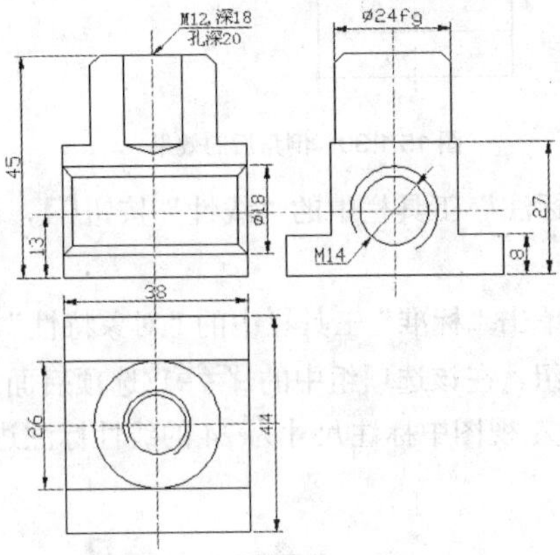

图 15.1.35　标注圆孔直径、深度和孔深

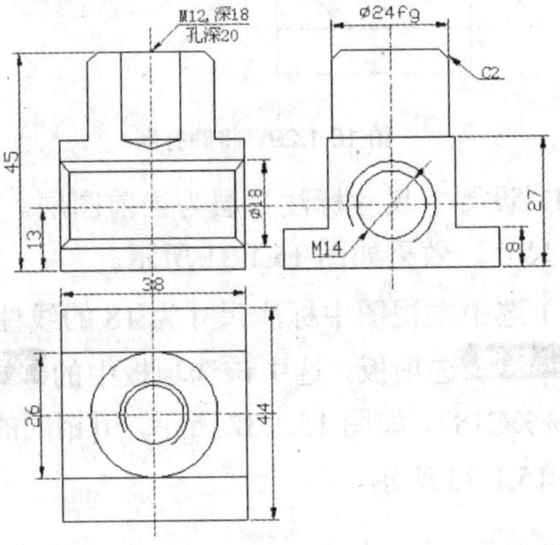

图 15.1.36　标注倒角半径

实例 2　箱体剖视图

1．实例效果

本例绘制箱体剖视图，效果如图 15.2.1 所示。

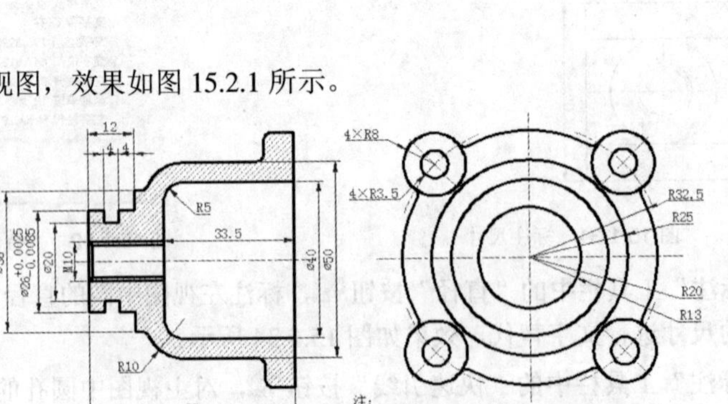

图 15.2.1　箱体剖视图

2．实例目的

练习在 AutoCAD 中绘制剖视图。

3．本例知识点

在本例的绘制过程中将用到绘制直线和圆的命令，以及偏移、修剪、圆角和阵列等命令。

4．制作过程

（1）单击“图层”工具栏中的“图层特性管理器”按钮，弹出图层特性管理器对话框，在该对话框中新建“中心线”、“轮廓线”和“尺寸标注”3 个图层，各图层属性设置如图 15.2.2 所示。

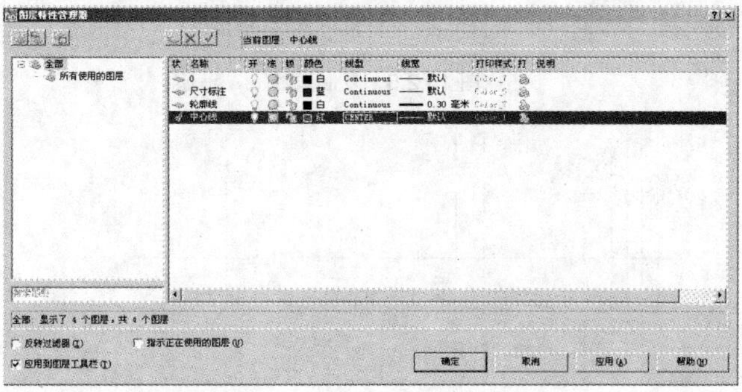

图 15.2.2　“图层特性管理器”对话框

（2）设置“中心线”层为当前图层。单击“绘图”工具栏中的“直线”按钮，在绘图窗口中绘制两条相互垂直的直线，效果如图 15.2.3 所示。

图 15.2.3　绘制直线

（3）单击“绘图”工具栏中的“圆”按钮，以直线的交点为圆心，绘制一个半径为 34 的圆，效果如图 15.2.4 所示。

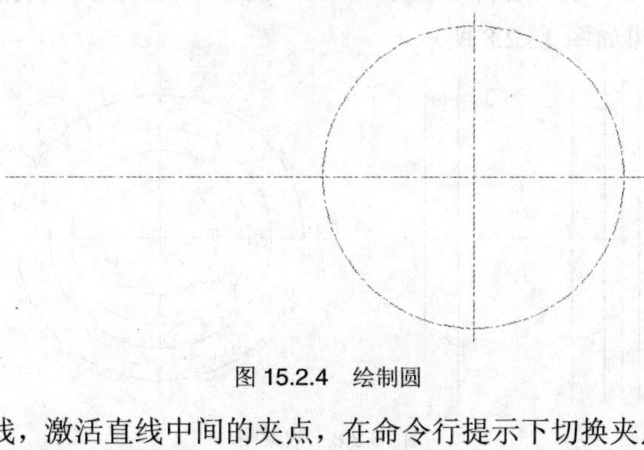

图 15.2.4　绘制圆

（4）选中垂直的直线，激活直线中间的夹点，在命令行提示下切换夹点编辑方式为“旋转”，然后选择“复制”命令选项，旋转复制垂直的直线，旋转角度分别为 45°和-45°，效果如图 15.2.5 所示。

（5）单击“修改”工具栏中的“偏移”按钮，将垂直的直线依次向左进行偏移，偏移的距离分别为 60，7.5，26，7.5，4，4 和 4，偏移后的效果如图 15.2.6 所示。

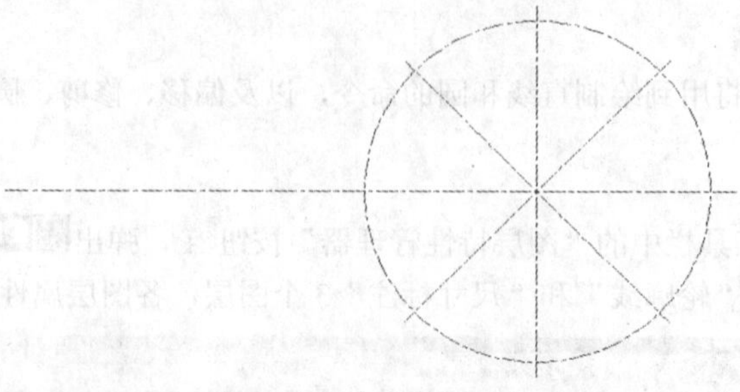

图 15.2.5　复制直线

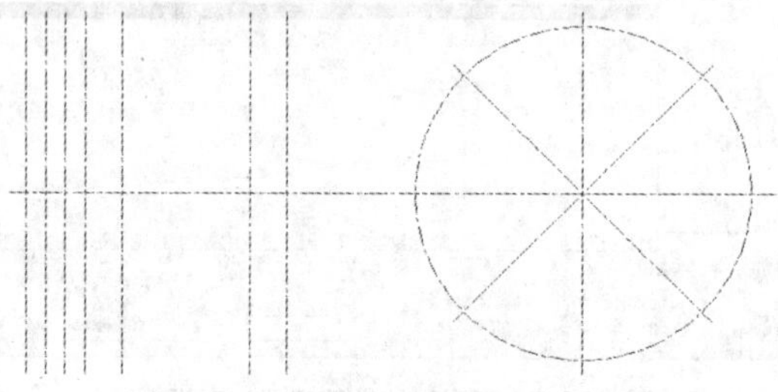

图 15.2.6　偏移垂直的直线

（6）继续执行偏移命令，将如图 15.2.6 所示图形中的圆依次向内进行偏移，偏移的距离分别为 1.5，7.5，5 和 7，偏移后的效果如图 15.2.7 所示。

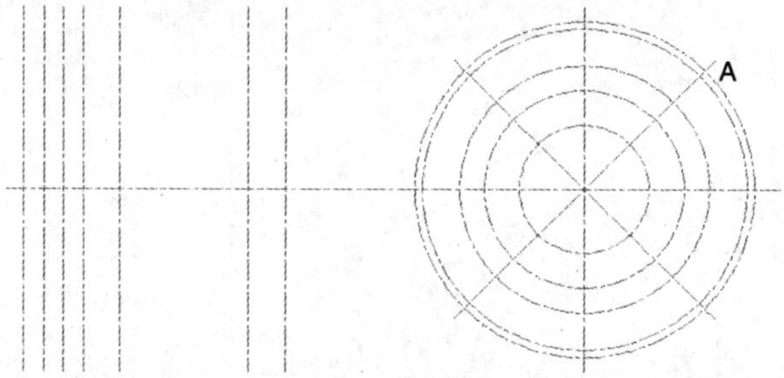

图 15.2.7　偏移圆

（7）设置“轮廓线”层为当前图层。执行绘制圆命令，以如图 15.2.7 所示图形中半径为 34 的圆和倾斜直线的交点 A 为圆心，分别绘制半径为 3.5 和 8 的同心圆，然后用特性匹配命令将其他绘制的图形匹配到轮廓线层，效果如图 15.2.8 所示。

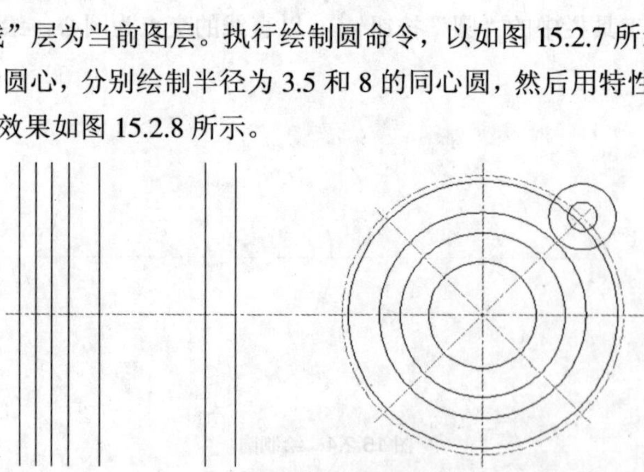

图 15.2.8　效果图

（8）单击“修改”工具栏中的“阵列”按钮，在弹出的“阵列”对话框中选中“环形阵列(P)”单选按钮，设置如图 15.2.8 所示图形中各直线的交点为阵列的中心点，阵列的数目为 4，如图 15.2.9 所示，对步骤（7）中绘制的同心圆进行环行阵列，阵列后的效果如图 15.2.10 所示。

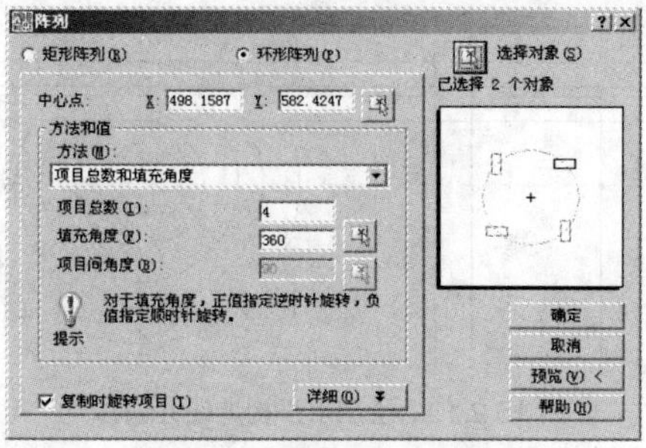

图 15.2.9　“阵列”对话框

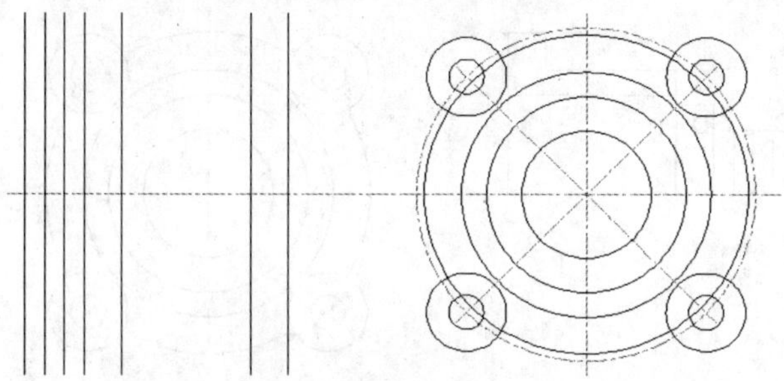

图 15.2.10　阵列后的效果

（9）单击“修改”工具栏中的“圆角”按钮，设置圆角半径为 2，对半径为 8 的圆和步骤（6）中第一次偏移的圆进行圆角操作，圆角后的效果如图 15.2.11 所示。

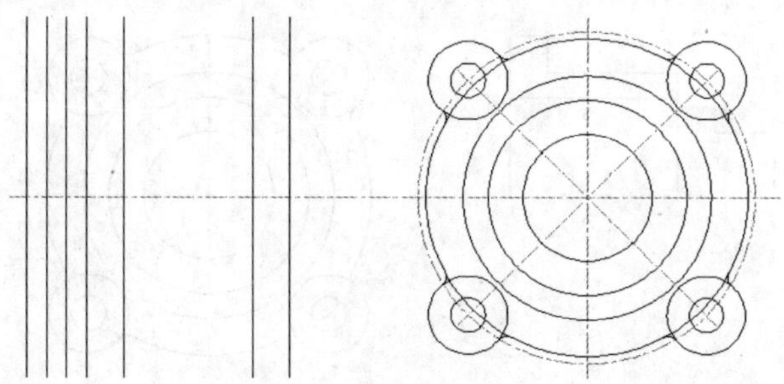

图 15.2.11　圆角后的效果

（10）单击“修改”工具栏中的“修剪”按钮，对圆角后的图形进行修剪操作，修剪后的效果如图 15.2.12 所示。

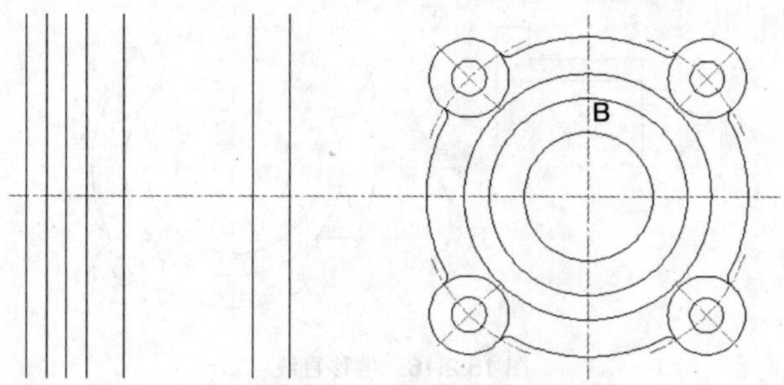

图 15.2.12　修剪后的效果

（11）单击“绘图”工具栏中的“构造线”按钮，过圆与垂直中心线的交点绘制水平构造线，然后将过 B 点（见图 15.2.12）的水平构造线向下进行偏移，偏移距离为 2，效果如图 15.2.13 所示。

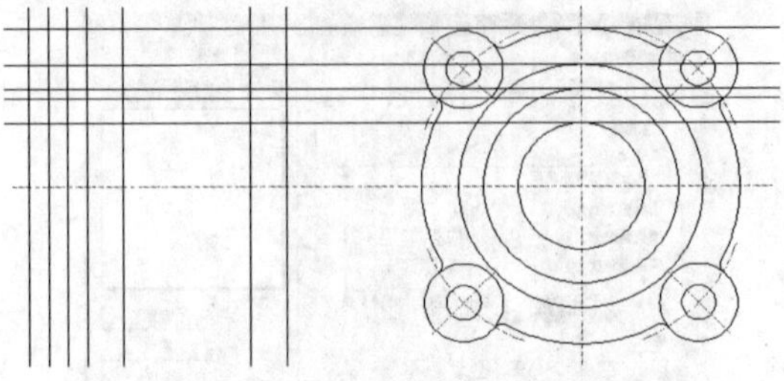

图 15.2.13　绘制水平构造线并偏移

（12）执行修剪命令，对绘制的构造线进行修剪，修剪后的效果如图 15.2.14 所示。

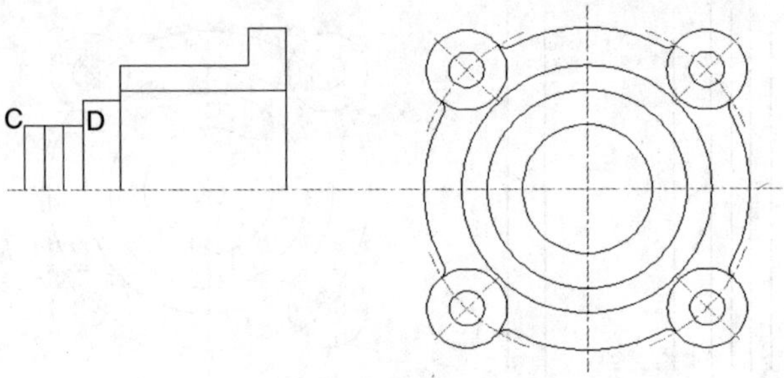

图 15.2.14　修剪后的效果

（13）执行偏移命令，将如图 15.2.14 所示图形中的直线 CD 向下进行偏移，偏移距离为 3，然后用修剪命令对偏移后的图形进行修剪，绘制螺纹，效果如图 15.2.15 所示。

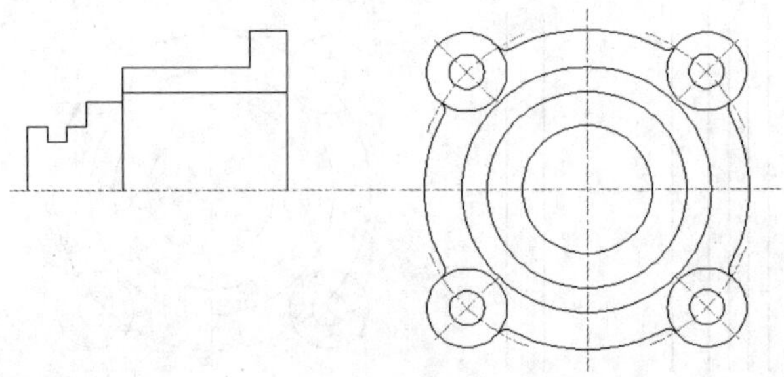

图 15.2.15　绘制螺纹

（14）执行偏移命令，将水平中心线依次向上进行偏移，偏移的距离分别为 4 和 5，然后再将最左边的垂直直线向右进行偏移，偏移的距离为 1，效果如图 15.2.16 所示。

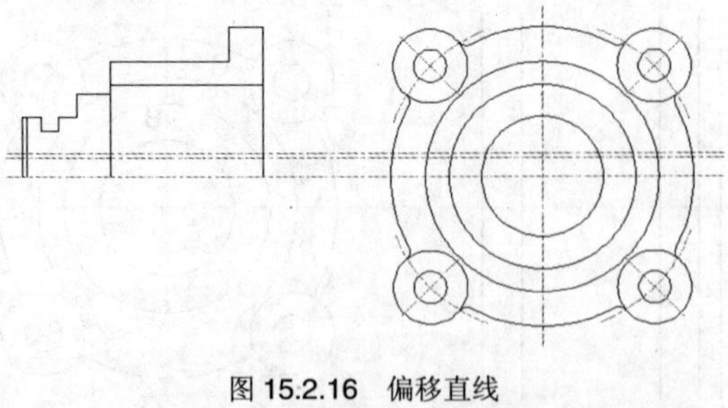

图 15.2.16　偏移直线

（15）执行修剪命令，对偏移后的直线进行修剪，并将修剪后的中心线匹配到轮廓线层，最后执行绘制直线命令，连接修剪后直线的端点，绘制箱体内壁，效果如图 15.2.17 所示。

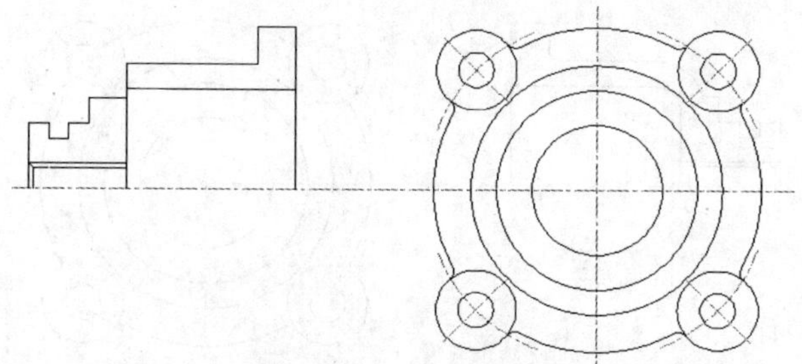

图 15.2.17　绘制箱体内壁

（16）选择 绘图(D) → 圆(C) → 相切、相切、半径(T) 命令，在命令行的提示下依次捕捉切点 E 和 F，绘制半径为 5 的圆，效果如图 15.2.18 所示。

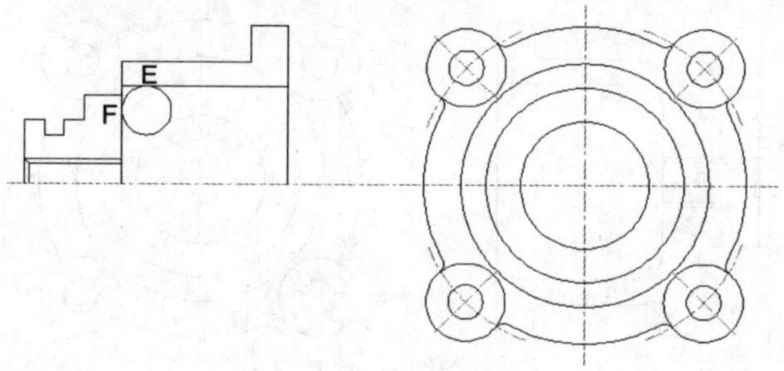

图 15.2.18　绘制圆

（17）执行绘制圆命令，以步骤（16）中绘制的圆的圆心为圆心，绘制半径为 10 的圆，效果如图 15.2.19 所示。

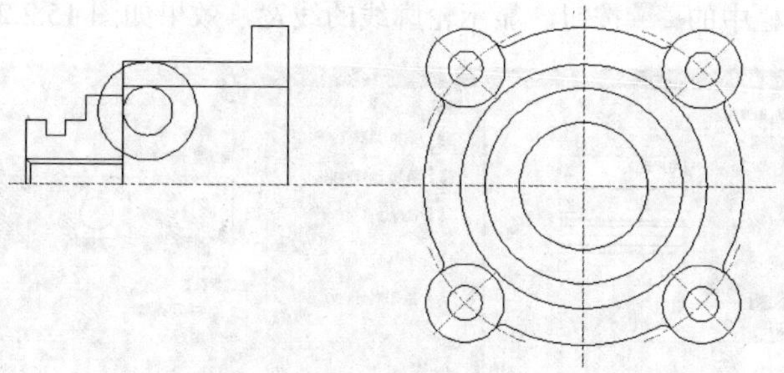

图 15.2.19　绘制圆

（18）执行修剪命令，对如图 15.2.19 所示的图形进行修剪，修剪后的效果如图 15.2.20 所示。

图 15.2.20　修剪后的效果

（19）单击“修改”工具栏中的“圆角”按钮，设置圆角半径为 5，对如图 15.2.20 所示图形进行圆角操作，效果如图 15.2.21 所示。

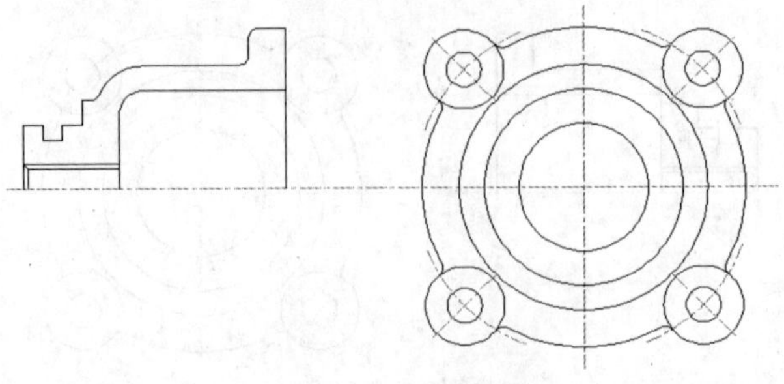

图 15.2.21　圆角后的效果

（20）单击“修改”工具栏中的“镜像”按钮，以水平中心线为镜像线，对如图 15.2.21 所示图形中左边的图形进行镜像操作，镜像后的效果如图 15.2.22 所示。

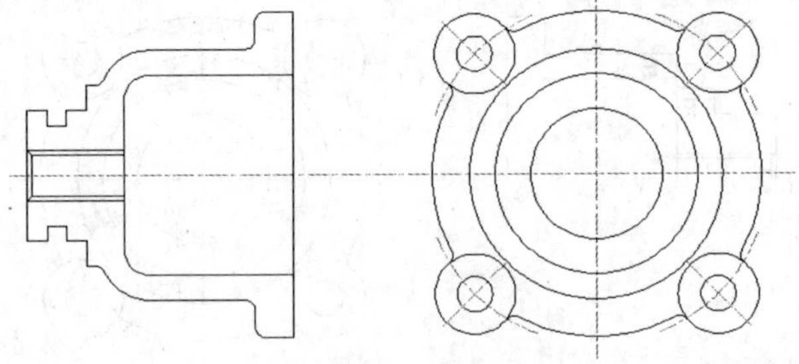

图 15.2.22　镜像后的效果

（21）设置“图案填充”层为当前图层。单击“绘图”工具栏中的“图案填充”按钮，弹出 图案填充和渐变色 对话框，如图 15.2.23 所示。在该对话框中选择合适的填充图案，对绘制的剖面进行填充，最后单击状态栏中的 线宽 按钮，显示轮廓线的线宽，效果如图 15.2.24 所示。

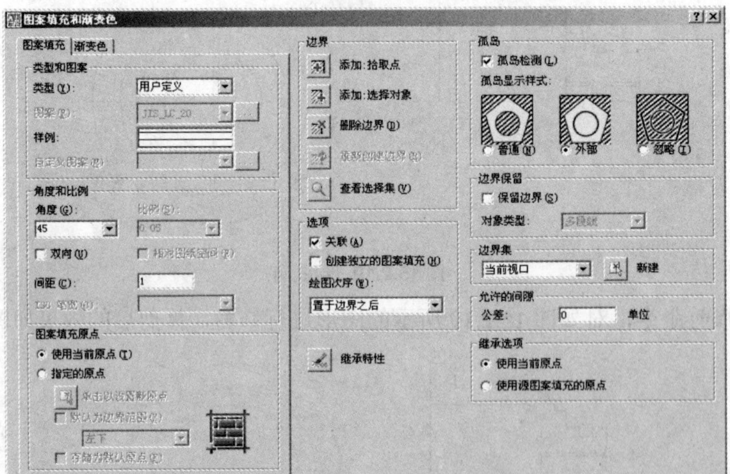

图 15.2.23　“图案填充和渐变色”对话框

（22）设置“尺寸标注”层为当前图层。单击“标注”工具栏中的“线性”按钮，标注如图 15.2.24 所示图形中的线性尺寸，效果如图 15.2.25 所示。

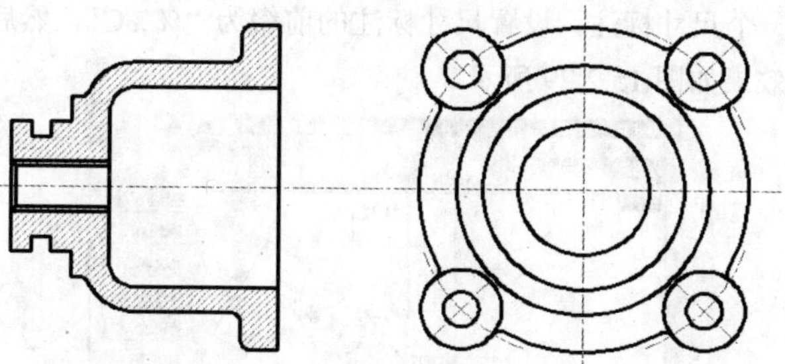

图 15.2.24　效果图

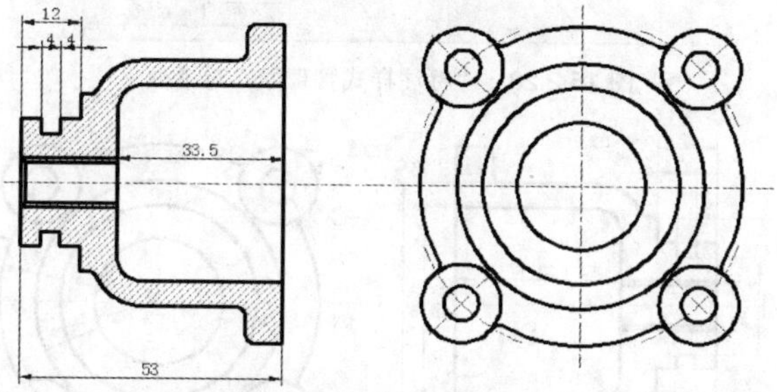

图 15.2.25　标注线性尺寸

（23）单击“标注”工具栏中的“半径”按钮，标注图形中各圆及圆弧的半径，效果如图 15.2.26 所示。

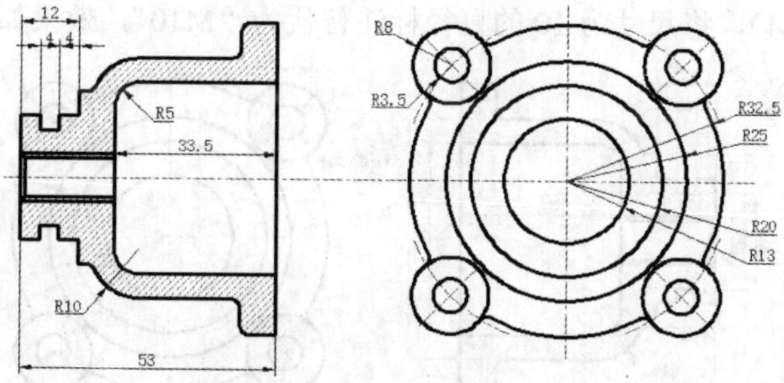

图 15.2.26　标注半径

（24）选中尺寸为 3.5 的半径标注，单击“标准”工具栏中的“对象特性”按钮，弹出特性选项板，选中该选项板中的文字选项组，在该选项组中的文字替代选项后面的文本框中输入“4×R3.5”，然后用相同的方法替代尺寸为 8 的半径标注，效果如图 15.2.27 所示。

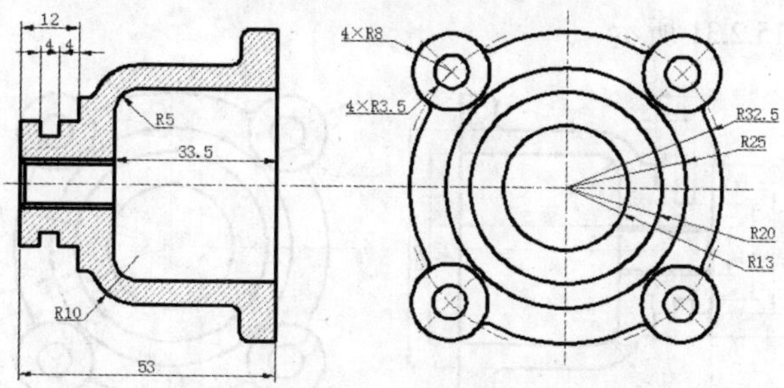

图 15.2.27　效果图

（25）选择格式(O)→标注样式(D)...命令，弹出标注样式管理器对话框，如图 15.2.28 所示，在该对话框中新建一个尺寸标注，设置尺寸标注的前缀为“%%C”，然后执行线性标注命令，标注图形中的直径尺寸，效果如图 15.2.29 所示。

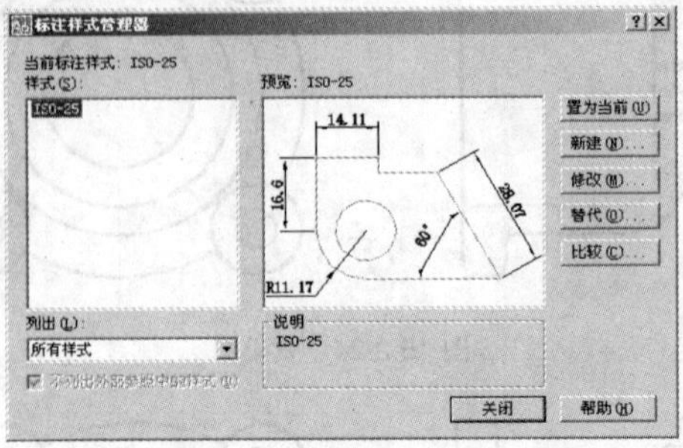

图 15.2.28　“标注样式管理器”对话框

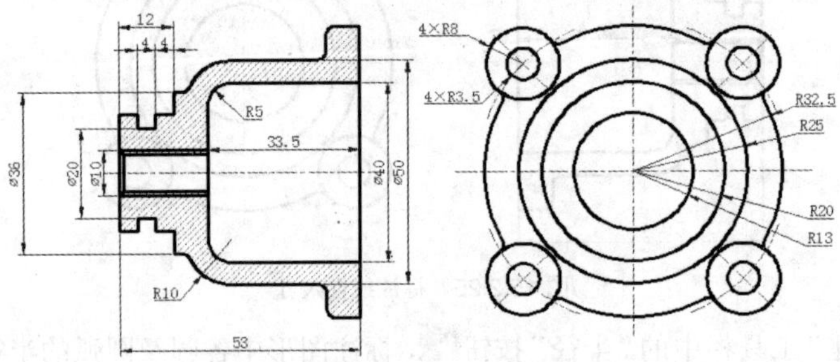

图 15.2.29　标注直径尺寸

（26）参照步骤（24），将尺寸为 10 的直径标注替代为“M10”，效果如图 15.2.30 所示。

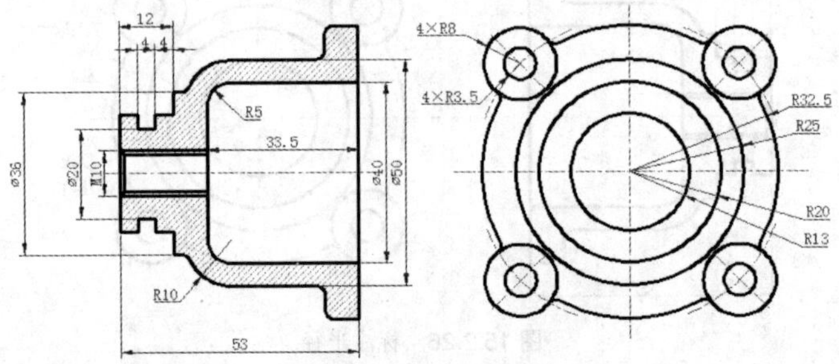

图 15.2.30　效果图

（27）再创建一个新的尺寸标注样式，设置尺寸标注的前缀为“%%C”，设置公差的方式为“极限偏差”，精度为“0.0000”，上偏差为“0.0025”，下偏差为“0.0085”，然后执行线性标注命令，标注图形尺寸，效果如图 15.2.31 所示

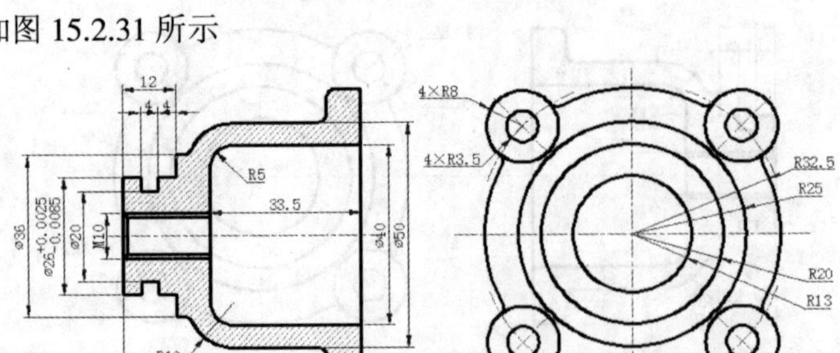

图 15.2.31　标注图形尺寸

（28）设置 0 图层为当前图层。选择 绘图(D) → 文字(X) → 单行文字(S) 命令，为绘制的图形添加文字标注，最终效果如图 15.2.1 所示。

实例 3 连接件轴测图

1．实例效果

本例绘制连接件轴测图，效果如图 15.3.1 所示。

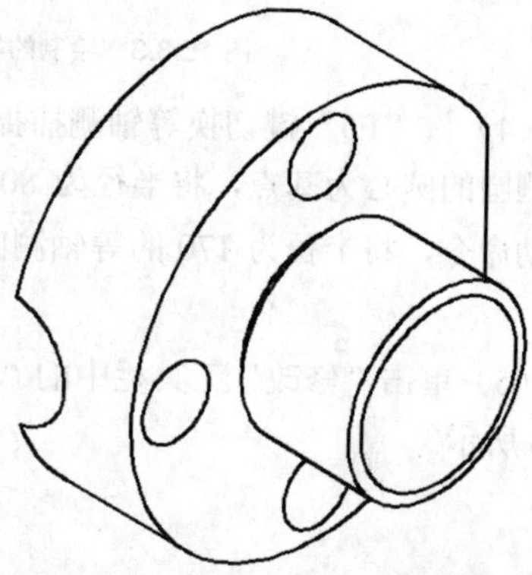

图 15.3.1 连接件轴测图

2．实例目的

练习在 AutoCAD 中绘制轴测图。

3．本例知识点

在本例的绘制过程中将用到绘制直线、圆和椭圆的命令，以及偏移和修剪等命令。

4．制作过程

（1）选择 工具(T) → 草图设置(F)... 命令，弹出 草图设置 对话框，在该对话框中打开 捕捉和栅格 选项卡，选中 捕捉类型 选项组中的 等轴测捕捉(M) 单选按钮，如图 15.3.2 所示。

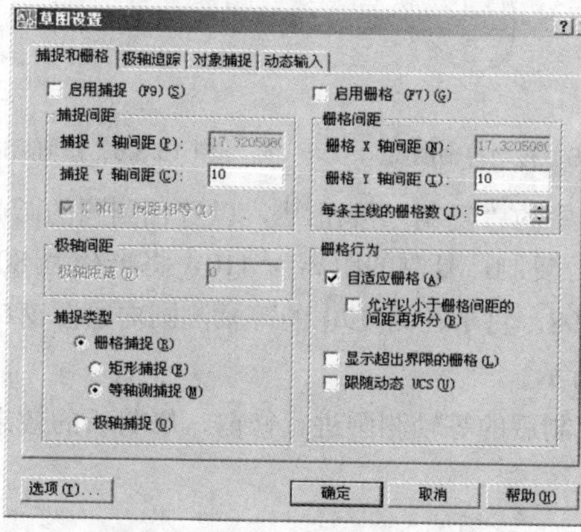

图 15.3.2 “草图设置”对话框

（2）单击状态栏中的 正交 按钮，打开正交模式，按“F5”键切换等轴测捕捉方式为“右”。单击“绘图”工具栏中的“椭圆”按钮，命令行提示如下：

命令: _ellipse

指定椭圆轴的端点或 [圆弧(A)/中心点(C)/等轴测圆(I)]: i（选择“等轴测圆”命令选项）

指定等轴测圆的圆心:（在绘图窗口中指定等轴测圆的圆心）

指定等轴测圆的半径或 [直径(D)]: 70（输入等轴测圆的半径）

绘制的等轴测圆如图 15.3.3 所示。

（3）继续执行绘制椭圆命令，以步骤（2）绘制的等轴测圆的圆心为圆心，分别绘制半径为 80 和 170 的等轴测圆，效果如图 15.3.4 所示。

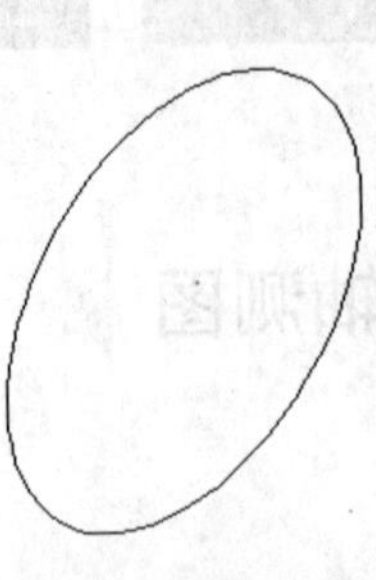

图 15.3.3　绘制的等轴测图

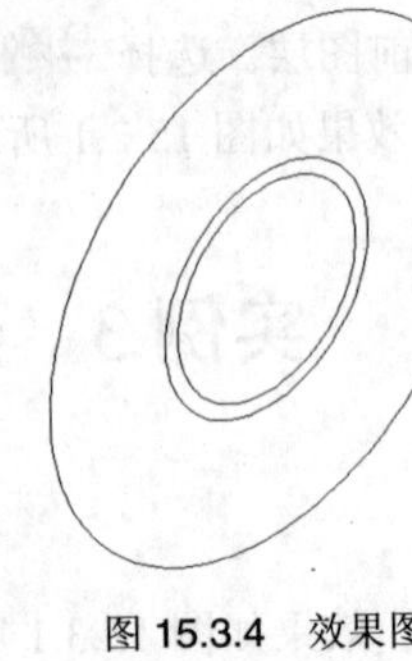

图 15.3.4　效果图

（4）按“F5”键切换等轴测捕捉方式为“左”。单击“修改”工具栏中的“移动”按钮，以等轴测圆的圆心为基点，将半径为 80 的等轴测圆向绘图窗口的左上方移动，移动距离为 2。继续执行移动命令，将半径为 170 的等轴测圆向绘图窗口的左上方移动，移动距离为 110，效果如图 15.3.5 所示。

（5）单击“修改”工具栏中的“修剪”按钮，对移动后的图形进行修剪，修剪后的效果如图 15.3.6 所示。

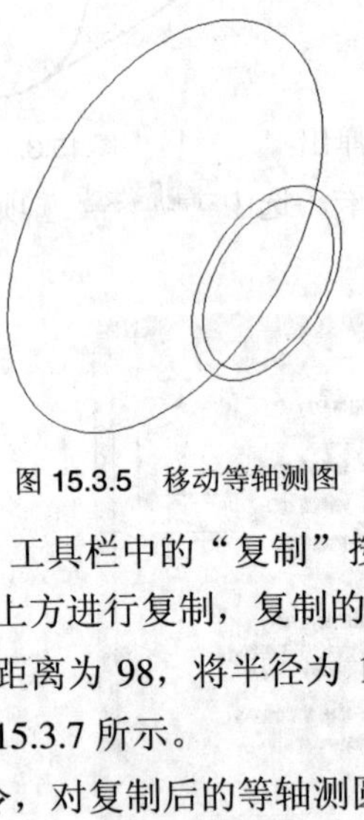

图 15.3.5　移动等轴测图

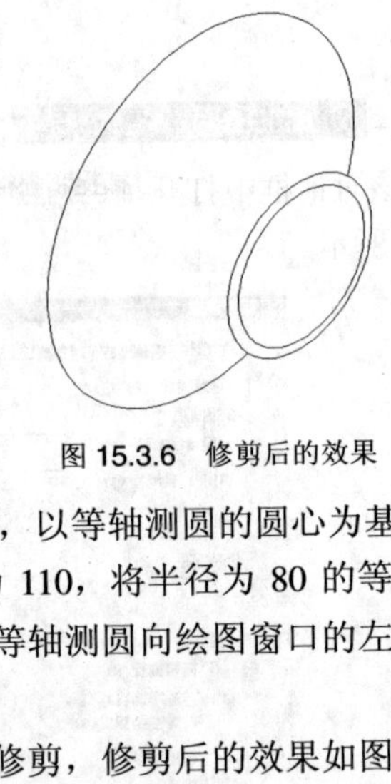

图 15.3.6　修剪后的效果

（6）单击“修改”工具栏中的“复制”按钮，以等轴测圆的圆心为基点，将半径为 70 的等轴测圆向绘图窗口的左上方进行复制，复制的距离为 110，将半径为 80 的等轴测圆向绘图窗口的左上方进行复制，复制的距离为 98，将半径为 170 的等轴测圆向绘图窗口的左上方进行复制，复制的距离为 110，效果如图 15.3.7 所示。

（7）执行修剪命令，对复制后的等轴测圆进行修剪，修剪后的效果如图 15.3.8 所示。

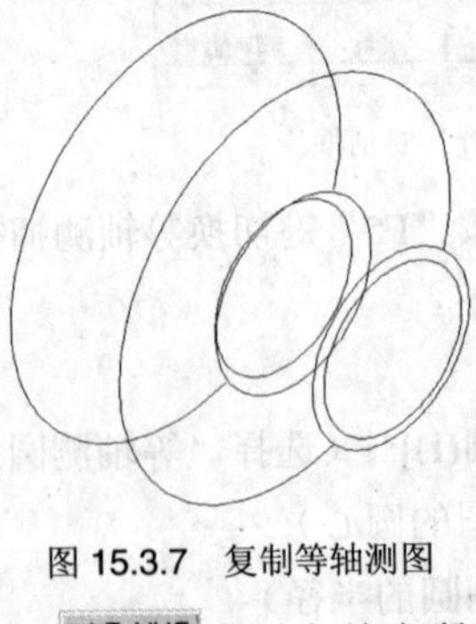

图 15.3.7　复制等轴测图

图 15.3.8　修剪后的效果

（8）在状态栏中的 对象捕捉 按钮上单击鼠标右键，在弹出的快捷菜单中选择 设置(S)... 命令选项，弹出 草图设置 对话框，同时打开 对象捕捉 选项卡，在该选项卡中选中 ☑ 切点(N) 复选框，设置对象捕捉模式为“切点”，如图 15.3.9 所示。

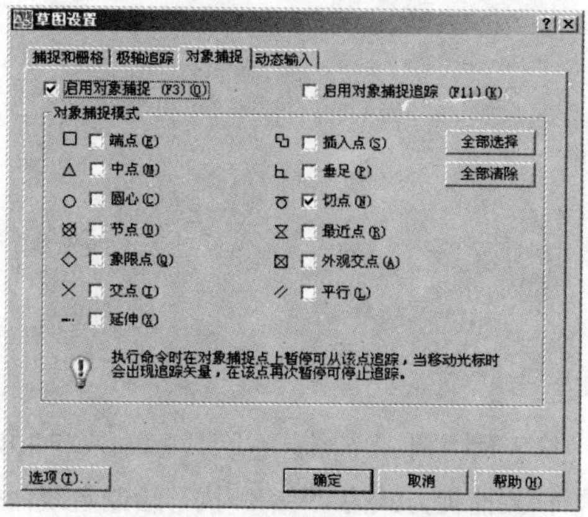

图 15.3.9　“对象捕捉”选项卡

（9）单击“绘图”工具栏中的“直线”按钮，绘制等轴测圆的切线，效果如图 15.3.10 所示。

（10）执行修剪命令，对绘制的等抽测圆进行修剪操作，效果如图 15.3.11 所示。

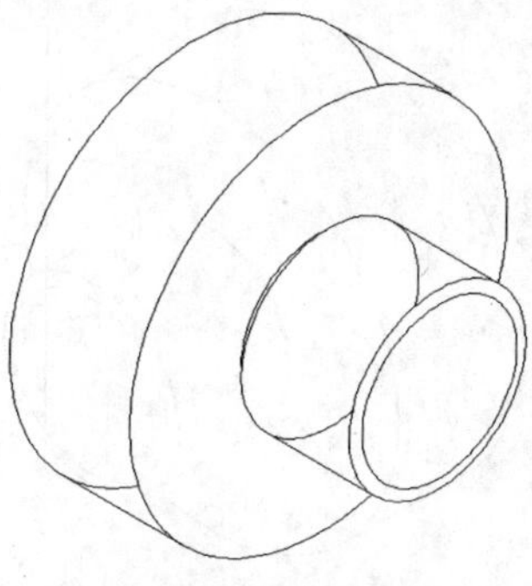

图 15.3.10　绘制切线

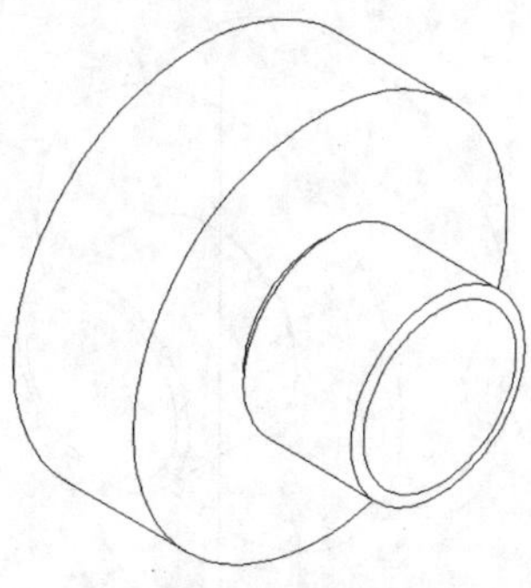

图 15.3.11　修剪后的效果

（11）按“F5”键切换等轴测捕捉方式为“上”。执行绘制直线命令，以中间半径为 170 的等轴测圆的圆心为起点，鼠标向绘图窗口的左下方移动，绘制一条长为 200 的直线，效果如图 15.3.12 所示。

（12）继续执行绘制直线命令，以步骤（11）绘制的直线与半径为 170 的等轴测圆的交点为圆心，鼠标向绘图窗口的左上方移动，绘制一条长为 150 的直线，效果如图 15.3.13 所示。

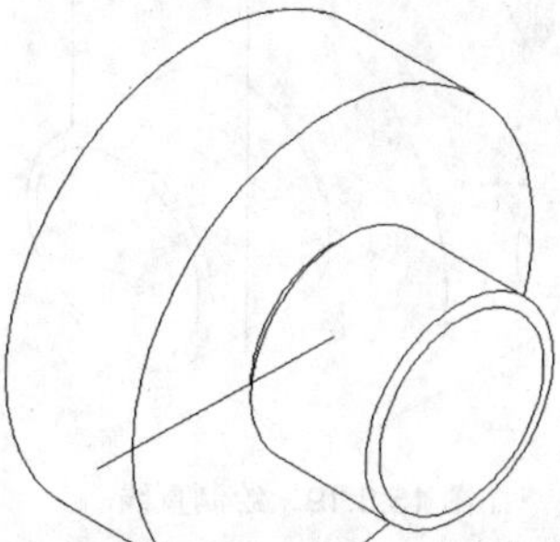

图 15.3.12　绘制直线

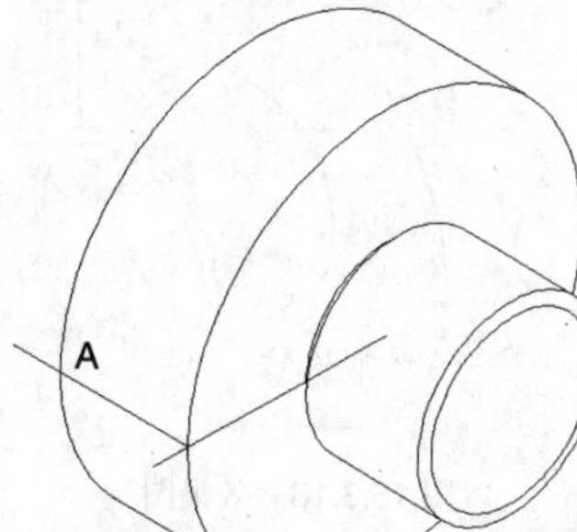

图 15.3.13　效果图

（13）按“F5”键切换等轴测捕捉方式为“左”。以如图 15.3.13 所示图形中的交点 A 为圆心，绘制一个半径为 50 的等轴测圆，效果如图 15.3.14 所示。

（14）执行修剪命令，对绘制的等轴测圆进行修剪，删除多余直线后的效果如图 15.3.15 所示。

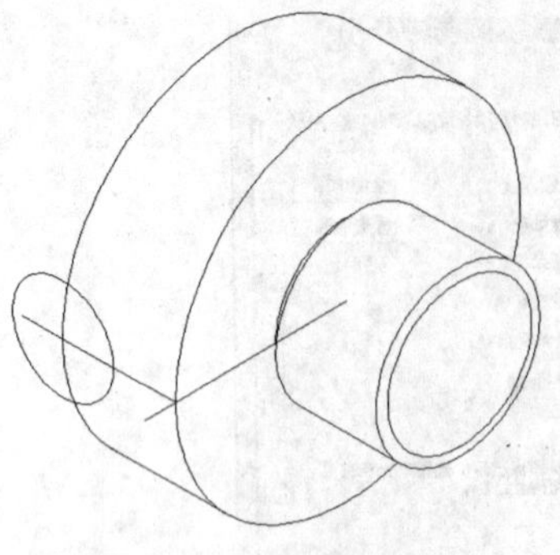

图 15.3.14　绘制等轴测图

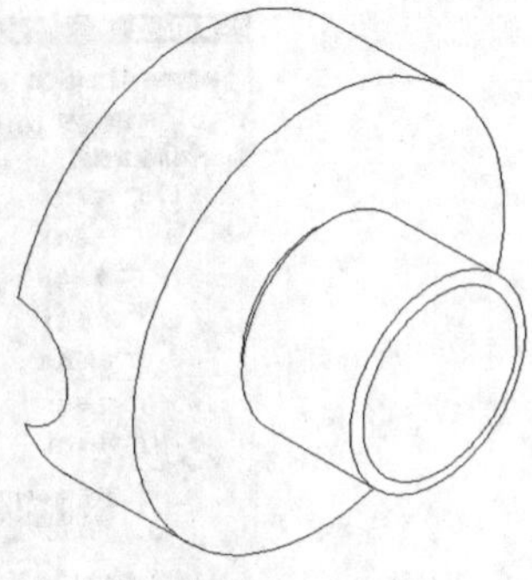

图 15.3.15　效果图

（15）按“F5”键切换等轴测捕捉方式为“右”。执行绘制直线命令，过中间半径为 170 的等轴测圆的圆心，绘制一条长为 400 的直线，效果如图 15.3.16 所示。

（16）执行移动命令，以步骤（15）绘制的直线的中点为基点，将鼠标指针向绘图窗口的右上方移动，移动的距离为 150，效果如图 15.3.17 所示。

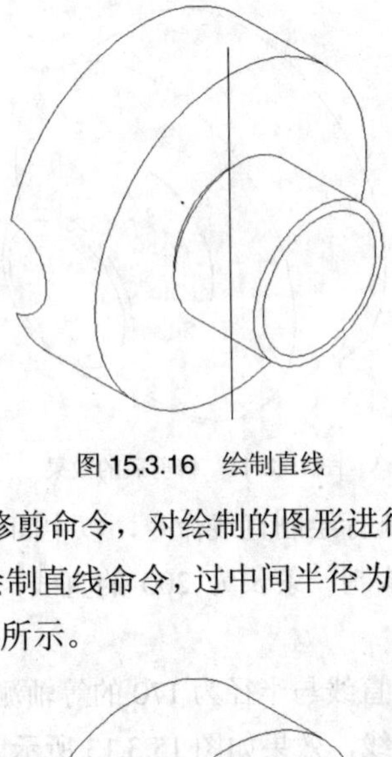

图 15.3.16　绘制直线

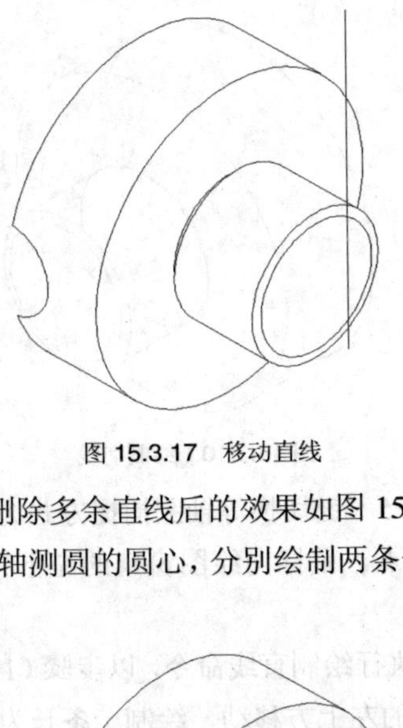

图 15.3.17　移动直线

（17）执行修剪命令，对绘制的图形进行修剪，删除多余直线后的效果如图 15.3.18 所示。

（18）执行绘制直线命令，过中间半径为 170 的等轴测圆的圆心，分别绘制两条长为 260 的直线，效果如图 15.3.19 所示。

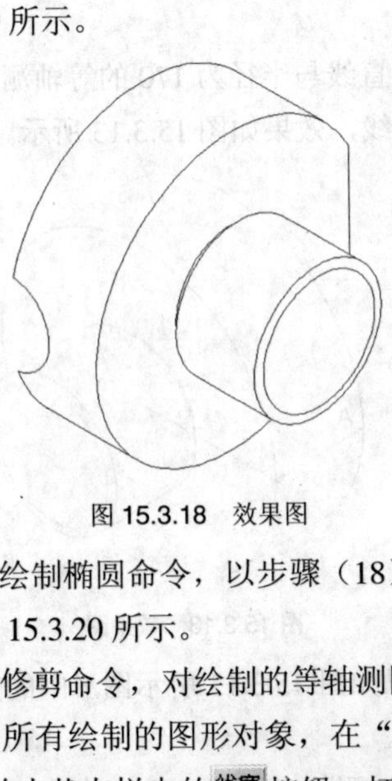

图 15.3.18　效果图

图 15.3.19　绘制直线

（19）执行绘制椭圆命令，以步骤（18）绘制的直线的端点为圆心，分别绘制半径为 30 的等轴测圆，效果如图 15.3.20 所示。

（20）执行修剪命令，对绘制的等轴测圆进行修剪，删除多余直线后的效果如图 15.3.21 所示。

（21）选中所有绘制的图形对象，在“特性”工具栏中的“线宽”下拉列表中设置对象线宽为 0.3 毫米，最后单击状态栏中的线宽按钮，打开线宽显示，最终效果如图 15.3.1 所示。

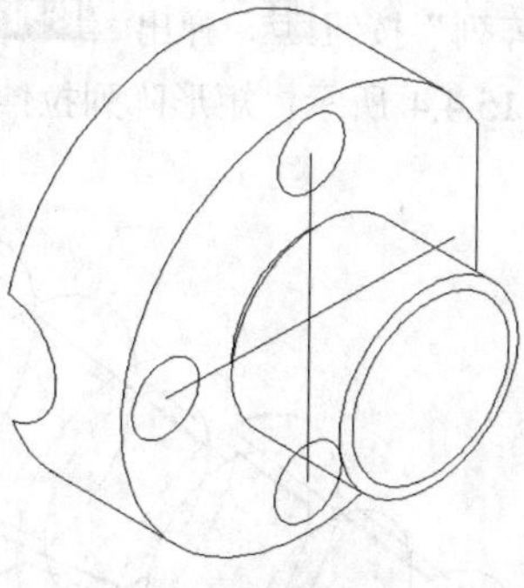

图 15.3.20　绘制等轴测图

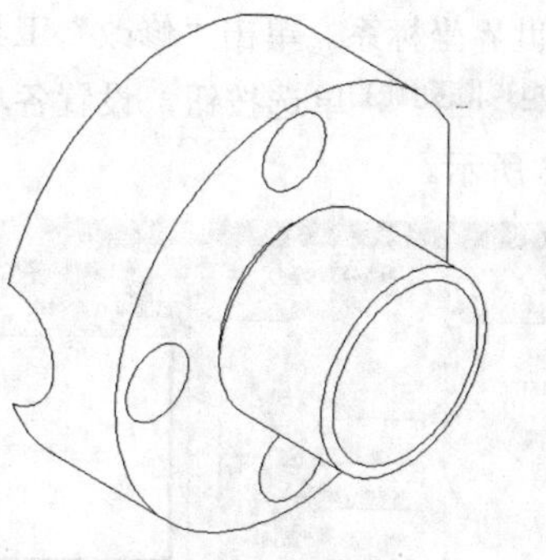

图 15.3.21　效果图

实例 4　三通实体模型

1．实例效果

本例绘制三通实体模型，效果如图 15.4.1 所示。

图 15.4.1　三通实体模型

2．实例目的

练习在 AutoCAD 2007 中绘制三维实体模型。

3．本例知识点

在本例的绘制过程中将用到绘制圆和球体的命令，以及拉伸、移动和阵列等命令。

4．制作过程

（1）单击“视图”工具栏中的“西南等轴测”按钮，切换视图到西南等轴测。然后单击“UCS”工具栏中的“Y”按钮，将坐标系统 Y 轴旋转 90°，单击“绘图”工具栏中的“圆”按钮，以坐标系原点为圆心，在绘图窗口中绘制一个半径为 2 的圆，效果如图 15.4.2 所示。

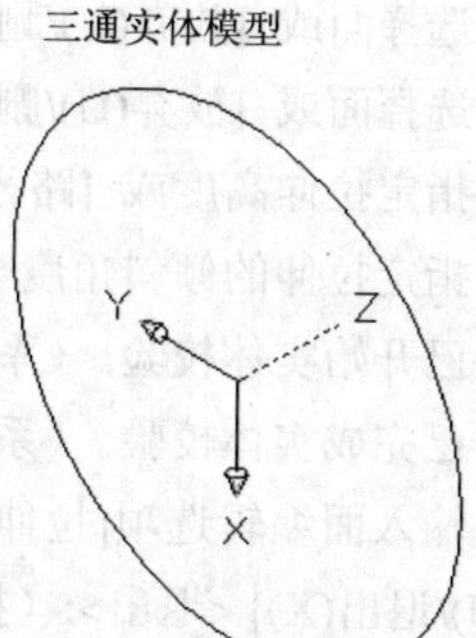

图 15.4.2　绘制圆

（2）单击“建模”工具栏中的“拉伸”按钮，命令行提示如下：

命令: _extrude

当前线框密度:　ISOLINES=4

选择要拉伸的对象：找到　1　个（选择绘制的圆）

选择要拉伸的对象:（按回车键结束对象选择）

指定拉伸的高度或　[方向(D)/路径(P)/倾斜角(T)]: t（选择“倾斜角”命令选项）

指定拉伸的倾斜角度　<0>: -8（输入拉伸倾斜角度）

指定拉伸的高度或　[方向(D)/路径(P)/倾斜角(T)]: 5（输入拉伸高度）

拉伸后的效果如图 15.4.3 所示。

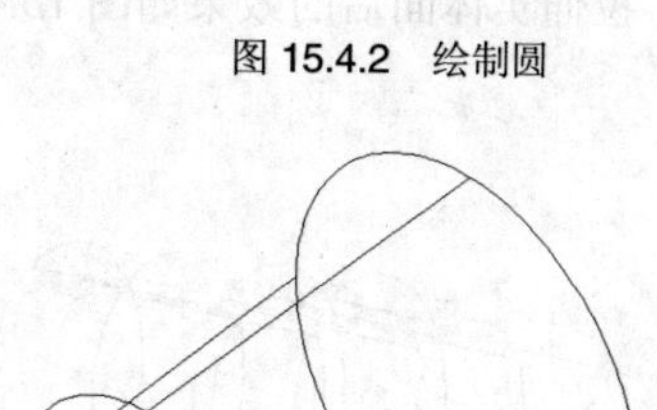

图 15.4.3　拉伸后的效果

（3）恢复世界坐标系。单击“修改”工具栏中的“阵列”按钮，弹出阵列对话框，在该对话框中选中矩形阵列(R)单选按钮，设置各项参数如图 15.4.4 所示，矩形阵列拉伸后的实体对象，效果如图 15.4.5 所示。

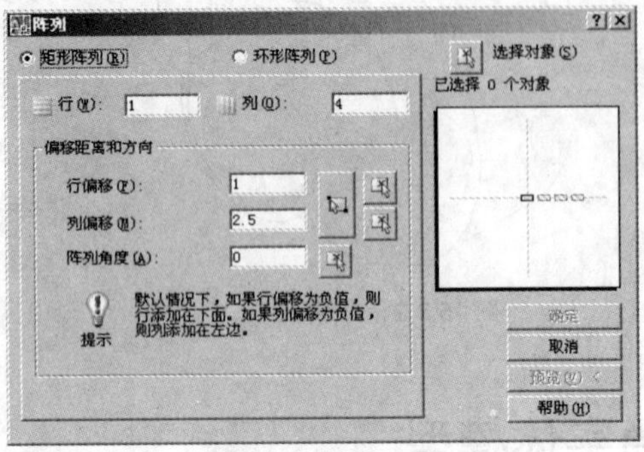

图 15.4.4　“矩形阵列”选项卡

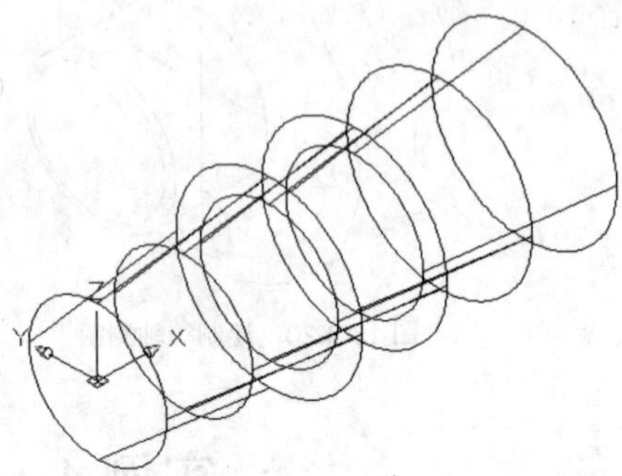

图 15.4.5　阵列后的效果

（4）单击“动态观察”工具栏中的“自由动态观察”按钮，调整显示阵列后的实体，效果如图 15.4.6 所示。

（5）单击“实体编辑”工具栏中的“拉伸面”按钮，命令行提示如下：

命令: _solidedit

实体编辑自动检查:　SOLIDCHECK=1

输入实体编辑选项 [面(F)/边(E)/体(B)/放弃(U)/退出(X)] <退出>: _face

输入面编辑选项[拉伸(E)/移动(M)/旋转(R)/偏移(O)/倾斜(T)/删除(D)/复制(C)/颜色(L)/材质(A)/放弃(U)/退出(X)] <退出>: _extrude（以上为系统提示）

选择面或 [放弃(U)/删除(R)]: 找到一个面。(选择如图 14.4.6 所示图形中最右边的端面)

选择面或 [放弃(U)/删除(R)/全部(ALL)]:（按回车键结束对象选择）

指定拉伸高度或 [路径(P)]: 5（输入拉伸高度）

指定拉伸的倾斜角度 <0>:（按回车键）

已开始实体校验。(系统提示)

已完成实体校验。(系统提示)

输入面编辑选项[拉伸(E)/移动(M)/旋转(R)/偏移(O)/倾斜(T)/删除(D)/复制(C)/颜色(L)/材质(A)/放弃(U)/退出(X)] <退出>:（按回车键结束命令）

拉伸实体面后的效果如图 15.4.7 所示。

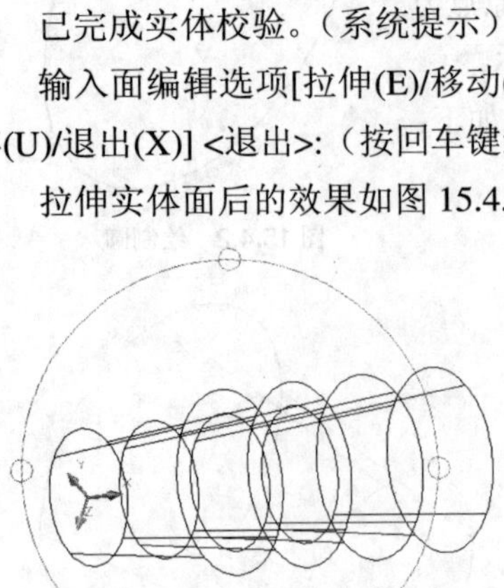

图 15.4.6　效果图

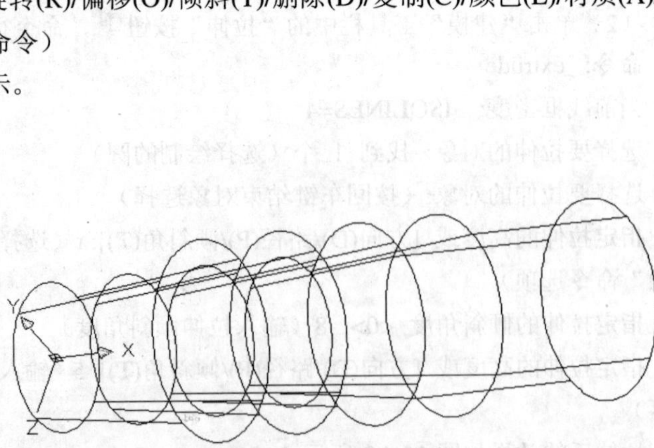

图 15.4.7　拉伸后的效果

（6）单击“建模”工具栏中的“球体”按钮，命令行提示如下：

命令: _sphere

指定中心点或 [三点(3P)/两点(2P)/相切、相切、半径(T)]: 17.5,0,0（输入球体的中心点）

指定半径或 [直径(D)]: 4（输入球体的半径）

绘制的球体如图 15.4.8 所示。

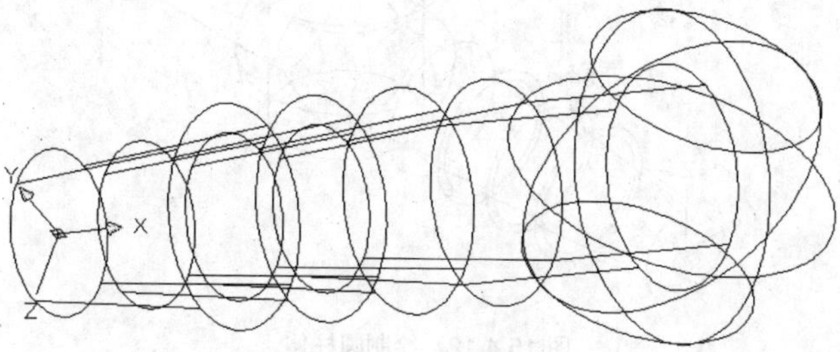

图 15.4.8　绘制球体

（7）参照步骤（1）的操作将坐标系统 Y 轴旋转 90°。单击状态栏中的“允许/禁止动态 UCS”按钮DUCS，单击“建模”工具栏中的“圆柱体”按钮，移动鼠标到如图 15.4.9 所示位置，捕捉步骤（5）中创建的实体的右端面，以该端面的圆心为圆柱体底面圆心，绘制一个底面半径为 2.5，高为 10 的圆柱体，效果如图 15.4.10 所示。

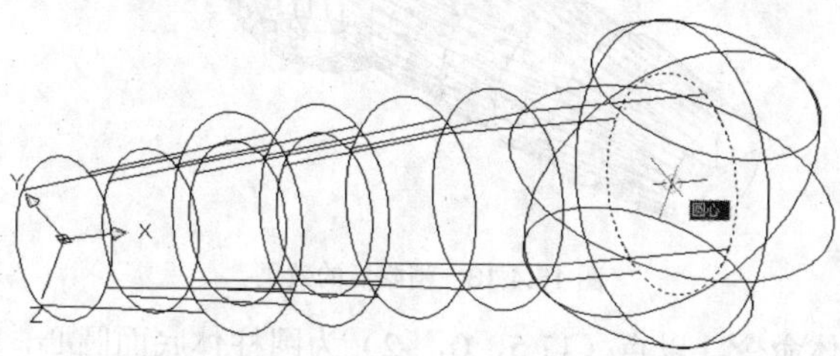

图 15.4.9　位置示意图

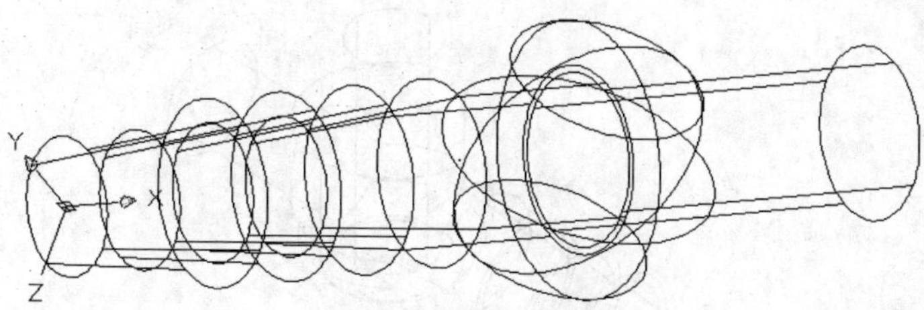

图 15.4.10　绘制圆柱体

（8）单击“建模”工具栏中的“并集”按钮，对创建的所有实体进行并集操作，消隐后的效果如图 15.4.11 所示。

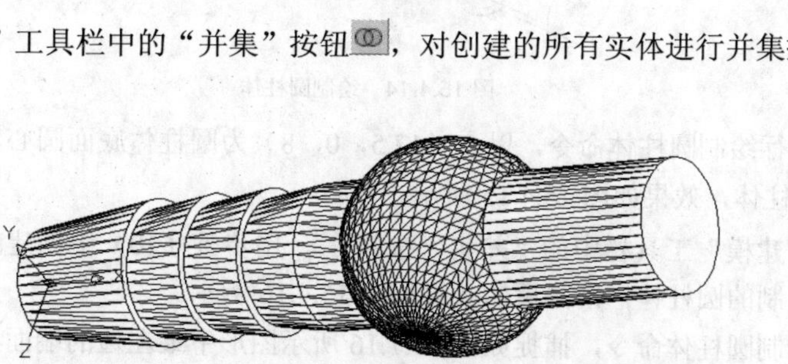

图 15.4.11　消隐后的效果

（9）恢复西南等轴测视图。执行绘制圆柱体命令，以点（17.5，0，0）为圆柱体底面圆心，绘制一个底面半径为 4，高为 4 的圆柱体，效果如图 15.4.12 所示。

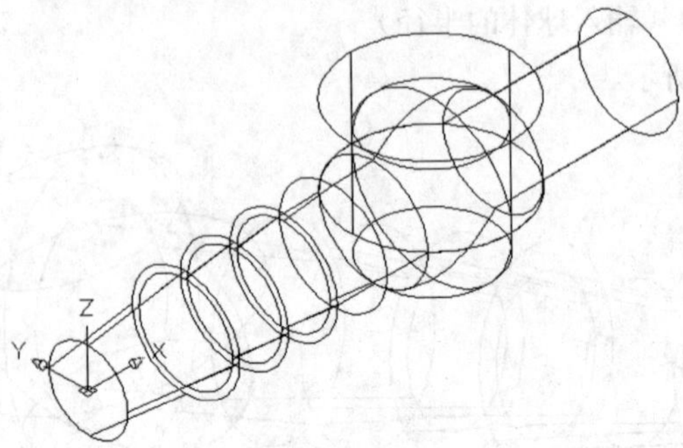

图 15.4.12　绘制圆柱体

（10）执行并集运算，对创建的所有实体进行并集操作，消隐后的效果如图 15.4.13 所示。

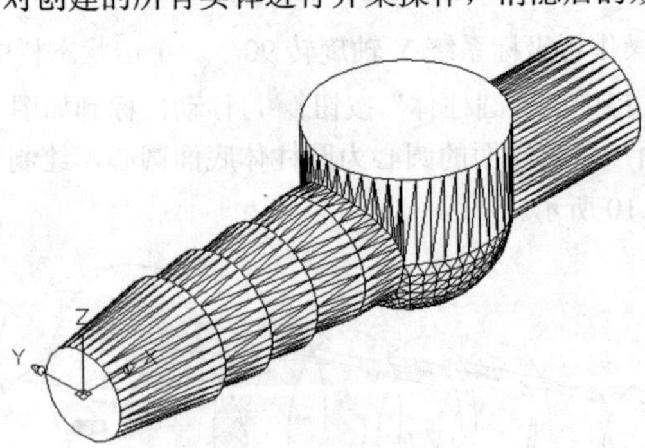

图 15.4.13　消隐后的效果

（11）执行绘制圆柱体命令，以点（17.5，0，-2）为圆柱体底面圆心，绘制一个底面半径为 2，高为 10 的圆柱体，效果如图 15.4.14 所示。

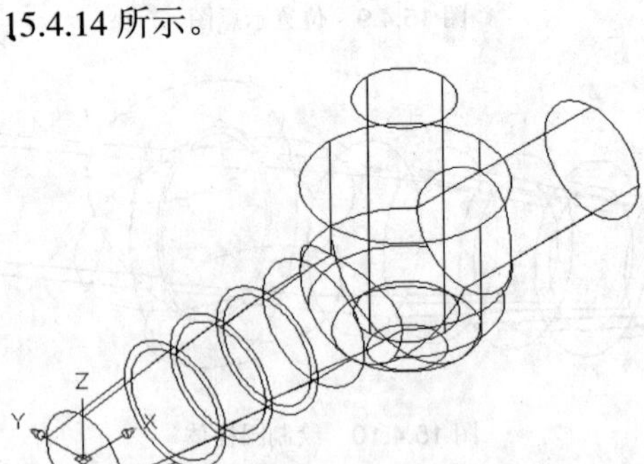

图 15.4.14　绘制圆柱体

（12）继续执行绘制圆柱体命令，以点（17.5，0，8）为圆柱体底面圆心，绘制一个底面半径为 1.5，高为-11 的圆柱体，效果如图 15.4.15 所示。

（13）单击“建模”工具栏中的“差集”按钮，用步骤（10）中创建的实体减去步骤（11）和步骤（12）中绘制的圆柱体，消隐后的效果如图 15.4.16 所示。

（14）执行绘制圆柱体命令，捕捉如图 15.1.16 所示图形中最左边的端面，以该端面的圆心为圆柱体底面圆心，绘制一个底面半径为 1.25，高为-27.5 的圆柱体，效果如图 15.4.17 所示。

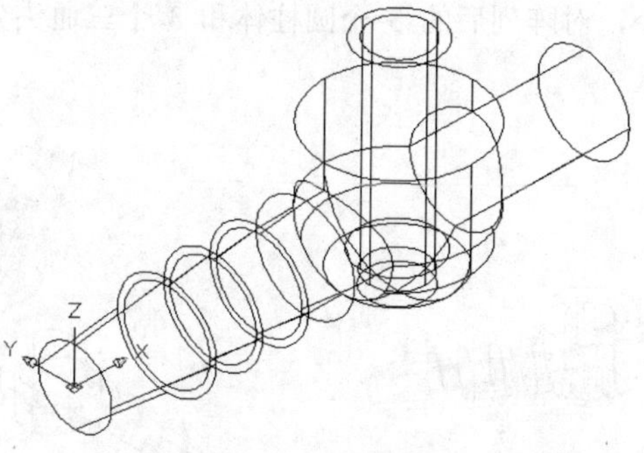

图 15.4.15　绘制圆柱体

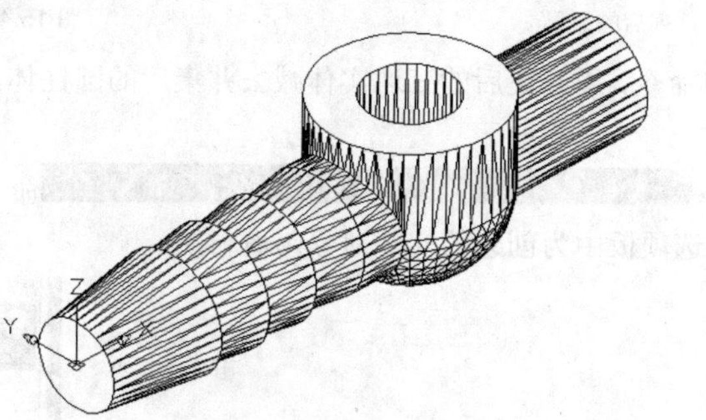

图 15.4.16　消隐后的效果

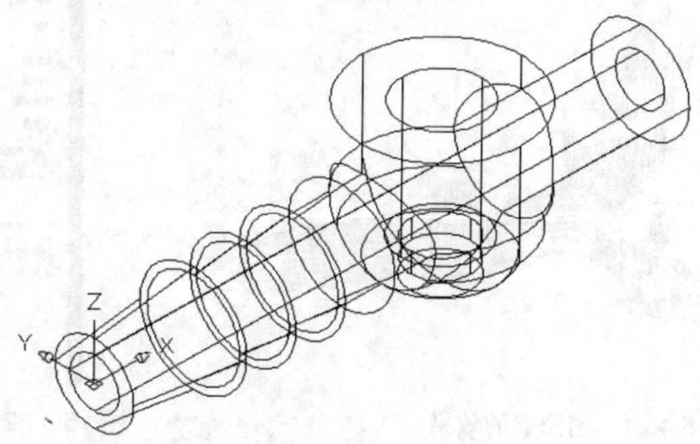

图 15.4.17　绘制圆柱体

（15）单击“修改”工具栏中的“阵列”按钮，弹出阵列对话框，在该对话框中选中环形阵列(P)单选按钮，设置各项参数如图 15.4.18 所示，环行阵列如图 15.4.17 所示的实体对象，阵列后的效果如图 15.4.19 所示。

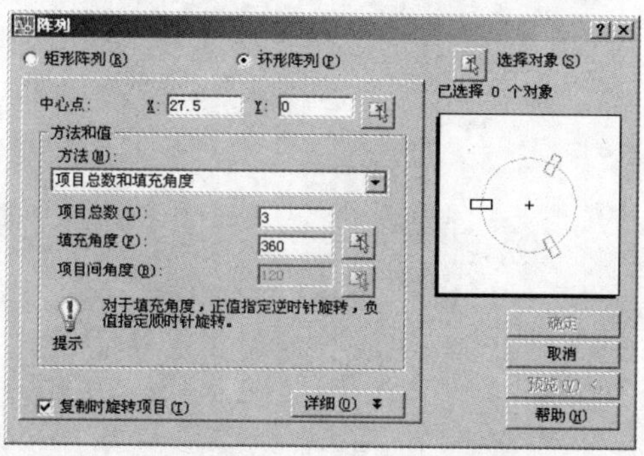

图 15.4.18　“阵列”对话框

（16）执行并集运算命令，对阵列后的 3 个圆柱体和 3 个三通头分别进行并集运算，效果如图 15.4.20 所示。

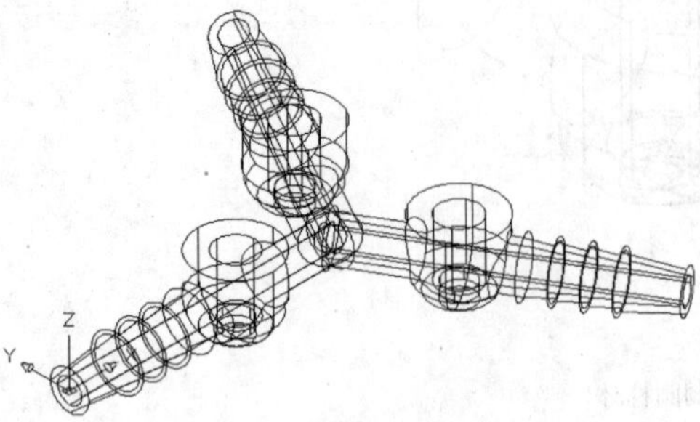

图 15.4.19　阵列后的效果

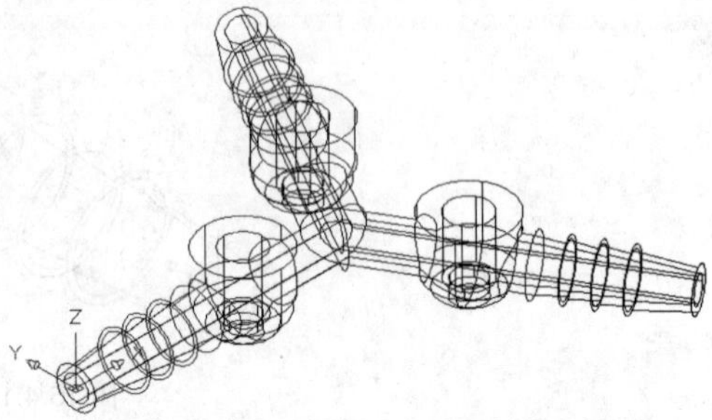

图 15.4.20　效果图

（17）执行差集运算命令，用并集后的三通实体减去并集后的圆柱体，消隐后的效果如图 15.4.21 所示。

（18）选择 视图(V) → 渲染(E) → 材质(M)... 命令，弹出 材质 选项板，如图 15.4.22 所示，在该选项板中为创建的实体对象附着材质。

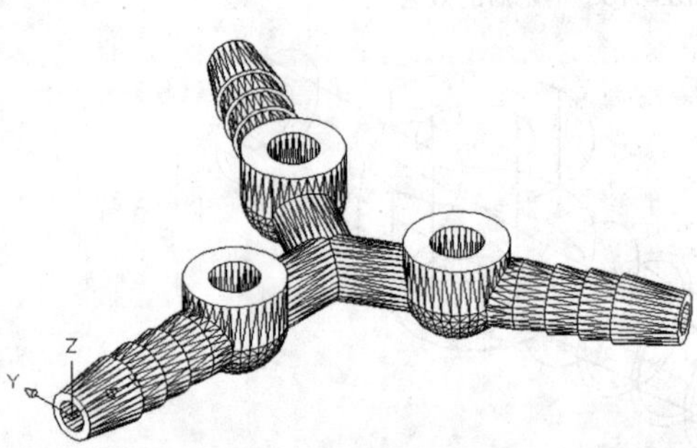

图 15.4.21　消隐后的效果

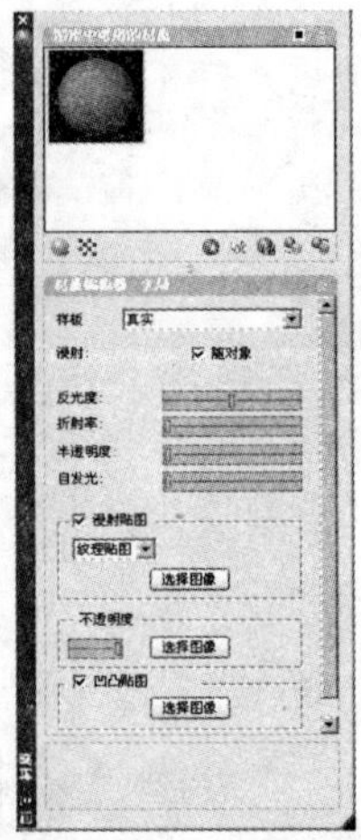

图 15.4.22　“材质”选项板

（19）选择 视图(V) → 渲染(E) → 渲染(R) 命令，渲染创建的三通实体模型，最终效果如图 15.4.1 所示。

实 训

实训 1 设置绘图环境

1. 实训目的

（1）熟悉样板的使用。

（2）掌握绘图单位和图形边界的设置。

2. 实训内容

新建样板图形文件 DIN A1 -Named Plot Styles，如图 16.1.1 所示，并设置其图形边界。

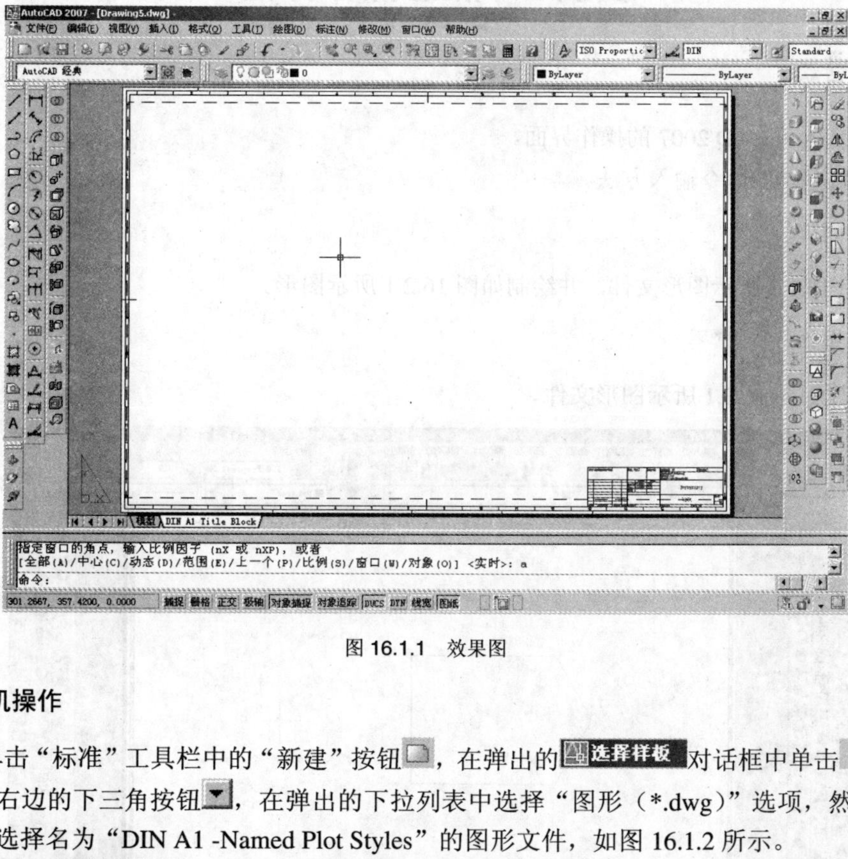

图 16.1.1 效果图

3. 上机操作

（1）单击“标准”工具栏中的“新建”按钮，在弹出的选择样板对话框中单击文件类型(T):下拉列表框右边的下三角按钮，在弹出的下拉列表中选择“图形（*.dwg）”选项，然后在其上边的列表框中选择名为“DIN A1 -Named Plot Styles”的图形文件，如图 16.1.2 所示。

（2）单击选择样板对话框中的打开(O)按钮后打开新建的图形文件。选择格式(O)→图形界限(A)命令，在命令行的提示下依次捕捉如图 16.1.1 所示图形中矩形框的左下角点和右上角点。

（3）在命令行中输入命令 zoom 后按回车键，然后输入 a 按回车键，效果如图 16.1.1 所示。

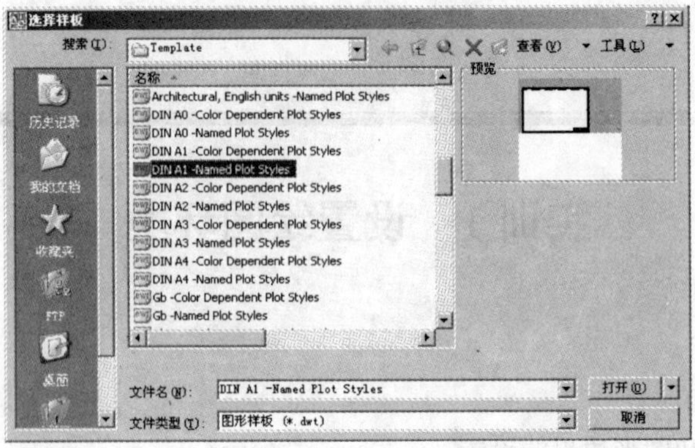

图 16.1.2　选择图形文件

实训 2　熟悉操作界面

1．实训目的

（1）熟悉 AutoCAD 2007 的操作界面。

（2）掌握基本的命令输入方法。

2．实训内容

新建如图 16.1.1 所示图形文件，并绘制如图 16.2.1 所示图形。

3．上机操作

（1）创建如图 16.2.1 所示图形文件。

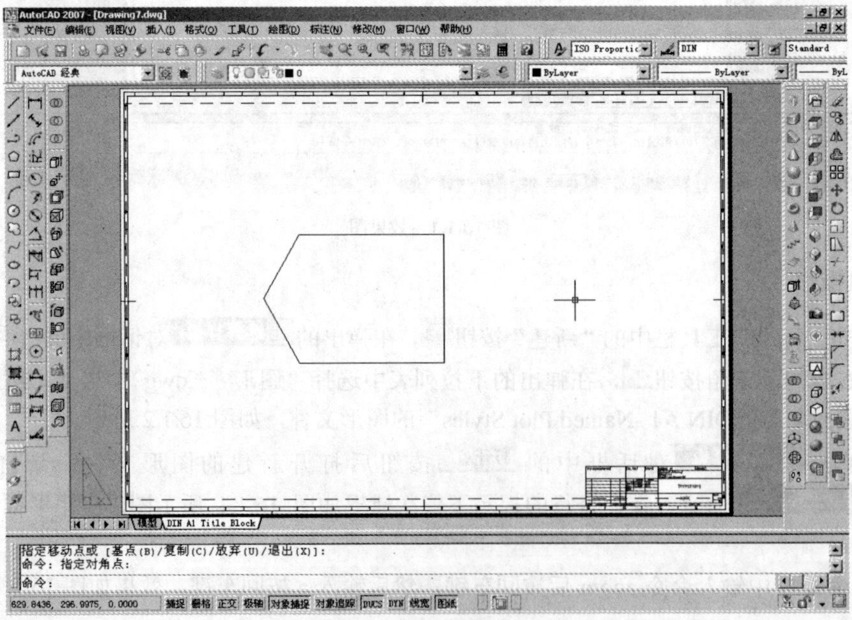

图 16.2.1　效果图

（2）熟悉标题栏、菜单栏、绘图窗口、十字光标、坐标系图标、命令行和状态栏在操作界面中的位置。

（3）在命令行中输入命令 Line 后按回车键，在命令行的提示下依次输入坐标（200,300），（@50,-90），（@200,0），（@0,180），（@-200,0）和（@-50,-90），绘制的图形如图 16.2.1 所示。

实训 3　绘制平面图形

1．实训目的

（1）熟悉基本二维图形的绘制和编辑命令。

（2）掌握图案填充的创建方法。

2．实训内容

绘制如图 16.3.1 所示图形。

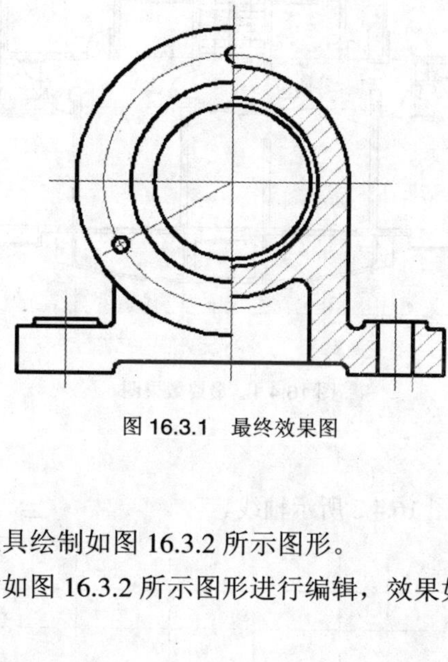

图 16.3.1　最终效果图

3．上机操作

（1）利用基本二维绘图工具绘制如图 16.3.2 所示图形。

（2）利用各种编辑命令对如图 16.3.2 所示图形进行编辑，效果如图 16.3.3 所示。

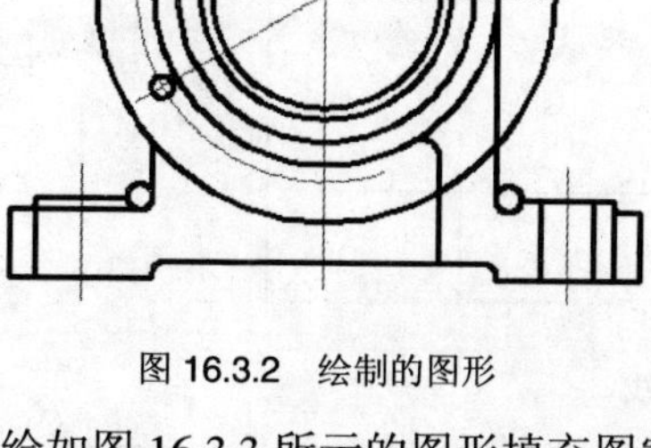

图 16.3.2　绘制的图形

图 16.3.3　编辑后的效果

（3）给如图 16.3.3 所示的图形填充图案，效果如图 16.3.1 所示。

实训 4　绘制建筑图形

1．实训目的

（1）熟悉建筑图形的绘制方法。

（2）掌握图块的创建和插入的方法。

2．实训内容

绘制如图 16.4.1 所示图形。

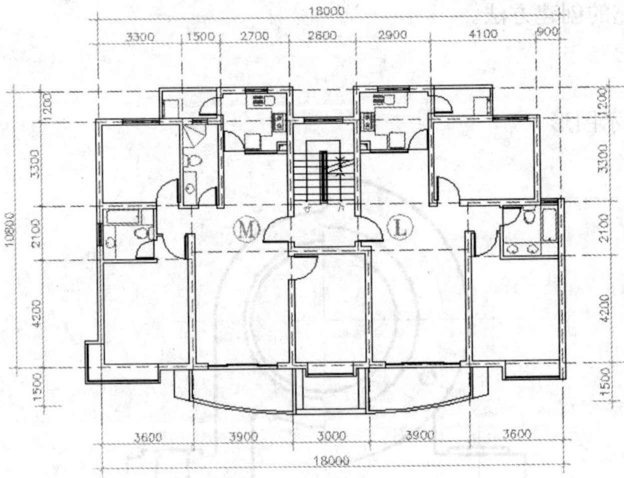

图 16.4.1　最终效果图

3．上机操作

（1）利用直线命令绘制如图 16.4.2 所示轴线。

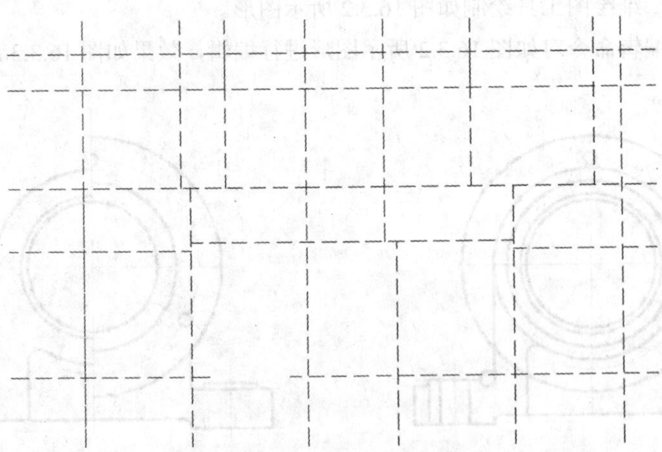

图 16.4.2　绘制轴线

（2）利用多线命令沿着轴线绘制墙体线，并对其进行修剪，效果如图 16.4.3 所示。

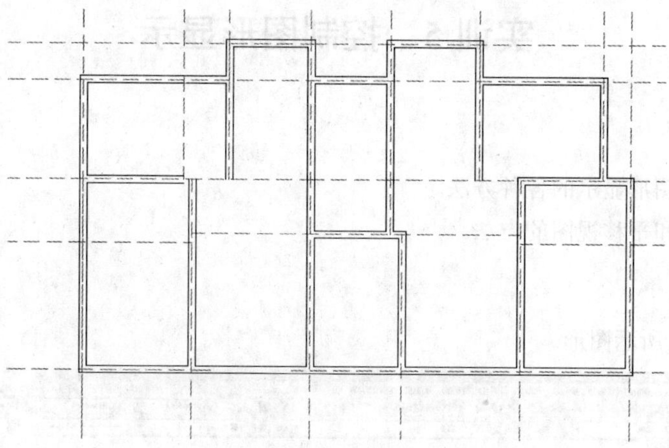

图 16.4.3　绘制墙体线

（3）绘制门、窗和楼梯，并将其创建成块插入到图形中，效果如图 16.4.4 所示。

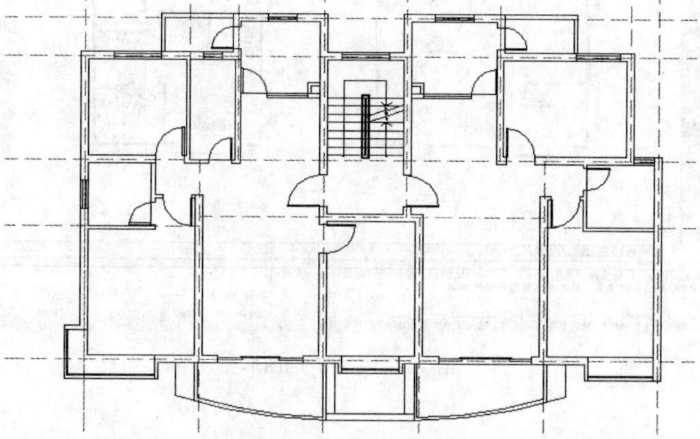

图 16.4.4　绘制门、窗和楼梯

（4）绘制卫生间用具，并将其创建成块插入到图形中，效果如图 16.4.5 所示。

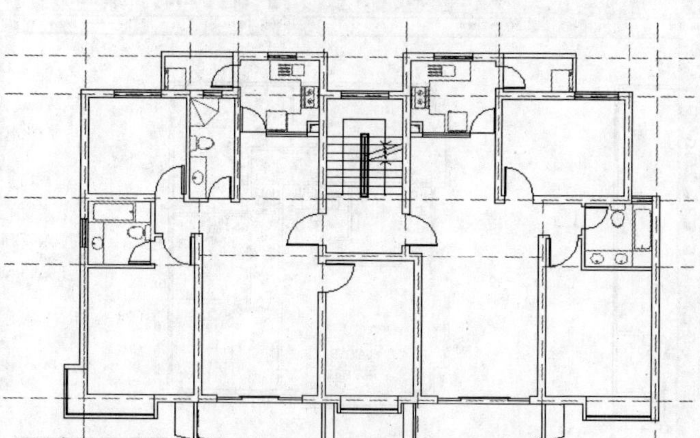

图 16.4.5　绘制卫生间用具

（5）对绘制的图形进行尺寸标注，效果如图 16.4.1 所示。

实训 5　控制图形显示

1．实训目的

（1）熟悉控制图形显示的各种方法。

（2）掌握缩放和平移视图的方法。

2．实训内容

打开如图 16.5.1 所示图形。

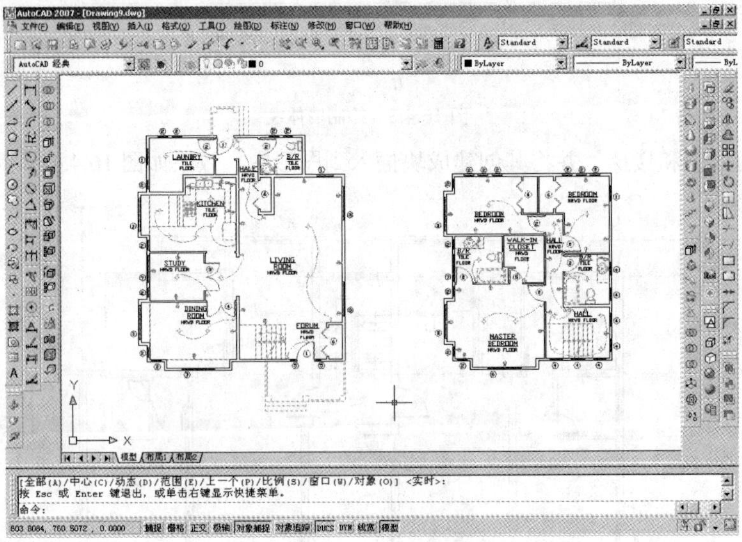

图 16.5.1　打开的图形

3．上机操作

（1）利用平移和缩放命令调整图形，如图 16.5.2 所示。

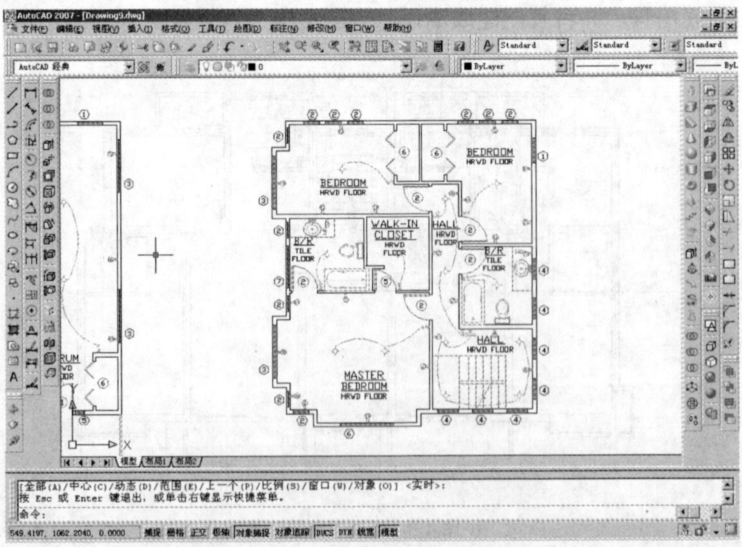

图 16.5.2　调整后的效果

（2）选择 视图(V) → 鸟瞰视图(W) 命令，利用鸟瞰视图观察图形，效果如图 16.5.3 所示。

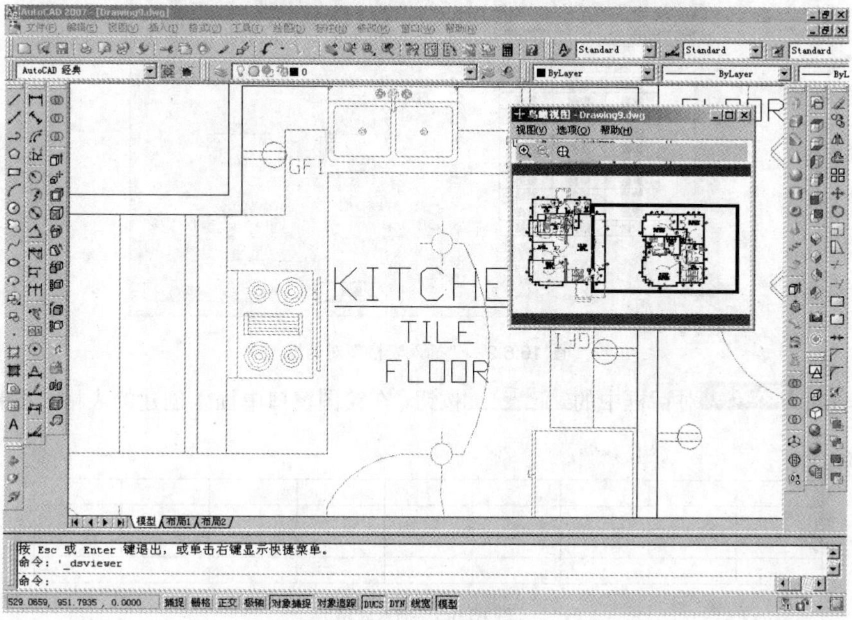

图 16.5.3　鸟瞰视图的效果

实训 6　创建文字和表格

1．实训目的

（1）熟悉文字的创建与编辑方法。

（2）掌握表格的创建和编辑方法。

2．实训内容

绘制如图 16.6.1 所示图形。

<table>
<tr><td>设计</td><td></td><td></td><td colspan="4">泵　盖</td><td colspan="2">LJ. 02</td></tr>
<tr><td>制图</td><td></td><td></td><td rowspan="2">比例</td><td rowspan="2">1:1</td><td rowspan="2">数量</td><td rowspan="2">1</td><td rowspan="2">共　张</td><td rowspan="2">第　张</td></tr>
<tr><td>描图</td><td></td><td></td></tr>
<tr><td>审核</td><td></td><td></td><td colspan="4">HT150</td><td colspan="2"></td></tr>
</table>

图 16.6.1　最终效果图

3．上机操作

（1）选择 格式(O) → 表格样式(B)... 命令，创建新表格样式，新样式不包括标题行和页眉行。

（2）单击“绘图”工具栏中的“表格”按钮，在弹出的 插入表格 对话框中设置参数，如图 16.6.2 所示。

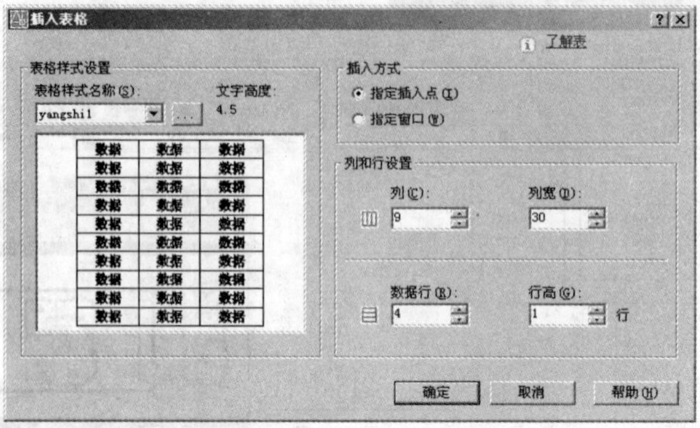

图 16.6.2　“插入表格”对话框

（3）单击插入表格对话框中的确定按钮，在绘图窗口中插入创建的表格，效果如图 16.6.3 所示。

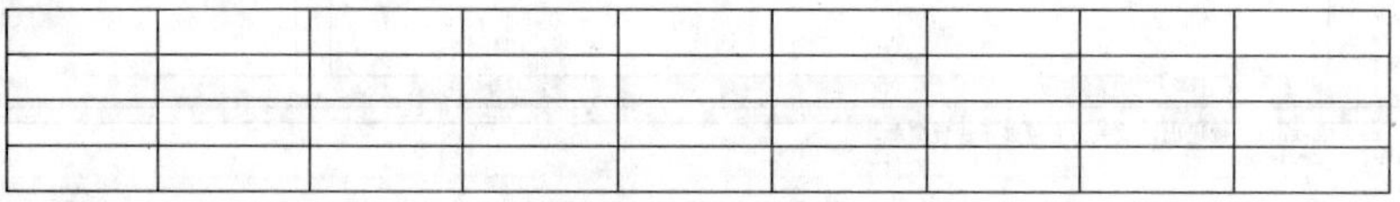

图 16.6.3　插入表格

（4）对绘制的表格进行编辑，效果如图 16.6.4 所示。

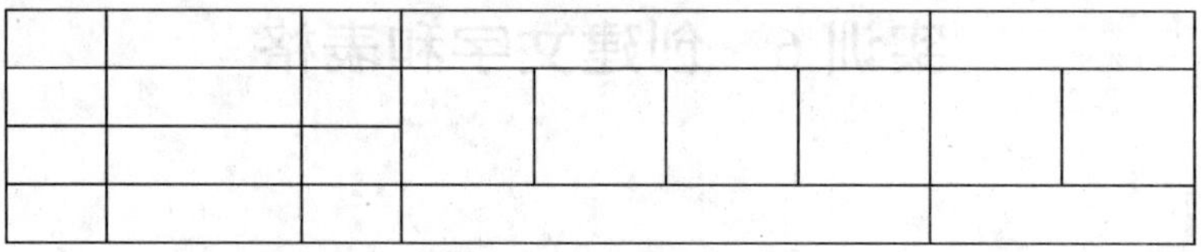

图 16.6.4　编辑后的效果

（5）选择格式(O)→文字样式(S)...命令，创建新文字样式，并向创建的表格中添加文字，效果如图 16.6.1 所示。

实训 7　标注图形尺寸

1．实训目的

（1）熟悉文字的创建与编辑方法。

（2）掌握表格的创建和编辑方法。

2．实训内容

绘制如图 16.7.1 所示图形。

3．上机操作

（1）绘制如图 16.7.2 所示图形。

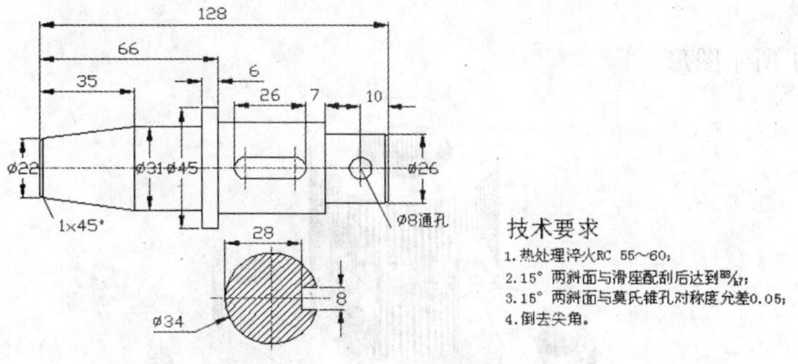

图 16.7.1 最终效果图

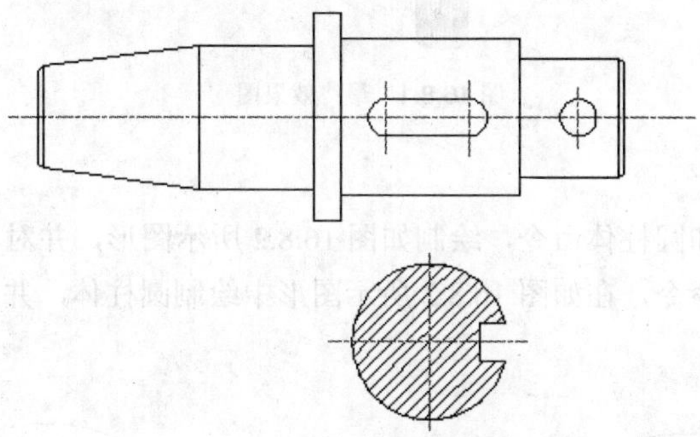

图 16.7.2 绘制图形

（2）创建标注样式，设置合适的文字高度和箭头大小。

（3）对如图 16.7.2 所示图形进行尺寸标注，效果如图 16.7.3 所示。

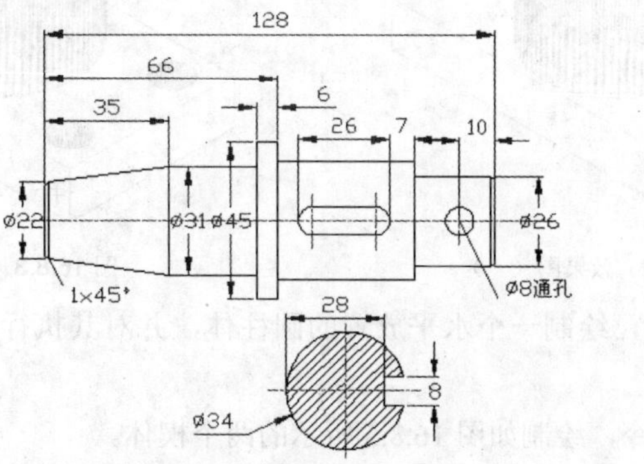

图 16.7.3 标注尺寸后的效果

（4）创建文字样式，设置合适的文字高度和字体，单击“绘图”工具栏中的“多行文字”按钮 A，创建如图 16.7.1 所示的文字标注。

实训 8 绘制三维图形

1. 实训目的

（1）熟悉三维图形的创建方法。

（2）掌握三维图形的编辑方法。

2．实训内容

绘制如图 16.8.1 所示图形。

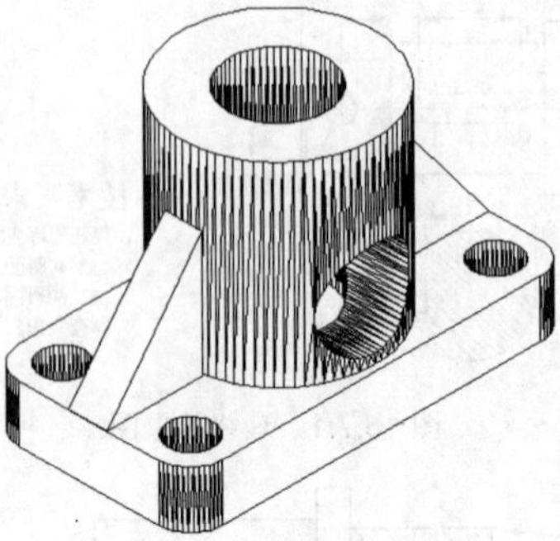

图 16.8.1　最终效果图

3．上机操作

（1）执行绘制长方体和圆柱体命令，绘制如图 16.8.2 所示图形，并对其进行并集操作。

（2）执行绘制圆柱体命令，在如图 16.8.2 所示图形中绘制圆柱体，并对其执行差集运算，效果如图 16.8.3 所示。

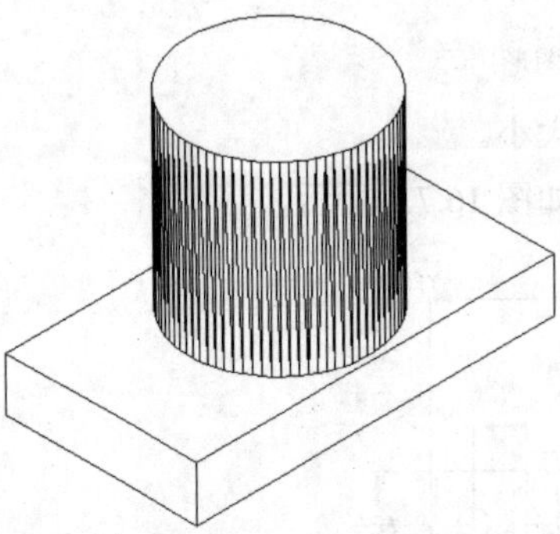

图 16.8.2　效果图（一）

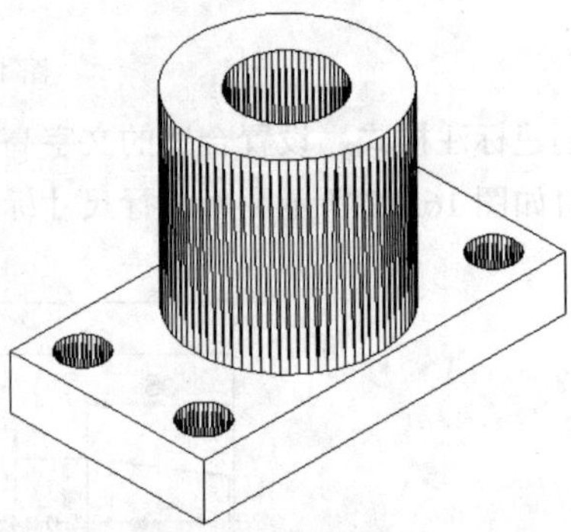

图 16.8.3　效果图（二）

（3）新建用户坐标系，绘制一个水平放置的圆柱体，并对其执行差集运算，效果如图 16.8.4 所示。

（4）执行绘制楔体命令，绘制如图 16.8.5 所示的两个楔体。

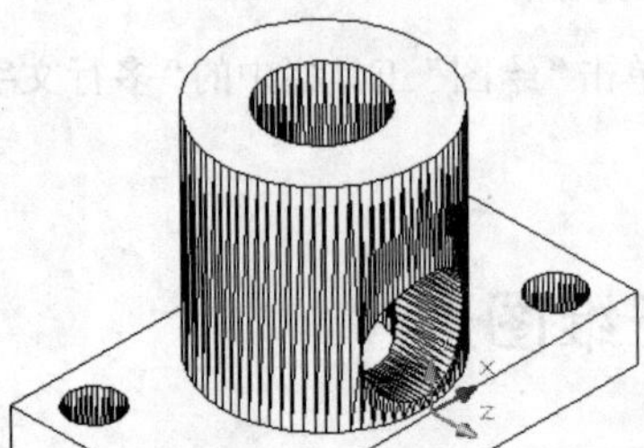

图 16.8.4　效果图（三）

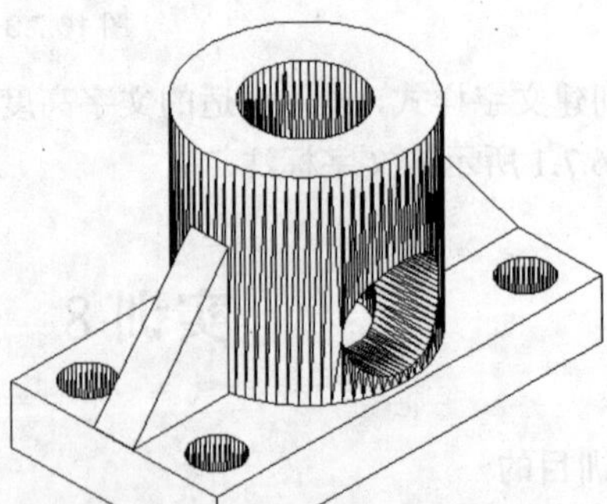

图 16.8.5　绘制楔体

（5）执行圆角命令，设置圆角半径为 10，对如图 16.8.5 所示图形进行圆角操作，效果如图 16.8.1 所示。

实训 9 渲染三维图形

1. 实训目的

（1）熟悉材质的创建方法。

（2）掌握光源的创建方法。

（3）熟悉背景的创建方法。

2. 实训内容

绘制如图 16.9.1 所示图形。

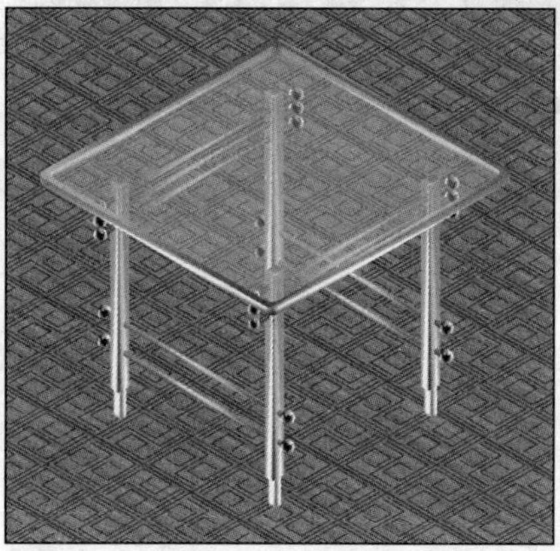

图 16.9.1 最终效果图

3. 上机操作

（1）创建如图 16.9.2 所示的三维实体。

（2）选择 视图(V) → 渲染(E) → 材质(M)... 命令，弹出 材质 选项板，如图 16.9.3 所示，在该选项板中为创建的三维实体新建材质，并将其附着给三维实体。

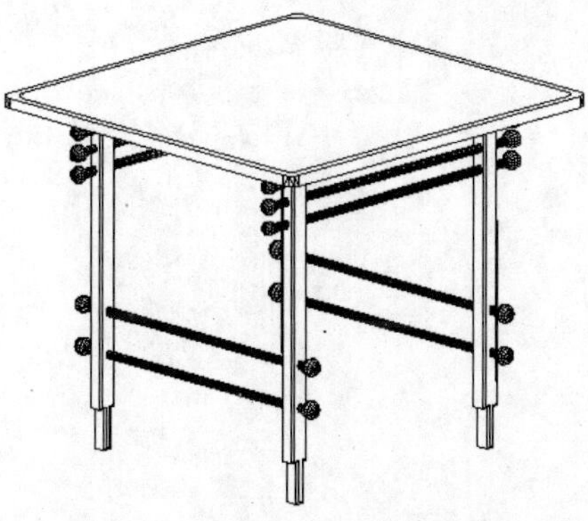

图 16.9.2 创建三维实体

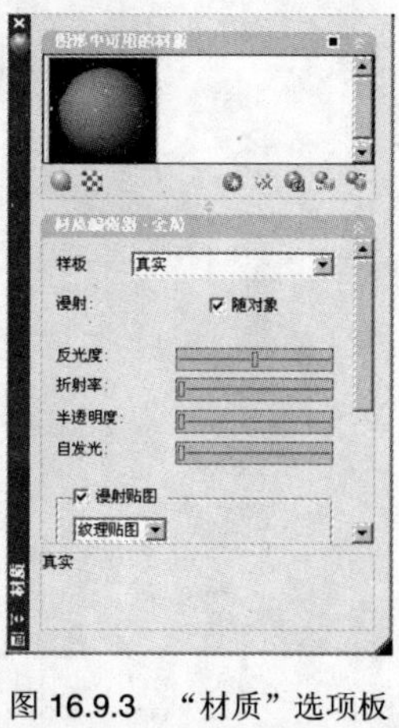

图 16.9.3 “材质”选项板

（3）选择 视图(V) → 渲染(E) → 光源(L) → 新建点光源(P) 命令，为创建的三维实体添加光源。

（4）选择 视图(V) → 渲染(E) → 渲染(R) 命令，打开 实训9-Temp004-渲染 窗口，如图 16.9.4 所示，最终渲染效果如图 16.9.1 所示。

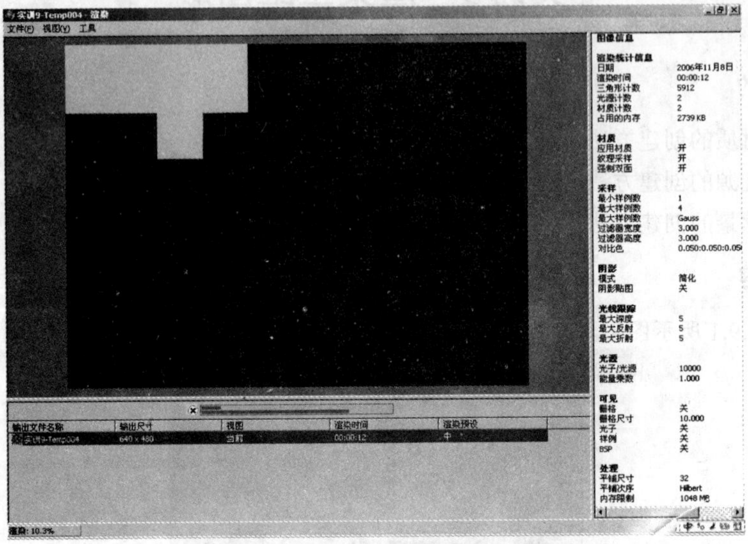

图 16.9.4 “实训 9-Temp 004-渲染”窗口

读者调查表

亲爱的读者：

您好！感谢您购买本书，希望本书能给您的工作和学习带来更多的帮助。为了方便和您及时交流，我们制作了这份调查表，希望您能抽出宝贵的时间填写此表或发邮件到computer@nwpup.com，我们会在以后的工作中充分考虑您的建议和意见，以便于今后为您提供更多、更优秀的图书。

请将调查表邮寄到：西北工业大学出版社　　邮编：710072

读者基本资料：

姓　名 ______________ 性　别 □ 男 □ 女　　年　　龄 ____________

职　业 ______________ 电　话 ________________ 文化程度 ____________

单　位 ____

E-mail ________________________ 邮　编 ______________________________

通信地址 ____

1. 您购买的计算机书名是____
2. 您对电脑的掌握程度：□不懂　□基本掌握　□熟练操作
3. 本书吸引您的地方是　□价格 □封面 □作者 □内容 □配套光盘 □出版社 □印刷精美　其他 ___________________________
4. 您学习本书的目的是　□满足工作需要 □提高自身素质 其他 ______________________________
5. 您对教材类图书可接受的价位是　□20 元左右 □ 30 元左右 □ 50 元左右 □100 元左右 □无所谓，只要内容好
6. 您觉得培训类图书是理论多一些还是实例多一些好？ □理论多一些　□实例多一些　□理论与实例相结合　□无所谓
7. 您觉得课后练习是否有必要附答案：□有必要　□没必要 □无所谓
8. 您对本书的满意程度是：□很满意　□较满意　□一般　□很不满意
9. 您通过何种途径得知此书：□逛书店 □朋友介绍 □出版书目 其他 _______
10. 您经常阅读哪类图书：□硬件类 □语言类 □平面类 □网页类 □基础类 □多媒体类 □动画类 其他 ________________
11. 请您推荐一本最近看过的最好的计算机图书： 书名：__________________________ 出版社：____________
12. 您对本书的建议与意见：__________________________________